新版

经济类数学复习全书

主编：徐婕

副主编：古丽米热·米吉提

编委会：万学海文考试研究中心

中国政法大学出版社

2024 · 北京

图书在版编目（CIP）数据

经济类数学复习全书/徐婕主编. —北京：中国政法大学出版社，2024.1
ISBN 978-7-5764-1310-6

Ⅰ.①经… Ⅱ.①徐… Ⅲ.①高等数学－研究生－入学考试－自学参考资料 Ⅳ.①O13

中国国家版本馆 CIP 数据核字(2024)第 033018 号

出版者	中国政法大学出版社
地　址	北京市海淀区西土城路 25 号
邮寄地址	北京 100088 信箱 8034 分箱　邮编 100088
网　址	http://www.cuplpress.com (网络实名：中国政法大学出版社)
电　话	010-58908285(总编室) 58908433（编辑部）58908334(邮购部)
承　印	河北鹏远艺兴科技有限公司
开　本	787mm×1092mm　1/16
印　张	19.25
字　数	242 千字
版　次	2024 年 1 月第 1 版
印　次	2024 年 1 月第 1 次印刷
定　价	59.80 元

丛书序

本丛书为参加管理类综合能力考试、经济类综合能力考试的考生设计，是报考管理类、经济类专业学位硕士考生的必备应试教材。本套丛书由经管类综合能力考试命题研究中心成员、资深命题专家和辅导教师联合编写，包括逻辑写作系列丛书和经管类数学系列丛书。

本丛书具有如下特点：

一、严格根据专业学位硕士考试大纲和真题命题规律编写

本套丛书完全根据《管理类专业学位(199 科目)综合能力考试大纲》《经济类专业学位(396 科目)综合能力测试考试大纲》进行编写，并对经管类综合能力考试的历年真题进行深度分类解析，形成完整、有效、易理解的应试书籍。丛书通过"知识点——经典例题——巩固习题——真题——模拟题"的方式，帮助考生充分理解和掌握所有考点，并能准确判断高频考点，以获得高分。

二、权威而富于教学经验的经管类综合能力考试命题研究中心老师编写

本套丛书的作者是经管类综合能力考试命题研究中心的权威资深辅导老师。逻辑写作丛书系列的主编杨岳老师、数学丛书系列的主编徐婕老师等参加了各大媒体组织的自 2012 届开始的经管类专硕研究生入学考试的"大纲解析"和"真题解析"工作。他们从 2007 年开始便致力于研究生入学考试的应试辅导，具有丰富的经管类综合能力考试辅导经验，既有对大纲的精准解析能力，又能对命题规律和真题进行深度把握，结合多年辅导经验编写的本套丛书，能快速地帮助考生达到经管类综合能力考试的应试要求。

三、提供基于零基础的、精细完整的经管类综合能力考试应试解决方案

对于参加经管类综合能力考试的考生而言，逻辑、写作一般都是零基础，数学基础一般较薄弱。本丛书充分考虑绝大多数考生的现实情况，提供了基于零基础的、包含考研各个阶段的精细完整的应试解决方案，帮助考生实现高分目标。

本系列丛书包括《逻辑复习全书》(基础篇)/(提高篇)、《写作复习全书》、《管理类数学复习全书》、《经济类数学复习全书》、《管理类综合能力历年真题》、《经济类综合能力历年真题》、《管理类综合能力最后成功五套题》和《经济类综合能力最后成功五套题》九本书。

我们最大的目标，是希望考生通过自己的努力和我们众多经管类联考命题研究中心专家、教师们的帮助，在经管类专硕考研中脱颖而出、金榜题名！

丛书编委会

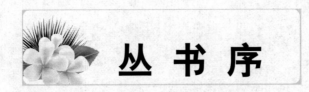

前言

基于多年参加396经济类综合能力、199管理类综合能力“大纲解析”、“真题解析”的工作经验和多年对考生进行经管类综合能力的应试辅导的关注和总结，我对考生在数学学习中的难点、困惑和解决方案，有了越来越深的理解。帮助学生们避开陷阱、考出高分，是写作本书最直接的动力，同时经管类数学系列的这四本书籍也算是对自己十几年工作的一个总结和交代。

本书为报考经济类专业硕士（金融硕士、国际商务硕士等），需要参加396经济类综合能力的考生编写使用，也可作为辅导老师的授课参考教材。

本书分为四个部分。

前三部分分学科按章编写，基于考生学习的起点，按照“知识点——重要题型——题型方法分析——典型例题——习题”的思路来编写，目的是使考生从零开始构建完整的知识框架，并精确把握个章节常考重要题型及题型方法，通过典型例题，迅速形成解题能力，每章至少配备20道习题，帮助大家加强固化解题能力，提升解题速度。

第四部分是强化效果检测，用于考生在强化训练后进一步检测和巩固。

下面对本书的标签进行说明：

【章的各级标题】构建形式完整的理论体系。

【注】帮助理解知识点的说明、扩展。

【题型】每个章节的常考重要题型。

【题型方法分析】针对每种题型精炼出对应的解题方式。

【例题】对某一个或几个知识点进行考察的标准化考题。

【答案】提供A～E或者计算最终结论的具体答案。

【解析】提供详尽的深度精确解析。

【总结】每道例题后面都给出根据本道例题所总结提炼的常规结论和方法。

【练习】学完一章的理论和例题后，以章为单位进行测试的标准化考题。

如果在考生使用本书过程中，如有疑问，可以登录新浪微博@考研数学徐婕老师进行交流。

目 录

第一篇 高等数学

第二篇 线性代数

第三篇 概率论与数理统计

第四篇 强化效果检测

第一篇　高等数学

第一章　函数、极限和连续

函数是高等数学的重要研究对象，要求会求函数的表达式，能准确写出定义域和值域. 在经济类联考数学当中，以真题的形式考查过. 极限是高等数学的研究工具，在经济类联考(396) 数学中每年必考，是复习的重中之重，尤其是七种未定式极限的求解，务必熟练掌握. 而连续性是用极限来研究函数的第一个性态，是可导性和可积性的必要条件，同样重要. 为了更好地把握本章的内容，现总结本章知识体系框架如下：

本章知识框架

函数　有界性、单调性、奇偶性、周期性

↓↑

极限
- 极限概念
  - "$\varepsilon-N$" 定义
  - "$\varepsilon-X$" 定义
  - "$\varepsilon-\delta$" 定义
- 极限性质
  - 唯一性
  - 有界性
    - 数列整体有界
    - 函数局部有界
  - 保号性
- 求极限的主要方法
  - 极限四则运算法则
  - 等价无穷小替换
  - 变量替换
  - 洛必达法则
    - $\frac{0}{0}$ 型、$\frac{\infty}{\infty}$ 型
    - $\infty-\infty$ 型、$0\cdot\infty$ 型
    - 1^{∞}、∞^{0}、0^{0} 型
    - （$\infty-\infty$ 型、$0\cdot\infty$ 型，1^{∞}、∞^{0}、0^{0} 型）转换 → $\frac{0}{0}$ 型、$\frac{\infty}{\infty}$ 型
  - 极限存在准则
    - 单调有界数列有极限
    - 夹逼定理
  - 两个重要极限
    - $\lim\limits_{n\to\infty}\left(1+\frac{1}{n}\right)^{n}=\mathrm{e}$
    - $\lim\limits_{x\to0}\frac{\sin x}{x}=1$
  - 函数的连续性
  - 导数的定义
  - 函数极限求数列极限
  - 定积分定义求某些和式的极限
- 无穷小量
  - 无穷小量与无穷大量的定义、关系
  - 无穷小量的运算性质
  - 无穷小量与极限的关系
  - 无穷小量的比较

- 连续性
  - 连续的概念
    - 初等函数的连续性
    - 分段函数连续性的判定
    - 闭区间上连续函数的性质
      - 有界性定理
      - 零点定理
      - 最值定理
      - 介值定理
  - 间断点的分类
    - 第一类 —— 左右极限都存在
      - 跳跃间断点
      - 可去间断点
    - 第二类 —— 左右极限中至少有一个不存在

第一节　函　数

考点归纳

一、函数的概念

设 I 是实数集的某个子集，对于 $\forall x \in I$，通过一个对应法则 f，都有唯一确定的值 y 与之对应，即

$$\forall x \in I, x \xrightarrow{f} y$$

则称变量 y 为变量 x 的函数，记作 $y = f(x)$. 其中，I 称为函数的定义域，f 称为对应法则，而相应的函数值的全体称为函数的值域.

【注】 (1) 自然定义域：使得算式有意义的一切实数组成的集合. 常见函数的自然定义域：

① 分式函数，$\dfrac{1}{u(x)}, u(x) \neq 0$；

② 开偶次方，$\sqrt[2n]{u(x)}, u(x) \geqslant 0$；开奇次方，$\sqrt[2n+1]{u(x)}, u(x) \in \mathbf{R}$；

③ 对数函数，$\ln(u(x)), u(x) > 0$；

④ 三角函数：

$\sin x, x \in \mathbf{R}$；$\cos x, x \in \mathbf{R}$；$\tan x, x \neq k\pi + \dfrac{\pi}{2}, k \in \mathbf{Z}$；$\cot x, x \neq k\pi, k \in \mathbf{Z}$；

⑤ 反正弦函数和反余弦函数，$\arcsin u(x), \arccos u(x), |u(x)| \leqslant 1$.

(2) 考研中所指的函数均为单值函数，故要确定一个函数关系只要知道函数定义的两要素：定义域、对应法则. 即两个函数相等 $\Leftrightarrow$ 定义域相同且对应法则相同.

特别的是，函数与自变量的字母表示无关，比如 $y = x^2$ 与 $y = t^2$ 这两个函数相等.

二、函数的几何特性

1. 奇偶性

(1) 奇偶函数的定义

设函数 $y = f(x)$ 的定义域为 $(-a, a)(a > 0)$，若对于任意一个 $x \in (-a, a)$ 都有 $f(-x) = f(x)$，则称 $f(x)$ 为偶函数；若对于任意 $x \in (-a, a)$，都有 $f(-x) = -f(x)$，则称 $f(x)$ 为奇函数.

(2) 奇偶函数的性质

① 图像特征：偶函数图像关于 y 轴对称，奇函数图像关于原点对称；

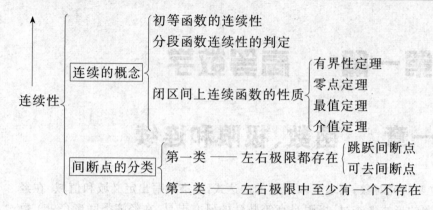

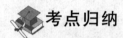

② 奇函数如果在 $x=0$ 点有定义，则必有 $f(0)=0$；

③ 奇偶函数的运算法则：

加法运算法则：奇 + 奇 = 奇，偶 + 偶 = 偶，非零奇 + 非零偶 = 非奇非偶；

乘法运算法则：奇 × 奇 = 偶，奇 × 偶 = 奇，偶 × 偶 = 偶，简记为同偶异奇；

复合运算法则：奇(奇) = 奇，奇(偶) = 偶，偶(偶) = 偶，偶(奇) = 偶，简记为一偶则偶.

④ 任意一个函数 $f(x)$，$x\in[-a,a]$，则均可拆成一个偶函数和一个奇函数之和，即

$$f(x)=\frac{f(x)+f(-x)}{2}+\frac{f(x)-f(-x)}{2}.$$

⑤ 常见的奇函数：$0,\sin x,\tan x,\frac{1}{x},x^{2n+1},\arcsin x,\arctan x,\cdots$

常见的偶函数：$C,|x|,\cos x,x^{2n},\mathrm{e}^{|x|},\mathrm{e}^{x^2},\cdots$

⑥ 奇偶性与微积分的结合：可导偶函数的导函数是奇函数；可导奇函数的导函数是偶函数；连续奇函数的原函数均是偶函数；连续偶函数的原函数有一个是奇函数，其余为非奇非偶.

2. 周期性

(1) 周期函数的定义

对函数 $y=f(x)$，若存在常数 $T>0$，使得对定义域内的每一个 x，$x+T$ 仍在定义域内，且有 $f(x+T)=f(x)$，则称函数 $y=f(x)$ 为周期函数，T 称为 $f(x)$ 的周期.

(2) 周期函数的性质

① 图像特征：周期函数的图像是周期变化的.

② 若函数 $f(x)$ 以 T 为周期，则函数 $f(\omega x)$ 以 $\frac{T}{|\omega|}$ 为周期；若函数 $f_1(x)$ 以 T_1 为周期，函数 $f_2(x)$ 以 T_2 为周期，则函数 $f_1(x)+f_2(x)$ 以 T_1,T_2 的最小公倍数为周期.

③ 考研常见的周期函数：$C,\sin x,\cos x,\tan x,\cot x,|\sin x|,|\cos x|\cdots$

④ 周期性与微积分的结合：可导的周期函数的导函数是周期函数；周期函数的原函数不一定是周期函数.

3. 单调性

(1) 单调性的定义

设函数 $y=f(x)$ 在区间 I 上有定义，$\forall x_1,x_2\in I$ 且 $x_1<x_2$ 时，均有

① $f(x_1)<f(x_2)$，则称函数 $f(x)$ 在区间 I 上单调增加；

② $f(x_1)>f(x_2)$，则称函数 $f(x)$ 在区间 I 上单调减少；

如果把上述定义中的“$<$”换成“$\leqslant$”称为单调不减，“$>$”换成“$\geqslant$”称为单调不增.

(2) 单调性的性质

① 单调性是函数在某个区间上的性质，因此单调性是一个区间概念；

② $\forall x\in I,f'(x)>0\Rightarrow f(x)$ 在 I 上单调递增；$\forall x\in I,f'(x)<0\Rightarrow f(x)$ 在 I 上单调递减.

4. 有界性

(1) 有界性的定义

设函数 $y=f(x)$ 在一个数集 I 上有定义，若存在正数 M，使得对于 $\forall x\in I$，有 $|f(x)|<M$ 成立，则称 $f(x)$ 在 I 上有界；如果不存在这样的 M，即对充分大的 $M>0$，都 $\exists x\in I$，使 $|f(x_1)|>M$，就称函数 $f(x)$ 在 I 上无界.

(2) 有界性的性质

① $y=f(x)$ 在 I 上有界 $\Leftrightarrow y=f(x)$ 在 I 上既有上界，又有下界；

②$y=f(x)$ 在有限区间 I 上其导函数 $f'(x)$ 有界，则函数 $f(x)$ 在 I 上也有界；

③ 常见的有界函数：$C,\sin x,\cos x,\arcsin x,\arccos x,\arctan x,\text{arccot}\, x\cdots$

④ 有界性是函数在某个区间上的性质，因此有界性是一个区间概念.

三、函数的构成方法与常见函数类

1. 基本初等函数

幂函数：$y=x^u$（$u\in\mathbf{R}$ 是常数）；

指数函数：$y=a^x$（$a>0$ 且 $a\neq1$）；

对数函数：$y=\log_a x$（$a>0$ 且 $a\neq1$，特别当 $a=\mathrm{e}$ 时，$y=\ln x$）；

三角函数：$y=\sin x,y=\cos x,y=\tan x,y=\cot x,y=\sec x,y=\csc x$；

反三角函数：$\arcsin x,\arccos x,\arctan x,\text{arccot}\, x$.

2. 复合函数

在有意义的情况下 $y=f(u),u=\varphi(x)\xrightarrow{\text{多合一}}y=f[\varphi(x)]$.

【注】 函数复合的条件：$y=f(u)$ 的定义域与 $u=\varphi(x)$ 的值域有交集.

3. 初等函数

由常数和基本初等函数经过有限次的四则运算和复合运算构成的，并可以用一个式子表示的函数，称为初等函数.

【注】 初等函数是考研数学研究的重点.

4. 分段函数

(1) 分段函数的定义：

若一个函数在其定义域的不同部分要用不同的式子表示，形如

$$y=f(x)=\begin{cases}f_1(x),x\in I_1,\\f_2(x),x\in I_2,\\\cdots\\f_n(x),x\in I_n,\end{cases}$$

称其为分段函数.

(2) 常见的隐形分段函数

① 绝对值函数：$y=|f(x)|$，分段点：$f(x)=0$ 的点，即零点分段；

② 取整函数：$y=[f(x)]$，分段点：所有的整数点；

③ 最值函数：$y=\max\{f(x),g(x)\}$ 或 $y=\min\{f(x),g(x)\}$，分段点：$f(x)=g(x)$ 的点，即令两函数相等的点.

5. 反函数

$$y=f(x)\xrightarrow{\text{若可反解出 } x}x=f^{-1}(y).$$

6. 隐函数

设有方程 $F(x,y)=0$，若对于 $\forall x\in I$ 都由方程唯一的确定了一个 y 的值，则由此所确定的一个函数关系式 $y=y(x)$ 称为由方程 $F(x,y)=0$ 确定的在 I 上的隐函数.

7. 幂指函数

$$y=f(x)^{g(x)}.\ (f(x)>0)$$

【注】 $y=f(x)^{g(x)}=\mathrm{e}^{g(x)\ln f(x)}$，一般用 e 作底数将幂指函数转为指数函数.

重要题型

题型一　函数的两要素

【题型方法分析】

(1) 利用函数的两要素判定函数是否相同；

(2) 用变量代换法求函数的表达式；

(3) 利用定义域的概念和常见函数的自然定义域求解复杂函数的定义域.

例 1.1　下列函数对中，表示同一函数的是(　　).

(A) $f(x)=\ln x^2$, $g(x)=2\ln x$

(B) $f(x)=x$, $g(x)=\sqrt{x^2}$

(C) $f(x)=\sqrt[3]{x^4-x^3}$, $g(u)=u\sqrt[3]{u-1}$

(D) $f(x)=x+1$, $g(x)=\dfrac{x^2-1}{x-1}$

(E) 以上不正确

【答案】　(C)

【解析】　选项(A)中，两个函数的定义域不同，函数 $f(x)=\ln x^2$ 的定义域为 $x\neq 0$，函数 $g(x)=2\ln x$ 的定义域为 $x>0$，故两个函数不同.

选项(B)中，函数 $g(x)=\sqrt{x^2}=|x|$，而 $f(x)=x$，即两个函数的对应法则不同，故两个函数不同.

选项(C)中，函数 $f(x)=\sqrt[3]{x^4-x^3}=\sqrt[3]{x^3(x-1)}=x\sqrt[3]{x-1}$，定义域为 $x\in\mathbf{R}$，而函数 $g(u)=u\sqrt[3]{u-1}$，定义域为 $u\in\mathbf{R}$，即两个函数的定义域和对应法则均相同，只有变量名称不同，而变量名称不是函数的要素，故这两个函数相同，因此答案选(C).

选项(D)中，函数 $f(x)=x+1$，定义域为 $x\in\mathbf{R}$，而函数 $g(x)=\dfrac{x^2-1}{x-1}$，定义域为 $x\neq 1$，两个函数的定义域不同，故两个函数不同.

> **【总结】**　判定两个函数是否相同，只要检验其两要素：定义域和对应法则是否相同即可，与变量名称无关.

例 1.2　若 $f(\mathrm{e}^x)=x+1$，则 $f(1)$ 的值为(　　).

(A) 2　　(B) 1　　(C) 0　　(D) $\mathrm{e}+1$　　(E) $\mathrm{e}-1$

【答案】　(B)

【解析】　令 $\mathrm{e}^x=t$，$x=\ln t$，则 $f(t)=\ln t+1$，$t>0$，故可知 $f(1)=\ln 1+1=1$.

> **【总结】**　求复合函数表达式，用变量代换法作整体替换.

例 1.3　已知函数 $f(x)=\dfrac{\sqrt{\sqrt{2x}-1}}{\mathrm{e}^x-1}$，求 $f(x)$ 的定义域.

【解】　要使 $\dfrac{\sqrt{\sqrt{2x}-1}}{\mathrm{e}^x-1}$ 有意义，则要求 $\begin{cases}2x\geqslant 0,\\ \sqrt{2x}-1\geqslant 0,\\ \mathrm{e}^x-1\neq 0\end{cases}$ 同时成立，即 $\begin{cases}x\geqslant 0,\\ x\geqslant \dfrac{1}{2},\\ x\neq 0,\end{cases}$ 因此函数 $f(x)$ 的定义域为 $x\geqslant\dfrac{1}{2}$.

> **【总结】**　求函数的定义域，如果没有特殊要求，则直接利用常见函数的自然定义域求解.

题型二　函数的几何特性

【题型方法分析】

(1) 判定函数的奇偶性：

① 奇偶性的定义；

② 奇偶性的性质；

③ 若 $f(-x)+f(x)=0$，则 $f(x)$ 为奇函数；$f(-x)+f(x)=2f(x)$，则 $f(x)$ 为偶函数.

④ 若 $f(x)\neq 0$，且 $\dfrac{f(-x)}{f(x)}=-1$，则 $f(x)$ 为奇函数；$\dfrac{f(-x)}{f(x)}=1$，则 $f(x)$ 为偶函数.

(2) 判定函数的周期性：

① 周期性的定义；

② 周期性的性质；

(3) 判定函数的单调性：

① 单调性的定义；

② 若函数可导，利用其导数符号；

③ 数学归纳法.

(4) 判定函数的有界性：

① 有界性的定义；

② 有界性的性质；

③ 数学归纳法.

例 1.4　已知函数 $f(x)=\ln(x+\sqrt{x^2+1})$，则 $f(x)$ 为(　　).

(A) 奇函数　(B) 偶函数　(C) 非奇非偶函数　(D) 无法确定　(E) 有界函数

【答案】 (A)

【解析】 **方法一　利用定义.**

$$
\begin{aligned}
f(-x)&=\ln(-x+\sqrt{x^2+1})=\ln\left[\frac{(-x+\sqrt{x^2+1})(x+\sqrt{x^2+1})}{x+\sqrt{x^2+1}}\right]\\
&=\ln\left(\frac{1}{x+\sqrt{x^2+1}}\right)=-\ln(x+\sqrt{x^2+1})\\
&=-f(x),
\end{aligned}
$$

故函数 $f(x)$ 为奇函数.

方法二　
$$
\begin{aligned}
f(x)+f(-x)&=\ln(x+\sqrt{x^2+1})+\ln(-x+\sqrt{x^2+1})\\
&=\ln(x^2+1-x^2)=\ln 1=0,
\end{aligned}
$$

故函数 $f(x)$ 为奇函数.

> **【总结】**　根据题设条件选择前面所总结的方法判定函数的奇偶性，本题在方法一中化简的方法是根式有理化，在计算中若遇到根式相加或者相减的形式，则可以考虑此方法.

例 1.5　已知函数 $f(x)=x^2\sin x e^{\cos x}$，$x\in\mathbf{R}$，则 $f(x)$ 为(　　).

(A) 周期函数　(B) 有界函数　(C) 单调函数　(D) 奇函数　(E) 无法确定

【答案】 (D)

【解析】 易知，$\cos x$，$\sin x$ 均以 2π 为周期，验证 2π 是否为函数 $f(x)=x^2\sin x e^{\cos x}$ 的周期，利用周期性的定义可知，$f(2\pi+x)=(2\pi+x)^2\sin(2\pi+x)e^{\cos(2\pi+x)}=(2\pi+x)^2\sin x e^{\cos x}\neq f(x)$，因此 $f(x)$ 不是周期函数.

关于有界性，令 $x=2n\pi+\frac{\pi}{2}$，有 $\lim\limits_{n\to\infty}f\left(2n\pi+\frac{\pi}{2}\right)=\lim\limits_{n\to\infty}\left(2n\pi+\frac{\pi}{2}\right)^2\sin\left(2n\pi+\frac{\pi}{2}\right)e^{\cos\left(2n\pi+\frac{\pi}{2}\right)}=\infty$，则 $f(x)$ 为无界函数.

关于单调性，任取三个函数值

$f(0)=0$，$f(-\frac{3\pi}{2})=\left(-\frac{3\pi}{2}\right)^2\sin\left(-\frac{3\pi}{2}\right)e^{\cos\left(-\frac{3\pi}{2}\right)}=\frac{9\pi^2}{4}$，$f\left(\frac{\pi}{2}\right)=\left(\frac{\pi}{2}\right)^2\sin\left(\frac{\pi}{2}\right)e^{\cos\left(\frac{\pi}{2}\right)}=\frac{\pi^2}{4}$，易得 $f(0)<f(-\frac{3\pi}{2})$，$f(0)<f(\frac{\pi}{2})$，因此函数不具备单调性.

易知，$\sin x$ 是奇函数，$e^{\cos x}$，x^2 均是偶函数，则由奇×偶＝奇可知，函数 $f(x)=x^2\sin x e^{\cos x}$ 是奇函数.

> **【总结】** 要理解函数的各个几何特性的定义和判断方法，奇偶性一般先看定义域是否对称，再用定义来判断；单调性可以通过求导来判断，在选择题中也可以用特值来判断，排除错误选项；周期性需要严格进行验证，一般主要是针对三角函数；有界性或者无界性的判断需要和极限结合起来.

例 1.6 已知定义在 **R** 上的奇函数 $f(x)$ 满足 $f(x+2)=-f(x)$，则 $f(6)$ 的值为(　　).

(A) -1　　(B) 0　　(C) 1　　(D) 2　　(E) -2

【答案】 (B)

【解析】 由题设可知，$f(x)$ 是奇函数，则 $f(0)=0$，又 $f(x+2)=-f(x)$，故 $f[(x+2)+2]=-f(x+2)=f(x)$，即函数 $f(x)$ 以 4 为周期，则 $f(6)=f(2)=f(0+2)=-f(0)=0$，因此答案选(B).

> **【总结】** 已知 $f(x+a)=-f(x)$，则 $f[(x+a)+a]=-f(x+a)=-(-f(x))=f(x)$，即以 $2a$ 为周期.

题型三　函数的复合和分解

【题型方法分析】

(1) 将简单的初等函数、分段函数进行复合，利用复合函数的定义，由外向里逐层进行复合；

(2) 将复合函数逐层分解成简单函数，则由外向里逐层进行分解，直至分解为简单函数为止.

例 1.7 设 $f(x)=\begin{cases}1, & x\leqslant 0,\\ 2, & x>0,\end{cases}$ $g(x)=\begin{cases}-x^2, & |x|<1,\\ 3-|x|, & |x|\geqslant 1,\end{cases}$ 试求 $f[g(x)]$，$g[f(x)]$.

【解】 先复合最外层，将 $g(x)$ 看成整体，则 $f[g(x)]=\begin{cases}1, & g(x)\leqslant 0,\\ 2, & g(x)>0,\end{cases}$ 再求 $g(x)$ 的值域.

当 $|x|<1$ 时，$g(x)=-x^2$，则 $-1<g(x)\leqslant 0$；

当 $1\leqslant|x|<3$ 时，$g(x)=3-|x|$，则 $g(x)>0$；

当 $|x| \geqslant 3$ 时，$g(x)=3-|x|$，则 $g(x) \leqslant 0$；

故 $f[g(x)]=\begin{cases}1, & |x|<1 \text{ 或 } |x| \geqslant 3, \\ 2, & 1 \leqslant |x|<3.\end{cases}$

先求 $g[f(x)]$，仍然从外向里复合，将 $f(x)$ 看成一个整体，则

$g[f(x)]=\begin{cases}-[f(x)]^2, & |f(x)|<1, \\ 3-|f(x)|, & |f(x)| \geqslant 1,\end{cases}$ 再求 $f(x)$ 的值域，因为

$f(x)=\begin{cases}1, & x \leqslant 0, \\ 2, & x>0,\end{cases}$ 故可得 $f(x) \geqslant 1$，因此

$g[f(x)]=3-|f(x)|=\begin{cases}2, & x \leqslant 0, \\ 1, & x>0,\end{cases} x \in \mathbf{R}.$

【总结】 将两个函数进行复合，按照由外向里的顺序比较简便，在最外层复合时，将里层函数看作整体代入.

例 1.8 设 $f(x)=\begin{cases}2x, & x \leqslant 0, \\ \dfrac{2}{1+x}, & x>0,\end{cases}$ 求 $f\{f[f(x)]\}$.

【解】 由外向里逐层复合 $f\{f[f(x)]\}=\begin{cases}2f[f(x)], & f[f(x)] \leqslant 0, \\ \dfrac{2}{1+f[f(x)]}, & f[f(x)]>0.\end{cases}$

再求 $f[f(x)]$，可知 $f[f(x)]=\begin{cases}2f(x), & f(x) \leqslant 0, \\ \dfrac{2}{1+f(x)}, & f(x)>0.\end{cases}$

接下来求 $f(x)$ 的值域. 由 $f(x)=\begin{cases}2x, & x \leqslant 0, \\ \dfrac{2}{1+x}, & x>0\end{cases}$ 知，

当 $x \leqslant 0$ 时，$f(x)=2x \leqslant 0$；

当 $x>0$ 时，$f(x)=\dfrac{2}{1+x}>0$，故由 $f[f(x)]=\begin{cases}2(2x), & x \leqslant 0, \\ \dfrac{2}{1+\dfrac{2}{1+x}}, & x>0\end{cases}=\begin{cases}4x, & x \leqslant 0, \\ \dfrac{2+2x}{3+x}, & x>0\end{cases}$ 可知 $f[f(x)]$ 的值域.

当 $x \leqslant 0$ 时，$f[f(x)]=4x \leqslant 0$；

当 $x>0$ 时，$f[f(x)]=\dfrac{2+2x}{3+x}>0$，代入可得

$$f\{f[f(x)]\}=\begin{cases}2(4x), & x \leqslant 0, \\ \dfrac{2}{1+\dfrac{2+2x}{3+x}}, & x>0\end{cases}=\begin{cases}8x, & x \leqslant 0, \\ \dfrac{6+2x}{5+3x}, & x>0.\end{cases}$$

【总结】 无论是多少层的函数复合，我们只要从最外层开始逐层向里进行复合，复合时都将下层函数看作一个整体，然后求出里层函数的值域范围，再依次还原代入即可.

第二节 极 限

考点归纳

一、极限的定义

1. 数列极限

(1) 数列收敛的定义

设数列$\{y_n\}$：$y_1,y_2,\cdots,y_n,\cdots$若当$n$无限增大时，$y_n$趋于某固定数值$M$，则称数列$\{y_n\}$以$M$为极限，记作$\lim\limits_{n\to\infty}y_n=M$或$y_n\to M,(n\to\infty)$. 此时也称数列收敛于$M$. 若不存在这样的定值$M$，则称数列发散.

(2) 数列极限的$\varepsilon-N$定义

$\lim\limits_{n\to\infty}x_n=A\Leftrightarrow\forall\varepsilon>0,\exists N$(自然数)，使得当$n>N$时，有$|x_n-A|<\varepsilon$.

【注】 1. 极限存在时称数列是收敛的，极限不存在时称数列是发散的.

2. 数列极限只对从N后面无穷多项有要求，而对前面有限项无约束.

3. $\lim\limits_{n\to\infty}x_n=A\Leftrightarrow\lim\limits_{n\to\infty}x_{2n}=\lim\limits_{n\to\infty}x_{2n+1}=A$.

2. 函数极限

(1) 函数极限的定义1($\varepsilon-X$语言)

当$x\to\infty$时的函数极限：$\lim\limits_{x\to\infty}f(x)=A\Leftrightarrow\forall\varepsilon>0,\exists X>0$，使得当$|x|>X$时，有$|f(x)-A|<\varepsilon$.

(2) 函数极限的定义2($\varepsilon-\delta$语言)

当$x\to x_0$时的函数极限：$\lim\limits_{x\to x_0}f(x)=A\Leftrightarrow\forall\varepsilon>0,\exists\delta>0$，使得当$0<|x-x_0|<\delta$时，有$|f(x)-A|<\varepsilon$.

【注】 1. 函数极限在某点的极限是否存在与该点的定义无关.

2. 数列极限可转化为函数极限，设$x_n=f(n)$，则$\lim\limits_{n\to\infty}x_n=\lim\limits_{n\to\infty}f(n)=\lim\limits_{x\to+\infty}f(x)$，要注意在数列极限中默认$n$为正整数，故要写成$x\to+\infty$.

(3) 单侧极限

$f(x)$在x_0点的左极限：$\lim\limits_{x\to x_0^-}f(x)=A\Leftrightarrow\forall\varepsilon>0,\exists\delta>0$，使得当$x\in(x_0-\delta,x_0)$时，有$|f(x)-A|<\varepsilon$，也可记为$f(x_0-0)$.

$f(x)$在x_0点的右极限：$\lim\limits_{x\to x_0^+}f(x)=A\Leftrightarrow\forall\varepsilon>0,\exists\delta>0$，使得当$x\in(x_0,x_0+\delta)$时，有$|f(x)-A|<\varepsilon$，也可记为$f(x_0+0)$.

(4) 极限存在的充要条件

$$\lim_{x\to x_0}f(x)=A\Leftrightarrow\lim_{x\to x_0^+}f(x)=\lim_{x\to x_0^-}f(x)=A.$$

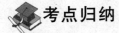

【注】 极限存在的充要条件一般用于分段函数在分段点处求极限.

(5) 需要熟记的常用极限

$\lim\limits_{n\to\infty}\frac{1}{n}=0$；$\lim\limits_{x\to\infty}\frac{1}{x}=0$；$\lim\limits_{n\to\infty}q^n=0,|q|<1$；$\lim\limits_{n\to\infty}q^n=\infty,|q|>1$；

$\lim\limits_{x\to-\infty}e^x=0$；$\lim\limits_{x\to+\infty}e^x=+\infty$；$\lim\limits_{n\to\infty}\sqrt[n]{a}=\lim\limits_{n\to\infty}\sqrt[n]{n}=1$；$\lim\limits_{x\to0^+}x^x=1$；

$\lim\limits_{x\to-\infty}\arctan x=-\frac{\pi}{2}$；$\lim\limits_{x\to+\infty}\arctan x=\frac{\pi}{2}$.

二、极限的性质

1. 唯一性

若数列(函数)的极限存在，则此极限必唯一.

2. 有界性(局部有界性)

如果数列收敛，则数列必有界；如果函数极限存在，则函数局部有界.

3. 保号性(局部保号性)

设$\lim\limits_{x\to x_0}f(x)=A>0$，则$\exists\delta>0$，使得$x\in\mathring{U}(x_0,\delta)$，$f(x)>0$.

【注】 (1) 如果当$x\in\mathring{U}(x_0,\delta)$时，$f(x)>0$，那么$A\geqslant0$.

(2) 推广：设$\lim\limits_{x\to x_0}f(x)=A$，则$\forall l<A$，$\exists\delta>0$，使得$x\in\mathring{U}(x_0,\delta)$，$f(x)>l$.

三、极限的运算法则

1. 极限的四则运算法则

若$\lim f(x)=A$，$\lim g(x)=B$，那么

$\lim[f(x)\pm g(x)]=A\pm B$，　$\lim[f(x)\cdot g(x)]=A\cdot B$，　$\lim\frac{f(x)}{g(x)}=\frac{A}{B}(B\neq0)$.

【注】 1. 可推广至有限个，若$\lim f_1(x)=A_1,\lim f_2(x)=A_2,\cdots,\lim f_n(x)=A_n$，则

$$\lim[f_1(x)+f_2(x)+\cdots+f_n(x)]=A_1+A_2+\cdots+A_n.$$

2. 定性分析：存在 ± 存在 = 存在，存在 ± 不存在 = 不存在，不存在 ± 不存在 = 不一定

存在 × 存在 = 存在，不存在 × 存在(= 0) = 不一定，

不存在 × 不存在 = 不一定，存在(≠ 0) × 不存在 = 不存在

3. 加减运算的推广：若$\lim f(x)=A$，则$\lim[f(x)\pm g(x)]=A\pm\lim g(x)$.

4. 乘法运算的推广：若$\lim f(x)=A\neq0$，则$\lim[f(x)\cdot g(x)]=A\cdot\lim g(x)$，即非零因子先求出.

5. 商的极限的两个结论：

(1)$\lim\frac{f(x)}{g(x)}$存在，$\lim g(x)=0\Rightarrow\lim f(x)=0$；

(2)$\lim\frac{f(x)}{g(x)}=A\neq0$，$\lim f(x)=0\Rightarrow\lim g(x)=0$.

2. 幂指函数极限运算法则

设$\lim\limits_{x\to x_0}f(x)=A$，$\lim\limits_{x\to x_0}g(x)=B$，则$\lim\limits_{x\to x_0}f(x)^{g(x)}=A^B$.

3. 复合函数极限运算法则

已知 $\lim\limits_{u\to u_0} f(u) = A$，$\lim\limits_{x\to x_0}\varphi(x) = u_0 \Rightarrow$ 在有意义的情况下，$\lim\limits_{x\to x_0} f[\varphi(x)] = A$.

四、极限存在的判别法则

1. 夹逼准则

(1) 数列极限的夹逼准则：若存在 N，当 $n > N$ 时，$y_n \leqslant x_n \leqslant z_n$，且 $\lim\limits_{n\to\infty} y_n = \lim\limits_{n\to\infty} z_n = a$，则 $\lim\limits_{n\to\infty} x_n = a$.

(2) 函数极限的夹逼准则：若 $g(x) \leqslant f(x) \leqslant h(x)$，且

$$\lim_{x\to x_0} g(x) = \lim_{x\to x_0} h(x) = A \Rightarrow \lim_{x\to x_0} f(x) = A.$$

【注】 $x \to x_0$ 也可以是 $x \to x_0^-, x_0^+, \infty, +\infty, -\infty$ 下的极限.

2. 单调有界数列必有极限

(1) 单调递增且有上界，则极限必存在.

(2) 单调递减且有下界，则极限必存在.

五、两个重要极限

1. $\lim\limits_{x\to 0} \dfrac{\sin x}{x} = 1$；

2. $\lim\limits_{n\to\infty}\left(1+\dfrac{1}{n}\right)^n = \lim\limits_{x\to\infty}\left(1+\dfrac{1}{x}\right)^x = \lim\limits_{x\to 0}(1+x)^{\frac{1}{x}} = \mathrm{e}$.

【注】 (1) 常用的推广情形：$\lim\limits_{\Delta\to 0}\dfrac{\sin\Delta}{\Delta} = 1$；$\lim\limits_{\Delta\to 0}(1+\Delta)^{\frac{1}{\Delta}} = \mathrm{e}$ 或 $\lim\limits_{\Delta\to\infty}\left(1+\dfrac{1}{\Delta}\right)^{\Delta} = \mathrm{e}$.

(2) 利用第二个重要极限求解"1^∞"极限：若 $\lim f(x) = 1$，则 $\lim\,[f(x)]^{g(x)} = \lim[1+f(x)-1]^{\frac{1}{f(x)-1}\cdot\frac{f(x)-1}{1}g(x)} = \mathrm{e}^{\lim[f(x)-1]g(x)}$.

六、特殊类型的极限

1. 无穷小、无穷大的定义

(1) 无穷小：若 $\lim\limits_{\substack{x\to x_0\\(x\to\infty)}} f(x) = 0$，则称 $f(x)$ 为 $x \to x_0 (x \to \infty)$ 时的无穷小.

【注】 常数 0 是无穷小.

(2) 无穷大：若 $\lim\limits_{\substack{x\to x_0\\(x\to\infty)}} f(x) = \infty$，则称 $f(x)$ 为 $x \to x_0 (x \to \infty)$ 时的无穷大.

【注】 (1) 无穷小与无穷大的关系：在自变量的同一变化过程中，若 $f(x)$ 为无穷大，则其倒数 $[f(x)]^{-1}$ 必为无穷小；反之若 $f(x)$ 为无穷小，且 $f(x) \neq 0$，则其倒数 $[f(x)]^{-1}$ 必为无穷大.

(2) 无穷大与无界的关系：无穷大 $\Rightarrow$ 无界，无界 $\nRightarrow$ 无穷大.

2. 无穷小的运算

(1) 若 $\lim f_i(x) = 0, i = 1, \cdots, n$，则 $\lim\sum\limits_{i=1}^{n} f_i(x) = 0$，$\lim\prod\limits_{i=1}^{n} f_i(x) = 0$，即有限个无穷小的和或积仍为无穷小.

(2) 有界函数与无穷小的积仍为无穷小.

3. 无穷小的比较

设 α,β 是同一自变量变化过程中的无穷小，且 $\lim \dfrac{\alpha}{\beta}(\beta \neq 0)$ 也是在此变化过程中的极限.

(1) 若 $\lim \dfrac{\alpha}{\beta} = 0$，则称 α 是 β 的高阶无穷小，记作 $\alpha = o(\beta)$；

(2) 若 $\lim \dfrac{\alpha}{\beta} = \infty$，则称 α 是 β 的低阶无穷小，记作 $\beta = o(\alpha)$；

(3) 若 $\lim \dfrac{\alpha}{\beta} = c \neq 0$，则称 α 和 β 是同阶无穷小，记作 $\alpha = O(\beta)$；

(4) 特别地，若 $\lim \dfrac{\alpha}{\beta} = 1$，则称 α 和 β 是等价无穷小，记作 $\alpha \sim \beta$；

(5) 若 $\lim \dfrac{\alpha}{\beta^k} = l \neq 0$，则称 α 是 β 的 k 阶无穷小.

【注】 (1) 并非任意两个无穷小均可比较，比如两个无穷小 $\lim\limits_{x\to 0} x\sin\dfrac{1}{x} = 0$，$\lim\limits_{x\to 0} x = 0$，而 $\lim\limits_{x\to 0} \dfrac{x\sin\dfrac{1}{x}}{x} = \lim\limits_{x\to 0}\sin\dfrac{1}{x}$，此时极限不存在且不是无穷大，故无法比较.

(2) 考研常用的等价无穷小.

当 $x \to 0$ 时：

$x \sim \sin x \sim \tan x \sim \arcsin x \sim \arctan x \sim \ln(1+x) \sim \mathrm{e}^x - 1$；

$a^x - 1 \sim x\ln a$，$(1+x)^\alpha - 1 \sim \alpha x$，$1 - \cos x \sim \dfrac{1}{2}x^2$.

4. 替换定理

同一个极限过程中，若 $\alpha \sim \alpha'$，$\beta \sim \beta' \Rightarrow \lim \dfrac{\alpha}{\beta} = \lim \dfrac{\alpha'}{\beta'}$.

【注】 等价无穷小替换条件：乘除可用，加减不宜.

七、洛必达法则

条件：(1) 当 $x \to a$(或 $x \to \infty$) 时，$f(x)$ 及 $F(x)$ 都趋于零(或 ∞)；

(2) 在点 a 的某去心邻域内，$f'(x)$ 及 $F'(x)$ 都存在且 $F'(x) \neq 0$；

(3) $\lim\limits_{x\to a} \dfrac{f'(x)}{F'(x)}$ 存在(或为无穷大).

结论：$\lim\limits_{x\to a} \dfrac{f(x)}{F(x)} = \lim\limits_{x\to a} \dfrac{f'(x)}{F'(x)}$.

【注】 (1) 条件(1) 中的 $x \to a$ 也可以是 $x \to a^-, a^+$；$x \to \infty$ 也可以是 $x \to -\infty, +\infty$.

(2) 若 $\lim\limits_{x\to a} \dfrac{f'(x)}{F'(x)}$ 不存在且不为无穷大，此时洛必达法则失效，推不出 $\lim\limits_{x\to a} \dfrac{f(x)}{F(x)}$ 不存在.

(3) 洛必达法则可用来求七种类型不定式的极限，即 $\dfrac{0}{0}$，$\dfrac{\infty}{\infty}$，$0\cdot\infty$，$\infty-\infty$，1^∞，∞^0，0^0，其中前两种 $\dfrac{0}{0}$，$\dfrac{\infty}{\infty}$ 直接用洛必达法则，后五种均可化为前两种，化简方式如图 1-1-1：

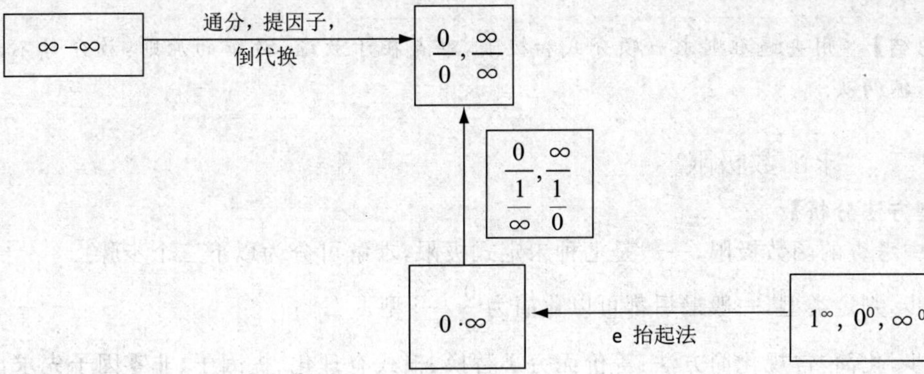

图 1-1-1

重要题型

题型一　求数列极限

【题型方法分析】

求数列极限，一般有以下几种主要方法：

(1) 如果已知数列的通项表达式，且表达形式是七种未定式的，可转化为函数极限进行计算；

(2) 若给出数列递推公式，则一般考虑用单调有界必有极限准则；

(3) 若求的是 n 项分式和的极限，则通过对数列的通项适当放大、缩小，然后利用夹逼准则求极限；

(4) 形如$\lim\limits_{n\to\infty}\sum\limits_{i=1}^{n}\frac{1}{n}f\left(\frac{i}{n}\right)$的 n 项和求极限，则利用定积分定义求解：$\lim\limits_{n\to\infty}\sum\limits_{i=1}^{n}\frac{1}{n}f\left(\frac{i}{n}\right)=\int_0^1 f(x)\mathrm{d}x$；

(5)n 项积求极限，先利用取对数法转为 n 项和，再选择(3) 或(4) 中的方法.

例 1.9　求极限$\lim\limits_{n\to\infty}\left(\frac{1}{n^2+1}+\frac{2}{n^2+2}+\cdots+\frac{n}{n^2+n}\right)$.

【解】　n 项分式和求极限，用夹逼准则. 由$\frac{i}{n^2+n}\leqslant\frac{i}{n^2+i}\leqslant\frac{i}{n^2+1}$，得

$$\sum_{i=1}^{n}\frac{i}{n^2+n}\leqslant\sum_{i=1}^{n}\frac{i}{n^2+i}\leqslant\sum_{i=1}^{n}\frac{i}{n^2+1},$$

$$\lim_{n\to\infty}\left(\sum_{i=1}^{n}\frac{i}{n^2+1}\right)=\lim_{n\to\infty}\frac{1}{n^2+1}\left(\sum_{i=1}^{n}i\right)=\lim_{n\to\infty}\frac{\frac{n(n+1)}{2}}{n^2+1}=\frac{1}{2},$$

$$\lim_{n\to\infty}\left(\sum_{i=1}^{n}\frac{i}{n^2+n}\right)=\lim_{n\to\infty}\frac{1}{n^2+n}\left(\sum_{i=1}^{n}i\right)=\lim_{n\to\infty}\frac{\frac{n(n+1)}{2}}{n^2+n}=\frac{1}{2},$$

则由夹逼准则可知，$\lim\limits_{n\to\infty}\left(\frac{1}{n^2+1}+\frac{2}{n^2+2}+\cdots+\frac{n}{n^2+n}\right)=\frac{1}{2}$.

【总结】 用夹逼准则求 n 项分式和极限，难点在于放缩. 放缩的原则：放分母不放分子，抓两头.

题型二 求函数极限

【题型方法分析】

考研中考查的函数极限，一般是七种未定式极限，求解可分为以下三个步骤：

第一步，判定类型，一般最后都可以化简为$\frac{0}{0}$，$\frac{\infty}{\infty}$型；

第二步，化简，常规化简方法：等价无穷小替换、根式有理化、提因子、非零因子先求出、恒等变形等；

第三步，极限四则运算法则或洛必达或泰勒公式.

例 1.10 求极限$\lim\limits_{x\to 0}\frac{(e^x-1)\ln(1+x)}{1-\cos x}$.

【解析】 $\frac{0}{0}$ 型极限.

$$\lim_{x\to 0}\frac{(e^x-1)\ln(1+x)}{1-\cos x}=\lim_{x\to 0}\frac{x\cdot x}{\frac{1}{2}x^2}=2.$$

【总结】 在$\frac{0}{0}$ 型极限的求解中，等价无穷小替换是常考点，本题涉及了三个常见无穷小的替换，故同学们要熟练记忆本书前面总结的公式.

例 1.11 求极限$\lim\limits_{x\to 0}\frac{\sqrt{1+\sin^2 x}-\sqrt{\cos x}}{(1+x^2)^2-1}$.

【解】 $\frac{0}{0}$ 型极限.

$$\begin{aligned}\lim_{x\to 0}\frac{\sqrt{1+\sin^2 x}-\sqrt{\cos x}}{(1+x^2)^2-1}&=\lim_{x\to 0}\frac{\sqrt{1+\sin^2 x}-\sqrt{\cos x}}{2x^2}\\&=\lim_{x\to 0}\frac{(\sqrt{1+\sin^2 x}-\sqrt{\cos x})(\sqrt{1+\sin^2 x}+\sqrt{\cos x})}{2x^2(\sqrt{1+\sin^2 x}+\sqrt{\cos x})}\\&=\lim_{x\to 0}\frac{1+\sin^2 x-\cos x}{4x^2}\\&=\lim_{x\to 0}\left(\frac{1-\cos x}{4x^2}+\frac{\sin^2 x}{4x^2}\right)\\&=\lim_{x\to 0}\frac{1-\cos x}{4x^2}+\lim_{x\to 0}\frac{\sin^2 x}{4x^2}\\&=\lim_{x\to 0}\frac{\frac{1}{2}x^2}{4x^2}+\lim_{x\to 0}\frac{x^2}{4x^2}=\frac{3}{8}.\end{aligned}$$

【总结】 碰到根式相加减，可以考虑根式有理化化简. 本题化简的第三步，$\lim\limits_{x\to 0}(\sqrt{1+\sin^2 x}+\sqrt{\cos x})=2\neq 0$，故可以先求出.

例 1.12　求极限$\lim\limits_{x\to\infty}\dfrac{2x^2+1}{4x+5}\sin\dfrac{3}{2x}$.

【解】　$0\cdot\infty$ 型极限.

$$\lim_{x\to\infty}\frac{2x^2+1}{4x+5}\sin\frac{3}{2x}=\lim_{x\to\infty}\left(\frac{2x^2+1}{4x+5}\times\frac{3}{2x}\right)=\lim_{x\to\infty}\frac{6x^2+3}{8x^2+10x}=\lim_{x\to\infty}\frac{6+\dfrac{3}{x^2}}{8+\dfrac{10x}{x^2}}=\frac{3}{4}.$$

【总结】　本题将$0\cdot\infty$型极限转换为$\dfrac{\infty}{\infty}$型极限，在$\dfrac{\infty}{\infty}$型极限的求解中，提取无穷大因子是常用方法，但是本题可以用更简单的方法“抓大放小”，有两种形式：

$$\lim_{x\to\infty}\frac{a_0+a_1x+a_2x^2+\cdots+a_mx^m}{b_0+b_1x+b_2x^2+\cdots+b_nx^n}=\begin{cases}0, & m<n,\\ \dfrac{a_m}{b_n}, & m=n,\\ \infty, & m>n.\end{cases}$$

$$\lim_{x\to 0}\frac{a_mx^m+a_{m+1}x^{m+1}+a_{m+2}x^{m+2}+\cdots}{b_nx^n+b_{n+1}x^{n+1}+b_{n+2}x^{n+2}+\cdots}=\begin{cases}\infty, & m<n,\\ \dfrac{a_m}{b_n}, & m=n,\\ 0, & m>n.\end{cases}$$

简记为：$x\to\infty$，看最高次幂系数之比；$x\to 0$，看最低次幂系数之比. 例如，

$$\lim_{x\to\infty}\frac{6x^2+3}{8x^2+10x}=\frac{6}{8}=\frac{3}{4},\lim_{x\to 0}\frac{6x^2+3x}{8x^2+10x}=\frac{3}{10}.$$

例 1.13　求极限$\lim\limits_{x\to 0}\left[\dfrac{1}{\ln(1+x)}-\dfrac{1}{x}\right]$.

【解】　$\infty-\infty$ 型极限.

$$\lim_{x\to 0}\left[\frac{1}{\ln(1+x)}-\frac{1}{x}\right]=\lim_{x\to 0}\left[\frac{x-\ln(1+x)}{x\ln(1+x)}\right]=\lim_{x\to 0}\left[\frac{x-\ln(1+x)}{x^2}\right]$$

$$=\lim_{x\to 0}\left(\frac{1-\dfrac{1}{1+x}}{2x}\right)=\lim_{x\to 0}\left(\frac{\dfrac{x}{1+x}}{2x}\right)=\frac{1}{2}.$$

【总结】　$\infty-\infty$ 型极限中若是两个分式相减，则直接通分转换为$\dfrac{0}{0}$，$\dfrac{\infty}{\infty}$型. 本题在第二步求解$\lim\limits_{x\to 0}\left[\dfrac{x-\ln(1+x)}{x^2}\right]$时用的是洛必达法则，除此之外，也可以利用双函数差的等价无穷小替换$x-\ln(1+x)\sim\dfrac{1}{2}x^2$，则$\lim\limits_{x\to 0}\left[\dfrac{x-\ln(1+x)}{x^2}\right]=\lim\limits_{x\to 0}\left(\dfrac{\frac{1}{2}x^2}{x^2}\right)=\dfrac{1}{2}$.

常见的双函数差的等价无穷小替换还有如下几个公式：

$$x-\sin x\sim\frac{1}{6}x^3,\arcsin x-x\sim\frac{1}{6}x^3,\tan x-x\sim\frac{1}{3}x^3,$$

$$x-\arctan x\sim\frac{1}{3}x^3,\tan x-\sin x\sim\frac{1}{2}x^3.$$

例 1.14 求极限$\lim\limits_{x\to 0}\left(\dfrac{\sin x}{x}\right)^{\frac{1}{1-\cos x}}$.

【解】 1^{∞} 型极限.

方法一 第二重要极限公式.

$$\lim_{x\to 0}\left(\frac{\sin x}{x}\right)^{\frac{1}{1-\cos x}}=e^{\lim\limits_{x\to 0}\left(\frac{\sin x}{x}-1\right)\frac{1}{1-\cos x}}=e^{\lim\limits_{x\to 0}\frac{\sin x-x}{x\cdot\frac{1}{2}x^2}}$$

$$=e^{\lim\limits_{x\to 0}\frac{\cos x-1}{\frac{3}{2}x^2}}=e^{\lim\limits_{x\to 0}\frac{-\frac{1}{2}x^2}{\frac{3}{2}x^2}}=e^{-\frac{1}{3}}.$$

方法二 e 抬起法.

$$\lim_{x\to 0}\left(\frac{\sin x}{x}\right)^{\frac{1}{1-\cos x}}=e^{\lim\limits_{x\to 0}\frac{1}{1-\cos x}\ln\left(\frac{\sin x}{x}\right)}=e^{\lim\limits_{x\to 0}\frac{1}{\frac{1}{2}x^2}\ln\left(1+\frac{\sin x}{x}-1\right)}$$

$$=e^{\lim\limits_{x\to 0}\frac{2}{x^2}\left(\frac{\sin x}{x}-1\right)}=e^{\lim\limits_{x\to 0}2\left(\frac{\sin x-x}{x^3}\right)}$$

$$=e^{\lim\limits_{x\to 0}2\frac{\cos x-1}{3x^2}}=e^{\lim\limits_{x\to 0}2\frac{-\frac{1}{2}x^2}{3x^2}}$$

$$=e^{-\frac{1}{3}}.$$

【总结】 求解 1^{∞} 型极限常用方法有两个：第二重要极限公式和 e 抬起法. 相对而言，第二重要极限公式更为简便. 本题在方法二中，利用恒等变形构造了等价无穷小的形式，其实可以作为结论记住. 一般模式：$\Delta\to 1,\ln(\Delta)=\ln(1+\Delta-1)\sim\Delta-1$，直接使用.

例 1.15 求极限$\lim\limits_{x\to 0}\dfrac{e^{\sin x}-e^{\tan x}}{x\ln(1+x^2)}$.

【解】 $\dfrac{0}{0}$ 型极限.

$$\lim_{x\to 0}\frac{e^{\sin x}-e^{\tan x}}{x\ln(1+x^2)}=\lim_{x\to 0}\frac{e^{\tan x}(e^{\sin x-\tan x}-1)}{x\ln(1+x^2)}=\lim_{x\to 0}\frac{\sin x-\tan x}{x^3}$$

$$=-\lim_{x\to 0}\frac{\tan x(1-\cos x)}{x^3}=-\lim_{x\to 0}\frac{\frac{1}{2}x^3}{x^3}=-\frac{1}{2}.$$

【总结】 若 $\lim f(x)=\lim g(x)$，则

$$\lim\frac{e^{f(x)}-e^{g(x)}}{h(x)}=\lim\frac{e^{g(x)}\left[e^{f(x)-g(x)}-1\right]}{h(x)}=\lim\frac{e^{g(x)}(f(x)-g(x))}{h(x)}.$$

例 1.16 求极限$\lim\limits_{x\to 0}\dfrac{\int_0^x\ln(1+t)\mathrm{d}t}{(\sqrt[3]{1+x}-1)\sin x}$.

【解】 原式$=\lim\limits_{x\to 0}\dfrac{\int_0^x\ln(1+t)\mathrm{d}t}{\frac{1}{3}x^2}=\lim\limits_{x\to 0}\dfrac{\ln(1+x)}{\frac{2}{3}x}$

$$=\lim_{x\to 0}\frac{x}{\frac{2}{3}x}=\frac{3}{2}.$$

【总结】 极限中含有变限积分，则一定用洛必达法则去积分符号，其中变限积分求导公式：$\left[\int_0^x f(t)\mathrm{d}t\right]' = f(x)$.

例 1.17 $f(x)=\begin{cases}\dfrac{e^{2x}-x-1}{3x}, & x>0,\\ \dfrac{\int_0^x \sin t^2\mathrm{d}t}{x^3}, & x<0,\end{cases}$ 求$\lim\limits_{x\to 0}f(x)$.

【解】 $\lim\limits_{x\to 0^+}f(x)=\lim\limits_{x\to 0^+}\dfrac{e^{2x}-x-1}{3x}=\lim\limits_{x\to 0^+}\dfrac{e^{2x}-1}{3x}-\dfrac{1}{3}=\lim\limits_{x\to 0^+}\dfrac{2x}{3x}-\dfrac{1}{3}=\dfrac{1}{3}$,

$$\lim_{x\to 0^-}f(x)=\lim_{x\to 0^-}\frac{\int_0^x \sin t^2\mathrm{d}t}{x^3}=\lim_{x\to 0^-}\frac{\sin x^2}{3x^2}=\lim_{x\to 0^-}\frac{x^2}{3x^2}=\frac{1}{3},$$

所以$\lim\limits_{x\to 0}f(x)=\dfrac{1}{3}$.

【总结】 分段函数在分段点处求极限值时，需要求左右极限，如果两者都存在且相等，则分段点处极限存在.

题型三　已知函数极限求其中的参数

【题型方法分析】

具体有以下两种情况：

(1) 含有一个参数的极限问题：一般是先求出含有参数的极限，对应极限值解出参数；

(2) 对于含有多个参数的问题：一般是通过代数、三角的恒等变形或通过等价无穷小因子替换、洛必达法则、极限四则运算，有时也用到根式有理化，函数连续、可导的充分或必要条件，得到确定参数的方程组，进而解得所求参数值.

例 1.18 若$\lim\limits_{x\to 0}\dfrac{\int_0^x \frac{t^2}{\sqrt{a^2+t^2}}\mathrm{d}t}{bx-\sin x}=1$，求 a,b，其中 a,b 为正数.

【解】 由题设可知

$$1=\lim_{x\to 0}\frac{\int_0^x \frac{t^2}{\sqrt{a^2+t^2}}\mathrm{d}t}{bx-\sin x}=\lim_{x\to 0}\frac{\frac{x^2}{\sqrt{a^2+x^2}}}{b-\cos x}，且\lim_{x\to 0}\frac{x^2}{\sqrt{a^2+x^2}}=0,$$

故由结论可知$\lim\limits_{x\to 0}(b-\cos x)=0$，故可推出 $b=1$.

代入可得 $1=\lim\limits_{x\to 0}\dfrac{\frac{x^2}{\sqrt{a^2+x^2}}}{b-\cos x}=\dfrac{1}{a}\lim\limits_{x\to 0}\dfrac{x^2}{1-\cos x}=\dfrac{1}{a}\lim\limits_{x\to 0}\dfrac{x^2}{\frac{1}{2}x^2}=\dfrac{2}{a}=1$，可推出 $a=2$.

综上可得，$a=2,b=1$.

【总结】 已知极限求参数，本质还是求极限，关于参数列方程时，经常用到极限四则运算法则推广的两个结论，大家要熟记：

(1) $\lim \dfrac{f(x)}{g(x)}$ 存在，$\lim g(x) = 0 \Rightarrow \lim f(x) = 0$；

(2) $\lim \dfrac{f(x)}{g(x)} = A \neq 0, \lim f(x) = 0 \Rightarrow \lim g(x) = 0$.

题型四　无穷小量的比较和无穷小量的阶

【题型方法分析】

对无穷小和无穷小比较概念考查主要是两种类型：

(1) 确定无穷小的阶或比较无穷小的阶的高低

无穷小阶的比较或确定问题，本质上是$\dfrac{0}{0}$型未定式极限问题，因此可以采用求此未定式极限的所有方法，但是要注意并不是任意两个无穷小均可比较.

(2) 由无穷小的关系确定一些参数

由无穷小的关系确定一些参数实质是根据无穷小的关系确定已知极限，然后转为由已知极限求参数的问题.

例 1.19　设 $f(x)=\int_0^{1-\cos x} \sin t^2 \mathrm{d}t, g(x)=\dfrac{x^5}{5}+\dfrac{x^6}{6}$，则当 $x \to 0$ 时，$f(x)$ 是 $g(x)$ 的(　　).

(A) 低阶无穷小　(B) 高阶无穷小　(C) 等价无穷小　(D) 同阶但不等价

(E) 以上均无正确

【答案】 (B)

【解析】 根据 $\lim\limits_{x\to 0}\dfrac{f(x)}{g(x)}$ 的值进行判断.

$$\lim_{x\to 0}\frac{f(x)}{g(x)}=\lim_{x\to 0}\frac{\int_0^{1-\cos x}\sin t^2\,\mathrm{d}t}{\frac{x^5}{5}+\frac{x^6}{6}}=\lim_{x\to 0}\frac{[\sin(1-\cos x)^2]\sin x}{x^4+x^5}=\lim_{x\to 0}\frac{(1-\cos x)^2}{x^3+x^4}$$

$$=\lim_{x\to 0}\frac{\frac{1}{4}x^4}{x^3+x^4}=0.$$

所以选(B).

【总结】 判定高阶、低阶、同阶以及等价无穷小时，直接用定义，即求两个无穷小之比的极限.

例 1.20　已知 $f(x)=(1+x^{n-1})^2-1$，其中 n 为大于 1 的正整数，且当 $x\to 0$ 时，$f(x)$ 是比 $g(x)=x-\sin x$ 高阶的无穷小，同时又是比 $h(x)=\ln(1+x^5)$ 低阶的无穷小，则 $n=$(　　).

(A)2　　(B)3　　(C)4　　(D)5　　(E)6

【答案】 (D)

【解析】 由题设可知，

当 $x\to 0$ 时，$f(x)=(1+x^{n-1})^2-1\sim 2x^{n-1}, g(x)=x-\sin x\sim\dfrac{1}{6}x^3, h(x)=\ln(1+x^5)\sim x^5$，

可知 $3 < n-1 < 5$,故可推出 $n=5$,因此答案选(D).

【总结】 具体求幂次时或者求阶数时,利用等价无穷小替换,将无穷小等价为 x^k 的形式,计算更简便.

第三节 连续和间断点

考点归纳

一、连续

1. 连续的定义:若函数 $f(x)$ 在某点 x_0 的邻域内有定义,且

$$\lim_{\Delta x\to 0}\Delta y=\lim_{\Delta x\to 0}[f(x_0+\Delta x)-f(x_0)]=0 \text{ 或} \lim_{x\to x_0}f(x)=f(x_0),$$

则称 $f(x)$ 在 x_0 处连续.

【注】 (1) 连续的三要素:函数在该点有定义;函数在该点极限值存在;函数在该点极限值等于函数值.

(2) 连续函数的曲线:可一笔画成的曲线.

2. 左右连续的定义:若 $\lim\limits_{x\to x_0^-}f(x)=f(x_0)$,则称 $f(x)$ 在 x_0 处左连续;若 $\lim\limits_{x\to x_0^+}f(x)=f(x_0)$,则称 $f(x)$ 在 x_0 处右连续.

3. 连续的充要条件:$f(x)$ 连续 $\Leftrightarrow f(x)$ 左连续且右连续.

二、连续函数的性质

1. 连续函数的和,差,积,商(分母不为零)及复合仍连续.

2. 初等函数在其定义区间内处处连续.

3. 闭区间上连续函数的性质:

(1) 有界性:若 $f(x)$ 在 $[a,b]$ 上连续,则 $f(x)$ 在 $[a,b]$ 上有界.

【注】 推广:若 $f(x)$ 在 (a,b) 内连续,且 $f(a+0)$ 和 $f(b-0)$ 均存在,则 $f(x)$ 在 (a,b) 内有界.

(2) 最值性:若 $f(x)$ 在 $[a,b]$ 上连续,则 $f(x)$ 在 $[a,b]$ 上必有最大值和最小值.

(3) 介值性:若 $f(x)$ 在 $[a,b]$ 上连续,m,M 是 $f(x)$ 在 $[a,b]$ 上取得的最小值与最大值,则 $\forall c\in(m,M)$,必 $\exists\,\xi\in[a,b]$,使得 $f(\xi)=c$.

(4) 零点定理:若 $f(x)$ 在 $[a,b]$ 上连续,且 $f(a)\cdot f(b)<0$,则必 $\exists\,\xi\in(a,b)$,使 $f(\xi)=0$.

【注】 推广:若 $f(x)$ 在 (a,b) 内连续,且 $f(a+0)f(b-0)<0$,则必 $\exists\,\xi\in(a,b)$,使 $f(\xi)=0$.

三、间断点

1. 间断点的定义:不连续的点即为间断点.

2. 第一类间断点

(1) 定义:函数 $f(x)$ 在某点 x_0 的去心邻域内有定义,且左极限 $\lim\limits_{x\to x_0^-}f(x)=f(x_0-0)$ 和右极限 $\lim\limits_{x\to x_0^+}f(x)=f(x_0+0)$ 均存在的间断点,称为第一类间断点.

(2) 第一类间断点类型

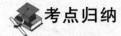

可去间断点：左极限 = 右极限的间断点，即 $f(x_0-0)=f(x_0+0)\neq f(x_0)$.

跳跃间断点：左极限 ≠ 右极限的间断点，即 $f(x_0-0)\neq f(x_0+0)$.

2. 第二类间断点

(1) 定义：左极限 $f(x_0-0)$ 和右极限 $f(x_0+0)$ 中至少有一个不存在的间断点.

(2) 第二类间断点常考类型：

无穷间断点：$x\to x_0$ 时，$f(x_0-0)$ 和 $f(x_0+0)$ 至少有一个趋近于无穷大.

振荡间断点：$x\to x_0$ 时，$f(x)$ 振荡. 例如 $x=0$ 即为 $f(x)=\sin\dfrac{1}{x}$ 的振荡间断点.

重要题型

题型一　连续性的判定

【题型方法分析】

(1) 一般函数在某点连续的判定，直接用定义；

(2) 分段函数在分段点处连续性的判定一般用连续的充要条件.

例 1.21　设 $f(x)=\begin{cases}\dfrac{(e^x-1)\ln(1+x)}{\sqrt{x}}, & x>0,\\ \sin x^2 g(x), & x\leqslant 0,\end{cases}$ 其中 $g(x)$ 是有界函数，则 $f(x)$ 在 $x=0$ 处(　　).

(A) 极限不存在　　(B) 极限存在，但不连续

(C) 连续，但不可导　　(D) 可导

(E) 可导且 $f'(0)\neq 0$

【答案】 (D)

【解析】 $\lim\limits_{x\to0^+}\dfrac{(e^x-1)\ln(1+x)}{\sqrt{x}}=\lim\limits_{x\to0^+}\dfrac{x^2}{\sqrt{x}}=0,\lim\limits_{x\to0^-}\sin x^2g(x)=0$.

故 $f(x)$ 在 $x=0$ 处极限存在，$\lim\limits_{x\to0}f(x)=0$. 又因为 $f(0)=0$，所以 $f(x)$ 在 $x=0$ 处连续.

$$f'_+(0)=\lim_{x\to0^+}\frac{f(x)-f(0)}{x}=\lim_{x\to0^+}\frac{(e^x-1)\ln(1+x)}{x\sqrt{x}}=\lim_{x\to0^+}\frac{x^2}{x\sqrt{x}}=0,$$

$$f'_-(0)=\lim_{x\to0^-}\frac{f(x)-f(0)}{x}=\lim_{x\to0^-}\frac{\sin x^2g(x)}{x}=0.$$

所以导数存在，且 $f'(0)=0$，故答案选(D).

【总结】 分段函数在分段点处极限存在的判定、连续性的判定以及可导性的判定，一般均用其对应的充要条件判定.

例 1.22　已知 $f(x)=\begin{cases}\dfrac{\int_0^x\frac{t^2}{\sqrt{a^2+t^2}}dt}{bx-\sin x}, & x\neq0,\\ 1, & x=0\end{cases}$ 在 $x=0$ 处连续，求 a,b.

【解】 由题设可知，函数 $f(x)$ 在 $x=0$ 处连续，故

$$1=\lim_{x\to0}\frac{\int_0^x\frac{t^2}{\sqrt{a^2+t^2}}dt}{bx-\sin x}=\lim_{x\to0}\frac{\frac{x^2}{\sqrt{a^2+x^2}}}{b-\cos x}=\frac{1}{|a|}\lim_{x\to0}\frac{x^2}{b-\cos x},$$

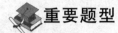

此时由极限的运算性质可知分子$\lim\limits_{x\to 0}x^2=0$，故$\lim\limits_{x\to 0}(b-\cos x)=0$，所以$b=1$.

故 $\frac{1}{|a|}\lim\limits_{x\to 0}\frac{x^2}{b-\cos x}=\frac{1}{|a|}\lim\limits_{x\to 0}\frac{x^2}{1-\cos x}=\frac{1}{|a|}\lim\limits_{x\to 0}\frac{x^2}{\frac{1}{2}x^2}=\frac{1}{|a|}\cdot\frac{2}{1}=1$.

所以$a=\pm 2, b=1$.

【总结】 已知函数的连续性求参数，直接利用定义或者充要条件展开，方法同已知极限求参数.

题型二 间断点的判定

【题型方法分析】

已知函数，找其间断点并判断类型，此种题型解题步骤如下：

(1) 找出函数的无定义点，无定义点一定是间断点；

(2) 若为分段函数，还要找出其分段点，分段点可能是间断点；

(3) 对(1) 和(2) 中的点利用间断点的定义进行判断.

例 1.23 已知函数$g(x)$在区间$[-1,1]$上连续，则$x=0$是函数$f(x)=\frac{\int_0^{2x}g(t)\mathrm{d}t}{x}$的( ).

(A) 跳跃间断点 (B) 可去间断点 (C) 无穷间断点 (D) 振荡间断点

(E) 连续点

【答案】 (B)

【解析】 $\lim\limits_{x\to 0}f(x)=\lim\limits_{x\to 0}\frac{\int_0^{2x}g(t)\mathrm{d}t}{x}=\lim\limits_{x\to 0}\frac{2g(2x)}{1}=2g(0)$，则函数$f(x)$在$x=0$处极限存在，即左右极限存在且相等，所以是可去间断点，答案选(B).

【总结】 函数在某间断点极限存在，则该间断点一定为可去间断点.

例 1.24 函数$f(x)=\frac{x-x^3}{\sin \pi x}$的可去间断点的个数为( ).

(A) 1 (B) 2 (C) 3 (D) 无穷多个 (E)0

【答案】 (C)

【解析】 由于$f(x)=\frac{x-x^3}{\sin \pi x}$，则当$x$取任何整数时，$f(x)$均无意义，故$f(x)$的间断点有无穷多个，但可去间断点为极限存在的点，故可能是$x-x^3=0$的解$x_1=0, x_2=1, x_3=-1$.

$$\lim_{x\to 0}\frac{x-x^3}{\sin \pi x}=\lim_{x\to 0}\frac{1-3x^2}{\pi\cos \pi x}=\frac{1}{\pi},$$

$$\lim_{x\to 1}\frac{x-x^3}{\sin \pi x}=\lim_{x\to 1}\frac{1-3x^2}{\pi\cos \pi x}=\frac{2}{\pi},$$

$$\lim_{x\to -1}\frac{x-x^3}{\sin \pi x}=\lim_{x\to -1}\frac{1-3x^2}{\pi\cos \pi x}=\frac{2}{\pi}.$$

故可去间断点为3个，即$x_1=0, x_2=1, x_3=-1$.

【总结】 本题中的间断点有无穷多个，因为周期函数的间断点也是周期出现的.

本章练习

1. 设函数 $f(x)=\begin{cases}1, & |x|\leqslant 1,\\ 0, & |x|>1,\end{cases}$ 则 $f[f(x)]=($　　$)$.

(A)0　　(B)1　　(C)$\begin{cases}1, & |x|\leqslant 1\\ 0, & |x|>1\end{cases}$　　(D)$\begin{cases}1, & |x|>1\\ 0, & |x|\leqslant 1\end{cases}$

(E)$\begin{cases}1, & |x|\geqslant 1\\ 0, & |x|<1\end{cases}$

2. 已知 $f(x)$ 的连续区间是$[0,1)$,则函数 $f[\ln(x+1)]$的连续区间是(　　).

(A)$[0,1)$　　(B)$[0,e-1)$　　(C)$[1,e)$　　(D)$[e^{-1},e)$　　(E)$(0,1)$

3. 设函数 $f(x)=(\ln x)(\tan x)e^{\sin^2 x}$,则 $f(x)$ 是(　　).

(A) 偶函数　　(B) 周期函数　　(C) 无界函数　　(D) 单调函数　　(E) 无法确定

4. 已知函数 $f(x)$ 是实数域上的偶函数,且满足 $f(a+x)=f(a-x)$,证明:函数 $f(x)$ 以 $2a$ 为周期.

5. 求极限$\lim\limits_{n\to\infty}\left(\dfrac{1}{\sqrt{n^6+1}}+\dfrac{2^2}{\sqrt{n^6+2}}+\cdots+\dfrac{n^2}{\sqrt{n^6+n}}\right)$.

6. 设 $a_1=2\sqrt{3},a_n=\sqrt{12+a_{n-1}}$,求极限$\lim\limits_{n\to\infty}a_n$.

7. 求极限$\lim\limits_{n\to\infty}\sqrt[n]{n}$.

8. 极限$\lim\limits_{x\to 0}\dfrac{(1+\sin x^2)^{\frac{1}{3}}-1}{1-\cos x}=($　　$)$.

(A) $\dfrac{1}{2}$　　(B) $\dfrac{2}{3}$　　(C) $-\dfrac{2}{3}$　　(D) $-\dfrac{1}{2}$　　(E) $\dfrac{1}{3}$

9. 求极限$\lim\limits_{x\to 0}\dfrac{\arcsin x-x}{x^2(e^x-1)}$.

10. 求极限 $\lim\limits_{x\to-\infty}(\sqrt{x^2+4x+2}-\sqrt{x^2-2x-1})$.

11. 极限$\lim\limits_{x\to 0}\dfrac{x^3+x}{x^2+1}\left(3+\cos\dfrac{3}{x}\right)=($　　$)$.

(A)0　　(B)1　　(C)3　　(D)4　　(E)5

12. 极限$\lim\limits_{x\to 0}(1+2x)^{\frac{3}{\ln(1+x)}}=($　　$)$.

(A)0　　(B)1　　(C)e　　(D)e^6　　(E)e^3

13. 求极限$\lim\limits_{x\to 0}\dfrac{3\sin x+x^2\cos\dfrac{1}{x}}{(1+\cos x)\ln(1+x)}$.

14. 求极限$\lim\limits_{x\to 0}\dfrac{\sin x\displaystyle\int_0^{x^2}\ln(1+t)\,dt}{(e^{x^4}-1)(1+\cos x)}$.

15. 设函数 $f(x)=\begin{cases}\dfrac{e^x-e^{\sin x}}{x^3}, & x>0,\\ \dfrac{x+2x^2-x^3}{6x+x^5}, & x<0,\end{cases}$ 求$\lim\limits_{x\to 0}f(x)$.

16. 当 $x\to 0$ 时，$f(x)=x-\sin ax$ 与 $g(x)=x^2\ln(1-bx)$ 是等价无穷小，则（　　）.

(A) $a=1,b=-\frac{1}{6}$　　(B) $a=1,b=\frac{1}{6}$

(C) $a=-1,b=-\frac{1}{6}$　　(D) $a=-1,b=\frac{1}{6}$

(E) $a=1,b=\frac{1}{2}$

17. 已知 $f(x),g(x)$ 在 $(-\infty,+\infty)$ 上连续，且 $f(x)<g(x)$，则必有（　　）.

(A) $\lim\limits_{x\to x_0}f(x)>\lim\limits_{x\to x_0}g(x)$　　(B) $\lim\limits_{x\to\infty}f(x)<\lim\limits_{x\to\infty}g(x)$

(C) $\lim\limits_{x\to x_0}f(x)<\lim\limits_{x\to x_0}g(x)$　　(D) $\lim\limits_{x\to\infty}f(x)\leqslant\lim\limits_{x\to\infty}g(x)$

(E) 无法确定

18. 设函数 $f(x)=\frac{|x-1|\tan(x-3)}{(x-1)(x-2)(x-3)^2}$，则 $f(x)$ 在下列区间（　　）内有界.

(A)(0,1)　　(B)(1,2)　　(C)(2,3)　　(D)(3,4)　　(E)(4,5)

19. 设函数 $f(x)=\ln\frac{1}{|x-3|}$，那么 $x=3$ 是 $f(x)$ 的（　　）.

(A) 可去间断点　(B) 跳跃间断点　(C) 第二类间断点　(D) 连续点　(E) 无法判定

20. 讨论 $f(x)=\frac{x}{1-e^{\frac{x}{1-x}}}$ 的连续性并指出间断点类型.

本章练习答案与解析

1.**【答案】** (B)

【解析】 由 $f[f(x)]=\begin{cases}1, & |f(x)|\leqslant 1,\\ 0, & |f(x)|>1,\end{cases}$ 从 $f(x)$ 表达式可知 $|f(x)|\leqslant 1$，则可得 $f[f(x)]=1$，故答案选(B).

2.**【答案】** (B)

【解析】 因为 $f(x)$ 的连续区间是 $[0,1)$，由 $0\leqslant\ln(x+1)<1$，得 $1\leqslant x+1<e\Rightarrow 0\leqslant x<e-1$，故答案选(B).

3.**【答案】** (C)

【解析】 **方法一** 排除法.

由函数定义域为 $(0,+\infty)$，不关于坐标原点对称，函数不具有奇偶性，则(A) 选项错误；

由 $f(\pi)=f(2\pi)=0$ 可知函数非单调，则(D) 选项错误；容易观察函数非周期函数，则(B) 选项错误，因此答案选(C).

方法二 直接法.

由题目可得 $\lim\limits_{x\to\frac{\pi}{2}^-}f(x)=+\infty$，可知函数 $f(x)$ 为无界函数，故选(C).

4.**【证】** 由题设可知 $f(2a+x)=f(a+a+x)=f(a-(a+x))=f(-x)$.

又因为 $f(x)$ 是偶函数，则 $f(-x)=f(x)$. 即 $f(2a+x)=f(x)$，所以函数 $f(x)$ 以 $2a$ 为周期.

5.**【解】** 由于 $\frac{n(n+1)(2n+1)}{6\sqrt{n^6+n}}\leqslant\frac{1}{\sqrt{n^6+1}}+\frac{2^2}{\sqrt{n^6+2}}+\cdots+\frac{n^2}{\sqrt{n^6+n}}\leqslant\frac{n(n+1)(2n+1)}{6\sqrt{n^6+1}}$，

$\lim\limits_{n\to\infty}\left[\dfrac{n(n+1)(2n+1)}{6\sqrt{n^6+n}}\right]=\lim\limits_{n\to\infty}\left[\dfrac{n(n+1)(2n+1)}{6\sqrt{n^6+1}}\right]=\dfrac{1}{3}$,则原式 $=\dfrac{1}{3}$.

6.【解】 易知 $a_1=2\sqrt{3}<4$.

假设 $a_{n-1}<4$,则 $a_n=\sqrt{12+a_{n-1}}<\sqrt{12+4}=4$,从而 $a_n<4$,即数列 $\{a_n\}$ 有上界. $\dfrac{a_n}{a_{n-1}}=\sqrt{\dfrac{12}{a_{n-1}^2}+\dfrac{1}{a_{n-1}}}$,已知 $a_{n-1}<4$ 可得 $\dfrac{12}{a_{n-1}^2}+\dfrac{1}{a_{n-1}}>1$,从而 $\dfrac{a_n}{a_{n-1}}>1$,a_n 单调递增,则 $\lim\limits_{n\to\infty}a_n$ 存在.

设 $\lim\limits_{n\to\infty}a_n=a$,由 $a_n=\sqrt{12+a_{n-1}}$ 知,$a=\sqrt{12+a}$,解得 $a=4$,或 $a=-3$(舍),则 $\lim\limits_{n\to\infty}a_n=4$.

7.【解】 $\lim\limits_{n\to\infty}\sqrt[n]{n}=\lim\limits_{x\to+\infty}\sqrt[x]{x}=e^{\lim\limits_{x\to+\infty}\frac{1}{x}\ln x}=e^{\lim\limits_{x\to+\infty}\frac{\ln x}{x}}=e^{\lim\limits_{x\to+\infty}\frac{1}{x}}=1$.

8.【答案】 (B)

【解析】 $\lim\limits_{x\to0}\dfrac{(1+\sin x^2)^{\frac{1}{3}}-1}{1-\cos x}=\lim\limits_{x\to0}\dfrac{\frac{1}{3}\sin x^2}{\frac{1}{2}x^2}=\dfrac{2}{3}$. 因此答案选(B).

9.【解】
$$\lim_{x\to0}\frac{\arcsin x-x}{x^2(e^x-1)}=\lim_{x\to0}\frac{\arcsin x-x}{x^3}=\lim_{x\to0}\frac{\frac{1}{\sqrt{1-x^2}}-1}{3x^2}$$
$$=\lim_{x\to0}\frac{1-\sqrt{1-x^2}}{3x^2}=\lim_{x\to0}\frac{1-(1-x^2)}{3x^2(1+\sqrt{1-x^2})}$$
$$=\lim_{x\to0}\frac{x^2}{3x^2\times2}=\frac{1}{6}.$$

10.【解】
$$\text{原式}=\lim_{x\to-\infty}\frac{6x+3}{\sqrt{x^2+4x+2}+\sqrt{x^2-2x-1}}$$
$$=\lim_{x\to-\infty}\frac{6+\frac{3}{x}}{-\sqrt{1+\frac{4}{x}+\frac{2}{x^2}}-\sqrt{1-\frac{2}{x}-\frac{1}{x^2}}}=-3.$$

11.【答案】 (A)

【解析】 $\lim\limits_{x\to0}\dfrac{x^3+x}{x^2+1}=0$,且 $x\to0$ 时,$3+\cos\dfrac{3}{x}$ 有界,因此无穷小 $\times$ 有界 $=$ 无穷小,故 $\lim\limits_{x\to0}\dfrac{x^3+x}{x^2+1}\left(3+\cos\dfrac{3}{x}\right)=0$,因此答案选(A).

12.【答案】 (D)

【解析】 $\lim\limits_{x\to0}(1+2x)^{\frac{3}{\ln(1+x)}}=\lim\limits_{x\to0}e^{2x\frac{3}{\ln(1+x)}}=e^{\lim\limits_{x\to0}\frac{6x}{x}}=e^6$.

13.【解】
$$\lim_{x\to0}\frac{3\sin x+x^2\cos\frac{1}{x}}{(1+\cos x)\ln(1+x)}=\lim_{x\to0}\frac{3\sin x+x^2\cos\frac{1}{x}}{2x}=\lim_{x\to0}\frac{3\sin x}{2x}+\lim_{x\to0}\frac{x\cos\frac{1}{x}}{2}$$
$$=\frac{3}{2}+0=\frac{3}{2}.$$

14.【解】
$$\lim_{x\to0}\frac{\sin x\int_0^{x^2}\ln(1+t)dt}{(e^{x^4}-1)(1+\cos x)}=\lim_{x\to0}\frac{x\int_0^{x^2}\ln(1+t)dt}{2x^4}=\lim_{x\to0}\frac{\int_0^{x^2}\ln(1+t)dt}{2x^3}$$

$$=\lim_{x\to 0}\frac{2x\ln(1+x^2)}{6x^2}=\lim_{x\to 0}\frac{\ln(1+x^2)}{3x}$$

$$=\lim_{x\to 0}\frac{x^2}{3x}=0.$$

15.【解】 $\lim\limits_{x\to 0^+}f(x)=\lim\limits_{x\to 0^+}\frac{e^x-e^{\sin x}}{x^3}=\lim\limits_{x\to 0^+}\frac{e^{\sin x}(e^{x-\sin x}-1)}{x^3}=\lim\limits_{x\to 0^+}\frac{x-\sin x}{x^3}=\frac{1}{6}$,

$\lim\limits_{x\to 0^-}f(x)=\lim\limits_{x\to 0^-}\frac{x+2x^2-x^3}{6x+x^5}=\frac{1}{6}$,

因此$\lim\limits_{x\to 0}f(x)=\frac{1}{6}$.

16.【答案】 (A)

【解析】 $f(x)=x-\sin ax$ 与 $g(x)=x^2\ln(1-bx)$是 $x\to 0$ 时的等价无穷小,则

$$\lim_{x\to 0}\frac{f(x)}{g(x)}=\lim_{x\to 0}\frac{x-\sin ax}{x^2\ln(1-bx)}=\lim_{x\to 0}\frac{x-\sin ax}{x^2\cdot(-bx)}$$

$$=\lim_{x\to 0}\frac{x-\sin ax}{-bx^3}=\lim_{x\to 0}\frac{1-a\cos ax}{-3bx^2}=\lim_{x\to 0}\frac{a^2\sin ax}{-6bx}$$

$$=\lim_{x\to 0}\left(-\frac{a^3}{6b}\right)\frac{\sin ax}{ax}=-\frac{a^3}{6b}=1,$$

即 $a^3=-6b$,故排除(B),(C).

另外,$\lim\limits_{x\to 0}\frac{1-a\cos ax}{-3bx^2}$ 存在,可得 $1-a\cos ax\to 0(x\to 0)$,故 $a=1$,排除(D).

所以本题选(A).

17.【答案】 (C)

【解析】 由连续的定义可知,$\lim\limits_{x\to x_0}f(x)=f(x_0)$,$\lim\limits_{x\to x_0}g(x)=g(x_0)$. 因为 $f(x)<g(x)$,故 $\lim\limits_{x\to x_0}f(x)<\lim\limits_{x\to x_0}g(x)$,因此答案选(C).

18.【答案】 (A)

【解析】 **方法一**　直接法.

由题可知,函数在(0,1)为连续函数,且 $\lim\limits_{x\to 0^+}f(x)=-\frac{\tan 3}{18}$,$\lim\limits_{x\to 1^-}f(x)=-\frac{\tan 2}{4}$,可知选(A).

方法二　排除法.

由题目可知$\lim\limits_{x\to 2}f(x)=\infty$,$\lim\limits_{x\to 3}f(x)=\infty$,可知端点包含 2 或 3 的区间必为无界区间,排除(B),(C),(D). 故选(A).

19.【答案】 (C)

【解析】 $\lim\limits_{x\to 3}f(x)=\lim\limits_{x\to 3}\ln\frac{1}{|x-3|}=\infty$,则 $x=3$ 是 $f(x)$ 的第二类间断点. 故选(C).

20.【解】 $x=0$ 和 $x=1$ 均为无定义点,则一定为间断点.

$\lim\limits_{x\to 0}f(x)=\lim\limits_{x\to 0}\frac{x}{1-e^{\frac{x}{1-x}}}=\lim\limits_{x\to 0}\frac{x}{\frac{x}{x-1}}=-1$,则 $x=0$ 为可去间断点;

$\lim\limits_{x\to 1^+}f(x)=\lim\limits_{x\to 1^+}\frac{x}{1-e^{\frac{x}{1-x}}}=1$,$\lim\limits_{x\to 1^-}f(x)=\lim\limits_{x\to 1^-}\frac{x}{1-e^{\frac{x}{1-x}}}=0$,则 $x=1$ 为跳跃间断点.

第二章　一元函数微分学

导数与微分是一元函数微分学中的两个重要概念，在高等数学中占有重要地位，其内涵丰富，应用广泛，是研究生招生考试考查的主要内容之一，应深入加以理解，同时应熟练掌握导数的各种计算方法. 中值定理虽然是难点，但是 396 数学中涉及不多，只需要记住基本条件和结论即可，导数的应用在高等数学中占有极为重要的位置，内容多，影响深远，是复习的重点，而且具有承上启下的作用，应熟练掌握.

本章知识框架

- 导数
  - 导数的概念
    - 导数的定义
    - 左、右导数
  - 导数的计算
    - 基本初等函数的导数
    - 导数的四则运算
    - 复合函数的导数
    - 反函数的导数
    - 隐函数的导数
    - 参数方程求导
    - 高阶导数
  - 中值定理
    - 费马引理
    - 罗尔定理
    - 拉格朗日中值定理
    - 柯西中值定理
    - 泰勒定理
  - 应用
    - 洛必达法则求极限
    - 切线、法线方程
    - 研究函数性质及几何应用
      - 单调性定理、函数的单调区间
      - 函数的极值、最值
      - 曲线的凹凸性及拐点
      - 渐近线、函数作图
    - 经济应用
      - 边际、弹性
      - 经济中的最大值和最小值问题
- 微分（导数 ⇄ 微分）
  - 微分概念
  - 微分的计算
  - 一阶微分形式不变性

第一节　导数与微分的概念

考点归纳

一、导数的概念

1.导数定义

设函数 $y=f(x)$ 在点 x_0 的某邻域内有定义，若 $\lim\limits_{\Delta x\to 0}\dfrac{\Delta y}{\Delta x}=\lim\limits_{\Delta x\to 0}\dfrac{f(x_0+\Delta x)-f(x_0)}{\Delta x}$ 存在，则称 $y=f(x)$ 在点 x_0 处可导(变化率)，记作 $f'(x_0)=\left.\dfrac{\mathrm{d}y}{\mathrm{d}x}\right|_{x=x_0}$. 如果上面的极限不存在，则称函数在 $y=f(x)$ 点 x_0 处不可导.

导数定义常用形式：(1) $\lim\limits_{\Delta x\to 0}\dfrac{f(x_0+\Delta x)-f(x_0)}{\Delta x}$；(2) $\lim\limits_{x\to x_0}\dfrac{f(x)-f(x_0)}{x-x_0}$.

2.单侧导数

右导数：$f'_+(x_0)=\lim\limits_{\Delta x\to 0^+}\dfrac{f(x_0+\Delta x)-f(x_0)}{\Delta x}=\lim\limits_{x\to x_0^+}\dfrac{f(x)-f(x_0)}{x-x_0}$；

左导数：$f'_-(x_0)=\lim\limits_{\Delta x\to 0^-}\dfrac{f(x_0+\Delta x)-f(x_0)}{\Delta x}=\lim\limits_{x\to x_0^-}\dfrac{f(x)-f(x_0)}{x-x_0}$.

因此，$y=f(x)$ 在点 x_0 处可导 $\Leftrightarrow y=f(x)$ 在点 x_0 处左右导数皆存在且相等.

3.导数的几何意义

如果函数 $y=f(x)$ 在点 x_0 处导数 $f'(x_0)$ 存在，则在几何上 $f'(x_0)$ 表示曲线 $y=f(x)$ 在点 $(x_0,f(x_0))$ 处的切线的斜率.

切线方程为 $y-f(x_0)=f'(x_0)(x-x_0)$；

法线方程 $y-f(x_0)=-\dfrac{1}{f'(x_0)}(x-x_0)\,(f'(x_0)\neq 0)$.

4.导数与连续的关系

如果函数 $y=f(x)$ 在点 x_0 处可导，则 $f(x)$ 在点 x_0 处一定连续；反之不然，即函数 $y=f(x)$ 在点 x_0 处连续，却不一定在点 x_0 处可导.

二、微分的概念

设函数 $y=f(x)$ 在 x_0 的某邻域内有定义，若 $\Delta y=f(x_0+\Delta x)-f(x_0)=A\Delta x+o(\Delta x)$，其中 A 是与 Δx 无关的常数，则称 $y=f(x)$ 在 x_0 处可微，记 $\mathrm{d}y=A\Delta x=f'(x_0)\Delta x$.

我们定义自变量的微分 $\mathrm{d}x=\Delta x$.

【注】 $\Delta y=\mathrm{d}y+o(\Delta x)$.

重要题型

题型一　函数在一点处的导数定义

【题型方法分析】

(1) 验证 $f(x_0)$存在；

(2) 保证 Δx 和分母相同；

(3) 在给定趋向下,保证 Δx 既能从左边趋近于 0,也能从右边趋近于 0.

例 2.1 (1) 设 $f'(x)$ 存在,求 $\lim\limits_{\Delta x\to 0}\dfrac{f(x-2\Delta x)-f(x)}{\Delta x}$;

(2) 设 $f'(1)$ 存在,求 $\lim\limits_{x\to 0}\dfrac{f(x+1)-f(1-3\tan x)}{x}$;

(3) 设 $f'(1)$ 存在,求 $\lim\limits_{n\to\infty}n\left[f\left(1+\dfrac{1}{n}\right)-f(1)\right]$($n$ 为自然数).

【解】 (1) 根据函数在一点处的导数定义可知

$$\lim_{\Delta x\to 0}\frac{f[x+(-2\Delta x)]-f(x)}{(-2\Delta x)}\cdot(-2)=-2f'(x).$$

(2) 根据函数在一点处的导数定义可知

$$\begin{aligned}&\lim_{x\to 0}\frac{f(x+1)-f(1)+f(1)-f(1-3\tan x)}{x}\\&=\lim_{x\to 0}\left\{\frac{f(x+1)-f(1)}{x}+\frac{f[1+(-3\tan x)]-f(1)}{-x}\right\}\\&=\lim_{x\to 0}\frac{f(x+1)-f(1)}{x}+\lim_{x\to 0}\frac{f[1+(-3\tan x)]-f(1)}{-3\tan x}\cdot\frac{-3\tan x}{-x}\\&=4f'(1).\end{aligned}$$

(3) 根据函数在一点处的导数定义可知 $\lim\limits_{n\to\infty}\dfrac{f\left(1+\dfrac{1}{n}\right)-f(1)}{\dfrac{1}{n}}=f'_{+}(1)=f'(1)$.

> **【总结】** 利用函数在一点处的导数定义求极限,关键是凑出导数定义形式.考研中的重点,大家要重点掌握.对于导数定义的两种定义形式一定要熟练掌握.

例 2.2 下列命题中,正确的是( ).

(A) 若 $f(x)$ 在点 x_0 处可导,则 $|f(x)|$ 在点 x_0 处一定可导

(B) 若 $|f(x_0)|$ 在点 x_0 处可导,则 $f(x)$ 在点 x_0 处一定可导

(C) 若 $f(x_0)=0$,则 $f'(x_0)=0$

(D) 若 $f(x)$ 与 $g(x)$ 在点 x_0 处不可导,但 $f(x)+g(x)$ 在点 x_0 处可能可导

(E) $|f(x_0)|$ 在 x_0 处不可导,则 $f(x)$ 在 x_0 处也不可导

【答案】 (D)

【解析】 令 $f(x)=x$ 在 $x=0$ 处可导,但是 $|x|$ 在 $x=0$ 处不可导,排除(A);

令 $f(x)=\begin{cases}1, & x\geqslant 0\\-1, & x<0\end{cases}$,在 $x=0$ 处都不连续,肯定不可导,但是 $|f(x)|=1$ 在 $x=0$ 处可导,排除(B);

令 $f(x)=x$,$f(0)=0$,但是 $f'(0)=1$,排除(C);通过排除法,所以选择(D).

> **【总结】** 函数 $f(x)$ 与 $|f(x)|$ 的可导性不一定相同,常规结论有:
>
> 1. 连续函数 $f(x)$,若 $f(x_0)\neq 0$,则 $|f(x)|$ 在 $x=x_0$ 处可导性与 $f(x)$ 在 $x=x_0$ 处可导性相同;
>
> 2. 连续函数 $f(x)$,若 $f(x_0)=0$,$f'(x_0)\neq 0$,则 $|f(x)|$ 在 $x=x_0$ 处一定不可导;
>
> 3. 连续函数 $f(x)$,若 $f(x_0)=0$,$f'(x_0)=0$,则 $[|f(x)|]'\Big|_{x=x_0}=0$.

例 2.3　设 $f(x)$ 在区间 $(-\delta,\delta)$ 内有定义，若当 $x\in(-\delta,\delta)$ 时，恒有 $|f(x)|\leqslant x^2$，则 $x=0$ 必是 $f(x)$ 的(　　).

(A) 间断点　　(B) 连续而不可导的点

(C) 可导的点，且 $f'(0)=0$　　(D) 可导的，且 $f'(0)\neq 0$

(E) 可导的且 $f'(0)=2$

【答案】　(C)

【解析】　$|f(x)|\leqslant x^2$，$-x^2\leqslant f(x)\leqslant x^2$，则 $f(0)=0$，且由夹逼准则易知 $\lim\limits_{x\to 0}f(x)=0$，所以 $f(x)$ 在 $x=0$ 处连续；

若 $x>0$，$-x\leqslant \dfrac{f(x)}{x}\leqslant x$，则由夹逼准则可知 $\lim\limits_{x\to 0^+}\dfrac{f(x)}{x}=0$；

若 $x<0$，$-x\geqslant \dfrac{f(x)}{x}\geqslant x$，则由夹逼准则可知 $\lim\limits_{x\to 0^-}\dfrac{f(x)}{x}=0$，

即 $\lim\limits_{x\to 0}\dfrac{f(x)}{x}=0$，故 $f'(0)=\lim\limits_{x\to 0}\dfrac{f(x)}{x}=0$，因此答案选(C).

> **【总结】**　抽象函数在一点处的导数求解一般用定义，由定义可知，导数的本质为极限，故求极限的方法和判定极限存在的准则往往会和导数结合在一起考查.

题型二　分段函数求导数

【题型方法分析】

(1) 利用导数定义求分段函数在分段点处的导数；

(2) 分段点之外求导则利用求导法直接求即可.

例 2.4　设 $f(x)=\begin{cases}e^x-1, & x\geqslant 0,\\ \sin x, & x<0,\end{cases}$ 求 $f'(x)$.

【解】　根据分段函数求导法则，得 $f'(x)=\begin{cases}g'(x), & x>a,\\ \text{导数定义}, & x=a,\\ h'(x), & x<a.\end{cases}$

$f'(0)=\lim\limits_{x\to 0}\dfrac{f(x)-f(0)}{x}=\lim\limits_{x\to 0}\dfrac{f(x)}{x}$，$\lim\limits_{x\to 0^-}\dfrac{\sin x}{x}=1$，$\lim\limits_{x\to 0^+}\dfrac{e^x-1}{x}=1$，所以 $f'(0)=1$.

所以 $f'(x)=\begin{cases}e^x, & x\geqslant 0,\\ \cos x, & x<0.\end{cases}$

> **【总结】**　分段函数在分段点处求导，要严格利用函数在一点处的导数定义来求.

题型三　曲线在一点处切线方程和法线方程

【题型方法分析】

(1) 求曲线在一点处的导数即为曲线在此点处切线的斜率，法线的斜率即为切线斜率的负倒数(切线的斜率不为 0 时)；

(2) 根据点斜式写出切线方程和法线方程.

例 2.5　求曲线 $y=\dfrac{1}{x^2}$ 在(1,1)点处的切线方程和法线方程.

【解】　函数在一点处的导数的几何意义是曲线在一点处切线的斜率；

切线方程为：$y-y_0=f'(x_0)(x-x_0)$；法线方程为：$y-y_0=-\frac{1}{f'(x_0)}(x-x_0)$，$f'(x_0)\neq 0$.

所以切线方程为：$y-1=-2(x-1)$，即 $y=-2x+3$；

法线方程为：$y-1=\frac{1}{2}(x-1)$，即 $y=\frac{1}{2}x+\frac{1}{2}$.

【总结】 熟练掌握函数在一点处的导数的几何意义，会求切线方程和法线方程.

例 2.6 设周期函数 $f(x)$ 在 $(-\infty,+\infty)$ 内可导，周期为 4，又 $\lim\limits_{x\to 0}\frac{f(1)-f(1-x)}{2x}=-1$，则曲线 $y=f(x)$ 在点 $(5,f(5))$ 处的切线斜率为（　　）.

(A) $\frac{1}{2}$　　(B)0　　(C) -1　　(D) -2　　(E)2

【答案】 (D)

【解析】 函数在一点处的导数的几何意义是曲线在一点处切线的斜率；

所以 $y=f(x)$ 在点 $(5,f(5))$ 处的切线斜率为 $f'(5)$，又因为 $f(x)$ 是周期函数，所以 $f'(x)$ 也是周期函数，周期为 4，即 $f'(5)=f'(1)$.

又因为 $\lim\limits_{x\to 0}\frac{f(1-x)-f(1)}{-x}\cdot\frac{1}{2}=-1$，即 $f'(1)=-2$，因此答案选(D).

【总结】 熟练掌握函数在一点处的导数的几何应用.

第二节　导数与微分的计算

考点归纳

一、导数与微分基本公式表

(1) $(c)'=0$ (c 为常数)；　(2) $(x^\mu)'=\mu x^{\mu-1}$ (μ 为实数)；

(3) $(a^x)'=a^x\ln a\ (a>0,a\neq 1)$；　(4) $(e^x)'=e^x$；

(5) $(\log_a|x|)'=\frac{1}{x\ln a}\ (a>0,a\neq 1)$；　(6) $(\ln|x|)'=\frac{1}{x}$；

(7) $(\sin x)'=\cos x$；　(8) $(\cos x)'=-\sin x$；

(9) $(\tan x)'=\sec^2 x$；　(10) $(\cot x)'=-\csc^2 x$；

(11) $(\sec x)'=\sec x\tan x$；　(12) $(\csc x)'=-\csc x\cot x$；

(13) $(\arcsin x)'=\frac{1}{\sqrt{1-x^2}}$；　(14) $(\arccos x)'=\frac{-1}{\sqrt{1-x^2}}$；

(15) $(\arctan x)'=\frac{1}{1+x^2}$；　(16) $(\text{arccot}\, x)'=\frac{-1}{1+x^2}$.

二、四则运算法则

$[f(x)\pm g(x)]'=f'(x)\pm g'(x)$

$[f(x)\cdot g(x)]'=f'(x)g(x)+f(x)g'(x)$

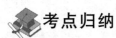

$$\left[\frac{f(x)}{g(x)}\right]' = \frac{f'(x)g(x)-f(x)g'(x)}{g^2(x)}(g(x)\neq 0)$$

三、复合函数的导数运算法则

设 $y=f(u)$，$u=\varphi(x)$，如果 $\varphi(x)$ 在 x 处可导，$f(u)$ 在 u 处可导，则复合函数 $y=f[\varphi(x)]$ 在 x 处可导，且有 $\frac{\mathrm{d}y}{\mathrm{d}x}=\frac{\mathrm{d}y}{\mathrm{d}u}\cdot\frac{\mathrm{d}u}{\mathrm{d}x}=f'(\varphi(x))\cdot\varphi'(x)$.

四、一元隐函数导数运算法则

设 $y=y(x)$ 由方程 $F(x,y)=0$ 所确定，求 y' 的方法如下：把 $F(x,y)=0$ 两边的各项对 x 求导，把 y 看作中间变量，用复合函数求导公式计算，然后再解出 y' 的表达式(允许出现 y 变量).

五、对数求导法则

先对所给函数式的两边取对数，然后用隐函数求导法得出导数 y'. 对数求导法主要用于：

(1) 幂指函数求导数

对幂指函数 $y=[f(x)]^{g(x)}$ 求导，常用的一种方法 $y=\mathrm{e}^{g(x)\ln f(x)}$，这样就可以直接用复合函数运算法则计算.

(2) 多个函数连乘除或开方求导数.

六、参数方程求导

设 $y=y(x)$ 是由参数方程 $\begin{cases}x=\varphi(t)\\ y=\psi(t)\end{cases}$，$(\alpha<t<\beta)$ 确定的函数，

1、若 $\varphi(t)$ 和 $\psi(t)$ 都可导，且 $\varphi'(t)\neq 0$，则 $\frac{\mathrm{d}y}{\mathrm{d}x}=\frac{\psi'(t)}{\varphi'(t)}$

2、若 $\varphi(t)$ 和 $\psi(t)$ 二阶可导，且 $\varphi'(t)\neq 0$，则

$$\frac{\mathrm{d}^2y}{\mathrm{d}x^2}=\frac{\mathrm{d}\left[\frac{\psi'(t)}{\varphi'(t)}\right]}{\mathrm{d}t}\cdot\frac{\mathrm{d}t}{\mathrm{d}x}=\left[\frac{\psi'(t)}{\varphi'(t)}\right]_t'\cdot\frac{1}{\varphi'(t)}=\frac{\psi''(t)\varphi'(t)-\psi'(t)\varphi''(t)}{\varphi'^3(t)}$$

七、高阶导数运算法则

如果函数 $y=f(x)$ 的导数 $y'=f'(x)$ 在 x_0 处仍是可导的，则把 $y'=f'(x)$ 在点 x_0 处的导数称为 $y=f(x)$ 在点 x_0 处的二阶导数，记为 $y''\Big|_{x=x_0}$ 或 $y''(x_0)$ 或 $\frac{\mathrm{d}^2y}{\mathrm{d}x^2}\Big|_{x=x_0}$ 等，也称 $y=f(x)$ 在 x_0 处二阶可导.

将 $y=f(x)$ 的 $n-1$ 阶导数的导数. 称为 $y=f(x)$ 的 n 阶导数，记为 $y^{(n)}$，$f^{(n)}(x)$，$\frac{\mathrm{d}^ny}{\mathrm{d}x^n}$ 等，这时也称 $y=f(x)$ 是 n 阶可导.

重要题型

题型一　利用四则运算法则求(某点处) 导数与微分

【题型方法分析】

(1) 利用基本初等函数的导数公式；

(2) 利用四则运算法则直接求导数和微分；

(3) 利用导数定义求解.

例 2.7 求下列函数的导数与微分.

(1) $y = x^2 \log_a x + 3\tan x + \dfrac{1}{\sin x}$;

(2) $y = \dfrac{\ln x + \cos x}{\sin x}$.

【解】 (1) $y' = 2x \cdot \log_a x + x^2 \cdot \dfrac{1}{x\ln a} + 3\sec^2 x - \csc x \cdot \cot x$

$$= 2x\log_a x + \frac{x}{\ln a} + 3\sec^2 x - \csc x \cdot \cot x.$$

(2) $y' = \dfrac{\left(\dfrac{1}{x} - \sin x\right)\cdot \sin x - (\ln x + \cos x)\cdot \cos x}{\sin^2 x}$

$$= \frac{\dfrac{\sin x}{x} - \sin^2 x - \ln x \cdot \cos x - \cos^2 x}{\sin^2 x} = \frac{\dfrac{\sin x}{x} - \ln x \cdot \cos x - 1}{\sin^2 x}.$$

【总结】 熟练记住基本初等函数的导数公式,掌握导数的四则运算法则.

例 2.8 求下列导函数值.

(1) $f(x) = x^3 + 4\cos x - \sin\dfrac{\pi}{2}$,求 $f'(x)$, $f'\left(\dfrac{\pi}{2}\right)$.

(2) $f(x) = x(x-1)\cdots(x-n)$,求 $f'(0)$.

【解】 (1) $f'(x) = (x^3)' + (4\cos x)' - \left(\sin\dfrac{\pi}{2}\right)' = 3x^2 - 4\sin x$,

$f'\left(\dfrac{\pi}{2}\right) = 3\cdot\left(\dfrac{\pi}{2}\right)^2 - 4\sin\dfrac{\pi}{2} = \dfrac{3\pi^2}{4} - 4$.

(2) $f'(0) = \lim\limits_{x\to 0}\dfrac{f(x) - f(0)}{x} = \lim\limits_{x\to 0}\dfrac{x(x-1)(x-2)\cdots(x-n)}{x} = (-1)^n \cdot n!$.

【总结】 求函数在一点处的导数值有两种方法:第一种是求 $f'(x)$,然后代值进去;第二种是利用函数在一点处的导数定义求导数.

题型二　求复合函数(某点处)的导数与微分

【题型方法分析】

(1) 复合函数求导数应遵循从外及里的原则依次求导做乘积;

(2) 函数 $y = f(x)$ 的微分为 $dy = f'(x)dx$.

例 2.9 设 $f(x) = \arcsin x^2$,则 $f'(x) = ($　　$)$.

(A) $\dfrac{1}{\sqrt{1-x^2}}$　(B) $\dfrac{2x}{\sqrt{1-x^2}}$　(C) $\dfrac{1}{\sqrt{1-x^4}}$　(D) $\dfrac{2x}{\sqrt{1-x^4}}$　(E) $\dfrac{2}{\sqrt{1-x^4}}$

【答案】 (D)

【解析】 由复合函数求导法则可知 $f'(x) = \dfrac{1}{\sqrt{1-x^4}}\cdot 2x$.

【总结】　复合函数求导注意求导顺序，由外向里逐层求导即可.

例 2.10　已知 $f'(x)=\dfrac{2x}{\sqrt{1-x^2}}$，则 $\mathrm{d}f(\sqrt{1-x^2})=($　$)$.

(A) $-2x\mathrm{d}x$　(B) $-\dfrac{2x}{|x|}\mathrm{d}x$　(C) $-\dfrac{1}{\sqrt{1-x^2}}\mathrm{d}x$　(D) $\dfrac{2}{\sqrt{1-x^2}}\mathrm{d}x$

(E) $-\dfrac{2x}{|x|}$

【答案】 (B)

【解析】 $[f(\sqrt{1-x^2})]'=f'(\sqrt{1-x^2})\cdot\left(\dfrac{-x}{\sqrt{1-x^2}}\right)=\dfrac{2\sqrt{1-x^2}}{|x|}\cdot\dfrac{-x}{\sqrt{1-x^2}}=\dfrac{-2x}{|x|}$.

【总结】　抽象的复合函数求导或求微分按照运算法则展开，要注意的是，求抽象复合函数 $f[\varphi(x)]$ 的导数，只要知道 $f'(u)$，$\varphi'(x)$，无须知道函数表达式.

例 2.11　设 $y=\mathrm{e}^{3u}$，$u=f(t)$，$t=\ln x$，其中 $f(u)$ 可微，求 $\mathrm{d}y$.

【解】 $y'=\dfrac{\mathrm{d}y}{\mathrm{d}u}\cdot\dfrac{\mathrm{d}u}{\mathrm{d}t}\cdot\dfrac{\mathrm{d}t}{\mathrm{d}x}=3\mathrm{e}^{3u}\cdot f'(t)\cdot\dfrac{1}{x}=3\mathrm{e}^{3f(\ln x)}\cdot f'(\ln x)\cdot\dfrac{1}{x}$，则

$$\mathrm{d}y=3\mathrm{e}^{3f(\ln x)}\cdot f'(\ln x)\cdot\frac{1}{x}\mathrm{d}x.$$

【总结】　无论是几层复合函数的求导，原则都是“外 → 内”逐层求导.

题型三　求幂指函数的导数与微分

【题型方法分析】

第一步，幂指函数恒等变形为 $f(x)^{g(x)}=\mathrm{e}^{g(x)\ln f(x)}$；

第二步，根据复合函数求导法则直接求导即可.

例 2.12　设 $y=(\sin x)^{\cos^2 x}$，求 y'.

【解】 $y=(\sin x)^{\cos^2 x}=\mathrm{e}^{\cos^2 x\cdot\ln(\sin x)}$，$y'=\mathrm{e}^{\cos^2 x\cdot\ln(\sin x)}\cdot[\cos^2 x\cdot\ln(\sin x)]'$，

即 $y'=(\sin x)^{\cos^2 x}[\cot x\cdot\cos^2 x-\sin 2x\cdot\ln(\sin x)]$.

【总结】　幂指函数求导数先恒等变形为复合的指数函数，再利用复合函数的求导法则求解即可.

例 2.13　设方程 $x=y^y$ 确定 y 是 x 的函数，求 $\mathrm{d}y$.

【解】 $x=y^y\Rightarrow x=\mathrm{e}^{y\ln y}$，方程两边同时对 x 求导，得

$1=\mathrm{e}^{y\ln y}\left(y'\ln y+y\cdot\dfrac{1}{y}\cdot y'\right)=y^y(y'\ln y+y')\Rightarrow y'=\dfrac{1}{y^y(1+\ln y)}$.

故 $\mathrm{d}y=\dfrac{1}{y^y(1+\ln y)}\mathrm{d}x$.

【总结】　本题考查函数的微分，即求函数的导数. 幂指函数的求导原则：“指数，对数一起上”，即 $y=u(x)^{v(x)}=\mathrm{e}^{v(x)\ln u(x)}$. 一元隐函数的求导原则：对方程两边同时求导，并把 y 看成 x 的函数，按照复合函数求导.

题型四　求隐函数的导数与微分

【题型方法分析】

第一步，在方程左右两边直接对 x 求导；

第二步，求导时把 y 看作 x 的函数，得到一个关于 y' 的等式；

第三步，解出 y' 即可.

例 2.14　设 $e^{xy}+\tan(xy)=y$，求 $\left.\dfrac{dy}{dx}\right|_{x=0}$.

【解】　$e^{xy}+\tan(xy)=y$，令 $x=0$，$y(0)=1$，方程两边同时对 x 求导，得

$$e^{xy}(y+xy')+\sec^2(xy)\cdot(y+xy')=y'.$$

将 $x=0$，$y(0)=1$，代入上式得 $y'(0)=\left.\dfrac{dy}{dx}\right|_{x=0}=2$.

> **【总结】**　考查一元隐函数的求导法则. 原则是对方程两边同时求导，并把 y 看成 x 的函数，按照复合函数求导.

例 2.15　已知 $y\sin x-\cos(x-y)=0$，求 dy.

【解】　$y\sin x-\cos(x-y)=0$，方程两边同时对 x 求导，得

$y'\sin x+y\cos x+\sin(x-y)(1-y')=0\Rightarrow y'=\dfrac{y\cos x+\sin(x-y)}{\sin(x-y)-\sin x}$，则

$$dy=\frac{y\cos x+\sin(x-y)}{\sin(x-y)-\sin x}dx.$$

> **【总结】**　考查函数的微分，即求函数的导数. 一元隐函数的求导原则是对方程两边同时求导，并把 y 看成 x 的函数，按照复合函数求导.

题型五　两曲线相切求参数

【题型方法分析】

(1) 过同一点即在切点 (x_0,y_0) 处的函数值相同：$f(x_0)=g(x_0)$；

(2) 在切点 (x_0,y_0) 处的导数值相同：$f'(x_0)=g'(x_0)$.

例 2.16　设曲线 $y=x^2+ax+b$ 和 $2y=-1+xy^3$ 在点 $(1,-1)$ 处相切，其中 a,b 是常数，则(　　).

(A) $a=0,b=2$　　(B) $a=-1,b=-1$

(C) $a=-3,b=1$　　(D) $a=1,b=-3$

(E) $a=-1,b=3$

【答案】　(B)

【解析】　根据题意知，两曲线在点 $(1,-1)$ 处切线斜率相同，即 $\left.y'\right|_{x=1}=\left.(2x+a)\right|_{x=1}=a+2$.

$2y=-1+xy^3$ 两边同时对 x 求导，得 $2y'=y^3+3xy^2y'$，将 $(1,-1)$ 代入，得 $y'=1$，则 $a=-1$，代入 $y=x^2+ax+b$，得 $b=-1$.

> **【总结】**　两曲线相切考虑两同：过同一点，此点处的斜率相同.

题型六　变限积分函数求导数

【题型方法分析】

利用变限积分函数的求导法则进行求导；

(1) 直接求导型

$$\left[\int_a^x f(t)\mathrm{d}t\right]' = f(x);$$

$$\left[\int_a^{g(x)} f(t)\mathrm{d}t\right]' = g'(x)\cdot f(g(x));$$

$$\left[\int_{g(x)}^{h(x)} f(t)\mathrm{d}t\right]' = h'(x)\cdot f(h(x)) - g'(x)\cdot f(g(x)).$$

(2) 可分离变量型

$$\left[\int_a^x g(x)\cdot f(t)\mathrm{d}t\right]' = \left[g(x)\cdot\int_a^x f(t)\mathrm{d}t\right]' = g'(x)\cdot\int_a^x f(t)\mathrm{d}t + g(x)\cdot f(x).$$

(3) 不可分离变量型

$$\left[\int_a^x f(x-t)\mathrm{d}t\right]' \xlongequal{令 u=x-t} \left[\int_0^{x-a} f(u)\mathrm{d}u\right]' = f(x-a).$$

例 2.17　求$\dfrac{\mathrm{d}}{\mathrm{d}x}\int_0^x tf(x^2-t^2)\mathrm{d}t$,其中 $f(x)$ 连续.

【解】　令 $u=x^2-t^2$,则 $\mathrm{d}u=-2t\mathrm{d}t\Rightarrow t\mathrm{d}t=-\dfrac{1}{2}\mathrm{d}u$,从而$\int_0^x tf(x^2-t^2)\mathrm{d}t=\dfrac{1}{2}\int_0^{x^2}f(u)\mathrm{d}u$,则

$$\frac{\mathrm{d}}{\mathrm{d}x}\int_0^x tf(x^2-t^2)\mathrm{d}t = \left[\frac{1}{2}\int_0^{x^2} f(u)\mathrm{d}u\right]' = xf(x^2).$$

> **【总结】**　不可分离变量的变限积分函数求导用整体换元法,转换为变量可分离形式再求导.

题型七　反函数求导数

【题型方法分析】

(1) 先求原函数的导数即 $f'(x)$；

(2) 再取倒数,得$\dfrac{\mathrm{d}x}{\mathrm{d}y}=\dfrac{1}{f'(x)}$ $(f'(x)\neq 0)$.

例 2.18　设函数 $f(x)=\int_{-1}^x\sqrt{1-\mathrm{e}^t}\mathrm{d}t$,则 $y=f(x)$ 的反函数 $x=f^{-1}(y)$ 在 $y=0$ 处的导数$\left.\dfrac{\mathrm{d}x}{\mathrm{d}y}\right|_{y=0}=$ ________.

【答案】　$\sqrt{\dfrac{\mathrm{e}}{\mathrm{e}-1}}$

【解析】　$\dfrac{\mathrm{d}x}{\mathrm{d}y}=\dfrac{1}{f'(x)}=\dfrac{1}{\sqrt{1-\mathrm{e}^x}}$,$\left.\dfrac{\mathrm{d}x}{\mathrm{d}y}\right|_{y=0}=\left.\dfrac{1}{\sqrt{1-\mathrm{e}^x}}\right|_{x=-1}=\sqrt{\dfrac{\mathrm{e}}{\mathrm{e}-1}}$.

> **【总结】**　反函数的导数为原函数导数的倒数,仍然是关于 x 的函数,故要求出在 $y=y_0$ 时对应的 x_0.

题型八　参数方程求导

【题型方法分析】

(1) 求一阶导时，求 $\varphi'(t)$ 和 $\psi'(t)$ 时，是将 t 看作变量，再代入公式；

(2) 求二阶导时，先对 $\dfrac{\mathrm{d}y}{\mathrm{d}x}=\dfrac{\psi'(t)}{\varphi'(t)}$ 关于 t 求导再乘以 $\dfrac{\mathrm{d}t}{\mathrm{d}x}$.

例 2.19　设 $\begin{cases}x=t+\mathrm{e}^t\\y=\sin t\end{cases}$，求 $\left.\dfrac{\mathrm{d}y}{\mathrm{d}x}\right|_{t=0}$.

【答案】　$\dfrac{1}{2}$

【解析】　$x(t)=t+\mathrm{e}^t\Rightarrow x'(t)=1+\mathrm{e}^t$

$y(t)=\sin t\Rightarrow y'(t)=\cos t$

则 $\left.\dfrac{\mathrm{d}y}{\mathrm{d}x}\right|_{t=0}=\left.\dfrac{\cos t}{1+\mathrm{e}^t}\right|_{t=0}=\dfrac{1}{2}$.

【总结】　参数方程求导过程中求 $x'(t)$ 与 $y'(t)$ 时是将 t 看作自变量求导.

题型九　求各类函数的二阶导数

【题型方法分析】

一般地，求函数的二阶导数分为两步：第一步，求函数的一阶导数；第二步，在函数的一阶导数的基础上求二阶导数.

例 2.20　设 $y=\ln(x+\sqrt{x^2+a^2})$，求 y''.

【解】　$y'=\dfrac{1}{x+\sqrt{x^2+a^2}}\cdot\left(1+\dfrac{x}{\sqrt{x^2+a^2}}\right)=\dfrac{1}{\sqrt{x^2+a^2}}$，从而 $y''=-\dfrac{x}{(x^2+a^2)^{\frac{3}{2}}}$.

【总结】　复合函数的二阶导数求解，先按照复合函数求导法则求一阶导，再按照求导法则求二阶导.

例 2.21　设函数 $y=y(x)$ 由方程 $\mathrm{e}^y+xy=\mathrm{e}$ 所确定，求 $y''(0)$.

【解】　将 $x=0$ 带入方程可得 $y=1$. 再对方程两边关于自变量求导，得 $\mathrm{e}^y\cdot y'+y+xy'=0$，将 $x=0,y=1$ 代入，可得 $y'(0)=-\dfrac{1}{\mathrm{e}}$；再次求导可得 $\mathrm{e}^y\cdot(y')^2+y''\cdot\mathrm{e}^y+2y'+xy''=0$，将 $x=0,y=1,y'(0)=-\dfrac{1}{\mathrm{e}}$ 代入，可得 $y''(0)=\dfrac{1}{\mathrm{e}^2}$.

【总结】　隐函数在一点处的二阶导数，直接对方程两边求二阶导，并且要注意求某点的导数值时，不用求出函数表达式，直接代入初始条件求解即可. 一般求隐函数的 k 阶导数值，需要 k 个初始条件.

第三节　微分中值定理

考点归纳

一、罗尔定理

设函数 $f(x)$ 满足:(1) 在 $[a,b]$ 上连续;(2) 在 (a,b) 内可导;(3) $f(a)=f(b)$. 则至少存在 $\xi\in(a,b)$,使得 $f'(\xi)=0$.

二、拉格朗日中值定理

设 $f(x)$ 在 $[a,b]$ 上连续,在 (a,b) 内可导,则至少存在 $\xi\in(a,b)$,使得

$$f(b)-f(a)=f'(\xi)(b-a).$$

推论:若函数 $f(x)$ 在区间 I 上的导数恒为零,则 $f(x)$ 在区间 I 上是一个常数.

三、柯西中值定理

设 $f(x),g(x)$ 在 $[a,b]$ 上连续,在 (a,b) 内可导,且 $g'(x)\neq0$,则至少存在 $\xi\in(a,b)$,使得

$$\frac{f(b)-f(a)}{g(b)-g(a)}=\frac{f'(\xi)}{g'(\xi)}=\left.\frac{f'(x)}{g'(x)}\right|_{x=\xi}.$$

重要题型

题型一　微分中值定理

【题型方法分析】

识记罗尔中值定理、拉格朗日中值定理、柯西中值定理的条件和对应结论.

例 2.22　验证函数 $y=\ln\sin x$ 在区间 $\left[\frac{\pi}{6},\frac{5\pi}{6}\right]$ 上满足罗尔定理.

【解】　$f(x)$ 在 $\left[\frac{\pi}{6},\frac{5\pi}{6}\right]$ 上连续,在 $\left(\frac{\pi}{6},\frac{5\pi}{6}\right)$ 内可导,且 $f\left(\frac{\pi}{6}\right)=f\left(\frac{5\pi}{6}\right)$.

满足罗尔定理的三个条件,所以满足罗尔定理.

【总结】　396 数学在本节的要求主要是记住三个中值定理,尤其是罗尔中值定理和拉格朗日中值定理的条件和结论.

第四节　导数的应用

考点归纳

一、单调性的判别法

设 $y=f(x)$ 在 $[a,b]$ 上连续,在 (a,b) 内可导,

(1) 若 $f'(x)\geqslant0,(x\in(a,b))$,则 $y=f(x)$ 在 $[a,b]$ 上单调增加;

(2) 若 $f'(x)\leqslant0,(x\in(a,b))$,则 $y=f(x)$ 在 $[a,b]$ 上单调减少.

二、极值与函数极值的判定

1. 极值定义:设函数 $f(x)$ 在 x_0 的某个邻域内有定义,且存在 $\delta>0,x\in U(x_0,\delta)$ 有 $f(x)$

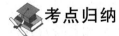

$> f(x_0)$(或 $f(x) < f(x_0)$),则称 $x = x_0$ 是 $f(x)$ 的极小值点(或极大值点).

2.极值必要条件:设 $y = f(x)$ 在 x_0 可导且取得极值,则 $f'(x_0) = 0$.

【注】 极值点的来源:驻点和一阶导数不存在的点是可能的极值点.

3.极值判别法

第一判别法:设 $f(x)$ 在 $(x_0 - \delta, x_0 + \delta)$ 内连续,x_0 是驻点或不可导点,

(1) 若在 $(x_0 - \delta, x_0)$ 内 $f'(x) < 0(> 0)$,在 $(x_0, x_0 + \delta)$ 内 $f'(x) > 0(< 0)$,则 $f(x)$ 在 $x = x_0$ 取得极小值(极大值).

(2) 若在 $(x_0 - \delta, x_0)$ 和 $(x_0, x_0 + \delta)$ 内 $f'(x)$ 不改变符号,则 $f(x)$ 在 x_0 处不取得极值.

【注】 极值第一判别法既适用于驻点又适用于一阶导数不存在的点判定是否是极值的情况.

第二判别法:设 $f(x)$ 在点 x_0 二阶可导,且 $f'(x) = 0$. 当 $f''(x_0) < 0$ 时,$f(x_0)$ 为极大值;当 $f''(x_0) > 0$ 时,$f(x_0)$ 为极小值;当 $f''(x_0) = 0$ 时,待定.

【注】 极值第二判别法只适用于驻点判定是否是极值的情况.

三、拐点与函数凹凸性的判定

1.凹凸性的判定法

设 $f(x)$ 在 $[a,b]$ 上连续,在 (a,b) 内二阶可导,则

(1) $f''(x) > 0 (x \in (a,b)) \Leftrightarrow f(x)$ 在 $[a,b]$ 上的图形是凹的;

(2) $f''(x) < 0 (x \in (a,b)) \Leftrightarrow f(x)$ 在 $[a,b]$ 上的图形是凸的.

2.拐点的定义

设 $f(x)$ 在 x_0 的某个邻域连续,函数 $f(x)$ 在 x_0 的两侧凹凸性相反,则称 $(x_0, f(x_0))$ 为曲线 $y = f(x)$ 的拐点.

【注】 拐点是一个点,描述的时候必须用点坐标 $(x_0, f(x_0))$,且拐点一定在连续曲线上.

3.拐点的必要条件

设 $f(x)$ 在 x_0 二阶可导且 $(x, f(x))$ 为拐点 $\Rightarrow f''(x_0) = 0$.

【注】 拐点的来源:$f''(x_0) = 0$ 的点及二阶导数不存在的点有可能是拐点.

4.拐点判别法

第一判别法:设 $f(x)$ 在 $(x_0 - \delta, x_0 + \delta)$ 内连续,x_0 是二阶导数等于零的点或二阶导数不存在的点,

(1) 若在 $x = x_0$ 左右两边 $f''(x)$ 符号发生改变,则 $(x_0, f(x_0))$ 是拐点;

(2) 若在 $x = x_0$ 左右两边 $f''(x)$ 符号不发生改变,则 $(x_0, f(x_0))$ 不是拐点.

【注】 拐点第一判别法既适用于二阶导等于零的点又适用于二阶导不存在的点判定是否是拐点的情况.

第二判别法:设 $f(x)$ 在点 x_0 三阶可导,且 $f''(x_0) = 0$ 时,$f'''(x_0) \neq 0$,则 $(x_0, f(x_0))$ 是拐点.

【注】 拐点第二判别法只适用于二阶导等于零的点判定是否是拐点的情况.

四、渐近线的求法

1.水平渐近线:$\lim\limits_{x \to \infty} f(x) = A$,则称 $y = A$ 是 $f(x)$ 的水平渐近线.

2.铅直渐近线:$\lim\limits_{x \to x_0} f(x) = \infty$,则称 $x = x_0$ 是 $f(x)$ 的铅直渐近线.

3. 斜渐近线：$\lim\limits_{x\to\infty}\dfrac{f(x)}{x}=k\neq 0$，且 $\lim\limits_{x\to\infty}(f(x)-kx)=b$，则 $y=kx+b$ 为 $y=f(x)$ 的斜渐近线.

重要题型

题型一　求函数的单调区间

【题型方法分析】

求函数的单调区间一般步骤：

(1) 先求函数的定义域；

(2) 再求函数的驻点及不可导点；

(3) 然后用上述点划分定义域为若干个区间；

(4) 最后在每个区间内考虑导数的符号，导数大于 0 即为单调增区间，导数小于 0 即为单调减区间.

例 2.23　求下列函数的单调区间.

(1) $y=x^3-12x$；

(2) $y=\sqrt[3]{x^2}(x-5)$.

【解】　(1) 求导得 $y'=3x^2-12=3(x+2)(x-2)$，令其为零可得 $x=\pm 2$. 当 $x\in(-\infty,-2)$ 和 $(2,+\infty)$ 时，$y'>0$；当 $x\in(-2,2)$ 时，$y'<0$，从而 $(-\infty,-2)$，$(2,+\infty)$ 为增区间，$(-2,2)$ 为减区间.

(2) 求导可得 $y'=\dfrac{5}{3}x^{-\frac{1}{3}}(x-2)$，令其为零可得 $x=2$，且 $x=0$ 为不可导点. 显然 $x=2$ 左右两侧导函数的符号相反，且为左负右正；而 $x=0$ 左右两侧导函数的符号相反，且为左正右负，从而 $(-\infty,0)$，$(2,+\infty)$ 为增区间，$(0,2)$ 为减区间.

【总结】　确定函数的单调区间直接按照题型方法分析中的步骤进行计算即可.

题型二　求函数的极值点和极值

【题型方法分析】

方法一　利用极值点定义.

$\forall x\in U(x_0)$，恒有 $f(x)\leqslant f(x_0)$，则 $x=x_0$ 为极大值点；

$\forall x\in U(x_0)$，恒有 $f(x)\geqslant f(x_0)$，则 $x=x_0$ 为极小值点.

极大值点对应的函数值为极大值，极小值点对应的函数值为极小值.

方法二　极值点的第一充分条件.

(1) 先求函数的定义域；

(2) 再求函数的驻点及不可导点；

(3) 然后用上述点将定义域分成若干个区间；

(4) 最后在每个区间内考虑导数的符号，若此点处左右区间导数异号，即为极值点，反之则不是极值点；

(5) 若左侧区间导数符号为正(负)，右侧区间导数符号为负(正)，则此点为极大(小)值点. 极大值点对应的函数值为极大值，极小值点对应的函数值为极小值；

方法三　极值点的第二充分条件(只适用于驻点).

(1) 求函数的定义域;

(2) 求函数的驻点及驻点处的二阶导数值;

(3) $f''(x_0) \neq 0$,则 $x = x_0$ 一定是极值点;

(4) 若 $f''(x_0) > 0$,则 $x = x_0$ 一定是极小值点;若 $f''(x_0) < 0$,则 $x = x_0$ 一定是极大值点. 极大值点对应的函数值为极大值,极小值点对应的函数值为极小值.

例 2.24　求下列函数的极值.

(1) $y = x^2 e^{-x}$;

(2) $y = \dfrac{2x}{x^2+1} - 2$.

【解】　(1) 求导得 $y' = xe^{-x}(2-x)$,令其为零,可得 $x = 0,2$,从而可得当 $x \in (-\infty,0)$ 和 $(2,+\infty)$ 时,$y' < 0$;当 $x \in (0,2)$ 时,$y' > 0$,从而 $y(0) = 0$ 为极小值,$y(2) = 4e^{-2}$ 为极大值.

(2) 求导可得 $y' = \dfrac{2(1-x^2)}{(x^2+1)^2}$,令其为零,可得 $x = \pm 1$,从而可得当 $x \in (-\infty,-1),(1,+\infty)$ 时,$y' < 0$;当 $x \in (-1,1)$ 时,$y' > 0$,可得 $y(-1) = -3$ 为极小值,$y(1) = -1$ 为极大值.

> **【总结】**　求函数的极值点及极值,直接按照题型方法中的步骤,本题也可以用极值第二判别法判定.

例 2.25　求函数 $y = 12x^5 + 15x^4 - 40x^3$ 的极值点、极值和单调区间.

【解】　$y' = 60x^4 + 60x^3 - 120x^2 = 60x^2(x^2+x-2) = 60x^2(x-1)(x+2)$.

当 $x < -2$ 时,$y' > 0$;当 $-2 < x < 1$ 时,$y' < 0$;当 $x > 1$ 时,$y' > 0$.

故 $x = -2$ 为极大值点,极大值为 176;$x = 1$ 为极小值点,极小值为 -13;$(-\infty,-2)$ 和 $(1,+\infty)$ 是单调递增区间,$(-2,1)$ 是单调递减区间.

> **【总结】**　单调区间与极值点的关系:极值点划分单调区间,若在某点左右两边单调性发生改变,则该点为极值点. 如果题设中既要求极值点又要求单调区间,则一般用极值第一判别法.

例 2.26　$\lim\limits_{x\to a}\dfrac{f(x)-f(a)}{(x-a)^2} = -1$,则 $f(x)$ 在 $x = a$ 处(　　).

(A) 导数存在,且 $f'(a) \neq 0$　　(B) 导数不存在

(C) 极大值　　(D) 极小值

(E) 不是极值

【答案】　(C)

【解析】　因 $\lim\limits_{x\to a}\dfrac{f(x)-f(a)}{(x-a)^2} = -1 < 0$,根据局部保号性,得存在 $x \in \mathring{U}(a,\delta)$,使得 $\dfrac{f(x)-f(a)}{(x-a)^2} < 0 \Rightarrow f(x) < f(a)$,则 $f(x)$ 在 $x = a$ 处取得极大值.

$f'(a) = \lim\limits_{x\to a}\dfrac{f(x)-f(a)}{x-a} = \lim\limits_{x\to a}\dfrac{f(x)-f(a)}{(x-a)^2}\cdot(x-a) = 0$,故 $f(x)$ 在 $x = a$ 处可导,且 $f'(a) = 0$.

因此答案选(C).

【总结】已知函数的极限值，判定函数的符号，多用保号性.

例 2.27　已知方程 $x^2y^2+y=1$ 确定 y 为 x 的函数，则(　　).

(A) $y(x)$ 有极小值但无极大值　　(B) $y(x)$ 有极大值但无极小值

(C) $y(x)$ 既有极小值又有极大值　　(D) 无极值

(E) 无法确定

【答案】　(B)

【解析】　对方程求导，可得 $2xy^2+2x^2yy'+y'=0$，令 $y'=0$ 可得 $x=0,y=1$. 对方程再求导，知 $y''(0)<0$ 可知有极大值，又是唯一点，可得 $y(x)$ 有极大值但无极小值. 故选(B).

【总结】　隐函数求极值，仍然是先找驻点和不可导点，再判定是否是极值以及是极大值还是极小值.

例 2.28　求 $f(x)=\int_0^x(1-t)\arctan t\,dt$ 的极值点.

【解】　求导可得 $f'(x)=(1-x)\arctan x$，令其为零可得 $x=0,x=1$，求二阶导数可得 $f''(x)=-\arctan x+\dfrac{1-x}{1+x^2}$，从而 $f''(0)=1>0$，$f''(1)=-\dfrac{\pi}{4}<0$，从而 $x=0$ 为极小值点，$x=1$ 为极大值点.

【总结】　变上限函数求极值问题，和求一般函数极值的基本步骤一致. 本题用极值第二判别法判定，因为函数二阶可导，求导方便，且不用求单调区间，只需要判定极值点，故用第二判别法判定.

题型三　求函数在闭区间上的最值

【题型方法分析】

求函数在闭区间上最值的一般步骤：

(1) 先求函数的驻点及不可导点；

(2) 再求上述各点处的函数值及 $f(a),f(b)$；

(3) 比较上述各点处的函数值，取最大的做最大值，最小的做最小值.

例 2.29　求函数 $f(x)=x^3-x^2-x+1$ 在区间[0,2]上的最值.

【解】　由 $f'(x)=3x^2-2x-1=0$，得 $x_1=-\dfrac{1}{3}$，$x_2=1$，$1\in[0,2]$，故比较 $f(0)=1$，$f(1)=0$，$f(2)=3$ 大小，易知 $f(x)$ 在区间[0,2]上的最小值是 0，最大值是 3.

【总结】　求函数在闭区间上的最值，按照题型方法中的三个步骤计算. 要注意的是求最值时只要比较函数值大小，而无须判定是否是极值.

题型四　求函数的凹凸区间及拐点

【题型方法分析】

方法一　拐点的定义.

方法二　拐点的第一充分条件.

(1) 先求函数的定义域；

(2) 再求函数的二阶导数为 0 的点及二阶导数不存在的点，验证这些点是否在定义域中，不在定义域中要舍去；

(3) 用上述点将定义域分成若干个区间；

(4) 在每个区间内考虑二阶导数的符号，若此点处左右区间导数异号，即为拐点，反之则不是拐点；

(5) 若区间二阶导数符号为正(负)，则此区间为凹(凸) 区间.

方法三　拐点的第二充分条件(只适用于二阶导数等于 0 的点).

(1) 先求函数的定义域；

(2) 再求函数的二阶导数等于 0 的点及此点处的三阶导数值；

(3) $f'''(x_0) \neq 0$，则 $x = x_0$ 一定是拐点.

例 2.30　判定下列曲线的凹凸性，并求出拐点.

(1) $y = x^3 - 5x^2 + 3x + 5$；

(2) $y = \dfrac{\ln x}{x}$.

【解】 (1) 由于 $y' = 3x^2 - 10x + 3$，$y'' = 6x - 10$，令 $y'' = 6x - 10 = 0$，解得 $x = \dfrac{5}{3}$，所以当 $x \in \left(-\infty, \dfrac{5}{3}\right)$ 时，$y'' < 0$，$\left(-\infty, \dfrac{5}{3}\right)$ 是该函数的凸区间；

当 $x \in \left(\dfrac{5}{3}, +\infty\right)$ 时，$y'' > 0$，$\left(\dfrac{5}{3}, +\infty\right)$ 是该函数的凹区间，该函数的拐点是 $\left(\dfrac{5}{3}, \dfrac{20}{27}\right)$.

(2) 该函数的定义域为 $(0, +\infty)$.

由于 $y' = \dfrac{1 - \ln x}{x^2}$，$y'' = \dfrac{2\ln x - 3}{x^3}$，令 $y'' = \dfrac{2\ln x - 3}{x^3} = 0$，解得 $x = e^{\frac{3}{2}}$.

所以当 $x \in (0, e^{\frac{3}{2}})$ 时，$y'' < 0$，$(0, e^{\frac{3}{2}})$ 是该函数的凸区间；

当 $x \in (e^{\frac{3}{2}}, +\infty)$ 时，$y'' > 0$，$(e^{\frac{3}{2}}, +\infty)$ 是该函数的凹区间，该函数的拐点是 $\left(e^{\frac{3}{2}}, \dfrac{3}{2}e^{-\frac{3}{2}}\right)$.

【总结】 凹凸区间与拐点的关系：拐点划分凹凸区间，在某点左右两边凹凸发生改变，则该点为拐点. 如果题设中既要求拐点又要求凹凸区间，则一般用拐点第一判别法.

例 2.31　设在 $(0, +\infty)$ 内 $f'(x) > 0$，$f(0) = 0$，则曲线 $F(x) = x\int_0^x f(t)\mathrm{d}t$ 在 $(0, +\infty)$ 内为(　　).

(A) 向下凹的　　(B) 向上凸的　　(C) 凹凸性不确定　　(D) 以上都不对

(E) 无凸后凹

【答案】 (A)

【解析】 $F'(x) = \int_0^x f(t)\mathrm{d}t + xf(x)$，$F''(x) = 2f(x) + xf'(x)$.

因 $f'(x) > 0$，$f(0) = 0 \Rightarrow f(x) > 0$，$x \in (0, +\infty)$，则 $F''(x) > 0$，故曲线 $F(x)$ 在 $(0, +\infty)$ 为向下凹的. 故选(A).

【总结】 一阶导数符号判定函数单调性;二阶导数符号判定凹凸性.

例 2.32 设点(1,3)是曲线 $y=x^3+ax^2+bx+c$ 上的拐点,且 $x=2$ 是此曲线的极值点,求 a,b,c.

【解】 (1,3)是曲线 $y=x^3+ax^2+bx+c$ 上的点,可得 $3=1+a+b+c$,又 $x=2$ 是此曲线的极值点,可得 $y'(2)=0$,即 $12+4a+b=0$,又(1,3)是曲线的拐点,从而 $y''(1)=0$,可得 $6+2a=0$,从而可解得 $a=-3,b=0,c=5$.

【总结】 可导的极值点必为驻点,二阶可导的拐点,其二阶导数一定为零.

题型五　渐近线的求法

【题型方法分析】

由渐近线定义可知,同种趋向下,水平渐近线和斜渐近线不能同时存在,故求解渐近线一般步骤:

(1) 先求水平渐近线:$\lim\limits_{x\to\infty}f(x)=a$,$y=a$ 为水平渐近线;

(2) 再求铅直渐近线:$\lim\limits_{x\to x_0}f(x)=\infty$ 或 $\lim\limits_{x\to x_0^+}f(x)=\infty$,$x=x_0$ 为铅直渐近线;

(3) 最后求斜渐近线:$\lim\limits_{x\to\infty}\dfrac{f(x)}{x}=k\neq 0$,且 $\lim\limits_{x\to\infty}(f(x)-kx)=b$,则 $y=kx+b$ 为斜渐近线.

例 2.33 函数 $y=\dfrac{\sin x}{x}$ 的渐近线为(　　).

(A) 只有水平渐近线　　(B) 只有铅直渐近线

(C) 有斜渐近线　　(D) 有水平和铅直渐近线

(E) 无渐近线

【答案】 (A)

【解析】 $\lim\limits_{x\to\infty}\dfrac{\sin x}{x}=\lim\limits_{x\to\infty}\dfrac{1}{x}\sin x=0$,即 $y=0$ 为水平渐近线,所以无斜渐近线;

$\lim\limits_{x\to 0}\dfrac{\sin x}{x}=1$,无铅直渐近线,即选(A).

【总结】 渐近线的判定直接按照题型方法分析中的步骤依次判定即可.

第五节　微积分在经济学中的应用

考点归纳

一、经济学中常用的函数

1. 需求函数:设某产品的需求量为 Q,价格为 p. 一般地,需求量 Q 作为价格 p 的函数 $Q=\varphi(p)$ 称为需求函数,并且价格 p 上升(下降),需求量 Q 下降(上升),需求函数的反函数 $p=\varphi^{-1}(Q)$ 称为价格函数.

2. 供给函数:设某产品的供给量为 Q,价格为 p. 一般地,供给量 Q 作为价格 p 的函数 $Q=$

$\psi(p)$，称为供给函数，并且价格 p 上升(下降)，供给量 Q 上升(下降).

3. 成本函数：成本 $C = C(x)$ 是生产产品的总投入，它由固定成本 C_1（常量）和可变成本 $C_2(x)$ 两部分组成，其中 x 表示产品数量，即 $C = C(x) = C_1 + C_2(x)$，称 $\frac{C}{x}$ 为平均成本，记为 $\overline{C}$：$\overline{C} = \frac{C}{x} = \frac{C_1}{x} + \frac{C_2(x)}{x}$.

4. 收益函数：收益 $R = R(x)$ 是产品售出后所得的收入，是销售量 x 与销售单价 p 之积，即收益函数为：$R = R(x) = px$.

5. 利润函数：利润 $L = L(x)$ 是收益扣除成本后的余额，由总收益减去总成本组成，即利润函数为：$L = L(x) = R(x) - C(x)$（x 为销售量).

二、边际函数与边际分析

1. 边际函数

设 $y = f(x)$ 可导，则在经济学中称 $f'(x)$ 为边际函数，$f'(x_0)$ 称为 $f(x)$ 在 $x = x_0$ 处的边际值.

2. 经济学中常用的边际分析

(1) 边际成本：设成本函数为 $C = C(q)$（q 是产量)，则边际成本函数 MC 为 $MC = C'(q)$.

(2) 边际收益：设收益函数为 $R = R(q)$（q 是产量)，则边际收益函数 MR 为 $MR = R'(q)$.

(3) 边际利润：设利润函数为 $L = L(q)$（q 是产量)，则边际利润函数 ML 为 $ML = L'(q)$.

三、弹性函数与弹性分析

1. 弹性函数

设 $y = f(x)$ 可导，则称 $\frac{\Delta y/y}{\Delta x/x}$ 为函数 $f(x)$ 当 x 从 x 变到 $x + \Delta x$ 时的相对弹性，称 $\eta = \lim\limits_{\Delta x \to 0} \frac{\Delta y/y}{\Delta x/x} = f'(x)\frac{x}{y} = \frac{f'(x)}{f(x)}x$ 为函数 $f(x)$ 的弹性函数，记为 $\frac{Ey}{Ex}$，即 $\eta = \frac{Ey}{Ex} = f'(x)\frac{x}{f(x)}$.

2. 经济学中常用的弹性分析

(1) 需求价格弹性：设需求函数 $Q = \varphi(p)$（p 为价格)，则需求对价格的弹性为 $\eta_d = \frac{p}{\varphi(p)}\varphi'(p)$. 由于 $\psi(p)$ 是单调减少函数，故 $\varphi'(p) < 0$，从而 $\eta_d < 0$.

(2) 供给价格弹性：设供给函数 $Q = \psi(p)$（p 为价格)，则供给对价格的弹性为 $\eta_s = \frac{p}{\psi(p)}\psi'(p)$. 由于 $\psi(p)$ 是单调增加函数，故 $\psi'(p) > 0$，从而 $\eta_s > 0$.

(3) 收益价格弹性：设收益函数 $R = R(p)$（p 为价格)，则收益对价格的弹性为 $\eta_R = \frac{p}{R} \cdot R'(p)$.

【注】 弹性也常用大写字母 E 表示.

重要题型

题型一　求边际及弹性

【题型方法分析】

1. 对成本函数、收益函数、利润函数求导即为边际成本、边际收益、边际利润；

2. 根据弹性的公式求出相应的弹性即可，掌握弹性的经济意义.

例 2.34　已知某工厂生产 x 件产品的成本 $C(x) = 25\,000 + 200x + x^2/40$（元)，要使平均

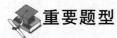

成本最小，则所应生产的产品件数为(　　)件.

(A)100　　(B)200　　(C)1 000　　(D)2 000　　(E)2 500

【答案】 (C)

【解析】 平均成本 $\overline{C}(x)=\dfrac{C(x)}{x}=\dfrac{25\ 000}{x}+200+\dfrac{x}{40}$，从而 $\overline{C}'(x)=-\dfrac{25\ 000}{x^2}+\dfrac{1}{40}$，$\overline{C}''(x)=\dfrac{50\ 000}{x^3}>0$. 要使平均成本最小，只需令 $\overline{C}'(x)=0$，即 $x=1\ 000$. 故选(C).

【总结】这是经济方面的实际问题，由于只有一个驻点，由一元函数中"单峰单谷"理论可知，若驻点唯一，则极值点亦为最值点.

例 2.35　一商家销售某种商品的价格满足关系 $p=7-0.2x$(万元 / 吨)，x 为销售量(单位：吨)，商品的成本函数是 $C=3x+1$(万元).

(1) 若每销售一吨产品，政府要征税 t 万元，求该商家获得最大利润时的销售量；

(2) t 为何值时，政府税收总额最大.

【解】 (1) 由题意，易得商家利润 $L(x)=x(7-0.2x)-(3x+1)-tx$，从而

$$L'(x)=-0.4x+(4-t),L''(x)=-0.4<0.$$

要使利润最大，只需 $L'(x)=0$，即极大值亦为最大值，解得 $x=10-2.5t$ 即为所求.

(2) 商家利润最大时，政府税收 $S(t)=tx=t(10-2.5t)=10t-2.5t^2$，此时

$$S'(t)=10-5t,S''(t)=-5<0.$$

要使税收最大，只需 $S'(t)=0$，解得 $t=2$ 即为所求.

【总结】这里多出了税收项目，在商家方面与"成本"类同；政府税收最大，一般出现在商家利润最大的时候.

例 2.36　设某产品的成本函数为 $C(x)=400+3x+\dfrac{1}{2}x^2$，而需求函数为 $p=\dfrac{100}{\sqrt{x}}$，其中 x 为产量(假定等于需求量)，p 为价格，试求：(1) 边际成本；(2) 边际收益；(3) 边际利润；(4) 收益的价格弹性.

【解】 (1) 边际成本 $C'(x)=\left(400+3x+\dfrac{x^2}{2}\right)'=3+x$；

(2) 收益 $R(x)=xp=100\sqrt{x}$，边际收益 $R'(x)=\dfrac{50}{\sqrt{x}}$；

(3) 利润 $L(x)=R(x)-C(x)=100\sqrt{x}-\left(400+3x+\dfrac{1}{2}x^2\right)$，边际利润

$$L'(x)=\frac{50}{\sqrt{x}}-x-3;$$

(4) 收益 $R(p)=xp=\dfrac{10\ 000}{p}$，其弹性 $\eta=\dfrac{p}{R}\dfrac{\mathrm{d}R}{\mathrm{d}p}=\dfrac{p^2}{10\ 000}\left(-\dfrac{10\ 000}{p^2}\right)=-1$.

【总结】经管类考生要熟记常用的经济函数及其相互关系.

本章练习

1. 设 $f(x)=\begin{cases} x^{\alpha}\cdot\sin\dfrac{1}{x}, & x\neq 0, \\ 0, & x=0, \end{cases}$ 试问当 α 取何值时，$f(x)$ 在点 $x=0$ 处可导，并求 $f'(0)$.

2. 求给定曲线 $y=\dfrac{1}{x}$ 过点 $(-3,1)$ 的切线方程.

3. 已知 $y=f\left(\dfrac{3x-2}{3x+2}\right)$，$f'(x)=\arctan x^2$，则 $\left.\dfrac{\mathrm{d}y}{\mathrm{d}x}\right|_{x=0}=$ (　　).

(A) π　(B) $\dfrac{\pi}{3}$　(C) $\dfrac{\pi}{2}$　(D) $\dfrac{3\pi}{4}$　(E) π

4. 已知 $y=f(x)$ 在 x_0 点处可导，$\Delta x,\Delta y$ 分别为自变量和函数的增量，$\mathrm{d}y$ 为其微分且 $f'(x_0)\neq 0$，则 $\lim\limits_{\Delta x\to 0}\dfrac{\Delta y-\mathrm{d}y}{\Delta x}=$ (　　).

(A) -1　(B) 1　(C) 0　(D) ∞　(E) 2

5. 设 $f(x)=\varphi(a+bx)-\varphi(a-bx)$，其中 $\varphi(x)$ 在 $(-\infty,+\infty)$ 内有定义，且在 $x=a$ 处可导，求 $f'(0)$.

6. 求下列函数的导数与微分.

(1) $y=\cot^2 x-\arccos\sqrt{1-x^2}$；

(2) $y=\mathrm{e}^{x^2}\sin\sqrt{x}$.

7. 设 $y=y(x)$ 由方程 $x^2+y^2=1$ 所确定，求 y''.

8. 设可导函数 $y=f(x)$ 由 $x^3-3xy^2+2y^3=32$ 所确定，试讨论并求出 $y=f(x)$ 的极值.

9. 设函数 $y=x\mathrm{e}^{-x^2}$，求函数的极值点和拐点.

10. 设函数 $f(x)=\begin{cases} x, & x\leqslant 0, \\ \dfrac{a+b\cos x}{x}, & x>0 \end{cases}$ 在 $x=0$ 处可导，则(　　).

(A) $a=-2,b=2$　(B) $a=2,b=-2$

(C) $a=-1,b=1$　(D) $a=1,b=-1$

(E) $a=2,b=2$

11. 已知 $f(x)$ 在 $x=0$ 处可导，且 $f(0)=0$，则 $\lim\limits_{x\to 0}\dfrac{x^2f(x)-2f(x^3)}{x^3}=$ (　　).

(A) $-2f'(0)$　(B) $-f'(0)$　(C) $f'(0)$　(D) 0　(E) $2f'(0)$

12. 设 $f(x)=\begin{cases} \dfrac{1-\cos x}{\sqrt{x}}, & x>0, \\ x^2\cdot g(x), & x\leqslant 0, \end{cases}$ 其中 $g(x)$ 是有界函数，则 $f(x)$ 在 $x=0$ 处(　　).

(A) 极限不存在　(B) 极限存在但不连续

(C) 连续但不可导　(D) 可导

(E) 可导后 $f'(0)\neq 0$

13. 设 $f(x)=x(x+1)(x+2)\cdots(x+n)$，则 $f'(0)=$ ________.

14. 若函数 $y=y(x)$ 由方程 $(\sin x)^y=(\cos y)^x$ 确定，则 $\frac{dy}{dx}=$ ________.

15. 若 $f(x)=-f(-x)$，在 $(0,+\infty)$ 内 $f'(x)>0, f''(x)>0$，则 $f(x)$ 在 $(-\infty,0)$ 内(　　).

(A) 单调递增且凸的　　(B) 单调递减且凹的

(C) 单调递增且凹的　　(D) 单调递减且凸的

(E) 无法确定

16. 已知 $f(x)$ 在 $x=0$ 的某邻域内连续，且 $\lim\limits_{x\to 0}\frac{f(x)}{\ln(1+x^2)}=2$，则 $f(x)$ 在点 $x=0$ 处(　　).

(A) 取得极大值　　(B) 取得极小值

(C) 不可导　　(D) 可导且 $f'(0)=0$

(E) 可导且 $f'(0)\neq 0$

17. 设曲线 $f(x)=x^n$ 在点 $(1,1)$ 处的切线与 x 轴的交点为 $(\xi_n,0)$，则 $\lim\limits_{n\to\infty}f(\xi_n)=$ ________.

18. 设 $f(x)=\int_0^{x^2}e^{-t^2}dt$，则 $f(x)$ 的极值为________，$f(x)$ 的拐点坐标为________.

19. 设函数 $f(x)$ 为在 $(-\infty,+\infty)$ 内可导的偶函数，又 $\lim\limits_{h\to 0}\frac{f(3-h)-f(3)}{2h}=1$，则曲线 $y=f(x)$ 在点 $(-3,f(-3))$ 处的法线斜率为________.

20. 若 $f(t)=\lim\limits_{x\to\infty}\left(1+\frac{1}{x}\right)^{2tx}$，则 $f'(t)=$ ________.

本章练习答案与解析

1.**【解】**　$f'(0)=\lim\limits_{x\to 0}\frac{f(x)-f(0)}{x-0}=\lim\limits_{x\to 0}\frac{f(x)}{x}=\lim\limits_{x\to 0}\frac{x^\alpha\sin\frac{1}{x}}{x}$

$$=\lim_{x\to 0}x^{\alpha-1}\sin\frac{1}{x},$$

因为 $f(x)$ 在点 $x=0$ 处可导，所以 $\lim\limits_{x\to 0}x^{\alpha-1}\sin\frac{1}{x}$ 的极限存在，即 $\lim\limits_{x\to 0}x^{\alpha-1}=0$，得 $\alpha>1$.

2.**【解】**　函数在一点处的导数的几何意义是曲线在一点处切线的斜率；

切线方程为：$y-y_0=f'(x_0)(x-x_0)$，即 $y-\frac{1}{x_0}=-\frac{1}{x_0^2}(x-x_0)$，代入 $(-3,1)$ 可知 $x_0=3$ 或 -1，则切线：$y=-\frac{x}{9}+\frac{2}{3}$ 或 $y=-x-2$.

3.**【答案】**　(D)

【解析】　$\frac{dy}{dx}=f'\left(\frac{3x-2}{3x+2}\right)\cdot\left(\frac{3x-2}{3x+2}\right)'=\arctan\left(\frac{3x-2}{3x+2}\right)^2\cdot\frac{3(3x+2)-3(3x-2)}{(3x+2)^2}$,

$\left.\frac{dy}{dx}\right|_{x=0}=\frac{3\pi}{4}$.

4.**【答案】**　(C)

【解析】　由微分定义可知，$\Delta y=f'(x_0)\Delta x+o(\Delta x)=dy+o(\Delta x)$，故

$$\lim_{\Delta x\to 0}\frac{\Delta y-dy}{\Delta x}=\lim_{\Delta x\to 0}\frac{o(\Delta x)}{\Delta x}=0.$$

5.【解】 根据导数定义可得

$$\lim_{x\to 0}\frac{f(x)-f(0)}{x-0}=\lim_{x\to 0}\frac{\varphi(a+bx)-\varphi(a-bx)}{x}$$

$$=\lim_{x\to 0}\frac{\varphi(a+bx)-\varphi(a)}{x}+\lim_{x\to 0}\frac{\varphi(a)-\varphi(a-bx)}{x}$$

$$=b\lim_{x\to 0}\frac{\varphi(a+bx)-\varphi(a)}{bx}+b\lim_{x\to 0}\frac{\varphi(a-bx)-\varphi(a)}{-bx}=2b\varphi'(a).$$

6.【解】 (1) $y'=2\cot x\cdot(-\csc^2 x)-\dfrac{1}{\sqrt{1-(1-x^2)}}\cdot\dfrac{x}{\sqrt{1-x^2}}$

$$=-2\cot x\cdot(\csc^2 x)-\frac{1}{|x|}\cdot\frac{x}{\sqrt{1-x^2}}.$$

(2) 由函数求导法则,得 $y'=2x\mathrm{e}^{x^2}\sin\sqrt{x}+\mathrm{e}^{x^2}\cdot\cos\sqrt{x}\cdot\dfrac{1}{2\sqrt{x}}$.

7.【解】 对 $x^2+y^2=1$ 两边关于 x 求导,得 $2x+2yy'=0$,可解得 $y'=-\dfrac{x}{y}$,再求导并将 $x^2+y^2=1$ 代入,可得 $y''=-\dfrac{1}{y^3}$.

8.【解】 方程两边求导可得 $3x^2-3y^2-6xyy'+6y^2y'=0$,即 $(x-y)(x+y-2yy')=0$. 令 $y'=0$,可得 $y=-x$,$y=x$(舍去),代入原式可得 $x=-2$,$y=2$,而 $y'=\dfrac{x}{2y}+\dfrac{1}{2}$,从而可得 $y''=\dfrac{y-xy'}{2y^2}$. 将 $x=-2$,$y=2$ 代入可得 $y''(-2)=\dfrac{1}{4}>0$,即 $y(-2)=2$ 是函数 $f(x)$ 的极小值.

9.【解】 求导可得 $y'=(1-2x^2)\mathrm{e}^{-x^2}$. 令 $y'=0$ 可得 $x=\pm\dfrac{\sqrt{2}}{2}$,而 $y''=2x(2x^2-3)\mathrm{e}^{-x^2}$.

$y''\left(\dfrac{\sqrt{2}}{2}\right)<0$,$y''\left(-\dfrac{\sqrt{2}}{2}\right)>0$,从而 $x=\dfrac{\sqrt{2}}{2}$ 为极大值点,$x=-\dfrac{\sqrt{2}}{2}$ 为极小值点;令 $y''=0$ 可得 $x=0,\pm\dfrac{\sqrt{6}}{2}$,显然可得二阶导数在这三点的左右两侧函数值的符号相反,从而拐点为 $(0,0)$,$\left(\dfrac{\sqrt{6}}{2},\dfrac{\sqrt{6}}{2}\mathrm{e}^{-\frac{3}{2}}\right)$,$\left(-\dfrac{\sqrt{6}}{2},-\dfrac{\sqrt{6}}{2}\mathrm{e}^{-\frac{3}{2}}\right)$.

10.【答案】 (B)

【解析】 已知 $f(x)$ 在 $x=0$ 处可导,则 $f(x)$ 在 $x=0$ 处连续,即 $\lim\limits_{x\to 0}f(x)=f(0)=0$. 又 $\lim\limits_{x\to 0^+}f(x)=\lim\limits_{x\to 0^+}\dfrac{a+b\cos x}{x}=0\Rightarrow a+b=0$.

已知 $f(x)$ 在 $x=0$ 处可导,所以 $\lim\limits_{x\to 0}\dfrac{f(x)}{x}=A$,即 $\lim\limits_{x\to 0^-}\dfrac{f(x)}{x}=\lim\limits_{x\to 0^-}\dfrac{x}{x}=1$,$\lim\limits_{x\to 0^+}\dfrac{f(x)}{x}=\lim\limits_{x\to 0^-}\dfrac{a-a\cos x}{x^2}=\dfrac{a}{2}$,故可推出,$\dfrac{a}{2}=1\Rightarrow a=2$,$b=-2$,答案选(B).

11.【答案】 (B)

【解析】 已知 $f(x)$ 在 $x=0$ 处可导,且 $f(0)=0$,则 $\lim\limits_{x\to 0}\dfrac{f(x)}{x}=f'(0)$,

$$\lim_{x\to 0}\frac{x^2f(x)-2f(x^3)}{x^3}=\lim_{x\to 0}\left(\frac{x^2f(x)}{x^3}-\frac{2f(x^3)}{x^3}\right)=\lim_{x\to 0}\frac{f(x)}{x}-2\lim_{x\to 0}\frac{f(x^3)}{x^3}=-f'(0).$$

12.【答案】 (D)

【解析】 $\lim\limits_{x\to 0^-} x^2 g(x) = 0$ 且 $\lim\limits_{x\to 0^+} \dfrac{1-\cos x}{\sqrt{x}} = 0$，所以 $\lim\limits_{x\to 0} f(x) = 0$，所以极限存在.

又因为 $\lim\limits_{x\to 0} f(x) = 0 = f(0)$，即 $f(x)$ 在 $x = 0$ 处连续.

因为 $\lim\limits_{x\to 0^-} \dfrac{f(x)}{x} = \lim\limits_{x\to 0^-} \dfrac{x^2 g(x)}{x} = \lim\limits_{x\to 0^-} xg(x) = 0$，$\lim\limits_{x\to 0^+} \dfrac{f(x)}{x} = \lim\limits_{x\to 0^-} \dfrac{1-\cos x}{x\sqrt{x}} = 0$，即 $f'(0) = 0$. 所以 $f(x)$ 在 $x = 0$ 处可导. 选择(D).

13.【答案】 $n!$

【解析】 利用函数在一点处的导数定义，得

$$f'(0) = \lim_{x\to 0} \frac{f(x)-f(0)}{x} = \lim_{x\to 0} \frac{x(x+1)(x+2)\cdots(x+n)}{x} = n!.$$

14.【答案】 $y' = \dfrac{\ln\cos y - y\cot x}{\ln\sin x + x\tan y}$.

【解析】 方程两边同时取以 e 为底的对数，得 $y\ln\sin x = x\ln\cos y$，此函数为隐函数，根据隐函数的求导法则，得

$y'\ln\sin x + y\cot x = \ln\cos y - x\tan y \cdot y'$，$(\ln\sin x + x\tan y)y' = \ln\cos y - y\cot x$，

即 $y' = \dfrac{\ln\cos y - y\cot x}{\ln\sin x + x\tan y}$.

15.【答案】 (A)

【解析】 已知 $f'(x) > 0$，$f''(x) > 0$，所以 $f(x)$ 在 $(0,+\infty)$ 单调增，即在 $(0,+\infty)$ 为凹的；已知 $f(x) = -f(-x)$，所以 $f(x)$ 为奇函数，可以得到 $f(x)$ 在 $(-\infty,0)$ 单调增，即在 $(-\infty,0)$ 为凸的，所以答案选(A).

16.【答案】 (B)

【解析】 **方法一** 已知 $\lim\limits_{x\to 0} \dfrac{f(x)}{\ln(1+x^2)} = 2$，由极限的保号性，得 $\forall x \in \mathring{U}(0)$，恒有 $\dfrac{f(x)}{\ln(1+x^2)} > 0$，故 $f(x) > 0$.

又因为 $\lim\limits_{x\to 0} \dfrac{f(x)}{\ln(1+x^2)} = 2$，分母的极限为 0，所以分子的极限为 0，又已知 $f(x)$ 在 $x = 0$ 的某邻域内连续，所以 $f(0) = 0$，即 $f(x) > f(0)$，由极值点的定义可以得到 $x = 0$ 为极小值点，$f(0)$ 为极小值.

方法二 特值排除法.

取 $f(x) = 2x^2$，满足题设要求，代入排除选项(A)、(C)、(D)，因此答案选(B).

17.【答案】 e^{-1}.

【解析】 $f(x) = x^n$ 在点 $(1,1)$ 处的切线方程为 $y - 1 = n(x-1)$，令 $y = 0$，得

$$\xi_n = 1 - \frac{1}{n}, \lim_{n\to\infty} f(\xi_n) = \left(1 - \frac{1}{n}\right)^n = e^{-1}.$$

18.【答案】 0；拐点为 $\left(\pm\dfrac{\sqrt{2}}{2}, \int_0^{\frac{1}{2}} e^{-t^2} dt\right)$.

【解析】 $f'(x) = 2xe^{-x^4}$，令 $f'(x) = 0 \Rightarrow x = 0$，由极值的第一充分条件得 $x = 0$ 为极小值点，所以极小值为 $f(0) = 0$；

又因为 $f''(x) = 2e^{-x^4}(1-4x^4)$，令 $f''(x) = 0 \Rightarrow x = \pm\dfrac{\sqrt{2}}{2}$，由拐点的第一充分条件得 $x =$

$\pm\dfrac{\sqrt{2}}{2}$ 为拐点的横坐标，即拐点坐标为$\left(\pm\dfrac{\sqrt{2}}{2},\int_0^{\frac{1}{2}}e^{-t^2}dt\right)$.

19.**【答案】** $-\dfrac{1}{2}$

【解析】 切线斜率为 $f'(-3)$，已知 $f(x)$ 为在$(-\infty,+\infty)$内可导的偶函数，则 $f'(x)$ 为奇函数，故 $f'(-3)=-f'(3)$，因为$\lim\limits_{h\to0}\dfrac{f(3-h)-f(3)}{2h}=1\Rightarrow f'(3)=-2$，$f'(-3)=-f'(3)=2$，所以法线斜率为$-\dfrac{1}{2}$.

20.**【答案】** $2e^{2t}$

【解析】 $\lim\limits_{x\to\infty}(1+\dfrac{1}{x})^{2tx}=e^{\lim\limits_{x\to\infty}\frac{1}{x}\cdot 2tx}=e^{2t}$，$(e^{2t})'=2e^{2t}$.

第三章　一元函数积分学

积分问题是考研的考查重点，不定积分和定积分是积分学的基本概念，不定积分和定积分的计算是积分学的基本计算，这部分内容是必考点，利用定积分表示与计算一些经济量是积分学的基本应用. 大家在复习时要掌握一元积分学的众多方法，再通过多练习而达到熟能生巧. 本章知识体系框架如下：

本章知识框架

- 不定积分
  - 原函数，不定积分
  - 基本积分表
  - 积分法
    - 换元积分法
      - 第一换元法（凑微分法）
      - 第二换元法
        - 二次根式 —— 用三角函数换元
        - 幂代换
        - 指数代换
        - 倒代换
    - 分部积分法
  - 几类函数的积分
    - 有理函数的积分 —— 部分分式法
    - 简单三角函数有理式的积分
- 定积分
  - 定积分的概念
    - 定义
    - 几何意义
  - 定积分的性质
    - (1) $\int_a^b f(x)\mathrm{d}x=-\int_b^a f(x)\mathrm{d}x$，$\int_a^a f(x)\mathrm{d}x=0$
    - (2) $\int_a^b [k_1 f_1(x)+k_2 f_2(x)]\mathrm{d}x=k_1\int_a^b f_1(x)\mathrm{d}x+k_2\int_a^b f_2(x)\mathrm{d}x$
    - (3) $\int_a^b \mathrm{d}x=b-a$
    - (4) 对积分区间可加性
      $\int_a^b f(x)\mathrm{d}x=\int_a^c f(x)\mathrm{d}x+\int_c^b f(x)\mathrm{d}x$
    - (5) 比较性质
      设 $f(x)\leqslant g(x)$，$x\in[a,b]$，则 $\int_a^b f(x)\mathrm{d}x\leqslant\int_a^b g(x)\mathrm{d}x$
    - (6) 估值定理
    - (7) 积分中值定理
  - 微积分基本定理
    - 原函数存在定理 —— 变限积分求导
    - 牛顿-莱布尼兹公式
  - 定积分的应用
    - 求平面图形的面积和体积
  - 反常积分
    - 无穷积分
    - 瑕积分

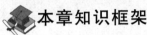

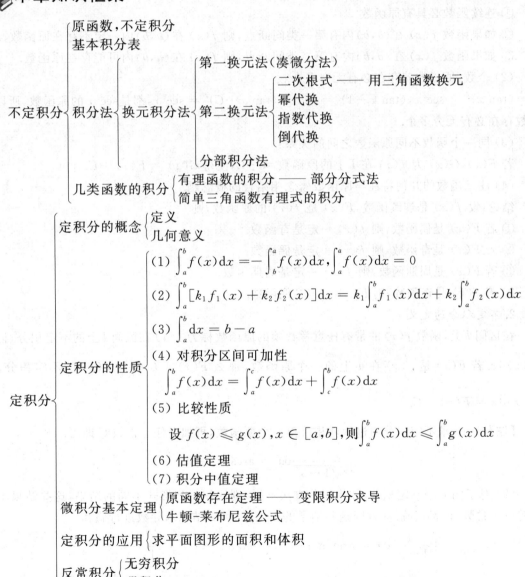

第一节　不定积分

考点归纳

一、原函数与不定积分

1. 原函数的定义

$\forall x \in I$,有 $F'(x) = f(x)$,则称 $F(x)$ 为 $f(x)$ 在 I 上的一个原函数. 例如,$(\sin x)' = \cos x$,则 $\cos x$ 是 $\sin x$ 的导数,$\sin x$ 是 $\cos x$ 的一个原函数.

【注】 (1) 存在性:

① 连续函数必具有原函数.

② 如果函数 $f(x)$ 在 (a,b) 内有第一类间断点,则 $f(x)$ 在 (a,b) 内一定不存在原函数;

③ 如果函数 $f(x)$ 在 (a,b) 内有第二类间断点,则 $f(x)$ 在 (a,b) 内可能存在原函数.

(2) 个数:原函数若存在必有无穷多个.

$(\tan x)' = \sec^2 x$,$(\tan x + 1)' = \sec^2 x$,$(\tan x + C)' = \sec^2 x$,都是 $\sec^2 x$ 的原函数,所以原函数存在必有无穷多个.

(3) 同一个函数不同原函数之间的关系:

若 $F(x)$,$G(x)$ 为 $f(x)$ 在 I 上的原函数 $\Rightarrow \exists C$,使得 $G(x) = F(x) + C$.

(4) 注意函数的几何特性与原函数概念相结合的概念题.

结论:设 $f(x)$ 是连续函数,$F(x)$ 是 $f(x)$ 的原函数,则

① 若 $F(x)$ 是偶函数,则 $f(x)$ 一定是奇函数.

② 若 $F(x)$ 是奇函数,则 $f(x)$ 一定是偶函数.

③ 若 $F(x)$ 是周期函数,则 $f(x)$ 一定是周期函数.

④ 若 $f(x)$ 是奇函数,则 $F(x)$ 一定是偶函数.

2. 不定积分的定义

在区间 I 上,函数 $f(x)$ 的带有任意常数项的原函数称为 $f(x)$ 在区间 I 上的不定积分,记作 $\int f(x)\mathrm{d}x$. 若 $F(x)$ 是 $f(x)$ 在 I 上的一个原函数,那么 $F(x) + C$ 就是 $f(x)$ 的不定积分,即 $\int f(x)\mathrm{d}x = F(x) + C$.

【注】 (1) 求不定积分的过程就是求得一个原函数,再加上任意常数 C 即可.

$$\int \frac{1}{\sqrt{1-x^2}}\mathrm{d}x = \arcsin x + C.$$

(2) 对于同一个不定积分,如果积分方法不同,则往往得到形式不同的结果,这些结果至多相差一个常数,但都正确. 为判断这些结果的正确性,可对结果求导数进行验算.

$$\int \frac{1}{1+x^2}\mathrm{d}x = \arctan x + C, (\arctan x + C)' = \frac{1}{1+x^2}.$$

$$\int \frac{1}{1+x^2}\mathrm{d}x = -\operatorname{arccot} x + C, (-\operatorname{arccot} x + C)' = \frac{1}{1+x^2}.$$

(3) 有些初等函数的不定积分不能用初等函数表示.

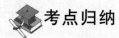

例如，$\int \frac{dx}{\ln x}$，$\int e^{x^2} dx$，$\int \frac{\sin x}{x} dx$，$\int \sin x^2 dx$，$\int \frac{\cos x}{x} dx$ 等都不能用初等函数表示，或者习惯地说“积不出来”. 也就是说，可以“积出来”的只是很小的一部分，而且形式变化多样，一般考试中只考比较简单的不定积分的计算题目.

二、不定积分的性质和基本积分公式

1. 不定积分的基本性质

(1) 线性性质

$$\int [f(x) \pm g(x)] dx = \int f(x) dx \pm \int g(x) dx \qquad \int kf(x) dx = k\int f(x) dx, (k \neq 0)$$

(2) 与导数，微分运算的互逆性

$$[\int f(x) dx]' = f(x) \qquad d[\int f(x) dx] = f(x) dx$$

$$\int f'(x) dx = f(x) + C \qquad \int df(x) = f(x) + C$$

2. 基本积分公式

由微分与不定积分的关系，很容易从基本的求导公式得到基本积分公式，这些公式是同学们必须熟记的. 具体公式归纳如下：

$$\int x^\mu dx = \frac{x^{\mu+1}}{\mu+1} + C(\mu \neq -1 \text{ 实常数}) \qquad \int \frac{1}{x} dx = \ln|x| + C$$

$$\int a^x dx = \frac{1}{\ln a} a^x + C(a > 0, a \neq 1) \qquad \int e^x dx = e^x + C$$

$$\int \cos x dx = \sin x + C \qquad \int \sin x dx = -\cos x + C$$

$$\int \sec^2 x dx = \int \frac{1}{\cos^2 x} dx = \tan x + C \qquad \int \csc^2 x dx = -\cot x + C$$

$$\int \tan x \sec x dx = \sec x + C \qquad \int \cot x \csc x dx = -\csc x + C$$

$$\int \frac{1}{1+x^2} dx = \arctan x + C \qquad \int -\frac{1}{1+x^2} dx = \operatorname{arccot} x + C$$

$$\int \frac{1}{\sqrt{1-x^2}} dx = \arcsin x + C \qquad \int -\frac{1}{\sqrt{1-x^2}} dx = \arccos x + C$$

$$\int \frac{1}{\sqrt{a^2-x^2}} dx = \arcsin \frac{x}{a} + C \qquad \int \frac{1}{a^2+x^2} dx = \frac{1}{a} \arctan \frac{x}{a} + C$$

$$\int \frac{1}{a^2-x^2} dx = \frac{1}{2a} \ln\left|\frac{x+a}{x-a}\right| + C \qquad \int \sec x dx = \ln|\sec x + \tan x| + C$$

$$\int \csc x dx = \ln|\csc x - \cot x| + C \qquad \int \frac{1}{\sqrt{x^2 \pm a^2}} dx = \ln\left|x + \sqrt{x^2 \pm a^2}\right| + C$$

三、积分方法

1. 第一换元法(凑微分法)

设 $f(u)$ 具有原函数 $F(u)$，$u = \varphi(x)$ 存在连续导数，则有换元公式

$$\int f[\varphi(x)]\varphi'(x) dx = F(u) + C = F[\varphi(x)] + C.$$

例如，$\int e^{x^2} \cdot 2x dx = \int e^{x^2} \cdot (x^2)' dx = e^{x^2} + C.$

【注】 常见的凑微分形式：

(1) $\int f(ax^n+b)x^{n-1}\mathrm{d}x=\dfrac{1}{na}\int f(ax^n+b)\mathrm{d}(ax^n+b)(a\neq 0,n\neq 0)$.

(2) $\int f(\sin x)\cos x\mathrm{d}x=\int f(\sin x)\mathrm{d}(\sin x)$.

(3) $\int f(\ln x)\dfrac{\mathrm{d}x}{x}=\int f(\ln x)\mathrm{d}(\ln x)$.

(4) $\int f(\sqrt{x})\dfrac{\mathrm{d}x}{\sqrt{x}}=2\int f(\sqrt{x})\mathrm{d}(\sqrt{x})$.

(5) $\int f(\cos x)\sin x\mathrm{d}x=-\int f(\cos x)\mathrm{d}(\cos x)$

(6) $\int f\left(\dfrac{1}{x}\right)\dfrac{\mathrm{d}x}{x^2}=-\int f\left(\dfrac{1}{x}\right)\mathrm{d}\left(\dfrac{1}{x}\right)$.

(7) $\int f(\tan x)\sec^2 x\mathrm{d}x=\int f(\tan x)\mathrm{d}(\tan x)$.

(8) $\int f(\arcsin x)\dfrac{1}{\sqrt{1-x^2}}\mathrm{d}x=\int f(\arcsin x)\mathrm{d}(\arcsin x)$.

(9) $\int f(\arctan x)\dfrac{1}{1+x^2}\mathrm{d}x=\int f(\arctan x)\mathrm{d}(\arctan x)$.

2. 第二换元积分法

设 $x=\varphi(t)$ 可导，且 $\varphi'(t)\neq 0$，若 $\int f[\varphi(t)]\varphi'(t)\mathrm{d}t=G(t)+C$，则

$$\int f(x)\mathrm{d}x\xlongequal{\text{令 } x=\varphi(t)}\int f[\varphi(t)]\varphi'(t)\mathrm{d}t=G(t)+C=G[\varphi^{-1}(x)]+C.$$

【注】 常见的利用第二换元法计算不定积分的形式和所作的变量替换.

(1) 被积函数含有积分变量的二次根式，这时要用第二换元积分法，所做的换元是三角代换，主要常见的三种类型如下：

根式的形式	所作替换	三角形示意图(求反函数用)
$\sqrt{a^2-x^2}$	$x=a\sin t$	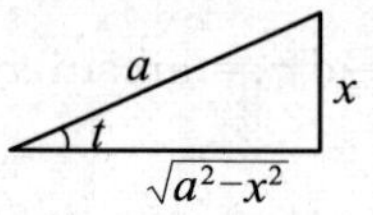
$\sqrt{a^2+x^2}$	$x=a\tan t$	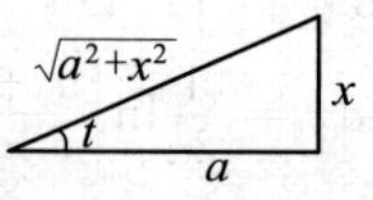
$\sqrt{x^2-a^2}$	$x=a\sec t$	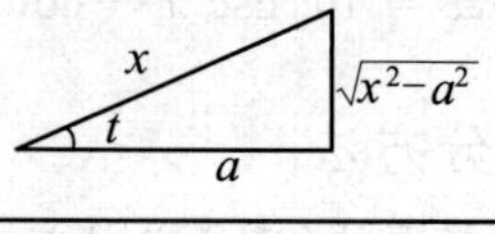

(2) 被积函数含有 x 与 $\sqrt[n]{ax+b}$ 或 x 与 $\sqrt[n]{\dfrac{ax+b}{cx+d}}$ 的有理式的积分.

这时要用第二换元积分法，所做的换元分别为 $t=\sqrt[n]{ax+b}$ 或者 $t=\sqrt[n]{\dfrac{ax+b}{cx+d}}$，去掉根号，

这种换元我们称为幂代换.

(3) 分式函数情形且分子的幂次低于分母的幂次的积分.

这时可考虑用第二换元积分法,所做的换元为 $t=\dfrac{1}{x}$,这样我们可以消掉被积函数分母中的变量因子,我们把上面的这种代换称为倒代换.

3. 分部积分法

$$\int u(x)\mathrm{d}v(x)=u(x)v(x)-\int v(x)\mathrm{d}u(x) \text{ 或 } \int u(x)v'(x)\mathrm{d}x=u(x)v(x)-\int u'(x)v(x)\mathrm{d}x.$$

【注】 用分部积分法求 $\int f(x)\mathrm{d}x$,关键在于恰当的选择 u 和 $\mathrm{d}v$. 先把 $f(x)$ 看成是两个因子之积,即 $f(x)=f_1(x)f_2(x)$,再把其中一个因子与 $\mathrm{d}x$ 合成 $\mathrm{d}v$,另一个因子为 u. 至于 u 与 $\mathrm{d}v$ 的选择一般有如下原则:

(1) u 容易求导,v' 容易积分;

(2) $\int vu'\mathrm{d}x$ 比 $\int uv'\mathrm{d}x$ 更容易计算.

当被积函数为不同类的两个函数乘积时,通常优先考虑分部积分法(分部积分法使用最重要的原则)

下面给出常见的利用分部积分法的形式:

(1) $P_n(x)\mathrm{e}^{ax}$,$P_n(x)\sin ax$,$P_n(x)\cos ax$ 情形,$P_n(x)$ 为 n 次多项式,a 为常数,要进行 n 次分部积分法,每次均取 e^{ax},$\sin ax$,$\cos ax$ 为 $v'(x)$,多项式部分为 $u(x)$.

(2) $P_n(x)\ln x$,$P_n(x)\arcsin x$,$P_n(x)\arctan x$ 情形,$P_n(x)$ 为 n 次多项式,取 $P_n(x)$ 为 $v'(x)$,而 $\ln x$,$\arcsin x$,$\arctan x$ 为 $u(x)$,用分部积分法一次,被积函数的形式发生变化,再考虑其他方法.

(3) $\mathrm{e}^{ax}\sin bx$,$\mathrm{e}^{ax}\cos bx$ 情形,进行二次分部积分法后移项,合并可得.

(4) 比较复杂的被积函数使用分部积分法,要用凑微分法,将尽量多的因子和 $\mathrm{d}x$ 凑成 $\mathrm{d}v(x)$.

四、特殊类型函数的积分

1. 有理函数的积分

这类积分的主要解法:

$$\int \frac{P(x)}{Q(x)}\mathrm{d}x \xrightarrow[\text{部分分式}]{\text{分解为}} \begin{cases} \displaystyle\int \frac{1}{x-a}\mathrm{d}x, \\ \displaystyle\int \frac{1}{(x-a)^k}\mathrm{d}x\,(k\neq 1), \\ \displaystyle\int \frac{mx+n}{x^2+px+q}\mathrm{d}x, \\ \displaystyle\int \frac{mx+n}{(x^2+px+q)^k}\mathrm{d}x. \end{cases}$$

由于有理函数可以分解成多项式及部分分式(用待定系数法)之和,因此它的积分总可以化为多项式和如下的四种类型积分:

$$\int \frac{A}{x-a}\mathrm{d}x=A\ln|x-a|+C;$$

$$\int \frac{A}{(x-a)^n}\mathrm{d}x=-\frac{A}{n-1}\frac{1}{(x-a)^{n-1}}+C(n\neq 1);$$

$$\int \frac{Mx+N}{x^2+px+q}\mathrm{d}x = \frac{M}{2}\int \frac{\mathrm{d}(x^2+px+q)}{x^2+px+q} + (N-\frac{Mp}{2})\int \frac{\mathrm{d}\left(x+\frac{p}{2}\right)}{\left(x+\frac{p}{2}\right)^2+\left(\sqrt{q-\frac{p^2}{4}}\right)^2}$$

$$= \frac{M}{2}\ln|x^2+px+q| + \frac{(N-\frac{Mp}{2})}{\sqrt{q-\frac{p^2}{4}}}\arctan\frac{x+\frac{p}{2}}{\sqrt{q-\frac{p^2}{4}}} + C\text{,其中 } p^2-4q<0\text{;}$$

$$\int \frac{Mx+N}{(x^2+px+q)^n}\mathrm{d}x = \frac{M}{2}\int \frac{\mathrm{d}(x^2+px+q)}{(x^2+px+q)^n} + \left(N-\frac{Mp}{2}\right)\int \frac{\mathrm{d}\left(x+\frac{p}{2}\right)}{\left[\left(x+\frac{p}{2}\right)^2+\left(\sqrt{q-\frac{p^2}{4}}\right)^2\right]^n}$$

$$= \frac{-M}{2(n-1)(x^2+px+q)^{n-1}} + (N-\frac{Mp}{2})\int \frac{\mathrm{d}u}{(u^2+a^2)^n},$$

其中,$p^2-4q<0$,$u=x+\frac{p}{2}$,$a=\sqrt{q-\frac{p^2}{4}}$,积分$\int \frac{\mathrm{d}u}{(u^2+a^2)^n}$可用递推公式:

$$\int \frac{\mathrm{d}u}{(u^2+a^2)^n} = \frac{u}{2(n-1)a^2(u^2+a^2)^{n-1}} + \frac{2n-3}{2(n-1)a^2}\int \frac{\mathrm{d}u}{(u^2+a^2)^{n-1}}.$$

上述方法是有理函数积分的一般方法,但未必是最简单的方法,因此遇到有理函数的积分,应该分析被积函数的特点,选择恰当的方法,例如凑微分法等.

2. 三角函数有理式的积分

由 $\sin x$,$\cos x$ 以及常数经过有限次的四则运算所构成的函数称为三角函数有理式,记为 $R(\sin x,\cos x)$,积分$\int R(\sin x,\cos x)\mathrm{d}x$ 称为三角函数有理式的积分.

由三角函数知识:$\sin x = \frac{2\tan\frac{x}{2}}{1+\tan^2\frac{x}{2}}$,$\cos x = \frac{1-\tan^2\frac{x}{2}}{1+\tan^2\frac{x}{2}}$,若作万能变换 $u=\tan\frac{x}{2}$,则

$$\int R(\sin x,\cos x)\mathrm{d}x = \int R(\frac{2u}{1+u^2},\frac{1-u^2}{1+u^2})\frac{2\mathrm{d}u}{1+u^2},$$

于是将三角函数有理式积分化为 u 的有理函数的积分,但是这样化出的有理函数的积分往往比较繁琐,因此这种代换不一定是最简捷的代换. 碰到此类题目时,应仔细分析被积函数的特点或者利用三角函数方面的知识,使被积函数尽量被化简,或者利用凑微分法.

3. 简单无理函数积分

无理函数积分,一般是通过变量代换,去根号,化为有理函数的积分.

这类积分的主要转化思路:

无理积分 ⟶ 三角代换化为三角函数有理式积分

↓

去根号化为有理积分

形如$\int R(x,\sqrt[n]{ax+b})\mathrm{d}x$ 的积分,可作变换 $u=\sqrt[n]{ax+b}$;

形如$\int R\left(x,\sqrt[n]{\frac{ax+b}{cx+e}}\right)\mathrm{d}x$ 的积分,可作变换 $u=\sqrt[n]{\frac{ax+b}{cx+e}}$.

重要题型

题型一　原函数和不定积分概念相关的命题

【题型方法分析】

(1) 利用原函数和不定积分的概念;

(2) 利用不定积分的性质.

例 3.1　若 $f(x)$ 的导函数是 $e^{-x}+\cos x$,则 $f(x)$ 的一个原函数为(　　).

(A) $e^{-x}-\cos x$　　(B) $-e^{-x}+\sin x$

(C) $-e^{-x}-\cos x$　　(D) $e^{-x}+\sin x$

(E) $e^{-x}+\cos x$

【答案】　(A)

【解析】　因 $f'(x)=e^{-x}+\cos x$,则 $f(x)=-e^{-x}+\sin x$,积分得

$$\int f(x)\mathrm{d}x=\int(-e^{-x}+\sin x)\mathrm{d}x=e^{-x}-\cos x+C,$$

故选(A).

> **【总结】**直接利用导函数、原函数定义:求函数的原函数,两边直接积分即可.本题也可以从选项入手,即将选项直接求导两次,看能否得到 $e^{-x}+\cos x$.

例 3.2　$\cos\frac{\pi}{2}x$ 的一个原函数是(　　).

(A) $\frac{2}{\pi}\sin\frac{\pi}{2}x$　　(B) $\frac{\pi}{2}\sin\frac{\pi}{2}x$　　(C) $-\frac{2}{\pi}\sin\frac{\pi}{2}x$　　(D) $-\frac{\pi}{2}\sin\frac{\pi}{2}x$

(E) $\frac{2}{\pi}\cos\frac{\pi}{2}x$

【答案】　(A)

【解析】　根据原函数的定义,可知 $\int\cos\frac{\pi}{2}x\mathrm{d}x=\frac{2}{\pi}\sin\frac{\pi}{2}x+C$,因此答案选(A).

> **【总结】**函数的原函数不止一个,若题设只要求一个原函数,则不需要考虑常数 C,故本题也可以根据原函数与函数之间的关系,直接对选项求导数.

例 3.3　若 $\int\mathrm{d}f(x)=\int\mathrm{d}g(x)$,则下列结论错误的是(　　).

(A) $f(x)=g(x)$　　(B) $f'(x)=g'(x)$

(C) $\mathrm{d}f(x)=\mathrm{d}g(x)$　　(D) $\mathrm{d}\int f'(x)\mathrm{d}x=\mathrm{d}\int g'(x)\mathrm{d}x$

(E) $f'(x)\mathrm{d}x=g'(x)\mathrm{d}x$

【答案】　(A)

【解析】　因为 $\int\mathrm{d}f(x)=f(x)+C_1$,$\int\mathrm{d}g(x)=g(x)+C_2$,所以 $f'(x)=g'(x)$,$\mathrm{d}f(x)=\mathrm{d}g(x)$,因此(B),(C) 正确.又因 $\mathrm{d}\int f'(x)\mathrm{d}x=f'(x)\mathrm{d}x$,$\mathrm{d}\int g'(x)\mathrm{d}x=g'(x)\mathrm{d}x$,故(D) 也是正确的,从而(A) 为错误的.

【总结】不定积分后面一定有自由常数 C，本题可以得出 $f(x)+C_1=g(x)+C_2$，但是无法确定 C_1 和 C_2 的关系.

例 3.4 在下列等式中，正确的是（　　）.

(A) $\frac{\mathrm{d}}{\mathrm{d}x}\int f(x)\mathrm{d}x=f(x)$　　(B) $\int f'(x)\mathrm{d}x=f(x)$

(C) $\int \mathrm{d}f(x)=f(x)$　　(D) $\mathrm{d}\int f(x)\mathrm{d}x=f(x)$

(E) $\int f''(x)\mathrm{d}x=f(x)+C$

【答案】 (A)

【解析】 由不定积分的概念和性质可知，$\frac{\mathrm{d}}{\mathrm{d}x}\int f(x)\mathrm{d}x=\left[\int f(x)\mathrm{d}x\right]'=f(x)$，因此选(A).

【总结】积分和求导是互逆的：

$$\frac{\mathrm{d}}{\mathrm{d}x}\int f(x)\mathrm{d}x=\left[\int f(x)\mathrm{d}x\right]'=f(x),\mathrm{d}\int f(x)\mathrm{d}x=f(x)\mathrm{d}x,$$

$$\int f'(x)\mathrm{d}x=f(x)+C,\int \mathrm{d}f(x)=f(x)+C.$$

例 3.5 $\int\left(\cos\frac{x}{2}+\sin\frac{x}{2}\right)\mathrm{d}x=$（　　）.

(A) $2\left(\sin\frac{x}{2}-\cos\frac{x}{2}\right)+C$　　(B) $2\left(\cos\frac{x}{2}-\sin\frac{x}{2}\right)+C$

(C) $\sin\frac{x}{2}-\cos\frac{x}{2}+C$　　(D) $\cos\frac{x}{2}-\sin\frac{x}{2}+C$

(E) $2\left(\sin\frac{x}{2}-\cos\frac{x}{2}\right)$

【答案】 (A)

【解析】 由不定积分的概念和性质可知，

$$原式=\int\left(\cos\frac{x}{2}+\sin\frac{x}{2}\right)\mathrm{d}x=2\left(\sin\frac{x}{2}-\cos\frac{x}{2}\right)+C.$$

故选(A).

【总结】在联考 396 数学当中的选择题相对来说都是比较简单的，所以本题也可以直接对选项求导数得到被积函数.

例 3.6 设 $f(x)$ 的一个原函数为 2^x，则 $f'(x)=$（　　）.

(A) $2^x(\ln 2)^2$　　(B) $2^x\ln 2$　　(C) 2^x　　(D) $\frac{1}{\ln 2}\cdot 2^x$　　(E) $\frac{1}{\ln^2 2}2^x$

【答案】 (A)

【解析】 因为 $f(x)=(2^x)'=2^x\ln 2$，所以 $f'(x)=(2^x\ln 2)'=2^x(\ln 2)^2$.

【总结】这道题和 2016 考研真题十分相似，首先了解函数与原函数的关系，其次熟悉指数函数导数公式，尤其是基本求导公式要熟练记忆.

题型二 不定积分的换元积分法

【题型方法分析】

(1) 不定积分的第一换元积分法(凑微分);

(2) 不定积分的第二换元积分法,比如,三角代换、幂代换、指数代换、倒代换等.

例 3.7 若$\int f(x)\mathrm{d}x = F(x) + C, a \neq 0$ 则$\int f(ax^2 + b)x\mathrm{d}x = ($ $)$.

(A) $F(ax^2+b)+C$

(B) $\frac{1}{2a}F(ax^2+b)+C$

(C) $\frac{1}{a}F(ax^2+b)+C$

(D) $2aF(ax^2+b)+C$

(E) $aF(ax^2+b)+C$

【答案】 (B)

【解析】 因为$\int f(ax^2+b)x\mathrm{d}x = \frac{1}{2a}\int f(ax^2+b)\mathrm{d}(ax^2+b) = \frac{1}{2a}F(ax^2+b)+\mathrm{C}$.

【总结】抽象复合函数的不定积分,可以利用整体换元法处理.

例 3.8 设$\int xf(x)\mathrm{d}x = \arcsin x + C$,求不定积分$\int \frac{1}{f(x)}\mathrm{d}x$.

【解】 由$\int xf(x)\mathrm{d}x = \arcsin x + C$,得 $xf(x) = \frac{1}{\sqrt{1-x^2}}, f(x) = \frac{1}{x\sqrt{1-x^2}}$,

所以$\int \frac{1}{f(x)}\mathrm{d}x = \int x\sqrt{1-x^2}\mathrm{d}x = -\frac{1}{2}\int \sqrt{1-x^2}\mathrm{d}(1-x^2) = -\frac{1}{3}(1-x^2)^{\frac{3}{2}} + C$.

【总结】掌握微积分的互逆运算$\left[\int f(x)\mathrm{d}x\right]' = f(x)$,并熟悉基本求导公式.

例 3.9 计算 $I = \int \frac{x^5}{\sqrt{1+x^2}}\mathrm{d}x$.

【解】 令 $x = \tan t$,则 $\mathrm{d}x = \sec^2 t\mathrm{d}t$.

$$
\begin{aligned}
I &= \int \frac{\tan^5 t \cdot \sec^2 t\mathrm{d}t}{\sec t} = \int \tan^4 t \cdot (\tan t \cdot \sec t)\mathrm{d}t = \int \tan^4 t\mathrm{d}(\sec t) \\
&= \int (\sec^2 t - 1)^2 \mathrm{d}(\sec t) = \int (u^2-1)^2 \mathrm{d}u (u = \sec t) \\
&= \frac{1}{5}u^5 - \frac{2}{3}u^3 + u + C \\
&= \frac{1}{15}(8 - 4x^2 + 3x^4)\sqrt{1+x^2} + C.
\end{aligned}
$$

【总结】被积函数含有二次根式$\sqrt{1+x^2}$时选择三角代换 $x = \tan t$,利用三角代换将无理积分转化为三角有理式的积分,最后需要注意的是一定要变量换回,可以根据三角形示意图来处理.

例 3.10 求$\int x\sqrt[3]{(x+2)^2}\mathrm{d}x$.

【解】 令$\sqrt[3]{(x+2)}=t$,则$x=t^3-2,\mathrm{d}x=3t^2\mathrm{d}t$,

$$\int x\sqrt[3]{(x+2)^2}\mathrm{d}x=\int(t^3-2)t^2\cdot 3t^2\mathrm{d}t=3\int(t^7-2t^4)\mathrm{d}t$$

$$=\frac{3}{8}t^8-\frac{6}{5}t^5+C$$

$$=\frac{3}{8}(x+2)^{\frac{8}{3}}-\frac{6}{5}(x+2)^{\frac{5}{3}}+C.$$

【总结】被积函数中含有$\sqrt{x},\sqrt[m]{\dfrac{ax+b}{cx+d}}$等考虑幂代换,令$\sqrt{x}=t,\sqrt[m]{\dfrac{ax+b}{cx+d}}=t$,这样可以将无理积分转化为有理积分,最后注意变量换回.

例 3.11 求$\displaystyle\int\frac{x^2\mathrm{d}x}{\sqrt{a^2-x^2}}(a>0)$.

【解】 令$x=a\sin t$,则$\mathrm{d}x=a\cos t\mathrm{d}t$,

$$原式=a^2\int\sin^2t\mathrm{d}t=\frac{a^2}{2}\int(1-\cos 2t)\mathrm{d}t=\frac{a^2}{2}t-\frac{a^2}{4}\sin 2t+C$$

$$=\frac{a^2}{2}\arcsin\frac{x}{a}-\frac{x}{2}\sqrt{a^2-x^2}+C.$$

【总结】被积函数含有二次根式$\sqrt{a^2-x^2}$时选择三角代换$x=a\sin t$,利用三角代换将无理积分转化为三角有理式的积分,最后需要注意的是一定要变量换回,可以根据三角形示意图来处理.

例 3.12 计算$\displaystyle\int\frac{\mathrm{e}^{3\sqrt{x}}}{\sqrt{x}}\mathrm{d}x$.

【解】 **方法一** 凑微分法.

$$\int\frac{\mathrm{e}^{3\sqrt{x}}}{\sqrt{x}}\mathrm{d}x=\int\frac{2}{3}\mathrm{e}^{3\sqrt{x}}\mathrm{d}3\sqrt{x}=\frac{2}{3}\mathrm{e}^{3\sqrt{x}}+C.$$

方法二 幂代换法.

令$\sqrt{x}=t$.

$$\int\frac{\mathrm{e}^{3\sqrt{x}}}{\sqrt{x}}\mathrm{d}x=\int\frac{\mathrm{e}^{3t}}{t}\mathrm{d}t^2=2\int\mathrm{e}^{3t}\mathrm{d}t=\frac{2}{3}\mathrm{e}^{3t}+C=\frac{2}{3}\mathrm{e}^{3\sqrt{x}}+C.$$

【总结】本题既可以用第一换元法也可以利用第二换元法,一般而言两种方法均可时,用第一换元法往往更简便,故优选第一换元法.

题型三 不定积分的分部积分法

【题型方法分析】

利用不定积分的分部积分公式$\int u\mathrm{d}v=\int uv'\mathrm{d}x=uv-\int v\mathrm{d}u$,$u,v'$的选择是关键,可总结如下,选择作为$v'$的优先级别:指三幂对反.

例 3.13 求$\displaystyle\int\ln^2x\mathrm{d}x$.

【解】　原式 $= x\ln^2 x - 2\int \ln x\,dx = x\ln^2 x - 2x\ln x + 2\int dx$

$= x(\ln^2 x - 2\ln x + 2) + C.$

【总结】被积函数是两类不同函数乘积的积分，选择分部积分法，$\ln^2 x$ 作 u，dx 作 dv，利用两次分部积分公式即可.

例 3.14　计算 $\int \frac{xe^x}{(1+x)^2}dx$.

【解】　原式 $= \int \frac{(x+1)e^x - e^x}{(1+x)^2}dx = \int \frac{e^x}{1+x}dx - \int \frac{e^x}{(1+x)^2}dx$

$= \int \frac{e^x}{1+x}dx + \int e^x d\left(\frac{1}{1+x}\right) = \int \frac{e^x}{1+x}dx + \frac{e^x}{1+x} - \int \frac{e^x}{1+x}dx = \frac{e^x}{1+x} + C.$

【总结】对于被积函数比较复杂的形式，先凑微分再分部积分.

例 3.15　已知 $\frac{\sin x}{x}$ 是函数 $f(x)$ 的一个原函数，求 $\int x^3 f'(x)dx$.

【解】　$f(x) = \left(\frac{\sin x}{x}\right)' = \frac{x\cos x - \sin x}{x^2}$，

$\int x^3 f'(x)dx = \int x^3 df(x) = x^3 f(x) - 3\int x^2 f(x)dx$

$= x^3 f(x) - 3\int x^2 d(\frac{\sin x}{x}) = x^3 f(x) - 3\left[x^2 \cdot \frac{\sin x}{x} - 2\int \sin x dx\right]$

$= x^3 \cdot \frac{x\cos x - \sin x}{x^2} - 3x\sin x - 6\cos x + C$

$= x^2\cos x - 4x\sin x - 6\cos x + C.$

【总结】根据被积函数 $x^3 f'(x)$ 的特点，使用分部积分法计算，这是最简便的方法，如果先求出 $f'(x)$，再算出被积分函数 $x^3 f'(x)$，最后计算不定积分这样就非常麻烦，不可取. 一般被积函数中含有 $f'(x)$，用分部积分.

例 3.16　若 $\frac{\sin x}{x}$ 为 $f(x)$ 的一个原函数，则 $\int xf'(x)dx =$ (　　).

(A) $xf(x) - \frac{\sin x}{x} + C$　　(B) $\sin x - \frac{\sin x}{x} + C$

(C) $\cos x - \frac{2\sin x}{x} + C$　　(D) $\cos x - \frac{\sin x}{x} + C$

(E) $\cos x + \frac{2\sin x}{x} + C$

【答案】　(C)

【解析】　因为 $f(x) = \left(\frac{\sin x}{x}\right)' = \frac{x\cos x - \sin x}{x^2}$，所以

$\int xf'(x)dx = xf(x) - \int f(x)dx = x\frac{x\cos x - \sin x}{x^2} - \frac{\sin x}{x} + C = \cos x - \frac{2\sin x}{x} + C.$

【总结】抽象函数的不定积分中，若被积函数中含有导数、微分或者变限积分，则一定用分部积分法展开.

题型四　特殊类型函数的积分

【题型方法分析】

(1) 有理函数的积分(部分分式法)；

(2) 三角有理式的积分(三角公式、分部积分、万能代换等)；

(3) 简单无理式的积分(幂代换、三角代换).

例 3.17　求$\int \frac{x}{(1-x)^3}dx$.

【解】　原式$=\int \frac{x-1+1}{(1-x)^3}dx=-\int \frac{dx}{(1-x)^2}+\int \frac{dx}{(1-x)^3}$

$$=-\frac{1}{1-x}+\frac{1}{2(1-x)^2}+C.$$

【总结】对于有理函数的积分，常采用部分分式法，拆成两部分，分别计算.

例 3.18　求$\int \frac{1+\sin x}{\sin x(1+\cos x)}dx$.

【解】　令$t=\tan\frac{x}{2}$，则$\sin x=\frac{2t}{1+t^2}$，$\cos x=\frac{1-t^2}{1+t^2}$，$dx=\frac{2}{1+t^2}dt$，所以

$$原式=\frac{1}{2}\int(t+2+\frac{1}{t})dt=\frac{1}{4}t^2+t+\frac{1}{2}\ln|t|+C$$

$$=\frac{1}{4}\tan^2\frac{x}{2}+\tan\frac{x}{2}+\frac{1}{2}\ln\left|\tan\frac{x}{2}\right|+C.$$

【总结】对于三角有理式的积分，常采用万能代换，需要记住万能公式：$t=\tan\frac{x}{2}$.

$$\sin x=\frac{2t}{1+t^2},\cos x=\frac{1-t^2}{1+t^2},dx=\frac{2}{1+t^2}dt.$$

对于万能公式，在经济联考 396 数学中没有用到过，所以了解即可.

例 3.19　求$\int \frac{x^3}{x+3}dx$.

【解】　当分子中 x 的最高次数大于或等于分母中 x 的最高次数时，需用除法.

$$原式=\int[(x^2-3x+9)-\frac{27}{x+3}]dx$$

$$=\frac{1}{3}x^3-\frac{3}{2}x^2+9x-27\ln|x+3|+C.$$

【总结】有理假分式可以拆成多项式加上有理真分式，再分别积分.

例 3.20　求$\int \frac{3}{x^3+1}dx$.

【解】　令$\frac{3}{x^3+1}=\frac{A}{x+1}+\frac{Bx+C}{x^2-x+1}$，通分后比较两边的系数可得$A=1,B=-1,C=2$.

$$原式=\int\left(\frac{1}{x+1}-\frac{x-2}{x^2-x+1}\right)\mathrm{d}x$$

$$=\ln|x+1|-\frac{1}{2}\int\frac{\mathrm{d}(x^2-x+1)}{x^2-x+1}+\frac{3}{2}\int\frac{\mathrm{d}\left(x-\frac{1}{2}\right)}{\left(x-\frac{1}{2}\right)^2+\left(\frac{\sqrt{3}}{2}\right)^2}$$

$$=\ln|x+1|-\frac{1}{2}\ln|x^2-x+1|+\sqrt{3}\arctan\frac{2x-1}{\sqrt{3}}+C.$$

【总结】有理真分式利用部分分式法再分别算积分. 在经济联考 396 数学中考过有理分式的积分，但是相对来说比较简单，同样的方法是拆成部分分式再计算.

例 3.21　求$\int\min\{x^2,x+6\}\mathrm{d}x$.

【解】　令 $f(x)=\min\{x^2,x+6\}=\begin{cases}x+6, & x\leqslant -2,\\ x^2, & -2<x<3,\\ x+6, & x\geqslant 3.\end{cases}$

$$\int\min\{x^2,x+6\}\mathrm{d}x=\begin{cases}\frac{x^2}{2}+6x+c_1, & x\leqslant -2,\\ \frac{x^3}{3}+c_2, & -2<x<3,\\ \frac{x^2}{2}+6x+c_3, & x\geqslant 3.\end{cases}$$

因为原函数一定是连续函数，所以

$$\lim_{x\to -2^-}f(x)=\lim_{x\to -2^-}\left(\frac{x^2}{2}+6x+c_1\right)=\lim_{x\to -2^+}f(x)=\lim_{x\to -2^+}\left(\frac{x^3}{3}+c_2\right)\Rightarrow c_1=c_2+\frac{22}{3}.$$

$$\lim_{x\to 3^-}f(x)=\lim_{x\to 3^-}\left(\frac{x^3}{3}+c_2\right)=\lim_{x\to 3^+}f(x)=\lim_{x\to 3^+}\left(\frac{x^2}{2}+6x+c_3\right)\Rightarrow c_3=-\frac{27}{2}+c_2,$$

故

$$\int\min\{x^2,x+6\}\mathrm{d}x=\begin{cases}\frac{x^2}{2}+6x+\frac{22}{3}+c, & x\leqslant -2,\\ \frac{x^3}{3}+c, & -2<x<3,\\ \frac{x^2}{2}+6x-\frac{27}{2}+c, & x\geqslant 3.\end{cases}$$

【总结】连续分段函数的不定积分的求解方法：首先确定分段点，然后在每一段上求不定积分，最后根据原函数在分段点处的连续性确定各个任意常数之间的关系.

第二节　定积分及其应用

考点归纳

一、定积分

1. 定积分的定义

设函数 $f(x)$ 在 $[a,b]$ 上有界，在 $[a,b]$ 内任意插入若干个分点 $a=x_0<x_1<\cdots<x_{n-1}<x_n=b$ 把区间 $[a,b]$ 分成 n 个小区间 $[x_0,x_1],[x_1,x_2],\cdots,[x_{n-1},x_n]$，各个小区间的长度依次为 $\Delta x_1=x_1-x_0,\Delta x_2=x_2-x_1,\cdots,\Delta x_n=x_n-x_{n-1}$. 在每个小区间 $[x_{i-1},x_i]$ 上任意取一点 $\xi_i(x_{i-1}\leqslant\xi_i\leqslant x_i)$，作函数值 $f(\xi_i)$ 与小区间长 Δx_i 的乘积 $f(\xi_i)\Delta x_i(i=1,2,\cdots,n)$，并作出和 $S=\sum\limits_{i=1}^{n}f(\xi_i)\Delta x_i$. 记 $\lambda=\max\{\Delta x_1,\Delta x_2,\cdots,\Delta x_n\}$，如果不论对 $[a,b]$ 怎样划分，也不论在小区间 $[x_{i-1},x_i]$ 上点 ξ_i 怎样选取，只要当 $\lambda\to 0$ 时，和 S 总趋于确定的极限 I，那么称这个极限 I 为函数 $f(x)$ 在区间 $[a,b]$ 上的定积分（简称积分），记作 $\int_a^b f(x)\mathrm{d}x$，即 $\int_a^b f(x)\mathrm{d}x=I=\lim\limits_{\lambda\to 0}\sum\limits_{i=1}^{n}f(\xi_i)\Delta x_i$，其中 $f(x)$ 叫作被积函数，$f(x)\mathrm{d}x$ 叫作积分表达式，x 叫作积分变量，a 叫作积分下限，b 叫作积分上限，$[a,b]$ 叫作积分区间.

【注】 (1) 定积分定义中的两个“任意”—— 分法任意，ξ_1 的取法任意.

(2) 将小区间 n 等分，并且取区间右端点，则有 $\lim\limits_{n\to\infty}\dfrac{b-a}{n}\sum\limits_{k=1}^{n}f\left(a+\dfrac{b-a}{n}k\right)=\int_a^b f(x)\mathrm{d}x$.

特别地，取 $a=0,b=1$，则有 $\lim\limits_{n\to\infty}\dfrac{1}{n}\sum\limits_{k=1}^{n}f\left(\dfrac{k}{n}\right)=\int_0^1 f(x)\mathrm{d}x$，可以利用定积分定义求解这类 n 项和的极限.

2. 定积分的几何意义

设 $f(x)\geqslant 0$，定积分 $\int_a^b f(x)\mathrm{d}x$ 表示曲线 $y=f(x)$，两条直线 $x=a,x=b$ 与 x 轴所围成的曲边梯形的面积；若 $f(x)<0$，由曲线 $y=f(x)$，两条直线 $x=a,x=b$ 与 x 轴所围成的曲边梯形的面积为 $-\int_a^b f(x)\mathrm{d}x$.

一般地，$\int_a^b f(x)\mathrm{d}x$ 的值等于由曲线 $y=f(x)$、直线 $x=a$、$x=b$ 及 x 轴所围成曲边梯形面积的代数和.

3. 可积的条件

(1) 可积的必要条件：可积函数必有界.

(2) 可积的充分条件：

① 闭区间上的连续函数必可积.

② 若 $f(x)$ 在区间 $[a,b]$ 上只有有限个第一类间断点则必可积.

4. 积分的性质

(1) $\int_b^a f(x)\mathrm{d}x=-\int_a^b f(x)\mathrm{d}x$.

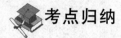

(2) $\int_a^a f(x)\mathrm{d}x = 0$.

(3) $\int_a^b [k_1 f_1(x) + k_2 f_2(x)]\mathrm{d}x = k_1\int_a^b f_1(x)\mathrm{d}x + k_2\int_a^b f_2(x)\mathrm{d}x$.

(4) $\int_a^b f(x)\mathrm{d}x = \int_a^c f(x)\mathrm{d}x + \int_c^b f(x)\mathrm{d}x$（ c 也可以在$[a,b]$之外）.

(5) 设 $a \leqslant b, f(x) \leqslant g(x)(a \leqslant x \leqslant b)$，则 $\int_a^b f(x)\mathrm{d}x \leqslant \int_a^b g(x)\mathrm{d}x$.

(6) 设 $a < b, m \leqslant f(x) \leqslant M(a \leqslant x \leqslant b)$，则 $m(b-a) \leqslant \int_a^b f(x)\mathrm{d}x \leqslant M(b-a)$.

【注】 结合定积分的几何意义理解"估值"性质.

(7) 设 $a < b$，则 $\left|\int_a^b f(x)\mathrm{d}x\right| \leqslant \int_a^b |f(x)|\mathrm{d}x$.

(8) 定积分中值定理：设 $f(x)$ 在$[a,b]$上连续，则存在 $\xi \in [a,b]$，使 $\int_a^b f(x)\mathrm{d}x = f(\xi)(b-a)$.

【注】 我们称 $\frac{1}{b-a}\int_a^b f(x)\mathrm{d}x$ 为 $f(x)$ 在$[a,b]$上的积分平均值.

(9) 奇偶函数的积分性质

$$\int_{-a}^a f(x)\mathrm{d}x = 0\ (f\text{ 是奇函数}).$$

$$\int_{-a}^a f(x)\mathrm{d}x = 2\int_0^a f(x)\mathrm{d}x\ (f\text{ 是偶函数}).$$

【注】 简记为：奇零偶倍.

(10) 周期函数的积分性质

设 $f(x)$ 以 T 为周期，a 为常数，则 $\int_a^{a+T} f(x)\mathrm{d}x = \int_0^T f(x)\mathrm{d}x$.

【注】 推广：$\int_a^{a+nT} f(x)\mathrm{d}x = \int_0^{nT} f(x)\mathrm{d}x = n\int_0^T f(x)\mathrm{d}x$.

二、微积分基本定理

1. 变上限积分的函数

设 $f(x)$ 在$[a,b]$上连续，则 $F(x) = \int_a^x f(t)\mathrm{d}t, x \in [a,b]$称为变上限积分的函数.

2. 变上限积分函数的性质

(1) 若 $f(x)$ 在$[a,b]$上可积，则 $F(x) = \int_a^x f(t)\mathrm{d}t$ 在$[a,b]$上连续.

(2) 若 $f(x)$ 在$[a,b]$上连续，则 $F(x) = \int_a^x f(t)\mathrm{d}t$ 在$[a,b]$上可导，且 $F'(x) = f(x)$.

【注】 (1) 推广形式：

设 $F(x) = \int_{\varphi_1(x)}^{\varphi_2(x)} f(t)\mathrm{d}t, \varphi_1(x), \varphi_2(x)$ 可导，$f(x)$ 连续，则 $F'(x) = f[\varphi_2(x)]\varphi_2'(x) - f[\varphi_1(x)]\varphi_1'(x)$.

(2) 有关函数的所有运算都可以对变限积分函数施行.

(3) $f(x)$ 连续，变上限积分函数 $F(x) = \int_a^x f(t)\mathrm{d}t$ 是 $f(x)$ 的一个原函数，在对应区间上是

连续可导的，一个抽象函数要找其原函数首选是变限积分函数. 积分上限的函数是 396 数学考试的重点，一定要掌握公式并会做题.

例如，设 $f(x)$ 在 $(0,+\infty)$ 上连续且满足 $\int_1^{x^2(1+x)} f(t)\mathrm{d}t = x$，求 $f(2)$.

【解】 对 $\int_1^{x^2(1+x)} f(t)\mathrm{d}t = x$ 两边对 x 求导，得

$$f[x^2(1+x)](x^2+x^3)' = f[x^2(1+x)](2x+3x^2) = 1.$$

令 $x^2(1+x)=2$，得 $x=1$，于是 $f(2) = \left.\frac{1}{2x+3x^2}\right|_{x=1} = \frac{1}{5}$.

3. 牛顿-莱布尼兹公式

设 $f(x)$ 在 $[a,b]$ 上连续，$F(x)$ 为 $f(x)$ 在 $[a,b]$ 上的任意一个原函数，则 $\int_a^b f(x)\mathrm{d}x = F(x)\Big|_a^b = F(b)-F(a)$.

三、定积分的计算方法

1. 定积分的换元积分法

设 $f(x)$ 在 $[a,b]$ 上连续，若变量替换 $x=\varphi(t)$ 满足

(1) $\varphi'(t)$ 在 $[\alpha,\beta]$（或 $[\beta,\alpha]$）上连续；

(2) $\varphi(\alpha)=a$，$\varphi(\beta)=b$，且当 $\alpha \leqslant t \leqslant \beta$ 时，$a \leqslant \varphi(t) \leqslant b$，则

$$\int_a^b f(x)\mathrm{d}x = \int_\alpha^\beta f[\varphi(t)]\varphi'(t)\mathrm{d}t.$$

【注】 定积分的换元法要注意上下限的对应关系，且定积分代入后无须还原.

2. 分部积分法

设 $u'(x)$，$v'(x)$ 在 $[a,b]$ 上连续，则 $\int_a^b u(x)v'(x)\mathrm{d}x = u(x)v(x)\Big|_a^b - \int_a^b u'(x)v(x)\mathrm{d}x$ 或 $\int_a^b u(x)\mathrm{d}v(x) = u(x)v(x)\Big|_a^b - \int_a^b v(x)\mathrm{d}u(x)$.

【注】 定积分的分部积分法中的 $u(x)$，$v(x)$ 的选择原则和不定积分的分部积分法中的 $u(x)$，$v(x)$ 的选择原则相同.

四、反常积分

1. 无穷区间的反常积分

(1) 设函数 $f(x)$ 在区间 $[a,+\infty)$ 上连续，取 $b>a$，如果极限 $\lim\limits_{b\to+\infty}\int_a^b f(x)\mathrm{d}x$ 存在，则称此极限值为函数 $f(x)$ 在无穷区间 $[a,+\infty)$ 上的反常积分，记作 $\int_a^{+\infty} f(x)\mathrm{d}x$，即

$$\int_a^{+\infty} f(x)\mathrm{d}x = \lim_{b\to+\infty}\int_a^b f(x)\mathrm{d}x,$$

这时也称反常积分 $\int_a^{+\infty} f(x)\mathrm{d}x$ 收敛；如果上述极限不存在，函数 $f(x)$ 在无穷区间 $[a,+\infty)$ 上的反常积分 $\int_a^{+\infty} f(x)\mathrm{d}x$ 就没有意义，这时称反常积分 $\int_a^{+\infty} f(x)\mathrm{d}x$ 发散.

(2) 设函数 $f(x)$ 在区间 $(-\infty,b]$ 上连续，取 $a<b$，如果极限 $\lim\limits_{a\to-\infty}\int_a^b f(x)\mathrm{d}x$ 存在，则称此极限为函数 $f(x)$ 在无穷区间 $(-\infty,b]$ 上的反常积分，记作 $\int_{-\infty}^b f(x)\mathrm{d}x$，即

$$\int_{-\infty}^{b} f(x)\mathrm{d}x = \lim_{a\to-\infty}\int_{a}^{b} f(x)\mathrm{d}x.$$

这时也称反常积分$\int_{-\infty}^{b} f(x)\mathrm{d}x$ 收敛;如果上述极限不存在,则称反常积分$\int_{-\infty}^{b} f(x)\mathrm{d}x$ 发散.

(3) 设函数 $f(x)$ 在区间$(-\infty,+\infty)$内连续,如果反常积分$\int_{-\infty}^{c} f(x)\mathrm{d}x$ 和$\int_{c}^{+\infty} f(x)\mathrm{d}x$ 都收敛,则称上述两个反常积分之和为函数 $f(x)$ 在无穷区间$(-\infty,+\infty)$内的反常积分,记作$\int_{-\infty}^{+\infty} f(x)\mathrm{d}x$,即$\int_{-\infty}^{+\infty} f(x)\mathrm{d}x = \int_{-\infty}^{c} f(x)\mathrm{d}x + \int_{c}^{+\infty} f(x)\mathrm{d}x = \lim\limits_{a\to-\infty}\int_{a}^{c} f(x)\mathrm{d}x + \lim\limits_{b\to+\infty}\int_{c}^{b} f(x)\mathrm{d}x$,这时也称反常积分$\int_{-\infty}^{+\infty} f(x)\mathrm{d}x$ 收敛,否则就称反常积分$\int_{-\infty}^{+\infty} f(x)\mathrm{d}x$ 发散.

2. 无界函数的反常积分

(1) 设函数 $f(x)$ 在$[a,b)$上连续,$\lim\limits_{x\to b^-} f(x)=\infty$,取 $\varepsilon>0$,如果极限$\lim\limits_{\varepsilon\to0^+}\int_{a}^{b-\varepsilon} f(x)\mathrm{d}x$ 存在,则称此极限为函数 $f(x)$ 在$[a,b)$上的反常积分,记作$\int_{a}^{b} f(x)\mathrm{d}x$,即$\int_{a}^{b} f(x)\mathrm{d}x = \lim\limits_{\varepsilon\to0^+}\int_{a}^{b-\varepsilon} f(x)\mathrm{d}x$,这时也称反常积分$\int_{a}^{b} f(x)\mathrm{d}x$ 收敛;如果上述极限不存在,就称反常积分$\int_{a}^{b} f(x)\mathrm{d}x$ 发散.

(2) 设函数 $f(x)$ 在$(a,b]$上连续$\lim\limits_{x\to a^+} f(x)=\infty$,取 $\varepsilon>0$,如果极限$\lim\limits_{\varepsilon\to0^+}\int_{a+\varepsilon}^{b} f(x)\mathrm{d}x$ 存在,则称此极限为函数 $f(x)$ 在$(a,b]$上的反常积分,记作$\int_{a}^{b} f(x)\mathrm{d}x$,即$\int_{a}^{b} f(x)\mathrm{d}x = \lim\limits_{\varepsilon\to0^+}\int_{a+\varepsilon}^{b} f(x)\mathrm{d}x$,这时也称反常积分$\int_{a}^{b} f(x)\mathrm{d}x$ 收敛;如果上述极限不存在,就称反常积分$\int_{a}^{b} f(x)\mathrm{d}x$ 发散.

(3) 设函数 $f(x)$ 在$[a,b]$上除点 $c(a<c<b)$ 外连续,$\lim\limits_{x\to c} f(x)=\infty$,如果两个反常积分$\int_{a}^{c} f(x)\mathrm{d}x$ 和$\int_{c}^{b} f(x)\mathrm{d}x$ 都收敛,则称上述两个反常积分和为函数 $f(x)$ 在$[a,b]$上的反常积分,记作$\int_{a}^{b} f(x)\mathrm{d}x$,即$\int_{a}^{b} f(x)\mathrm{d}x = \int_{a}^{c} f(x)\mathrm{d}x + \int_{c}^{b} f(x)\mathrm{d}x = \lim\limits_{\varepsilon_1\to0^+}\int_{a}^{c-\varepsilon_1} f(x)\mathrm{d}x + \lim\limits_{\varepsilon_2\to0^+}\int_{c+\varepsilon_2}^{b} f(x)\mathrm{d}x$,这时也称反常积分$\int_{a}^{b} f(x)\mathrm{d}x$ 收敛;否则,称反常积分$\int_{a}^{b} f(x)\mathrm{d}x$ 发散.

五、定积分的应用

1. 求平面图形的面积

(1) 直角坐标系下求面积

X 型区域:由直线 $x=a$,$x=b$,$y=f(x)$,$y=g(x)$ 所围成的图形(见图 1-3-1)的面积为 $S=\int_{a}^{b}|f(x)-g(x)|\mathrm{d}x$.

Y 型区域:由直线 $y=\alpha$,$y=\beta$,$x=\varphi(y)$,$x=\psi(y)$ 所围成的图形(见图 1-3-2)的面积为 $S=\int_{\alpha}^{\beta}|\varphi(y)-\psi(y)|\mathrm{d}y$.

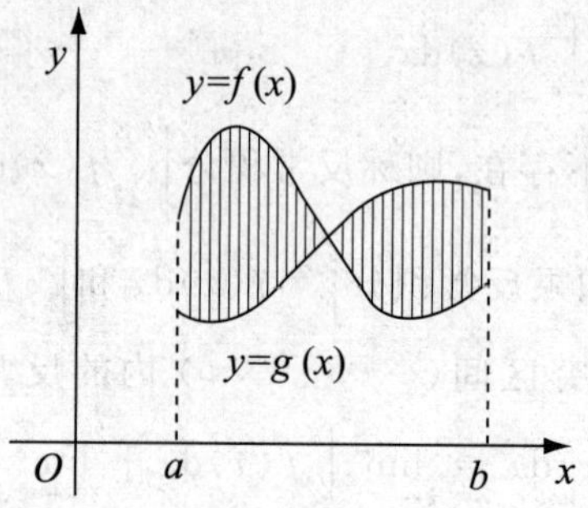

图1-3-1

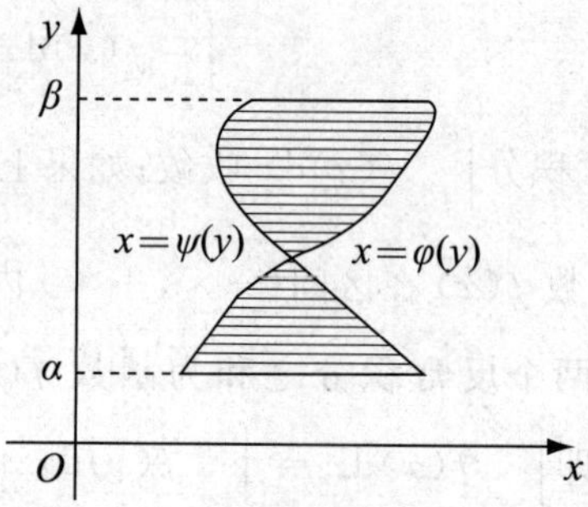

图1-3-2

(2) 极坐标系下求面积

由曲线 $r=r_1(\theta),r=r_2(\theta)(\alpha\leqslant\theta\leqslant\beta)$ 所围成平面图形的面积为 $S=\frac{1}{2}\int_{\alpha}^{\beta}[r_2^2(\theta)-r_1^2(\theta)]\mathrm{d}\theta$.

2. 旋转体的体积

由连续曲线 $y=f(x)$、直线 $x=a$、$x=b$ 与 x 轴围成的平面图形绕 x 轴旋转一周形成的旋转体体积(见图 1-3-3) 为 $V=\int_{a}^{b}\pi[f(x)]^2\mathrm{d}x$.

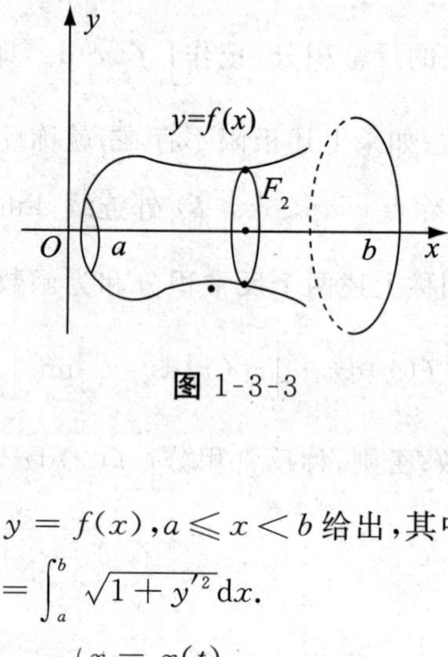

图 1-3-3

3. 求平面曲线的弧长

(1) 设平面曲线 $\overset{\frown}{AB}$ 由方程 $y=f(x),a\leqslant x<b$ 给出,其中 $f(x)$ 在区间 $[a,b]$ 上具有一阶连续的导数,则曲线的弧长为 $s=\int_{a}^{b}\sqrt{1+y'^2}\mathrm{d}x$.

(2) 设平面曲线 $\overset{\frown}{AB}$ 由参数方程 $\begin{cases}x=x(t),\\ y=y(t),\end{cases}\alpha\leqslant t\leqslant\beta$, 给出,其中 $x=x(t),y=y(t)$ 在区间 $[a,b]$ 上具有一阶连续的导数,则曲线的弧长为 $s=\int_{\alpha}^{\beta}\sqrt{x'^2+y'^2}\mathrm{d}t$.

(3) 设平面曲线 $\overset{\frown}{AB}$ 极坐标 $r=r(\theta),\alpha\leqslant\theta\leqslant\beta$, 给出,其中 $r=r(\theta)$ 在区间 $[a,b]$ 上具有一阶连续的导数,则曲线的弧长为 $s=\int_{\alpha}^{\beta}\sqrt{r^2+r'^2}\mathrm{d}\theta$.

重要题型

题型一　定积分的概念、性质

【题型方法分析】

(1) 利用定积分的定义求极限,可根据公式$\lim\limits_{n\to\infty}\frac{1}{n}\sum\limits_{k=1}^{n}f(\frac{k}{n})=\int_0^1 f(x)\mathrm{d}x$.

(2) 利用定积分的性质简化计算.

例 3.22　极限$\lim\limits_{n\to\infty}\frac{1}{n^2}\left(\sin\frac{1}{n}+2\sin\frac{2}{n}+\cdots+n\sin\frac{n}{n}\right)=$ ________.

【答案】　$\sin 1-\cos 1$

【解析】　原式$=\lim\limits_{n\to\infty}\sum\limits_{i=1}^{n}\frac{i}{n^2}\sin\frac{i}{n}=\lim\limits_{n\to\infty}\frac{1}{n}\sum\limits_{i=1}^{n}\frac{i}{n}\sin\frac{i}{n}$

$$=\int_0^1 x\sin x\mathrm{d}x=-\int_0^1 x\mathrm{d}\cos x$$

$$=-\left(x\cos x\Big|_0^1-\int_0^1\cos x\mathrm{d}x\right)=\sin 1-\cos 1.$$

【总结】　利用定积分的定义求特殊的 n 项和数列的极限,而这个 n 项和可以写成 $\lim\limits_{n\to\infty}\frac{1}{n}\sum\limits_{k=1}^{n}f\left(\frac{k}{n}\right)$,所以根据公式计算$\lim\limits_{n\to\infty}\frac{1}{n}\sum\limits_{k=1}^{n}f\left(\frac{k}{n}\right)=\int_0^1 f(x)\mathrm{d}x$.

例 3.23　设$M=\int_{-\frac{\pi}{2}}^{\frac{\pi}{2}}\frac{\sin x}{1+x^4}\cos^4 x\mathrm{d}x$,$N=\int_{-\frac{\pi}{2}}^{\frac{\pi}{2}}(\sin^5 x+\cos^4 x)\mathrm{d}x$,$P=\int_{-\frac{\pi}{2}}^{\frac{\pi}{2}}(-x^2\sin^3 x-\cos^4 x)\mathrm{d}x$,则(　　)成立.

(A)$N<P<M$　(B)$M<P<N$　(C)$N<M<P$　(D)$P<M<N$

(E)$M=N=P$

【答案】　(D)

【解析】　利用奇零偶倍性质,化简可得

$$M=0,N=\int_{-\frac{\pi}{2}}^{\frac{\pi}{2}}\cos^4 x\mathrm{d}x=2\int_0^{\frac{\pi}{2}}\cos^4 x\mathrm{d}x,P=-\int_{-\frac{\pi}{2}}^{\frac{\pi}{2}}\cos^4 x\mathrm{d}x=-2\int_0^{\frac{\pi}{2}}\cos^4 x\mathrm{d}x,$$

由积分的比较性质可知

$$N=2\int_0^{\frac{\pi}{2}}\cos^4 x\mathrm{d}x>0,P=-2\int_0^{\frac{\pi}{2}}\cos^4 x\mathrm{d}x<0,$$

因此,$P<M<N$,故答案应选(D).

【总结】　定积分的大小比较一般是利用比较性质判定,在化简中只要积分区间关于原点对称,往往利用奇零偶倍性质化简.

例 3.24　计算$\int_{-1}^{1}(|x|+x)\mathrm{e}^{-|x|}\mathrm{d}x$.

【解】　$\int_{-1}^{1}(|x|+x)\mathrm{e}^{-|x|}\mathrm{d}x=\int_{-1}^{1}|x|\mathrm{e}^{-|x|}\mathrm{d}x+\int_{-1}^{1}x\mathrm{e}^{-|x|}\mathrm{d}x$

$$=2\int_0^1 x\mathrm{e}^{-x}\mathrm{d}x+0=2(-x\mathrm{e}^{-x}-\mathrm{e}^{-x})\Big|_0^1=2(1-2\mathrm{e}^{-1}).$$

【总结】 积分区间关于原点对称，故利用定积分的奇偶性化简. 本题也可以利用分段函数定积分的求解方法计算：

$$\int_{-1}^{1}(|x|+x)e^{-|x|}dx=\int_{-1}^{0}(-x+x)e^{x}dx+\int_{0}^{1}(x+x)e^{-x}dx=2\int_{0}^{1}xe^{-x}dx=2(1-2e^{-1}).$$

例 3.25 计算$\int_{-\pi}^{\pi}|\cos t|dt$.

【解】 $\int_{-\pi}^{\pi}|\cos t|dt=2\int_{0}^{\pi}|\cos t|dt=2\int_{-\frac{\pi}{2}}^{\frac{\pi}{2}}|\cos t|dt=2\int_{-\frac{\pi}{2}}^{\frac{\pi}{2}}\cos t dt=4\int_{0}^{\frac{\pi}{2}}\cos t dt=4.$

【总结】 本题利用三角函数的周期性化简，因为$|\cos t|$以π为周期，故$\int_{0}^{\pi}|\cos t|dt=\int_{-\frac{\pi}{2}}^{\frac{\pi}{2}}|\cos t|dt$，这样更加方便去绝对值符号. 本题也可以利用分段函数分段积分，但是计算量较大，故在涉及三角函数的问题时，要灵活使用周期性.

例 3.26 设 $f(x)=\frac{1}{1+x^2}+x^3\int_{0}^{1}f(x)dx$，则$\int_{0}^{1}f(x)dx=$（　　）.

(A) $\frac{\pi}{4}$　　(B) $\frac{\pi}{6}$　　(C) $\frac{\pi}{2}$　　(D) $\frac{\pi}{3}$　　(E) π

【答案】 (D)

【解析】 令$\int_{0}^{1}f(x)dx=A$，则 $f(x)=\frac{1}{1+x^2}+Ax^3$.

$A=\int_{0}^{1}\frac{dx}{1+x^2}+A\int_{0}^{1}x^3dx=\frac{\pi}{4}+\frac{A}{4}\Rightarrow A=\frac{\pi}{3}.$

【总结】 定积分的本质是数值，故在涉及函数表达式中包含自身的定积分，并且要求对函数求定积分时，直接令表达式中的定积分等于常数A，然后代入求解.

例 3.27 设 $I_1=\int_{0}^{\frac{\pi}{4}}\frac{\sin x}{x}dx$，$I_2=\int_{0}^{\frac{\pi}{4}}\frac{x}{\sin x}dx$，则（　　）.

(A) $I_1<\frac{\pi}{4}<I_2$　　(B) $I_1<I_2<\frac{\pi}{4}$　　(C) $\frac{\pi}{4}<I_1<I_2$　　(D) $I_2<\frac{\pi}{4}<I_1$

(E) $I_1=\frac{\pi}{4}=I_2$

【答案】 (A)

【解析】 当 $x\in\left[0,\frac{\pi}{4}\right]$时，$0<\sin x<x<1$，所以$\frac{\sin x}{x}<1<\frac{x}{\sin x}$，

所以$\int_{0}^{\frac{\pi}{4}}\frac{\sin x}{x}dx<\int_{0}^{\frac{\pi}{4}}1dx<\int_{0}^{\frac{\pi}{4}}\frac{x}{\sin x}dx\Rightarrow\int_{0}^{\frac{\pi}{4}}\frac{\sin x}{x}dx<\frac{\pi}{4}<\int_{0}^{\frac{\pi}{4}}\frac{x}{\sin x}dx$，故选(A).

【总结】 比较几个定积分的大小，一般方法是利用定积分的比较性质以及找寻中间变量.

题型二　积分上限函数及其导数

【题型方法分析】

(1) 若 $f(x)$ 在 $[a,b]$ 上可积，则 $F(x)=\int_a^x f(t)\mathrm{d}t$ 在 $[a,b]$ 上连续.

(2) 若 $f(x)$ 在 $[a,b]$ 上连续，则 $F(x)=\int_a^x f(t)\mathrm{d}t$ 在 $[a,b]$ 上可导，且 $F'(x)=f(x)$.

(3) 设 $F(x)=\int_{\varphi_1(x)}^{\varphi_2(x)} f(t)\mathrm{d}t$，$\varphi_1(x)$，$\varphi_2(x)$ 可导，$f(x)$ 连续，则 $F'(x)=f[\varphi_2(x)]\varphi_2'(x)-f[\varphi_1(x)]\varphi_1'(x)$.

(4) 可分离变量变限积分求导，$F(x)=\int_a^x xf(t)\mathrm{d}t$，且 $f(x)$ 连续，则

$$F'(x)=\left[x\left(\int_a^x f(t)\mathrm{d}t\right)\right]'=\int_a^x f(t)\mathrm{d}t+xf(x).$$

(5) 不可分离变量的变限积分求导：利用整体换元法，设 $F(x)=\int_a^x tf(x-t)\mathrm{d}t$，且 $f(x)$ 连续，则

$$\begin{aligned}F(x)&=\int_0^x tf(x-t)\mathrm{d}t \xlongequal{x-t=u} -\int_x^0 (x-u)f(u)\mathrm{d}u\\&=\int_0^x (x-u)f(u)\mathrm{d}u=\int_0^x xf(u)\mathrm{d}u-\int_0^x uf(u)\mathrm{d}u,\\F'(x)&=\left[x\int_0^x f(u)\mathrm{d}u-\int_0^x uf(u)\mathrm{d}u\right]'\\&=\int_0^x f(u)\mathrm{d}u+xf(x)-xf(x)=\int_0^x f(u)\mathrm{d}u.\end{aligned}$$

例 3.28　设 $x\geqslant 0$ 时，$f(x)$ 满足 $\int_0^{x^2(1+x)} f(t)\mathrm{d}t=x$，则 $f(12)=$ ______.

【答案】　$\dfrac{1}{16}$

【解析】　$\int_0^{x^2(1+x)} f(t)\mathrm{d}t=x$，两边对 x 求导得 $f[x^2(1+x)]\cdot(2x+3x^2)=1$.

令 $x=2$ 得 $f(12)\times 16=1$，故 $f(12)=\dfrac{1}{16}$.

【总结】　涉及变限积分，一般用求导化简.

例 3.29　设在 $(0,+\infty)$ 内 $f'(x)>0$，$f(0)=0$，则曲线 $F(x)=x\int_0^x f(t)\mathrm{d}t$ 在 $(0,+\infty)$ 内为(　　).

(A) 向上凹的　　(B) 向上凸的

(C) 凹凸性不确定　　(D) 先凹后凸

(E) 以上都不对

【答案】　(A)

【解析】　**方法一**　直接推演法.

$$F'(x)=\int_0^x f(t)\mathrm{d}t+xf(x),F''(x)=2f(x)+xf'(x),$$

因 $f'(x)>0$，故 $f(x)$ 单调增加，则当 $x>0$ 时，$f(x)>f(0)=0$，知 $F''(x)>0$，故曲线为向上凹的.

方法二　特值排除法.

令 $f(x)=x$，则 $f(0)=0, f'(x)=1>0$，故满足题设条件，代入可知 $F(x)=x\int_0^x f(t)\mathrm{d}t=\frac{1}{2}x^3$，易知在 $(0,+\infty)$ 内 $F(x)$ 是向上凹的，因此答案(B)、(C)、(D) 均错，答案选(A).

【总结】涉及函数几何形状的判定，一般利用微分应用性质判定. 在选择题中，如果题设涉及抽象函数或者抽象参数，利用特值排除是非常简便的，考生应当学会灵活运用该方法.

例 3.30　设 $\int_0^x f(t)\mathrm{d}t=\frac{1}{2}x^4$，则 $\int_0^4 \frac{1}{\sqrt{x}}f(\sqrt{x})\mathrm{d}x=(\quad)$.

(A) 16　　(B) 8　　(C) 4　　(D) 2　　(E) 1

【答案】 (A)

【解析】 由 $\int_0^x f(t)\mathrm{d}t=\frac{1}{2}x^4$，知 $f(x)=2x^3$，于是

$$\int_0^4 \frac{1}{\sqrt{x}}f(\sqrt{x})\mathrm{d}x=\int_0^4 \frac{1}{\sqrt{x}}\cdot 2(\sqrt{x})^3\mathrm{d}x=\int_0^4 2x\mathrm{d}x=x^2\Big|_0^4=16.$$

【总结】已知函数的原函数表达式，则可以通过求导确定函数表达式.

题型三　定积分的计算

【题型方法分析】

(1) 利用定积分的性质和公式计算定积分.

(2) 利用定积分的换元法计算定积分.

(3) 利用定积分的分部积分法计算定积分.

例 3.31　设 $f(x)$ 在 $[0,1]$ 上连续，且 $F'(x)=f(x)$，$a\neq 0$，则 $\int_0^1 f(ax)\mathrm{d}x=(\quad)$.

(A) $F(1)-F(0)$　　(B) $F(a)-F(0)$

(C) $\frac{1}{a}[F(a)-F(0)]$　　(D) $a[F(a)-F(0)]$

(E) $\frac{1}{a}[F(1)-F(0)]$

【答案】 (C)

【解析】 $\int_0^1 f(ax)\mathrm{d}x \xlongequal{令 u=ax} \int_0^a f(u)\frac{\mathrm{d}u}{a}=\frac{1}{a}\int_0^a f(u)\mathrm{d}u$，因 $F'(x)=f(x)\Rightarrow\int_0^a f(x)\mathrm{d}x=\int_0^a F'(x)\mathrm{d}x=F(x)\Big|_0^a=F(a)-F(0)$，故 $\int_0^1 f(ax)\mathrm{d}x=\frac{1}{a}[F(a)-F(0)]$.

【总结】与不可分离变量的变限积分函数求导类似，形如 $\int_0^1 f(ax)\mathrm{d}x$，直接用整体换元法.

例 3.32　设 $f(x)$ 有一个原函数 $\frac{\sin x}{x}$，求 $\int_{\frac{\pi}{2}}^{\pi} xf'(x)\mathrm{d}x$.

【解】 $\int_{\frac{\pi}{2}}^{\pi} xf'(x)\mathrm{d}x = \int_{\frac{\pi}{2}}^{\pi} x\mathrm{d}[f(x)] = [xf(x)]\Big|_{\frac{\pi}{2}}^{\pi} - \int_{\frac{\pi}{2}}^{\pi} f(x)\mathrm{d}x$

$$= \left[x\left(\frac{\sin x}{x}\right)'\right]\Big|_{\frac{\pi}{2}}^{\pi} - \left(\frac{\sin x}{x}\right)\Big|_{\frac{\pi}{2}}^{\pi} = \left[x \cdot \frac{x\cos x - \sin x}{x^2}\right]\Big|_{\frac{\pi}{2}}^{\pi} + \frac{2}{\pi}$$

$$= \left[\cos x - \frac{\sin x}{x}\right]\Big|_{\frac{\pi}{2}}^{\pi} + \frac{2}{\pi} = -1 + \frac{4}{\pi}.$$

【总结】根据被积函数的特点，两类函数乘积的导数，考虑分部积分法，再计算. 如果直接计算 $f'(x)$，求出被积函数，再计算就比较麻烦.

例 3.33 求 $\int_{-2}^{3} \min\{1, x^2\}\mathrm{d}x$.

【解】 由于函数 $\min\{1, x^2\}$ 的分界点为 -1 与 1，所以

$$\int_{-2}^{3} \min\{1, x^2\}\mathrm{d}x = \int_{-2}^{-1} \mathrm{d}x + \int_{-1}^{1} x^2\mathrm{d}x + \int_{1}^{3} \mathrm{d}x = 1 + \frac{2}{3} + 2 = \frac{11}{3}.$$

【总结】分段函数的定积分求解方法：找到分段点分段积分再求和.

例 3.34 设 $\int_{0}^{a} xe^{2x}\mathrm{d}x = \frac{1}{4}$，求 a 的值.

【解】 由于 $\int xe^{2x}\mathrm{d}x = \left(\frac{x}{2} - \frac{1}{4}\right)e^{2x} + C$，故 $\int_{0}^{a} xe^{2x}\mathrm{d}x = \left(\frac{x}{2} - \frac{1}{4}\right)e^{2x}\Big|_{0}^{a} = \left(\frac{a}{2} - \frac{1}{4}\right)e^{2a} + \frac{1}{4}$，由题设知 $\int_{0}^{a} xe^{2x}\mathrm{d}x = \frac{1}{4}$，则 $\left(\frac{a}{2} - \frac{1}{4}\right)e^{2a} = 0 \Rightarrow a = \frac{1}{2}$.

【总结】已知积分求参数的题，先根据积分计算方法求得积分值，进而得到参数方程，再解方程求出参数值.

题型四　反常积分

【题型方法分析】

(1) 反常积分的计算本质上是先计算定积分再求极限的过程.

(2) 若函数 $f(x)$ 在 $(-\infty, +\infty)$ 内连续，且 $\int_{-\infty}^{+\infty} f(x)\mathrm{d}x$ 收敛，则

$$\int_{-\infty}^{+\infty} f(x)\mathrm{d}x = \begin{cases} 0, & f(x)\text{ 是奇函数}, \\ 2\int_{0}^{+\infty} f(x)\mathrm{d}x, & f(x)\text{ 是偶函数}. \end{cases}$$

(3) 利用常见反常积分敛散性结论判断反常积分敛散性.

① $\int_{a}^{+\infty} \frac{\mathrm{d}x}{x^p}\begin{cases} \text{收敛}, & p > 1, \\ \text{发散}, & p \leqslant 1. \end{cases}$

② $\int_{a}^{b} \frac{\mathrm{d}x}{(b-x)^k} = \begin{cases} \text{收敛}, & k < 1, \\ \text{发散}, & k \geqslant 1. \end{cases}$

③ $\int_{a}^{b} \frac{\mathrm{d}x}{(a-x)^k} = \begin{cases} \text{收敛}, & k < 1, \\ \text{发散}, & k \geqslant 1. \end{cases}$

④ $\int_{a}^{+\infty} \frac{\mathrm{d}x}{x\ln^p x}\begin{cases} \text{收敛}, & p > 1, \\ \text{发散}, & p \leqslant 1, \end{cases}$ 其中 $a > 1$.

⑤ $\int_a^{+\infty} x^k e^{-\lambda x} dx \begin{cases} 收敛, & \lambda > 0, \\ 发散, & \lambda \leqslant 0, \end{cases}$ 其中 $k \geqslant 0$.

⑥ $\int_{-\infty}^{+\infty} e^{-x^2} dx = 2\int_0^{+\infty} e^{-x^2} dx = \sqrt{\pi}$.

例 3.35 求 $\int_1^{+\infty} \frac{\ln x}{x^2} dx$.

【解】 $\int_1^{+\infty} \frac{\ln x}{x^2} dx = -\int_1^{+\infty} \ln x d\frac{1}{x} = -\frac{\ln x}{x}\Big|_1^{+\infty} + \int_1^{+\infty} \frac{1}{x^2} dx = -\frac{1}{x}\Big|_1^{+\infty} = -(0-1) = 1$.

【总结】 求反常积分时，常规的积分法仍然可以使用，原则和定积分一致，本题按照“指三幂对反”的原则选择 $\frac{1}{x^2}$ 作为 v'，按照分部积分法展开，然后再取极限.

例 3.36 反常积分 $\int_1^{+\infty} \frac{dx}{x(x^2+1)} = (\quad)$.

(A)0　　(B)1　　(C) $\ln\sqrt{2}$　　(D)$\ln 2$　　(E) $\frac{1}{2}$

【答案】 (C)

【解析】 $\int_1^{+\infty} \frac{dx}{x(x^2+1)} = \int_1^{+\infty} \left(\frac{1}{x} - \frac{x}{x^2+1}\right) dx = \left[\ln|x| - \frac{1}{2}\ln|x^2+1|\right]\Big|_1^{+\infty}$

$$= \ln \frac{|x|}{(x^2+1)^{\frac{1}{2}}}\Big|_1^{+\infty} = \lim_{x\to+\infty} \ln \frac{x}{\sqrt{x^2+1}} - \ln\frac{1}{\sqrt{2}} = \ln\sqrt{2} = \frac{1}{2}\ln 2.$$

【总结】 反常积分中，若被积函数是有理函数，求解原则和定积分一致，本题先利用待定系数法分解，再分别积分，然后取极限.

题型五　定积分的应用

【题型方法分析】

(1) 直角坐标系下求面积

X 型区域：由直线 $x=a, x=b, y=f(x), y=g(x)$ 所围成的图形的面积为

$$S = \int_a^b |f(x) - g(x)| dx.$$

Y 型区域：由直线 $y=\alpha, y=\beta, x=\varphi(y), x=\psi(y)$ 所围成的图形的面积为

$$S = \int_\alpha^\beta |\varphi(y) - \psi(y)| dy.$$

(2) 旋转体的体积

由连续曲线 $y=f(x)$、直线 $x=a$、$x=b$ 与 x 轴围成的平面图形绕 x 轴旋转一周而成的旋转体体积为 $V = \int_a^b \pi[f(x)]^2 dx$.

例 3.37 曲线 $y = \sin^{\frac{3}{2}} x (0 \leqslant x \leqslant \pi)$ 与 x 轴围成的图形绕 x 轴旋转所成的旋转体的体积为(　　).

(A) $\frac{4}{3}$　　(B) $\frac{4\pi}{3}$　　(C) $\frac{2\pi^2}{3}$　　(D) $\frac{2\pi}{3}$　　(E) $\frac{4}{3}\pi^2$

【答案】 (B)

【解析】 $V=\int_0^{\pi}\pi(\sin^{\frac{3}{2}}x)^2\mathrm{d}x=\pi\int_0^{\pi}(\sin x)^3\mathrm{d}x=-\pi\int_0^{\pi}(1-\cos^2 x)\mathrm{d}\cos x$

$$=-\pi\left(\cos x-\frac{1}{3}\cos^3 x\right)\Big|_0^{\pi}=\frac{4}{3}\pi.$$

故选(B).

【总结】396 数学中定积分的几何应用考查比较简单,记住公式直接代入即可.

例 3.38　曲线 $y=\mathrm{e}^x$,$y=\mathrm{e}^{-x}$,$x=1$ 所围成的图形面积为 A,则 $A=$(　　).

(A)$\mathrm{e}+\frac{1}{\mathrm{e}}+2$　(B)$\mathrm{e}+\frac{1}{\mathrm{e}}-2$　(C)$\mathrm{e}-\frac{1}{\mathrm{e}}+2$　(D)$\mathrm{e}-\frac{1}{\mathrm{e}}-2$

(E)$\mathrm{e}+\frac{1}{\mathrm{e}}$

【答案】 (B)

【解析】 曲线 $y=\mathrm{e}^x$ 与 $y=\mathrm{e}^{-x}$ 的交点为(0,1),故 $A=\int_0^1(\mathrm{e}^x-\mathrm{e}^{-x})\mathrm{d}x=\mathrm{e}+\frac{1}{\mathrm{e}}-2$,因此答案选(B).

【总结】求两条曲线所围图形的面积时,先确定两曲线的交点,再代入公式求解.

例 3.39　曲线 $y=\int_0^x\tan t\mathrm{d}t\left(0\leqslant x\leqslant\frac{\pi}{4}\right)$的弧长为 $s=$ ________.

【答案】 $\ln(1+\sqrt{2})$

【解析】 $s=\int_0^{\frac{\pi}{4}}\sqrt{1+y'^2}\mathrm{d}x=\int_0^{\frac{\pi}{4}}\sqrt{1+\tan^2 x}\mathrm{d}x$

$$=\int_0^{\frac{\pi}{4}}\sec x\mathrm{d}x=\ln(\tan x+\sec x)\Big|_0^{\frac{\pi}{4}}=\ln(1+\sqrt{2})$$

【总结】求曲线弧长,396 考得不难,根据函数类型选择对应公式代入计算即可.

本章练习

1. 若$[f^3(x)]'=1$,则 $f(x)=$ ________.

2. $\int\frac{f'(x)}{1+[f(x)]^2}\mathrm{d}x=$ ________.

3. 设 $f(x)$ 的一个原函数为 $x\mathrm{e}^x$,则$\int xf'(x)\mathrm{d}x=$ ________.

4. 若 e^{-x} 是 $f(x)$ 的一个原函数,则$\int xf(x)\mathrm{d}x=$ ________.

5. $\int\frac{\sec^2 x}{4+\tan^2 x}\mathrm{d}x=$ ________.

6. 设 $f(x)=\int_0^{\sqrt{x}}\mathrm{e}^{-t^2}\mathrm{d}t$,$f(1)=a$,求$\int_0^1\frac{f(x)}{\sqrt{x}}\mathrm{d}x$.

7. 若 $f(x)$ 连续，则 $\dfrac{d}{dx}\int_0^x tf(x^2-t^2)dt=$ ________.

8. $\dfrac{d}{dx}\int_{x^2}^0 x\cos t^2 dt=$ ________.

9. 设 $2\int_0^1 f(x)dx+f(x)-x=0$，则 $\int_0^1 f(x)dx=$ ________.

10. $\lim\limits_{x\to 0}\dfrac{\int_0^{\sin x}(1+t)^{\frac{1}{t}}dt}{\int_0^x \dfrac{\sin t}{t}dt}=$ ________.

11. 设 $a=\int_0^1 e^{x^2}dx, b=\int_0^1 e^{(1-x)^2}dx$，则（　　）.

(A) $a>b$　　(B) $a<b$　　(C) $a=b$　　(D) $b>e$　　(E) $a>e$

12. 若设 $f(x)=\dfrac{d}{dx}\int_0^x \sin(t-x)dt$，则必有（　　）.

(A) $f(x)=-\sin x$　　(B) $f(x)=-1+\cos x$

(C) $f(x)=\sin x$　　(D) $f(x)=1-\sin x$

(E) $f(x)=-\cos x$

13. 若已知 $f(0)=1, f(2)=3, f'(2)=5$，则 $\int_0^1 xf''(2x)dx=$（　　）.

(A) 0　　(B) 1　　(C) 2　　(D) -2　　(E) -1

14. 由曲线 $y=\dfrac{1}{x}, y=x, x=2$ 所围成的图形面积为 A，则 $A=$（　　）.

(A) $\int_1^2(\dfrac{1}{x}-x)dx$　　(B) $\int_1^2(x-\dfrac{1}{x})dx$

(C) $\int_1^2(2-\dfrac{1}{y})dy+\int_0^1(2-y)dy$　　(D) $\int_1^2(2-\dfrac{1}{x})dx+\int_1^2(2-x)dx$

(E) $\int_1^2\left(y-\dfrac{1}{y}\right)dy$

15. 在区间 $[a,b]$ 上，$f(x)>0, f'(x)<0, f''(x)>0$，令 $S_1=\int_a^b f(x)dx, S_2=f(b)(b-a)$，$S_3=\dfrac{1}{2}[f(b)+f(a)](b-a)$，则（　　）.

(A) $S_1<S_2<S_3$　　(B) $S_2<S_1<S_3$

(C) $S_3<S_1<S_2$　　(D) $S_2<S_3<S_1$

(E) $S_3<S_2<S_1$

16. $f(x), g(x)$ 在区间 $[a,b]$ 上连续，且 $g(x)<f(x)<m$（m 为常数），则曲线 $y=g(x)$，$y=f(x), x=a$ 及 $x=b$ 所围平面图形绕直线 $y=m$ 旋转而成的旋转体积为（　　）.

(A) $\int_a^b \pi[2m-f(x)+g(x)][f(x)-g(x)]dx$

(B) $\int_a^b \pi[2m-f(x)-g(x)][f(x)-g(x)]dx$

(C) $\int_a^b \pi[m-f(x)+g(x)][f(x)-g(x)]dx$

(D) $\int_a^b \pi[m-f(x)-g(x)][f(x)-g(x)]dx$

(E) 无法确定

17. 设函数 $f(x)$ 连续, $F(x) = \int_{x^2}^{0} f(t)\mathrm{d}t$, 则 $F'(x) = ($　　$)$.

(A) $-f(x^2)$　　(B) $f(x^2)$　　(C) $-2xf(x^2)$　　(D) $2xf(x^2)$　　(E) $2f(x^2)$

18. $\int_{-2}^{2} \mathrm{e}^{|x|}(1+x)\mathrm{d}x =$ ________.

19. 计算不定积分 $\int \frac{\ln(\sqrt{x}+1)}{\sqrt{x}}\mathrm{d}x$.

20. 设 $f(x) = \mathrm{e}^{2x}, \varphi(x) = \ln x$, 则 $\int_{0}^{1} \{f[\varphi(x)] + \varphi[f(x)]\}\mathrm{d}x =$ ________.

21. 计算定积分 $\int_{0}^{\pi^2} \sqrt{x}\cos\sqrt{x}\mathrm{d}x$.

22. 求不定积分 $\int \frac{\arcsin\sqrt{x}+1}{\sqrt{x}}\mathrm{d}x$.

23. 求曲线 $y = \sqrt{x-1}$ 与 $x = 4$ 及 $y = 0$ 围成的平面图形绕 x 轴旋转一周得到的旋转体的体积 V.

24. 设函数 $f(x) = \max\{1, x^2, x^3\}$, 求不定积分 $\int f(x)\mathrm{d}x$.

25. 求位于曲线 $y = x\mathrm{e}^{-x}$ $(0 \leqslant x < +\infty)$ 下方, x 轴上方的无界图形的面积.

26. 下列两个积分的大小关系是: $\int_{-2}^{-1} \mathrm{e}^{-x^3}\mathrm{d}x$ ________ $\int_{-2}^{-1} \mathrm{e}^{x^3}\mathrm{d}x$.

本章练习答案与解析

1.【答案】 $\sqrt[3]{x+C}$

【解析】 $[f^3(x)]' = 1 \Rightarrow \int [f^3(x)]'\mathrm{d}x = x + C \Rightarrow f^3(x) = x + C \Rightarrow f(x) = \sqrt[3]{x+C}$.

2.【答案】 $\arctan[f(x)] + C$

【解析】 $\int \frac{f'(x)}{1+[f(x)]^2}\mathrm{d}x = \int \frac{\mathrm{d}[f(x)]}{1+[f(x)]^2} = \arctan[f(x)] + C$.

3.【答案】 $x^2\mathrm{e}^x + C$

【解析】 $\int xf'(x)\mathrm{d}x = \int x\mathrm{d}[f(x)] = xf(x) - \int f(x)\mathrm{d}x$.

因 $x\mathrm{e}^x$ 是 $f(x)$ 的一个原函数, 故 $f(x) = (x\mathrm{e}^x)'$, 则有

$$\int xf'(x)\mathrm{d}x = x(x\mathrm{e}^x)' - x\mathrm{e}^x + C = x^2\mathrm{e}^x + C.$$

4.【答案】 $x\mathrm{e}^{-x} + \mathrm{e}^{-x} + C$

【解析】 因 e^{-x} 是 $f(x)$ 的一个原函数, 故 $f(x) = (\mathrm{e}^{-x})' = -\mathrm{e}^{-x}$,

$$\int xf(x)\mathrm{d}x = -\int x\mathrm{e}^{-x}\mathrm{d}x = \int x\mathrm{d}(\mathrm{e}^{-x}) = x\mathrm{e}^{-x} - \int \mathrm{e}^{-x}\mathrm{d}x = x\mathrm{e}^{-x} + \mathrm{e}^{-x} + C.$$

5.【答案】 $\frac{1}{2}\arctan\frac{\tan x}{2} + C$

【解析】 原式 $= \int \frac{\mathrm{d}(\tan x)}{4+\tan^2 x} = \frac{1}{2}\arctan\frac{\tan x}{2} + C$.

6.【解】 $\int_0^1 \frac{f(x)}{\sqrt{x}}dx = 2\int_0^1 f(x)d\sqrt{x} = 2\sqrt{x}f(x)\Big|_0^1 - 2\int_0^1 \sqrt{x}f'(x)dx$

$$= 2f(1) - 2\int_0^1 \sqrt{x}f'(x)dx,$$

而 $f'(x) = \left(\int_0^{\sqrt{x}} e^{-t^2}dt\right)' = \frac{e^{-x}}{2\sqrt{x}}$，又 $f(1) = a$，故原式 $= 2a - 2\int_0^1 \sqrt{x}e^{-x}\frac{1}{2\sqrt{x}}dx = 2a - \int_0^1 e^{-x}dx = 2a + e^{-1} - 1$.

7.【答案】 $xf(x^2)$

【解析】 设 $u = x^2 - t^2$，则 $\int_0^x tf(x^2 - t^2)dt = \int_0^{x^2} \frac{1}{2}f(u)du$，

故 $\frac{d}{dx}\int_0^x tf(x^2 - t^2)dt = \frac{d}{dx}\int_0^{x^2} \frac{1}{2}f(u)du = \frac{1}{2}f(x^2)\cdot(x^2)' = xf(x^2)$.

8.【答案】 $\int_{x^2}^0 \cos t^2 dt - 2x^2\cos x^4$

【解析】 $\frac{d}{dx}\int_{x^2}^0 x\cos t^2 dt = \frac{d}{dx}\left(x\int_{x^2}^0 \cos t^2 dt\right) = \int_{x^2}^0 \cos t^2 dt + x[-\cos(x^2)^2](x^2)'$

$$= \int_{x^2}^0 \cos t^2 dt - 2x^2\cos x^4.$$

9.【答案】 $\frac{1}{6}$

【解析】 令 $\int_0^1 f(x)dx = A$，则对原式两边从 0 到 1 积分，得

$\int_0^1 [2A + f(x) - x]dx = 2A + \int_0^1 f(x)dx - \int_0^1 xdx = 3A - \frac{x^2}{2}\Big|_0^1 = 0 \Rightarrow A = \int_0^1 f(x)dx = \frac{1}{6}$.

10.【答案】 e

【解析】 原式 $= \lim\limits_{x\to 0}\frac{(1+\sin x)^{\frac{1}{\sin x}}}{\frac{\sin x}{x}}\cos x = \frac{e}{1} = e$.

11.【答案】 (C)

【解析】 设 $u = 1 - x$，则 $\int_0^1 e^{(1-x)^2}dx = \int_0^1 e^{u^2}du$，选(C).

12.【答案】 (A)

【解析】 设 $u = t - x$，则 $\int_0^x \sin(t-x)dt = \int_{-x}^0 \sin u du = -\int_0^{-x}\sin u du$，

故 $f(x) = \left(-\int_0^{-x}\sin u du\right)' = \sin(-x) = -\sin x$，故选(A).

13.【答案】 (C)

【解析】 $\int_0^1 xf''(2x)dx \xlongequal{u=2x} \frac{1}{2}\int_0^2 \frac{u}{2}f''(u)du = \frac{1}{4}\int_0^2 ud[f'(u)]$

$$= \left[\frac{u}{4}f'(u)\right]\Big|_0^2 - \frac{1}{4}\int_0^2 f'(u)du = \frac{1}{2}f'(2) - \frac{1}{4}[f(u)]\Big|_0^2$$

$$= \frac{1}{2}f'(2) - \frac{1}{4}f(2) + \frac{1}{4}f(0)$$

$$= \frac{5}{2} - \frac{3}{4} + \frac{1}{4} = 2.$$

14.【答案】 (B)

【解析】 曲线所围图形如图 1-3-4 所示.

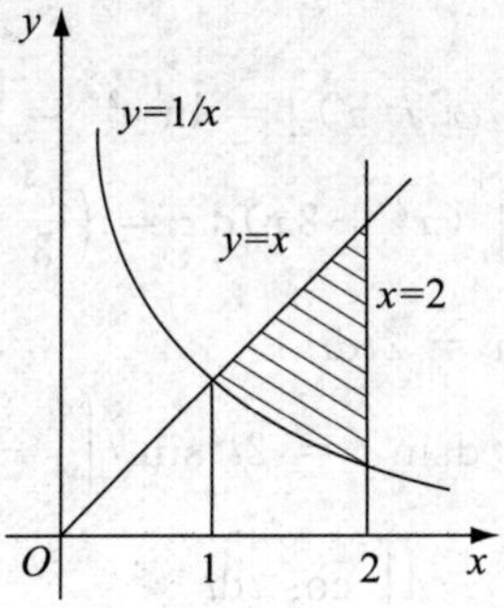

图 1-3-4

曲线 $y=\dfrac{1}{x}$ 与直线 $y=x$ 的交点为(1,1),故 $A=\int_1^2\left(x-\dfrac{1}{x}\right)\mathrm{d}x$,故选(B).

15.【答案】 (B)

【解析】 因 $f'(x)<0$,故函数单调减少,对于任意 $x\in(a,b)$,有 $f(x)>f(b)$,所以 $\int_a^b f(x)\mathrm{d}x>f(b)(b-a)$;

又因 $f''(x)>0$,故曲线为向上凹的,$\dfrac{1}{2}[f(b)+f(a)]>f(x)$,故$\dfrac{1}{2}[f(b)+f(a)](b-a)>\int_a^b f(x)\mathrm{d}x$,故 $S_2<S_1<S_3$,故选(B).

16.【答案】 (B)

【解析】 由旋转体的体积公式得

$$V=\pi\int_a^b\{[m-g(x)]^2-[m-f(x)]^2\}\mathrm{d}x$$

$$=\int_a^b\pi[2m-f(x)-g(x)][f(x)-g(x)]\mathrm{d}x.$$

因此选(B).

17.【答案】 (C)

【解析】 由于 $F(x)=\int_{x^2}^0 f(t)\mathrm{d}t$,则

$$F'(x)=\left[\int_{x^2}^0 f(t)\mathrm{d}t\right]'=\left[-\int_0^{x^2}f(t)\mathrm{d}t\right]'=-f(x^2)\cdot(x^2)'=-2xf(x^2).$$

因此选(C).

18.【答案】 $2\mathrm{e}^2-2$

【解析】 $\int_{-2}^2\mathrm{e}^{|x|}(1+x)\mathrm{d}x=\int_{-2}^2\mathrm{e}^{|x|}\mathrm{d}x+\int_{-2}^2 x\mathrm{e}^{|x|}\mathrm{d}x=2\int_0^2\mathrm{e}^x\mathrm{d}x=2\mathrm{e}^x\Big|_0^2=2\mathrm{e}^2-2.$

19.【解】 令 $t=\sqrt{x}$,$x=t^2$,$\mathrm{d}x=2t\mathrm{d}t$.

$$\int\frac{\ln(\sqrt{x}+1)}{\sqrt{x}}\mathrm{d}x=2\int\ln(t+1)\mathrm{d}t=2t\ln(t+1)-2\int\frac{t}{t+1}\mathrm{d}t$$

$$=2t\ln(t+1)-2\int\left(1-\frac{1}{t+1}\right)\mathrm{d}t=2t\ln(t+1)-2t+2\ln(t+1)+C$$

$$=2(\sqrt{x}+1)\ln(\sqrt{x}+1)-2\sqrt{x}+C.$$

20.【答案】 $\dfrac{4}{3}$

【解析】 $f[\varphi(x)]=e^{2\ln x}=x^2,\varphi[f(x)]=\ln e^{2x}=2x$,

所以$\int_0^1\{f[\varphi(x)]+\varphi[f(x)]\}dx=\int_0^1(x^2+2x)dx=\left(\dfrac{x^3}{3}+x^2\right)\Big|_0^1=\dfrac{1}{3}+1=\dfrac{4}{3}.$

21.【解】 令 $t=\sqrt{x},x=t^2,dx=2tdt.$

所以 $I=\int_0^{\pi}t\cos t\cdot 2tdt=2\int_0^{\pi}t^2 d\sin t=2t^2\sin t\Big|_0^{\pi}-\int_0^{\pi}4t\sin tdt$

$$=\int_0^{\pi}4td\cos t=4t\cos t\Big|_0^{\pi}-4\int_0^{\pi}\cos tdt$$

$$=-4\pi.$$

22.【解析】 令 $t=\sqrt{x},\ x=t^2,dx=2tdt.$

$\therefore$ 原式$=\int\dfrac{\arcsin t+1}{t}2tdt=2\int(\arcsin t+1)dt=2t\cdot\arcsin t-2\int\dfrac{t}{\sqrt{1-t^2}}dt+2t$

$$=2t\cdot\arcsin t+\int\frac{d(1-t^2)}{\sqrt{1-t^2}}+2t=2t\arcsin t+2\sqrt{1-t^2}+2t+C$$

$$=2\sqrt{x}\cdot\arcsin\sqrt{x}+2\sqrt{1-x}+2\sqrt{x}+C.$$

23.【解】 图形如图 1-3-5 所示,曲线写为 $y=\sqrt{x-1},(1\leqslant x\leqslant 4)$.

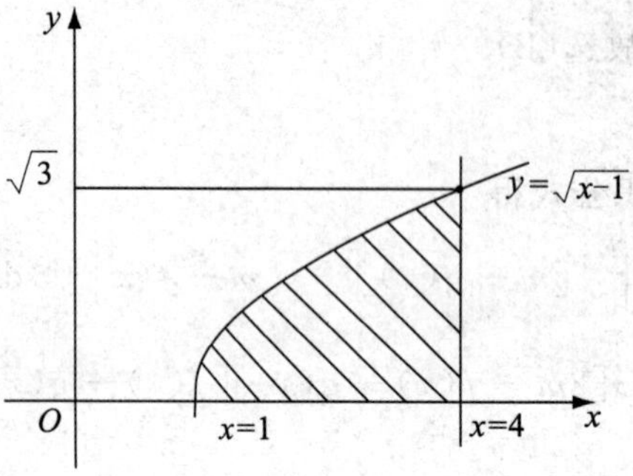

图 1-3-5

旋转体体积 $V=\int_1^4\pi\cdot(\sqrt{x-1})^2dx=\dfrac{9}{2}\pi.$

24.【解】 因为 $f(x)=\max\{1,x^2,x^3\}$,所以 $f(x)=\begin{cases}x^3, & x\geqslant 1,\\ 1, & -1<x<1,\\ x^2, & x\leqslant -1.\end{cases}$

所以,当 $x\geqslant 1$ 时,$F(x)=\int f(x)dx=\int x^3dx=\dfrac{1}{4}x^4+C_1$;当 $-1<x<1$ 时,$F(x)=\int f(x)dx=\int 1dx=x+C_2$;当 $x\leqslant -1$ 时,$F(x)=\int f(x)dx=\int x^2dx=\dfrac{1}{3}x^3+C_3$.

由原函数的连续性,可知 $\lim\limits_{x\to 1^+}F(x)=\lim\limits_{x\to 1^-}F(x)$,即 $\dfrac{1}{4}+C_1=C_2+1$ (1)

$\lim\limits_{x\to -1^+}F(x)=\lim\limits_{x\to -1^-}F(x)$,即 $C_2-1=C_3-\dfrac{1}{3}$ (2)

由式(1) 和式(2) 得

$C_1 = C_2 + \frac{3}{4}, C_3 = C_2 - \frac{2}{3}$.

所以，$F(x) = \begin{cases} \frac{1}{4}x^4 + \frac{3}{4} + C_2, & x \geqslant 1, \\ x + C_2, & -1 < x < 1, \\ \frac{1}{3}x^3 - \frac{2}{3} + C_2, & x \leqslant -1. \end{cases}$

25.【解】 $A = \int_0^{+\infty} x\mathrm{e}^{-x}\mathrm{d}x = -\int_0^{+\infty} x\mathrm{d}\mathrm{e}^{-x} = -x\mathrm{e}^{-x}\Big|_0^{+\infty} + \int_0^{+\infty} \mathrm{e}^{-x}\mathrm{d}x = -\mathrm{e}^{-x}\Big|_0^{+\infty} = 1$.

26.【答案】 $>$

【解析】 对于相同区间上的定积分的比较，有"比较定理"如下：

若 $f(x)$ 与 $g(x)$ 在区间 $[a,b]$（a,b 为常数，$a<b$）上连续且可积，且 $f(x) \geqslant g(x)$，则有 $\int_a^b f(x)\mathrm{d}x \geqslant \int_a^b g(x)\mathrm{d}x$.

由于 e^{-x^3}，e^{x^3} 在 $[-2,-1]$ 上连续且 $\mathrm{e}^{-x^3} > \mathrm{e}^{x^3}$，根据比较定理得 $\int_{-2}^{-1} \mathrm{e}^{-x^3}\mathrm{d}x > \int_{-2}^{-1} \mathrm{e}^{x^3}\mathrm{d}x$.

第四章　多元函数微分学

多元函数微分学知识框架与一元函数微分学一致,考试重点在于极限、连续两个基本概念和多元函数的偏导数以及全微分的求解.

本章知识框架

- 多元函数微分学
  - 多元函数
    - 多元函数概念
    - 二元函数的极限
    - 二元函数的连续性
  - 偏导数与全微分
    - 偏导数的定义
    - 全微分
  - 求导法则
    - 复合函数求导法则
    - 隐函数求导法则

第一节　多元函数的一阶偏导数

考点归纳

一、多元函数、极限、连续性

1. 二元函数的概念

(1) 定义:设 D 是平面上的一个非空子集,称映射 $f:D \to R$ 为定义在 D 上的二元函数,记为 $z=f(x,y),(x,y)\in D$,其中点集 D 称为函数的定义域,集合 $f(D)=\{z \mid z=f(x,y),(x,y)\in D\}$ 称为函数的值域.

【注】 类似可定义三元函数 $u=f(x,y,z)$.

(2) 几何意义:二元函数 $z=f(x,y)$ 表示空间的曲面,例如 $z=x^2+y^2$ 的图形为旋转抛物面;$z=\sqrt{1-x^2-y^2}$ 的图形为上半球面.

2. 二元函数的极限

定义:设 $z=f(x,y)$ 在 (x_0,y_0) 的去心邻域有定义,若对任意 $\varepsilon>0$,存在 $\delta>0$,使得当 $0<\sqrt{(x-x_0)^2+(y-y_0)^2}<\delta$ 时,有 $|f(x,y)-A|<\varepsilon$,则称 A 为函数 $f(x,y)$ 当 $(x,y)\to(x_0,y_0)$ 时的极限,记为 $\lim\limits_{(x,y)\to(x_0,y_0)} f(x,y)=A$.

【注】 (1) 二元函数的极限只有当动点 (x,y) 以任意方式趋于 (x_0,y_0),$f(x,y)$ 的极限都为 A 时才存在.

(2) 若可找到两条不同路径沿其 (x,y) 趋近于 (x_0,y_0),$f(x,y)$ 的极限不相等,则二元函数的极限不存在.特别地,当 $(x_0,y_0)=(0,0)$ 时选择 $y=kx$,若极限与 k 有关,则二元函数的极限不存在.

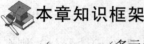

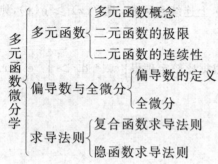

3. 多元函数的连续性

(1) 定义：设二元函数 $z=f(x,y)$ 在 (x_0,y_0) 的邻域有定义，若 $\lim\limits_{(x,y)\to(x_0,y_0)} f(x,y)=f(x_0,y_0)$，则称函数 $f(x,y)$ 在点 $P_0(x_0,y_0)$ 连续.

如果函数 $f(x,y)$ 在 D 的每一点都连续，则称函数 $f(x,y)$ 在 D 上连续，或者说 $f(x,y)$ 是 D 上的连续函数.

(2) 二元初等函数在定义区域内连续.

(3) 多元函数在有界闭区域上的性质.

① 有界性：在有界闭区域 D 上连续的多元函数必定在 D 上有界.

② 最大值与最小值定理：在有界闭区域 D 上连续的多元函数必定在 D 上取得它的最大值和最小值.

③ 介值定理：在有界闭区域 D 上连续的多元函数必取得介于最大值和最小值之间的任何值.

二、多元函数的偏导数

1. 偏导数的概念

(1) 定义：设函数 $z=f(x,y)$ 在 (x_0,y_0) 的某邻域内有定义，如果 $\lim\limits_{\Delta x\to 0}\dfrac{f(x_0+\Delta x,y_0)-f(x_0,y_0)}{\Delta x}$ 存在，则称此极限为函数 $z=f(x,y)$ 在点 (x_0,y_0) 处对 x 的偏导数，记为 $f'_x(x_0,y_0)$，即 $f'_x(x_0,y_0)=\lim\limits_{\Delta x\to 0}\dfrac{f(x_0+\Delta x,y_0)-f(x_0,y_0)}{\Delta x}$.

类似地，函数 $z=f(x,y)$ 在点 (x_0,y_0) 处对 y 的偏导数定义为

$$f'_y(x_0,y_0)=\lim_{\Delta y\to 0}\frac{f(x_0,y_0+\Delta y)-f(x_0,y_0)}{\Delta y}.$$

如果函数在定义域内每点偏导数都存在，则称 $f'_x(x,y)$、$f'_y(x,y)$ 为偏导函数.

【注】 多元函数的一阶偏导数本质上还是一元函数的一阶导数.

(2) 偏导数存在和连续的关系

偏导数存在$\not\Rightarrow$函数连续，函数连续$\not\Rightarrow$偏导数存在.

三、偏导数的求法

从偏导数的定义可以看出，求 $z=f(x,y)$ 的偏导数并不需要用新的方法，因为这里只有一个自变量在变动，另一个自变量被看作是固定的，所以一元函数的微分法同样适用.

重要题型

题型一　二元、三元初等函数的偏导数

【题型方法分析】

(1) z'_x 是 z 对 x 求导，x 为变量，y 视为常数；

(2) z'_y 是 z 对 y 求导，y 为变量，x 视为常数.

例 4.1　求下列函数的一阶偏导数.

(1) $z=x^4+y^4-4x^2y^2$；

(2) $z=x^y$.

【解】 (1) $z'_x=\dfrac{\partial(x^4+y^4-4x^2y^2)}{\partial x}=4x^3-8xy^2$，$z'_y=\dfrac{\partial(x^4+y^4-4x^2y^2)}{\partial y}=4y^3-8x^2y$.

(2) $z'_x=\dfrac{\partial(x^y)}{\partial x}=yx^{y-1}, z'_y=\dfrac{\partial(x^y)}{\partial y}=x^y\ln x$.

【总结】求二元函数的一阶偏导数,关键在于对其中一个变量求导时,将另外一个变量看作常数,这与一元函数求导一致.

例 4.2 求 $u=\left(\dfrac{x}{y}\right)^z$ 关于 x,y,z 的一阶偏导数.

【解】 $u'_x=\dfrac{\partial\left(\dfrac{x}{y}\right)^z}{\partial x}=z\left(\dfrac{x}{y}\right)^{z-1}\dfrac{1}{y}=\dfrac{zx^{z-1}}{y^z}$,

$u'_y=\dfrac{\partial\left(\dfrac{x}{y}\right)^z}{\partial y}=z\left(\dfrac{x}{y}\right)^{z-1}\left(-\dfrac{x}{y^2}\right)=-\dfrac{zx^z}{y^{z+1}}$, $u'_z=\dfrac{\partial\left(\dfrac{x}{y}\right)^z}{\partial z}=\left(\dfrac{x}{y}\right)^z\ln\left(\dfrac{x}{y}\right)$.

【总结】求三元函数的一阶偏导数,关键在于对其中一个变量求导时,将另外两个变量看作常数,这与一元函数求导一致.

例 4.3 求所给函数在指定点的偏导数.

(1) $f(x,y)=(1+xy)^y$ 在点 $(1,1)$ 处;

(2) $f(x,y)=\sin\dfrac{x}{y}\cos\dfrac{y}{x}$ 在点 $(2,\pi)$ 处.

【解】 **方法一** 先求导,再代值.

(1) $\left.\dfrac{\partial f(x,y)}{\partial x}\right|_{(1,1)}=\left.\dfrac{\partial(1+xy)^y}{\partial x}\right|_{(1,1)}=\left.y^2(1+xy)^{y-1}\right|_{(1,1)}=1$,

又 $\dfrac{\partial f(x,y)}{\partial y}=\dfrac{\partial e^{y\ln(1+xy)}}{\partial y}=\left[\ln(1+xy)+\dfrac{xy}{1+xy}\right]e^{y\ln(1+xy)}$,故 $\left.\dfrac{\partial f(x,y)}{\partial y}\right|_{(1,1)}=2\left(\ln 2+\dfrac{1}{2}\right)$.

(2) $\dfrac{\partial f(x,y)}{\partial x}=\dfrac{1}{y}\cos\dfrac{x}{y}\cos\dfrac{y}{x}+\dfrac{y}{x^2}\sin\dfrac{x}{y}\sin\dfrac{y}{x}$,所以 $\left.\dfrac{\partial f(x,y)}{\partial x}\right|_{(2,\pi)}=\dfrac{\pi}{4}\sin\dfrac{2}{\pi}$,

$\dfrac{\partial f(x,y)}{\partial y}=-\dfrac{x}{y^2}\cos\dfrac{x}{y}\cos\dfrac{y}{x}-\dfrac{1}{x}\sin\dfrac{x}{y}\sin\dfrac{y}{x}$,所以 $\left.\dfrac{\partial f(x,y)}{\partial y}\right|_{(2,\pi)}=-\dfrac{1}{2}\sin\dfrac{2}{\pi}$.

方法二 先代值,再求导.

(1) $\left.\dfrac{\partial f(x,y)}{\partial x}\right|_{(1,1)}=\left.\dfrac{\partial f(x,1)}{\partial x}\right|_{x=1}=\left.\dfrac{\partial(1+x)}{\partial x}\right|_{x=1}=1$,

$$\left.\dfrac{\partial f(x,y)}{\partial y}\right|_{(1,1)}=\left.\dfrac{\partial f(1,y)}{\partial y}\right|_{(1,1)}=\left.\dfrac{\partial e^{y\ln(1+y)}}{\partial y}\right|_{y=1}$$

$$=\left.\left[\ln(1+y)+\dfrac{y}{1+y}\right]e^{y\ln(1+y)}\right|_{y=1}=2\left(\ln 2+\dfrac{1}{2}\right).$$

(2) $$\left.\dfrac{\partial f(x,y)}{\partial x}\right|_{(2,\pi)}=\left.\dfrac{\partial f(x,\pi)}{\partial x}\right|_{x=2}=\left.\dfrac{\partial\left(\sin\dfrac{x}{\pi}\cos\dfrac{\pi}{x}\right)}{\partial x}\right|_{x=2}$$

$$=\left.\left(\dfrac{1}{\pi}\cos\dfrac{x}{\pi}\cos\dfrac{\pi}{x}+\dfrac{\pi}{x^2}\sin\dfrac{x}{\pi}\sin\dfrac{\pi}{x}\right)\right|_{x=2}=\dfrac{\pi}{4}\sin\dfrac{2}{\pi},$$

$$\left.\dfrac{\partial f(x,y)}{\partial y}\right|_{(2,\pi)}=\left.\dfrac{\partial f(2,y)}{\partial y}\right|_{y=\pi}=\left.\dfrac{\partial\left(\sin\dfrac{2}{y}\cos\dfrac{y}{2}\right)}{\partial y}\right|_{y=\pi}$$

$$=\left.-\dfrac{2}{y^2}\cos\dfrac{2}{y}\cos\dfrac{y}{2}-\dfrac{1}{2}\sin\dfrac{2}{y}\sin\dfrac{y}{2}\right|_{y=\pi}=-\dfrac{1}{2}\sin\dfrac{2}{\pi}.$$

【总结】二元函数求一点处的偏导数时，先代值再求导更为简便，故此类题型优选本题方法二.

例 4.4　设 $u=(x-2y)^{y-2x}$，则 $\left.\frac{\partial u}{\partial x}\right|_{\substack{x=1\\y=0}}=(\quad)$.

(A) 不存在　(B) -1　(C) 0　(D) -2　(E) 1

【答案】 (D)

【解析】 $\left.\frac{\partial u}{\partial x}\right|_{(1,0)}=\left.\frac{\partial u(x,0)}{\partial x}\right|_{x=1}=\left.\frac{\partial(x^{-2x})}{\partial x}\right|_{x=1}$

$$=\left.\frac{\partial(e^{-2x\ln x})}{\partial x}\right|_{x=1}=x^{-2x}(-2\ln x-2)\Big|_{x=1}=-2.$$

因此答案选(D).

【总结】求解二元函数在一点处的偏导数，先代值再求导.

第二节　多元复合函数和隐函数求导

考点归纳

一、复合函数求导法则

设 $z=f(u,v)$，$u=\varphi(x,y)$，则 $z=f[\varphi(x,y),\psi(x,y)]$ 在点 (x,y) 的两个偏导数为 $\frac{\partial z}{\partial x}=\frac{\partial z}{\partial u}\cdot\frac{\partial u}{\partial x}+\frac{\partial z}{\partial v}\cdot\frac{\partial v}{\partial x}$，$\frac{\partial z}{\partial y}=\frac{\partial z}{\partial u}\cdot\frac{\partial u}{\partial y}+\frac{\partial z}{\partial v}\cdot\frac{\partial v}{\partial y}$.

二、隐函数的一阶偏导数

若由方程 $F(x,y,z)=0$ 确定的 z 关于 x,y 的函数为 $z=z(x,y)$，则把这种由方程所确定的函数称为隐函数.

1. 一元隐函数的求导公式

设方程 $F(x,y)=0$ 确定了 y 是 x 的函数 $y=y(x)$，且 $F_x(x,y)$，$F_y(x,y)$ 连续及 $F_y(x,y)\neq 0$，则 $\frac{dy}{dx}=-\frac{F_x}{F_y}$.

2. 二元隐函数的求导公式

设方程 $F(x,y,z)=0$ 确定的 z 关于 x,y 的函数 $z=z(x,y)$，且 $F_x(x,y,z)$，$F_y(x,y,z)$，$F_z(x,y,z)$ 连续及 $F_z(x,y,z)\neq 0$，则 $\frac{\partial z}{\partial x}=-\frac{F_x}{F_z}$，$\frac{\partial z}{\partial y}=-\frac{F_y}{F_z}$.

重要题型

题型一　多元复合函数求偏导数

【题型方法分析】

多元复合函数求偏导数按照求导法则展开，根据结构法知，其等于若干项之和，其中项数取决于中间变量的个数，每一项是两个偏导数的乘积，且每项求导的顺序与一元复合函数求导类似，由外及里逐层进行.

例 4.5 设 $\omega=\ln(x^2+y^2+z^2)$，而 $z=e^{xy}$，求 $\frac{\partial \omega}{\partial x},\frac{\partial \omega}{\partial y}$.

【解】 由于 $z=e^{xy}$，故 $\frac{\partial z}{\partial x}=ye^{xy},\frac{\partial z}{\partial y}=xe^{xy}$，所以

$$\frac{\partial \omega}{\partial x}=\frac{2x+2zz'_x}{x^2+y^2+z^2}=\frac{2x+2yze^{xy}}{x^2+y^2+e^{2xy}},\frac{\partial \omega}{\partial y}=\frac{2y+2zz'_y}{x^2+y^2+z^2}=\frac{2y+2xze^{xy}}{x^2+y^2+e^{2xy}}.$$

【总结】 多元复合函数求偏导按照求导法则展开.

例 4.6 设 $z=\frac{1}{x}f(xy)+yf(x+y)$，求 $\frac{\partial z}{\partial x},\frac{\partial z}{\partial y}$.

【解】 $\frac{\partial z}{\partial x}=-\frac{1}{x^2}f(xy)+\frac{y}{x}f'_x(xy)+yf'_x(x+y)$，

$\frac{\partial z}{\partial y}=f'_y(xy)+f(x+y)+yf'_y(x+y)$.

【总结】 抽象多元复合函数求偏导数方法与具体多元复合函数求偏导法则一致.

例 4.7 若 $u=u(x,y)$ 为可微函数且满足 $u(x,y)\big|_{y=x^2}=1,\frac{\partial u}{\partial x}\Big|_{y=x^2}=x$，求 $\frac{\partial u}{\partial y}\Big|_{y=x^2}$.

【解】 $u(x,y)\big|_{y=x^2}=u(x,x^2)=1$，两边同时对 x 求导得

$$\frac{\partial u}{\partial x}\Big|_{y=x^2}+\frac{\partial u}{\partial y}\Big|_{y=x^2}\cdot 2x=0\Rightarrow \frac{\partial u}{\partial y}\Big|_{y=x^2}=-\frac{1}{2}.$$

【总结】 已知中间变量表达式求复合函数偏导数的值，直接将中间变量表达式代入函数中，再求导.

题型二 多元隐函数的偏导数

【题型方法分析】

(1) 两边直接求导；

(2) 公式法：$\frac{\partial z}{\partial x}=-\frac{F_x}{F_z},\frac{\partial z}{\partial y}=-\frac{F_y}{F_z}$.

例 4.8 由方程 $f(\frac{y}{x},\frac{z}{x})=0$ 确定 $z=z(x,y)$，求 $x\frac{\partial z}{\partial x}+y\frac{\partial z}{\partial y}$.

【解】 因为 $\frac{\partial z}{\partial x}=-\frac{f'_x}{f'_z}=-\frac{-\frac{y}{x^2}f'_1-\frac{z}{x^2}f'_2}{\frac{1}{x}f'_2}=\frac{\frac{y}{x}f'_1+\frac{z}{x}f'_2}{f'_2}=\frac{yf'_1+zf'_2}{xf'_2}$，

$\frac{\partial z}{\partial y}=-\frac{f'_y}{f'_z}=-\frac{\frac{1}{x}f'_1}{\frac{1}{x}f'_2}=-\frac{f'_1}{f'_2}$，代入可知

$$x\frac{\partial z}{\partial x}+y\frac{\partial z}{\partial y}=\frac{yf'_1+zf'_2}{f'_2}-\frac{yf'_1}{f'_2}=\frac{zf'_2}{f'_2}=z.$$

【总结】多元隐函数求偏导可以用公式法，在求解 f'_x, f'_y, f'_z 时，x, y, z 是不相关的三个变量. 本题也可以直接求导，在直接求导时，z 是关于 x, y 的函数，要注意复合函数求导法则.

例 4.9　求下列隐函数的一阶偏导数.

(1) 设 $y^2 + x^2 - xy = 3x - 1$，求 $\dfrac{\mathrm{d}y}{\mathrm{d}x}$；

(2) 已知 $xz - ye^z = 2$，求 $\left.\dfrac{\partial z}{\partial x}\right|_{(1,0)}, \left.\dfrac{\partial z}{\partial y}\right|_{(1,0)}$.

【解】　(1) 设 $F(x,y) = y^2 + x^2 - xy - 3x + 1$，按公式 $\dfrac{\mathrm{d}y}{\mathrm{d}x} = -\dfrac{F'_x}{F'_y}$，得

$$\frac{\mathrm{d}y}{\mathrm{d}x} = -\frac{2x - y - 3}{2y - x} = \frac{y + 3 - 2x}{2y - x}.$$

(2) 设 $F(x,y,z) = xz - ye^z - 2$，有

$$\frac{\partial z}{\partial x} = -\frac{F'_x}{F'_z} = -\frac{z}{x - ye^z}, \frac{\partial z}{\partial y} = -\frac{F'_y}{F'_z} = -\frac{-e^z}{x - ye^z} = \frac{e^z}{x - ye^z},$$

注意到 $(x,y) = (1,0)$ 时，$z = 2$，故有 $\left.\dfrac{\partial z}{\partial x}\right|_{(1,0)} = -2, \left.\dfrac{\partial z}{\partial y}\right|_{(1,0)} = e^2$.

【总结】求导函数或者偏导函数，可以如(1) 用“公式法”，也可以对方程两边求导，解出所求的(偏) 导函数，求偏导数值，可以如(2)“先求导，再代值”，也可以“先代值，后求导”$\left(\text{例如求} \left.\dfrac{\partial z}{\partial x}\right|_{(1,0)} \text{时，先将 } y = 0 \text{ 代入}\right)$.

第三节　全微分

考点归纳

一、全微分

若二元函数 $z = f(x,y)$ 在点 (x_0, y_0) 的全增量 $\Delta z = f(x_0 + \Delta x, y_0 + \Delta y) - f(x_0, y_0)$ 可表示为 $\Delta z = A\Delta x + B\Delta y + o(\rho)$，其中 A, B 与 $\Delta x, \Delta y$ 无关，只与 x, y 有关，$\rho = \sqrt{(\Delta x)^2 + \Delta y^2}$，则称二元函数 $z = f(x,y)$ 在点 (x_0, y_0) 处可微，并称 $A\Delta x + B\Delta y$ 是 $z = f(x,y)$ 在点 (x_0, y_0) 处的全微分，记作 $\mathrm{d}z$，即 $\mathrm{d}z = A\Delta x + B\Delta y$.

若二元函数 $z = f(x,y)$ 在点 (x_0, y_0) 处可微，则函数 $z = f(x,y)$ 在点 (x_0, y_0) 处一定连续.

二、可微的必要条件

1. 若函数 $z = f(x,y)$ 在点 (x_0, y_0) 处可微，则函数 $z = f(x,y)$ 在点 (x_0, y_0) 处的两个偏导数存在，且 $A = z'_x(x_0, y_0)$，$B = z'_y(x_0, y_0)$. 二元函数 $z = f(x,y)$ 在点 (x,y) 处的全微分可以写成如下形式 $\mathrm{d}z = \dfrac{\partial z}{\partial x}\mathrm{d}x + \dfrac{\partial z}{\partial y}\mathrm{d}y$.

2. 若函数 $z = f(x,y)$ 在点 (x_0, y_0) 处可微，则函数 $z = f(x,y)$ 在点 (x_0, y_0) 处连续.

【注】 多元函数的连续性和偏导存在没有直接联系，偏导存在不一定连续，连续也不一定偏导存在.

三、可微的充分条件

若函数 $z=f(x,y)$ 的偏导数$\frac{\partial z}{\partial x},\frac{\partial z}{\partial y}$在点$(x_0,y_0)$处连续，则函数 $z=f(x,y)$ 在点(x_0,y_0)处可微.

四、可微的等价定义

函数 $z=f(x,y)$ 在点(x_0,y_0)处存在$\frac{\partial z}{\partial x},\frac{\partial z}{\partial y}$，且$\lim\limits_{\rho\to 0}\frac{\Delta z-\frac{\partial z}{\partial x}\Delta x-\frac{\partial z}{\partial y}\Delta y}{\rho}=0$，则 $z=f(x,y)$ 在点(x_0,y_0)可微.

五、全微分形式不变性

设 $z=f(u,v),u=u(x,y),v=v(x,y)$ 都有连续一阶偏导数. 则

$$\mathrm{d}z=\frac{\partial z}{\partial u}\mathrm{d}u+\frac{\partial z}{\partial v}\mathrm{d}v,\mathrm{d}u=\frac{\partial u}{\partial x}\mathrm{d}x+\frac{\partial u}{\partial y}\mathrm{d}y,\mathrm{d}v=\frac{\partial v}{\partial x}\mathrm{d}x+\frac{\partial v}{\partial y}\mathrm{d}y.$$

重要题型

题型一　求各类函数的全微分

【题型方法分析】

(1) 先求一阶偏导数，再代入 $\mathrm{d}z=\frac{\partial z}{\partial x}\mathrm{d}x+\frac{\partial z}{\partial y}\mathrm{d}y$.

(2) 微分形式不变性.

例 4.10　求下列函数的全微分.

(1)$z=xy+\frac{x}{y}$;

(2)$z=\arcsin\frac{x}{y}$.

【解】 (1) $\frac{\partial z}{\partial x}=y+\frac{1}{y},\frac{\partial z}{\partial y}=x-\frac{x}{y^2}$，从而 $\mathrm{d}z=(y+\frac{1}{y})\mathrm{d}x+(x-\frac{x}{y^2})\mathrm{d}y$;

(2) $\frac{\partial z}{\partial x}=\frac{1}{\sqrt{1-\left(\frac{x}{y}\right)^2}}\cdot\frac{1}{y},\frac{\partial z}{\partial y}=\frac{1}{\sqrt{1-\left(\frac{x}{y}\right)^2}}\cdot\frac{-x}{y^2}$,

从而，$\mathrm{d}z=\frac{1}{\sqrt{1-\left(\frac{x}{y}\right)^2}}\cdot\frac{1}{y}\mathrm{d}x+\frac{1}{\sqrt{1-\left(\frac{x}{y}\right)^2}}\cdot\frac{-x}{y^2}\mathrm{d}y$.

【总结】 求全微分，可以先求偏导数，再用公式 $\mathrm{d}z=\frac{\partial z}{\partial x}\mathrm{d}x+\frac{\partial z}{\partial y}\mathrm{d}y$，也可以用“一阶微分形式的不变性”；这里不要盲目化简，分母中$\sqrt{1-\left(\frac{x}{y}\right)^2}=\frac{\sqrt{y^2-x^2}}{|y|}$.

例 4.11　设连续函数 $z=f(x,y)$ 满足$\lim\limits_{\substack{x\to 0\\ y\to 1}}\frac{f(x,y)-2x+y-2}{\sqrt{x^2+(y-1)^2}}=0$，则 $\mathrm{d}z\Big|_{(0,1)}=$ ________.

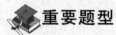

【答案】 $2\mathrm{d}x-\mathrm{d}y$

【解析】 方法一　由于$\lim\limits_{\substack{x\to0\\y\to1}}\dfrac{f(x,y)-2x+y-2}{\sqrt{x^2+(y-1)^2}}=0$，则$\lim\limits_{\substack{x\to0\\y\to1}}[f(x,y)-2x+y-2]=0$，由 $f(x,y)$ 连续，得 $f(0,1)-0+1-2=0$，$f(0,1)=1$，则$\lim\limits_{\substack{x\to0\\y\to1}}\dfrac{f(x,y)-f(0,1)-2x+(y-1)}{\sqrt{x^2+(y-1)^2}}=0$. 观察可知，$f(x,y)$ 在$(0,1)$ 处可微，且$\left.\dfrac{\partial f}{\partial x}\right|_{(0,1)}=2$，$\left.\dfrac{\partial f}{\partial y}\right|_{(0,1)}=-1$，故 $\mathrm{d}z=2\mathrm{d}x-\mathrm{d}y$.

方法二　令 $f(x,y)=2x-y+2$，则$\left.\dfrac{\partial f}{\partial x}\right|_{(0,1)}=2$，$\left.\dfrac{\partial f}{\partial y}\right|_{(0,1)}=-1$，故 $\mathrm{d}z=2\mathrm{d}x-\mathrm{d}y$.

【总结】利用可微的等价定义形式确定偏导数值，从而求解函数在这点的全微分.

题型二　判定多元函数的连续性、偏导存在和可微

【题型方法分析】

(1) 利用连续、偏导存在以及可微和等价的定义直接判定；

(2) 利用连续、偏导存在以及可微的关系判定，如图 1-4-1 所示.

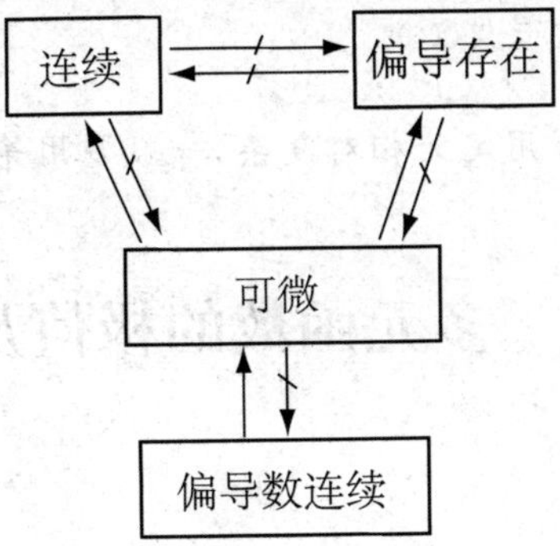

图 1-4-1

例 4.12　考虑二元函数 $f(x,y)$ 的下面 4 条性质：

① $f(x,y)$ 在点(x_0,y_0) 处连续；② $f(x,y)$ 在点(x_0,y_0) 处的两个偏导数连续；

③ $f(x,y)$ 在点(x_0,y_0) 处可微；④ $f(x,y)$ 在点(x_0,y_0) 处的两个偏导数存在.

若用 $P\Rightarrow Q$ 表示可由性质 P 推出性质 Q，则有(　　).

(A)②⇒③⇒①　(B)③⇒②⇒①　(C)③⇒④⇒①　(D)③⇒①⇒④

(E)②⇒①⇒③

【答案】 (A)

【解析】 由连续、偏导存在以及可微的关系可直接推出，故选(A).

【总结】多元函数连续、偏导存在以及可微的关系记住即可，要注意与一元函数的区别：一元函数可微 ⇔ 可导 ⇒ 连续.

例 4.13　设 $f(x,y)=\begin{cases}\dfrac{x^2y}{x^2+y^2}, & (x,y)\neq(0,0),\\ 0, & (x,y)=(0,0),\end{cases}$ 则 $f(x,y)$ 在$(0,0)$ 点(　　).

(A) 不连续　　(B) 连续但不可导　　(C) 可导但不可微

(D) 可微　　(E) 是极值点

【答案】 (C)

【解析】 由于$\lim\limits_{\substack{x\to 0\\ y\to 0}} f(x,y)=\lim\limits_{\substack{x\to 0\\ y\to 0}}\dfrac{x^2y}{x^2+y^2}=0=f(0,0)$处，则$f(x,y)$在$(0,0)$处连续，故(A)不正确.

由偏导数定义知，

$$f'_x(0,0)=\lim_{\Delta x\to 0}\frac{f(\Delta x,0)-f(0,0)}{\Delta x}=\lim_{\Delta x\to 0}\frac{0-0}{\Delta x}=0,$$

$$f'_y(0,0)=\lim_{\Delta y\to 0}\frac{f(0,\Delta y)-f(0,0)}{\Delta y}=\lim_{\Delta y\to 0}\frac{0-0}{\Delta y}=0,$$

但$\lim\limits_{\substack{\Delta x\to 0\\ \Delta y\to 0}}\dfrac{[f(\Delta x,\Delta y)-f(0,0)]-[f'_x(0,0)\Delta x+f'_y(0,0)\Delta y]}{\rho}=\lim\limits_{\substack{\Delta x\to 0\\ \Delta y\to 0}}\dfrac{\Delta y\,(\Delta x)^2}{[(\Delta x)^2+(\Delta y)^2]^{\frac{3}{2}}}$不存在.

因为$\lim\limits_{\substack{\Delta x\to 0^+\\ \Delta y=k\Delta x}}\dfrac{\Delta y\,(\Delta x)^2}{[(\Delta x)^2+(\Delta y)^2]^{\frac{3}{2}}}=\lim\limits_{\Delta x\to 0^+}\dfrac{k\,(\Delta x)^3}{[(\Delta x)^2+k^2\,(\Delta x)^2]^{\frac{3}{2}}}=\dfrac{k}{[1+k^2]^{\frac{3}{2}}}$与$k$有关，故$f(x,y)$在$(0,0)$点不可微，故应选(C).

【总结】判定函数是否可微用定义相对复杂，一般多用等价定义.

第四节　多元函数的极值及其求法

考点归纳

一、多元函数的一般极值

(1) 定义　设函数$z=f(x,y)$的定义域为D，$P(x_0,y_0)$是D的内点，若存在P_0的某个邻域$U(P_0)\subset D$，使得对于该邻域内异于P_0的任何点(x,y)，都有

$$f(x,y)<f(x_0,y_0)\,(f(x,y)>f(x_0,y_0))$$

则称函数$f(x,y)$在点$P(x_0,y_0)$取得极大(小)值，点$P(x_0,y_0)$称为极大(小)值点.极大、极小值统称为极值，极大、极小值点统称为极值点.

(2) 必要条件　设函数$z=f(x,y)$在点(x_0,y_0)具有偏导数，且在点(x_0,y_0)处取得极值，则有$f'_x(x_0,y_0)=0$，$f'_y(x_0,y_0)=0$.点(x_0,y_0)为驻点.

(3) 充分条件　设函数$z=f(x,y)$，在点(x_0,y_0)的某邻域内连续，且有一阶及二阶连续偏导数，又$f'_x(x_0,y_0)=0$，$f'_y(x_0,y_0)=0$，令

$$A=f''_{xx}(x_0,y_0),\quad B=f''_{xy}(x_0,y_0),\quad C=f''_{yy}(x_0,y_0)$$

则　$AC-B^2>0$时具有极值，且当$A<0(>0)$时有极大(小)值；

$AC-B^2<0$时没有极值；

$AC-B^2=0$是可能有极值，也可能没有极值，需另作讨论.

二、条件极值，拉格朗日乘数法

求函数$z=f(x,y)$，在$\varphi(x,y)=0$条件下的(条件)极值可构造辅助函数

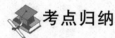

$$F(x,y)=f(x,y)+\lambda\varphi(x,y)$$

解联立方程组$\begin{cases}F'_x=f'_x(x,y)+\lambda\varphi'_x(x,y)=0\\F'_y=f'_y(x,y)+\lambda\varphi'_y(x,y)=0\\\varphi(x,y)=0\end{cases}$求驻点，再由问题的实际意义确定极（最）值. 此法叫拉格朗日乘数法.

三、连续函数在有界闭区域求最值

函数在有界闭区域 D 上的最大值与最小值用比较法求. 即比较驻点、偏导数不存在但连续的点处的函数值及在 D 的边界上函数的最大、最小值而得.

重要题型

题型一　求多元函数的一般极值

【题型方法分析】

方法一：定义法

方法二：充分条件

第一步，找出驻点，即 $f'_x(x_0,y_0)=0$，$f'_y(x_0,y_0)=0$.

第二步，求出 $A=f''_{xx}(x_0,y_0)$，$B=f''_{xy}(x_0,y_0)$，$C=f''_{yy}(x_0,y_0)$

第三步，判定 $AC-B^2>0$ 时具有极值，且当 $A<0(>0)$ 时有极大（小）值；

　　$AC-B^2<0$ 时没有极值.

例 4.14　已知函数 $f(x,y)$ 在点 $(0,0)$ 的某邻域内连续，且 $\lim\limits_{\substack{x\to0\\y\to0}}\dfrac{f(x,y)-xy}{(x^2+y^2)^2}=1$，则（　　）.

(A) $f(0,0)\neq0$

(B) 点 $(0,0)$ 是 $f(x,y)$ 的极大值点

(C) 点 $(0,0)$ 是 $f(x,y)$ 的极小值点

(D) 根据所给条件无法判断点 $(0,0)$ 是否为 $f(x,y)$ 的极值点

(E) 点 $(0,0)$ 不是 $f(x,y)$ 的极值点

【答案】　(E)

【解析】　$\lim\limits_{\substack{x\to0\\y\to0}}\dfrac{f(x,y)-xy}{(x^2+y^2)^2}=1\Rightarrow\lim\limits_{\substack{x\to0\\y\to0}}(f(x,y)-xy)=0\Rightarrow\lim\limits_{\substack{x\to0\\y\to0}}f(x,y)=f(0,0)=0$

由极限和无穷小的关系可知，

$$f(x,y)=xy+(x^2+y^2)^2+o\,|\,(x^2+y^2)^2\,|$$

当 $y=x$ 时，$f(x,x)=x^2+4x^4+o(4x^4)\geq0$

当 $y=-x$ 时，$f(x,x)=-x^2+4x^4+o(4x^4)\leq0$

因此点 $(0,0)$ 不是 $f(x,y)$ 的极值点.

例 4.15　设函数 $z=f(x,y)$ 的全微分为 $dz=2xdx+2ydy$，则点 $(0,0)$（　　）.

(A) 不是 $f(x,y)$ 的连续点　　(B) 不是 $f(x,y)$ 的极值点

(C) 是 $f(x,y)$ 的极大值点　　(D) 是 $f(x,y)$ 的极小值点

(E) 是 $f(x,y)$ 的不可导点

【答案】　(D)

【解析】　由题意可知，$\dfrac{\partial z}{\partial x}=2x$，$\dfrac{\partial z}{\partial y}=2y$，得驻点为 $(0,0)$，又

$$A=\left.\frac{\partial^2 z}{\partial x^2}\right|_{(0,0)}=2,\quad B=\left.\frac{\partial^2 z}{\partial x\partial y}\right|_{(0,0)}=0,\quad C=\left.\frac{\partial^2 z}{\partial y^2}\right|_{(0,0)}=2$$

则 $AC-B^2=4>0, A>0$，所以 $(0,0)$ 是 $f(x,y)$ 的极小值点，选 D.

例 4.16 设函数 $f(x)=x\sin x+\cos x$，下列命题正确的是（　）

(A) $f(0)$ 是极大值，$f\left(\frac{\pi}{2}\right)$ 是极小值　　(B) $f(0)$ 是极小值，$f\left(\frac{\pi}{2}\right)$ 是极大值

(C) $f(0)$ 是极大值，$f\left(\frac{\pi}{2}\right)$ 也是极大值　　(D) $f(0)$ 是极小值，$f\left(\frac{\pi}{2}\right)$ 也是极小值

(E) $f(0)$ 是极大值，$f\left(\frac{\pi}{2}\right)$ 不是极大值

【答案】 (B)

【解析】 $f'(x)=\sin x+x\cos x-\sin x=x\cos x$

x	$\left(-\frac{\pi}{2},0\right)$	0	$\left(0,\frac{\pi}{2}\right)$	$\frac{\pi}{2}$	$\left(\frac{\pi}{2},\pi\right)$
$f'(x)$	<0	$=0$	>0	$=0$	<0

由上表可知：$f(0)$ 是极小值，$f\left(\frac{\pi}{2}\right)$ 是极大值. 故选(B).

本章练习

1. 设 $f(x,y)=\dfrac{\cos(x-2y)}{\cos(x+y)}$，求 $f'_y\left(\pi,\frac{\pi}{4}\right)$.

2. 求由方程 $xyz=\arctan(x+y+z)$ 确定的隐函数 $z=z(x,y)$ 的 $\frac{\partial z}{\partial x}$ 和 $\frac{\partial z}{\partial y}$.

3. 设 $\omega=e^x yz^2$，其中 $z=z(x,y)$ 是由方程 $x+y+z+xyz=0$ 确定的函数，求在 $x=0$，$y=1$，$z=-1$ 处的 $d\omega$.

4. 设方程 $x+z=yf(x^2-z^2)$（其中 f 可微）确定了 $z=z(x,y)$，则 $z\frac{\partial z}{\partial x}+y\frac{\partial z}{\partial y}=$（　）.

(A) x　　(B) y　　(C) $x-y$　　(D) $x+y$　　(E) $2xy$

5. 已知函数 $f(x+y,x-y)=x^2+y^2$ 对任何 x 与 y 成立，则 $\frac{\partial f(x,y)}{\partial x}+\frac{\partial f(x,y)}{\partial y}=$（　）.

(A) $2x-2y$　　(B) $2x+2y$　　(C) $x+y$　　(D) $x-y$　　(E) xy

6. 已知 $x+y-z=e^x$，$xe^x=\tan t$，$y=\cos t$，求 $\left.\frac{dz}{dt}\right|_{t=0}$.

7. $z=f(x+y,e^x\sin y)$，求 $\frac{\partial z}{\partial x},\frac{\partial z}{\partial y}$.

8. 设由方程 $F(x-y,y-z,z-x)=0$ 确定隐函数 $z=z(x,y)$，求 $\frac{\partial z}{\partial x},\frac{\partial z}{\partial y}$ 及 dz.

9. 设函数 $z=z(x,y)$ 由方程 $F(x-az,y-bz)=0$ 所确定，其中 $F(u,v)$ 任意可微，则 $a\frac{\partial z}{\partial x}+b\frac{\partial z}{\partial y}=$ ________.

10. 设 $f\left(x-y,\frac{y}{x}\right)=x^2-y^2$，求 $f(x,y)$ 的表达式.

11. $z'_x(x_0,y_0)=0$ 和 $z'_y(x_0,y_0)=0$ 是函数 $z=z(x,y)$ 在点(x_0,y_0)处取得极值的(　　).

(A) 必要但非充分条件　　(B) 充分但非必要条件

(C) 充要条件　　(D) 既非充分也非必要条件

(E) 无法判定

12. 若 $f(x,x^2)=x^2e^{-x}$, $f'_x(x,y)\Big|_{y=x^2}=-x^2e^{-x}$，则 $f'_y(x,y)\Big|_{y=x^2}=$(　　).

(A) $2xe^{-x}$　　(B) $(-x^2+2x)e^{-x}$

(C) e^{-x}　　(D) $(2x-1)e^{-x}$

(E) x^2e^{-x}

13. 设函数 $z=z(x,y)$ 由方程 $z=e^{2x-3z}+2y$ 确定，求 $3\dfrac{\partial z}{\partial x}+\dfrac{\partial z}{\partial y}$ 的值.

14. 设 $f(u,v)$有连续的偏导数，$z=f\left(xy,\dfrac{x}{y}\right)$，求$\dfrac{\partial z}{\partial x}$，$\dfrac{\partial z}{\partial y}$.

15. 设函数 $z=z(x,y)$ 是由方程 $z-y-x+xe^{z-y-x}=0$ 所确定的二元函数，求$\dfrac{\partial z}{\partial x}$，$\dfrac{\partial z}{\partial y}$.

16. 设函数 $z=z(x,y)$ 是由方程 $z=e^{2x-3z}+2y$ 所确定的二元函数，求$\dfrac{\partial z}{\partial x}$，$\dfrac{\partial z}{\partial y}$.

17. 设函数 $z=\ln(x+y^2)-y+2^{xy}$，则$\dfrac{\partial z}{\partial x}\Big|_{(1,1)}=$(　　).

(A) $\dfrac{1}{2}+\ln 2$　　(B) $1+\ln 2$　　(C) $\dfrac{1}{2}+2\ln 2$　　(D) $1+2\ln 2$　　(E) $\ln 2$

18. 设 $z=xyf\left(\dfrac{y}{x}\right)$，其中 $f(u)$ 可导，则 $x\dfrac{\partial z}{\partial x}+y\dfrac{\partial z}{\partial y}=$ ________.

19. 设 $f(u,v)$ 是二元可微函数，$z=f\left(\dfrac{y}{x},\dfrac{x}{y}\right)$，则 $x\dfrac{\partial z}{\partial x}-y\dfrac{\partial z}{\partial y}=$ ________.

20. 设函数 $z=\left(1+\dfrac{x}{y}\right)^{\frac{x}{y}}$，则 $dz\Big|_{(1,1)}=$ ________.

21. 设可微函数 $f(x,y)$ 在点(x_0,y_0)取得极小值，则下列结论正确的是(　　).

(A) $f(x_0,y)$ 在 $y=y_0$ 处导数等于零　　(B) $f(x_0,y)$ 在 $y=y_0$ 处的导数大于零

(C) $f(x_0,y)$ 在 $y=y_0$ 处的导数小于零　　(D) $f(x,y_0)$ 在 $x=x_0$ 处的导数不存在

(E) $f(x,y_0)$ 在 $x=x_0$ 处的导数小于零

22. 设 $z=x^2-xy+y^2+9x-6y+20$，则下面结论正确的是(　　).

(A) 极大值为 $f(4,1)=63$　　(B) 极大值为 $f(0,0)=20$

(C) 极大值为 $f(-4,1)=-1$　　(D) 极小值为 $f(-4,1)=-1$

(E) 极小值为 $f(0,0)=20$

本章练习答案与解析

1.【解】　由 $f'_y(x,y)=\dfrac{2\sin(x-2y)\cos(x+y)+\cos(x-2y)\sin(x+y)}{[\cos(x+y)]^2}$，

得 $f'_y\left(\pi,\dfrac{\pi}{4}\right)=-2\sqrt{2}$.

2.【解】 方程两边同时关于 x 求偏导，得 $yz+xy\dfrac{\partial z}{\partial x}=\dfrac{1}{1+(x+y+z)^2}\left(1+\dfrac{\partial z}{\partial x}\right)$，

解得 $\dfrac{\partial z}{\partial x}=\dfrac{yz+yz(x+y+z)^2-1}{1-xy-xy(x+y+z)^2}$.

方程两边同时关于 y 求偏导，得

$xz+xy\dfrac{\partial z}{\partial y}=\dfrac{1}{1+(x+y+z)^2}\left(1+\dfrac{\partial z}{\partial y}\right)$，解得 $\dfrac{\partial z}{\partial y}=\dfrac{xz+xz(x+y+z)^2-1}{1-xy-xy(x+y+z)^2}$.

3.【解】 由 $1+\dfrac{\partial z}{\partial x}+yz+xy\dfrac{\partial z}{\partial x}=0$，可得 $\dfrac{\partial z}{\partial x}=-\dfrac{yz+1}{xy+1}$，所以 $\left.\dfrac{\partial z}{\partial x}\right|_{(0,1,-1)}=0$，

由 $1+\dfrac{\partial z}{\partial y}+xz+xy\dfrac{\partial z}{\partial y}=0$，可得 $\dfrac{\partial z}{\partial y}=-\dfrac{xz+1}{xy+1}$，所以 $\left.\dfrac{\partial z}{\partial y}\right|_{(0,1,-1)}=-1$，

所以由 $\dfrac{\partial \omega}{\partial x}=e^x yz^2+2e^x yzz'_x$，可得 $\left.\dfrac{\partial \omega}{\partial x}\right|_{(0,1,-1)}=1$，

由 $\dfrac{\partial \omega}{\partial y}=e^x z^2+2e^x yzz'_y$，可得 $\left.\dfrac{\partial \omega}{\partial y}\right|_{(0,1,-1)}=3$，

故 $\left.d\omega\right|_{(0,1,-1)}=dx+3dy$.

4.【答案】 (A)

【解析】 方程 $x+z=yf(x^2-z^2)$ 两边同时对 x 求导，得

$$1+\frac{\partial z}{\partial x}=yf'(x^2-z^2)\cdot\left(2x-2z\cdot\frac{\partial z}{\partial x}\right)\Rightarrow\frac{\partial z}{\partial x}=\frac{2xyf'(x^2-z^2)-1}{1+2yzf'(x^2-z^2)}.$$

方程 $x+z=yf(x^2-z^2)$ 两边同时对 y 求导，得

$$\frac{\partial z}{\partial y}=f(x^2-z^2)-2yzf'(x^2-z^2)\frac{\partial z}{\partial y}.$$

故 $z\dfrac{\partial z}{\partial x}+y\dfrac{\partial z}{\partial y}=\dfrac{2xyzf'(x^2-z^2)-z+yf(x^2-z^2)}{1+2yzf'(x^2-z^2)}=\dfrac{2xyzf'(x^2-z^2)+x}{1+2yzf'(x^2-z^2)}=x$.

5.【答案】 (C)

【解析】 令 $u=x+y,v=x-y$，则 $x=\dfrac{u+v}{2}$，$y=\dfrac{u-v}{2}$，所以 $f(u,v)=\dfrac{u^2+v^2}{2}$，

即 $f(x,y)=\dfrac{x^2+y^2}{2}$.

所以 $\dfrac{\partial f(x,y)}{\partial x}=x$，$\dfrac{\partial f(x,y)}{\partial y}=y$，

故 $\dfrac{\partial f(x,y)}{\partial x}+\dfrac{\partial f(x,y)}{\partial y}=x+y$，故选(C).

6.【解】 由 $xe^x=\tan t$，可得 $\dfrac{dx}{dt}=\dfrac{\sec^2 t}{(1+x)e^x}$，所以 $\left.\dfrac{dx}{dt}\right|_{t=0}=1$.

由 $y=\cos t$，可得 $\dfrac{dy}{dt}=-\sin t$，所以 $\left.\dfrac{dy}{dt}\right|_{t=0}=0$，所以 $\dfrac{dz}{dt}=\dfrac{dx}{dt}+\dfrac{dy}{dt}-e^x\dfrac{dx}{dt}$，所以 $\left.\dfrac{dz}{dt}\right|_{t=0}=0$.

7.【解】 $\dfrac{\partial z}{\partial x}=f'_1\cdot(x+y)'_x+f'_2\cdot(e^x\sin y)'_x=f'_1+f'_2\cdot(e^x\sin y)$，

$\dfrac{\partial z}{\partial y}=f'_1\cdot(x+y)'_y+f'_2\cdot(e^x\sin y)'_y=f'_1+f'_2\cdot(e^x\cos y)$.

8.【解】 由隐函数的存在定理，得 $\dfrac{\partial z}{\partial x}=-\dfrac{F'_x}{F'_z}=-\dfrac{F'_1-F'_3}{F'_3-F'_2}$，$\dfrac{\partial z}{\partial y}=-\dfrac{F'_y}{F'_z}=-\dfrac{F'_2-F'_1}{F'_3-F'_2}$，

$\mathrm{d}z=\left(-\dfrac{F'_1-F'_3}{F'_3-F'_2}\right)\mathrm{d}x+\left(-\dfrac{F'_2-F'_1}{F'_3-F'_2}\right)\mathrm{d}y.$

9.【答案】 1

【解析】 由隐函数的存在定理，得$\dfrac{\partial z}{\partial x}=-\dfrac{F'_x}{F'_z}=-\dfrac{F'_1}{-aF'_1-bF'_2}=\dfrac{F'_1}{aF'_1+bF'_2}$；

$\dfrac{\partial z}{\partial y}=-\dfrac{F'_y}{F'_z}=-\dfrac{F'_2}{-aF'_1-bF'_2}=\dfrac{F'_2}{aF'_1+bF'_2}$，即$a\dfrac{\partial z}{\partial x}+b\dfrac{\partial z}{\partial y}=1.$

10.【解】 令$x-y=u,\dfrac{y}{x}=v\Rightarrow x=\dfrac{u}{1-v},y=\dfrac{uv}{1-v}$，代入到$x^2-y^2$，得

$$f(u,v)=\left(\frac{u}{1-v}\right)^2-\left(\frac{uv}{1-v}\right)^2=\frac{u^2(1-v^2)}{(1-v)^2},$$

所以$f(x,y)=\dfrac{x^2(1-y^2)}{(1-y)^2}.$

11.【答案】 (D)

【解析】 多元函数的极值点在两种类型的点处取得：一种是两个一阶偏导数同时为零的点即驻点；一种是一阶偏导数至少有一个不存在的点；所以驻点是取得极值点的既非充分又非必要条件，应选择(D).

12.【答案】 (C)

【解析】 已知$f(x,x^2)=x^2\mathrm{e}^{-x}$，在等式左右两边同时关于$x$求导，得

$$f'_x(x,x^2)\Big|_{y=x^2}+f'_y(x,x^2)\Big|_{y=x^2}\cdot(2x)=2x\mathrm{e}^{-x}-x^2\mathrm{e}^{-x}.$$

因为$f'_x\Big|_{y=x^2}=-x^2\mathrm{e}^{-x}$故$f'_y(x,x^2)\Big|_{y=x^2}\cdot(2x)=2x\mathrm{e}^{-x}$，即$f'_y(x,x^2)\Big|_{y=x^2}=\mathrm{e}^{-x}$，选(C).

13.【解】 方程$z=\mathrm{e}^{2x-3z}+2y$两边同时对x,y求偏导，得

$\dfrac{\partial z}{\partial x}=\mathrm{e}^{2x-3z}\left(2-3\dfrac{\partial z}{\partial x}\right),\dfrac{\partial z}{\partial y}=\mathrm{e}^{2x-3z}\left(-3\dfrac{\partial z}{\partial y}\right)+2,$

整理得$\dfrac{\partial z}{\partial x}=\dfrac{2\mathrm{e}^{2x-3z}}{1+3\mathrm{e}^{2x-3z}},\dfrac{\partial z}{\partial y}=\dfrac{2}{1+3\mathrm{e}^{2x-3z}}$，则$3\dfrac{\partial z}{\partial x}+\dfrac{\partial z}{\partial y}=2.$

14.【解】 $\dfrac{\partial z}{\partial x}=f'_1\cdot(xy)'_x+f'_2\cdot\left(\dfrac{x}{y}\right)'_x=f'_1\cdot y+f'_2\cdot\dfrac{1}{y},$

$\dfrac{\partial z}{\partial y}=f'_1\cdot(xy)'_y+f'_2\cdot\left(\dfrac{x}{y}\right)'_y=f'_1\cdot x+f'_2\cdot\left(-\dfrac{x}{y^2}\right).$

15.【解】 令$F(x,y,z)=z-y-x+x\mathrm{e}^{z-y-x}$，则

$\dfrac{\partial z}{\partial x}=-\dfrac{F'_x}{F'_z}=-\dfrac{-1+\mathrm{e}^{z-y-x}(1-x)}{1+x\mathrm{e}^{z-y-x}}=\dfrac{1+(x-1)\mathrm{e}^{z-y-x}}{1+x\mathrm{e}^{z-y-x}},$

$\dfrac{\partial z}{\partial y}=-\dfrac{F'_y}{F'_z}=-\dfrac{-1-x\mathrm{e}^{z-y-x}}{1+x\mathrm{e}^{z-y-x}}=\dfrac{1+x\mathrm{e}^{z-y-x}}{1+x\mathrm{e}^{z-y-x}}=1.$

16.【解】 令$F(x,y,z)=z-\mathrm{e}^{2x-3z}-2y$，则

$\dfrac{\partial z}{\partial x}=-\dfrac{F'_x}{F'_z}=-\dfrac{-2\mathrm{e}^{2x-3z}}{1+3\mathrm{e}^{2x-3z}}=\dfrac{2\mathrm{e}^{2x-3z}}{1+3\mathrm{e}^{2x-3z}},\dfrac{\partial z}{\partial y}=-\dfrac{F'_y}{F'_z}=-\dfrac{-2}{1+3\mathrm{e}^{2x-3z}}=\dfrac{2}{1+3\mathrm{e}^{2x-3z}}.$

17.【答案】 (C)

【解】 $\dfrac{\partial z}{\partial x}=\dfrac{1}{x+y^2}+2^{xy}\cdot\ln 2\cdot y$，令$x=1,y=1$，得$\dfrac{\partial z}{\partial x}\Big|_{(1,1)}=\dfrac{1}{2}+2\ln 2$，所以应选(C).

18.【答案】 $2xyf\left(\dfrac{y}{x}\right)$

【解析】 考查抽象函数的偏导数.

令 $u=\frac{y}{x}$,则 $z=xyf(u)$,其中 $f(u)$ 为抽象函数,则有

$$\frac{\partial z}{\partial x}=yf(u)+xyf'(u)\frac{\partial u}{\partial x}=yf(u)+xyf'(u)\cdot\left(-\frac{y}{x^2}\right)=yf(u)-\frac{y^2}{x}f'(u),$$

$$\frac{\partial z}{\partial y}=xf(u)+xyf'(u)\frac{\partial u}{\partial y}=xf(u)+xyf'(u)\cdot\frac{1}{x}=xf(u)+yf'(u),$$

因此,$x\frac{\partial z}{\partial x}+y\frac{\partial z}{\partial y}=xyf(u)-y^2f'(u)+xyf(u)+y^2f'(u)=2xyf(u)=2xyf\left(\frac{y}{x}\right)$.

19.【答案】 $-2\left(\frac{y}{x}f'_1-\frac{x}{y}f'_2\right)$

【解析】 考查复合函数的偏导数.

$$\frac{\partial z}{\partial x}=f'_1\cdot\left(\frac{y}{x}\right)'_x+f'_2\cdot\left(\frac{x}{y}\right)'_x=-\frac{y}{x^2}f'_1+\frac{1}{y}f'_2,$$

$$\frac{\partial z}{\partial y}=f'_1\cdot\left(\frac{y}{x}\right)'_y+f'_2\cdot\left(\frac{x}{y}\right)'_y=\frac{1}{x}f'_1-\frac{x}{y^2}f'_2,$$

因此,$x\frac{\partial z}{\partial x}-y\frac{\partial z}{\partial y}=x\cdot\left(-\frac{y}{x^2}f'_1+\frac{1}{y}f'_2\right)-y\cdot\left(\frac{1}{x}f'_1-\frac{x}{y^2}f'_2\right)=-2\left(\frac{y}{x}f'_1-\frac{x}{y}f'_2\right)$.

20.【答案】 $\mathrm{d}z\Big|_{(1,1)}=(1+2\ln 2)(\mathrm{d}x-\mathrm{d}y)$

【解析】 对数求导法.

方程两边同时取对数,得 $\ln z=\frac{x}{y}\ln\left(1+\frac{x}{y}\right)$,再两边同时分别对 x,y 求导,可得

$$\frac{1}{z}\frac{\partial z}{\partial x}=\frac{1}{y}\left[\ln\left(1+\frac{x}{y}\right)+\frac{x}{x+y}\right],$$

$$\frac{1}{z}\frac{\partial z}{\partial y}=-\frac{x}{y^2}\left[\ln\left(1+\frac{x}{y}\right)+\frac{x}{x+y}\right].$$

令 $x=1,y=1$,得 $z=2$,且$\frac{\partial z}{\partial x}\Big|_{(1,1)}=2\ln 2+1$,$\frac{\partial z}{\partial y}\Big|_{(1,1)}=-(2\ln 2+1)$,

从而 $\mathrm{d}z\Big|_{(1,1)}=(1+2\ln 2)(\mathrm{d}x-\mathrm{d}y)$.

21.【答案】 (A)

【解析】 由函数 $f(x,y)$ 在点 (x_0,y_0) 处可微,知函数 $f(x,y)$ 在点 (x_0,y_0) 处的两个偏导数都存在,又由二元函数极值的必要条件即得 $f(x,y)$ 在点 (x_0,y_0) 处的两个偏导数都等于零,从而有

$$\frac{df(x_0,y)}{dy}\Big|_{y=y_0}=\frac{\partial f}{\partial y}\Big|_{(x_0,y_0)}=0,\text{故应选(A)}.$$

22.【答案】 (D)

【解析】 由$\begin{cases}z'_x=2x-y+9=0\\z'_y=-x+2y-6=0\end{cases}$,得驻点$(-4,1)$,而 $z''_{xx}=2,z''_{yy}=2,z''_{xy}=-1$,在$(-4,1)$处,$B^2-AC=-3<0$,且 $A=2>0$,故函数在点$(-4,1)$处取得极小值,且极小值为 $f(-4,1)=-1$,故选(D).

第二篇　线性代数

"线性代数"这门课的特点是：内容抽象，概念多，符号多，运算法则多，并且有的法则和大家习惯的数的运算法则有较大的反差，容易引起混淆. 内容上前后联系紧密，环环相扣，相互渗透，对于抽象性及逻辑性有较高的要求. 所以在学习的时候要注意多总结，把公式性质等记忆清楚. 在经济类专硕联考中所占的分值大约为14分，一般有4个考题(2个选择题，2个计算题). 考试中主要考查方向：线性方程组；向量的线性相关和线性无关；矩阵的基本运算. 所以这三方面的知识和所涉及的计算一定要熟练掌握. 396数学对于线性代数的考查只要求行列式、矩阵、向量和线性方程组. 本篇整体知识框架如下：

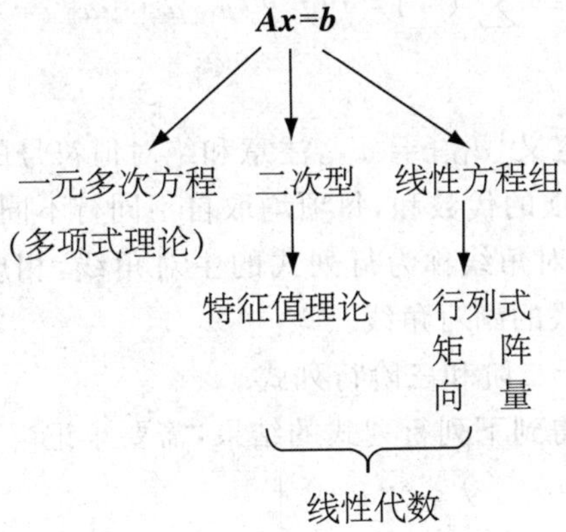

第一章　行列式

考点归纳

一、行列式的概念

1. 排列与逆序数

(1) 排列

把 n 个不同的元素排成一列，就叫作这 n 个元素的全排列，简称排列. 比如231645就是这6个元素的一个排列.

【注】 不同的 n 级排列共有 $n!$ 个.

(2) 逆序、逆序数、对换

在一个 n 级排列 $j_1, j_2, \cdots, j_n$ 中，若一对数 $j_s j_t$ 前大后小，即 $j_s > j_t$，则 $j_s j_t$ 构成了一个逆序. 一个排列中逆序的总数称为此排列的逆序数，记为 $\tau(j_1, j_2, \cdots, j_n)$. 如231645的逆序数为4，记作 $\tau(231645) = 4$，$\tau(123) = 0$.

排列 $j_1, j_2, \cdots, j_n$ 中，交换任两个数的位置，其余不变，则称对排列作了一次对换.

奇(偶)排列:排列的逆序数为奇(偶)数.

【注】 对换一次改变排列的奇偶性.如 $\tau(123)=0,\tau(321)=3$.

2. n 阶行列式的定义

二阶行列式:$\begin{vmatrix} a_{11} & a_{12} \\ a_{21} & a_{22} \end{vmatrix} = a_{11}a_{22}-a_{12}a_{21}$.

推广到三阶行列式:

$$\begin{vmatrix} a_{11} & a_{12} & a_{13} \\ a_{21} & a_{22} & a_{23} \\ a_{31} & a_{32} & a_{33} \end{vmatrix} = a_{11}a_{22}a_{33}+a_{12}a_{23}a_{31}+a_{13}a_{21}a_{32}-a_{13}a_{22}a_{31}-a_{12}a_{21}a_{33}-a_{11}a_{23}a_{32}.$$

n 阶行列式的定义:

$$D_n=\begin{vmatrix} a_{11} & a_{12} & \cdots & a_{1n} \\ a_{21} & a_{22} & \cdots & a_{2n} \\ \vdots & \vdots & & \vdots \\ a_{n1} & a_{n2} & \cdots & a_{nn} \end{vmatrix} = \sum (-1)^{\tau(j_1,j_2,\cdots,j_n)} a_{1j_1}a_{2j_2}\cdots a_{nj_n} = \sum (-1)^{\tau(i_1,i_2,\cdots,i_n)} a_{i_1 1}a_{i_2 2}\cdots a_{i_n n}.$$

【注】 (1) 当 $n=1$ 时,定义 $|a_{11}|=a_{11}$,注意和绝对值符号的区别.

(2) D_n 是一个数值,是 $n!$ 项的代数和,每项均取自不同行不同列的 n 个元素的乘积.

(3) $a_{11},a_{22},\cdots,a_{nn}$ 所在的对角线称为行列式的主对角线,相应的 $a_{11},a_{22},\cdots,a_{nn}$ 称为主对角元,另一条对角线称为行列式的副对角线.

(4) 对角线法则:仅适用于二阶和三阶行列式.

利用行列式的定义,可以得到下列行列式的结果,需要牢记.

① 下三角行列式 $D_n=\begin{vmatrix} a_{11} & 0 & \cdots & 0 \\ a_{21} & a_{22} & \cdots & 0 \\ \vdots & \vdots & & \vdots \\ a_{n1} & a_{n2} & \cdots & a_{nn} \end{vmatrix} = a_{11}a_{12}\cdots a_{nn}$.

② 上三角行列式 $D_n=\begin{vmatrix} a_{11} & a_{12} & \cdots & a_{1n} \\ 0 & a_{22} & \cdots & a_{2n} \\ \vdots & \vdots & & \vdots \\ 0 & 0 & \cdots & a_{nn} \end{vmatrix} = a_{11}a_{22}\cdots a_{nn}$.

③ $D_n=\begin{vmatrix} a_{11} & a_{12} & \cdots & a_{1n} \\ a_{21} & a_{22} & \cdots & 0 \\ \vdots & \vdots & \ddots & \vdots \\ a_{n1} & 0 & \cdots & 0 \end{vmatrix} = (-1)^{\frac{n(n-1)}{2}} a_{1n}a_{2n-1}\cdots a_{n1}$.

④ $\begin{vmatrix} \lambda_1 & & & \\ & \lambda_2 & & \\ & & \ddots & \\ & & & \lambda_n \end{vmatrix} = \lambda_1\lambda_2\cdots\lambda_n$,$\begin{vmatrix} & & & \lambda_1 \\ & & \lambda_2 & \\ & ⋰ & & \\ \lambda_n & & & \end{vmatrix} = (-1)^{\frac{n(n-1)}{2}}\lambda_1\lambda_2\cdots\lambda_n$.

二、行列式性质

1. 性质1 行列式的行与列(按原顺序)互换,(互换后的行列式叫做行列式的转置)其值不变,即

$$\begin{vmatrix} a_{11} & a_{12} & \cdots & a_{1n} \\ a_{21} & a_{22} & \cdots & a_{2n} \\ \vdots & \vdots & & \vdots \\ a_{n1} & a_{n2} & \cdots & a_{nn} \end{vmatrix} = \begin{vmatrix} a_{11} & a_{21} & \cdots & a_{n1} \\ a_{12} & a_{22} & \cdots & a_{n2} \\ \vdots & \vdots & & \vdots \\ a_{1n} & a_{2n} & \cdots & a_{nn} \end{vmatrix}.$$

2. 性质 2(线性性质)

(1) 行列式的某行(或列) 元素都乘 k,则等于行列式的值乘 k.

$$\begin{vmatrix} a_{11} & a_{12} & \cdots & a_{1n} \\ \vdots & \vdots & & \vdots \\ ka_{i1} & ka_{i2} & \cdots & ka_{in} \\ \vdots & \vdots & & \vdots \\ a_{n1} & a_{n2} & \cdots & a_{nn} \end{vmatrix} = k\begin{vmatrix} a_{11} & a_{12} & \cdots & a_{1n} \\ \vdots & \vdots & & \vdots \\ a_{i1} & a_{i2} & \cdots & a_{in} \\ \vdots & \vdots & & \vdots \\ a_{n1} & a_{n2} & \cdots & a_{nn} \end{vmatrix}.$$

(2) 如果行列式某行(或列) 元素皆为两数之和,则其行列式等于两个行列式之和.

$$\begin{vmatrix} a_{11} & a_{12} & \cdots & a_{1n} \\ \vdots & \vdots & & \vdots \\ a_{i1}+b_{i1} & a_{i2}+b_{i2} & \cdots & a_{in}+b_{in} \\ \vdots & \vdots & & \vdots \\ a_{n1} & a_{n2} & \cdots & a_{nn} \end{vmatrix} = \begin{vmatrix} a_{11} & a_{12} & \cdots & a_{1n} \\ \vdots & \vdots & & \vdots \\ a_{i1} & a_{i2} & \cdots & a_{in} \\ \vdots & \vdots & & \vdots \\ a_{n1} & a_{n2} & \cdots & a_{nn} \end{vmatrix} + \begin{vmatrix} a_{11} & a_{12} & \cdots & a_{1n} \\ \vdots & \vdots & & \vdots \\ b_{i1} & b_{i2} & \cdots & b_{in} \\ \vdots & \vdots & & \vdots \\ a_{n1} & a_{n2} & \cdots & a_{nn} \end{vmatrix}.$$

【注】 1) 某行元素全为零的行列式其值为零.

2) 特别地,$\begin{vmatrix} a_1+b_1 & a_2+b_2 \\ a_3+b_3 & a_4+b_4 \end{vmatrix} = \begin{vmatrix} a_1 & a_2 \\ a_3+b_3 & a_4+b_4 \end{vmatrix} + \begin{vmatrix} b_1 & b_2 \\ a_3+b_3 & a_4+b_4 \end{vmatrix}$

$$= \begin{vmatrix} a_1 & a_2 \\ a_3 & a_4 \end{vmatrix} + \begin{vmatrix} a_1 & a_2 \\ b_3 & b_4 \end{vmatrix} + \begin{vmatrix} b_1 & b_2 \\ a_3 & a_4 \end{vmatrix} + \begin{vmatrix} b_1 & b_2 \\ b_3 & b_4 \end{vmatrix}.$$

3. 性质 3(反对称性质)　行列式的两行对换,行列式的值反号.

$$\begin{vmatrix} a_{11} & a_{12} & \cdots & a_{1n} \\ \vdots & \vdots & & \vdots \\ a_{i1} & a_{i2} & \cdots & a_{in} \\ \vdots & \vdots & & \vdots \\ a_{j1} & a_{j2} & \cdots & a_{jn} \\ \vdots & \vdots & & \vdots \\ a_{n1} & a_{n2} & \cdots & a_{nn} \end{vmatrix} = -\begin{vmatrix} a_{11} & a_{12} & \cdots & a_{1n} \\ \vdots & \vdots & & \vdots \\ a_{j1} & a_{j2} & \cdots & a_{jn} \\ \vdots & \vdots & & \vdots \\ a_{i1} & a_{i2} & \cdots & a_{in} \\ \vdots & \vdots & & \vdots \\ a_{n1} & a_{n2} & \cdots & a_{nn} \end{vmatrix}.$$

【注】 行列式中两行对应元素全相等,其值为零,即当 $a_{il}=a_{jl}(i \neq j, l=1,\cdots,n)$ 时,有

$$\begin{vmatrix} a_{11} & a_{12} & \cdots & a_{1n} \\ \vdots & \vdots & & \vdots \\ a_{i1} & a_{i2} & \cdots & a_{in} \\ \vdots & \vdots & & \vdots \\ a_{j1} & a_{j2} & \cdots & a_{jn} \\ \vdots & \vdots & & \vdots \\ a_{n1} & a_{n2} & \cdots & a_{nn} \end{vmatrix} = 0.$$

4. 性质 4(三角形法的基础)　在行列式中,把某行各元素分别乘非零常数 k,再加到另一行

的对应元素上，行列式的值不变(简称：对行列式做倍加行变换，其值不变)，即

$$\begin{vmatrix} a_{11} & a_{12} & \cdots & a_{1n} \\ \vdots & \vdots & & \vdots \\ a_{i1} & a_{i2} & \cdots & a_{in} \\ \vdots & \vdots & & \vdots \\ a_{j1} & a_{j2} & \cdots & a_{jn} \\ \vdots & \vdots & & \vdots \\ a_{n1} & a_{n2} & \cdots & a_{nn} \end{vmatrix} = \begin{vmatrix} a_{11} & a_{12} & \cdots & a_{1n} \\ \vdots & \vdots & & \vdots \\ a_{i1} & a_{i2} & \cdots & a_{in} \\ \vdots & \vdots & & \vdots \\ ka_{i1}+a_{j1} & ka_{i2}+a_{j2} & \cdots & ka_{in}+a_{jn} \\ \vdots & \vdots & & \vdots \\ a_{n1} & a_{n2} & \cdots & a_{nn} \end{vmatrix}$$

【注】 (1) 行列式中两行对应元素成比例其值为零.

(2) 把行列式的某一行(列)的各元素乘以同一数 k 后加到自身这一行(列)，行列式的结果是原行列式的 $k+1$ 倍.

三、行列式的展开定理(降阶法的基础)

1. 余子式与代数余子式

$A_{ij}=(-1)^{i+j}M_{ij}$，其中 M_{ij} 是 D 中去掉 a_{ij} 所在的第 i 行第 j 列全部元素后，按原顺序排成的 $n-1$ 阶行列式，称为元素 a_{ij} 的余子式，A_{ij} 为元素 a_{ij} 的代数余子式.

【注】 (1) 余子式和代数余子式都是比原行列式低一阶的行列式，其值只与 a_{ij} 的位置有关，而与 a_{ij} 的取值无关. 如 $\begin{vmatrix} a_{11} & a_{12} & a_{13} \\ a_{21} & a_{22} & a_{23} \\ a_{31} & a_{32} & a_{33} \end{vmatrix}$，$\begin{vmatrix} a_{11} & 0 & a_{13} \\ a_{21} & a_{22} & a_{23} \\ a_{31} & a_{32} & a_{33} \end{vmatrix}$，$a_{12}$ 与 0 的余子式与代数余子式是相等的.

(2) M_{ij}，A_{ij} 最多差一个符号.

2. 行列式的展开定理

行列式对任一行(列)按下式展开，其值相等，即

$$D=a_{i1}A_{i1}+a_{i2}A_{i2}+\cdots+a_{in}A_{in}=\sum_{j=1}^{n}a_{ij}A_{ij}=a_{1j}A_{1j}+a_{2j}A_{2j}+\cdots+a_{nj}A_{nj}=\sum_{i=1}^{n}a_{ij}A_{ij}.$$

【注】 (1) 运用展开定理降阶时，一般应先用性质化某行(或列)只剩一个非零元.

(2) 行列式某一行(或列)的元素乘另一行(或列)对应元素的代数余子式之和等于零，即 $\sum_{k=1}^{n}a_{ik}A_{jk}=a_{i1}A_{j1}+a_{i2}A_{j2}+\cdots+a_{in}A_{jn}=0(i\neq j)$.

四、克拉默法则

设线性非齐次方程组 $\begin{cases} a_{11}x_1+a_{12}x_2+\cdots+a_{1n}x_n=b_1, \\ a_{21}x_1+a_{22}x_2+\cdots+a_{2n}x_n=b_2, \\ \cdots \\ a_{n1}x_1+a_{n2}x_2+\cdots+a_{nn}x_n=b_n \end{cases}$ (Ⅰ) 或简记为 $\sum_{j=1}^{n}a_{ij}x_j=b_i$，$(i=1,\cdots n)$，其系数行列式 $D=\begin{vmatrix} a_{11} & a_{12} & \cdots & a_{1n} \\ a_{21} & a_{22} & \cdots & a_{2n} \\ \vdots & \vdots & & \vdots \\ a_{n1} & a_{n2} & \cdots & a_{nn} \end{vmatrix}\neq 0$，则方程组(Ⅰ)有唯一解 $x_j=\dfrac{D_j}{D}$，$j=1,2,\cdots,n$，其中 D_j 是用常数项 $(b_1,b_2,\cdots,b_n)^T$ 替换 D 第 j 列所成的行列式，即

$$D_j=\begin{vmatrix} a_{11} & \cdots & a_{1j-1} & b_1 & a_{1j+1} & \cdots & a_{1n} \\ a_{21} & \cdots & a_{2j-1} & b_2 & a_{2j+1} & \cdots & a_{2n} \\ \vdots & & \vdots & \vdots & \vdots & & \vdots \\ a_{n1} & \cdots & a_{nj-1} & b_n & a_{nj+1} & \cdots & a_{nn} \end{vmatrix}.$$

【注】 (1) 若非齐次方程组无解(或有无穷多解),则 $D=0$;

(2) 齐次线性方程组 $\begin{cases} a_{11}x_1+a_{12}x_2+\cdots+a_{1n}x_n=0, \\ a_{21}x_1+a_{22}x_2+\cdots+a_{2n}x_n=0, \\ \cdots \\ a_{n1}x_1+a_{n2}x_2+\cdots+a_{nn}x_n=0 \end{cases}$ 只有零解(有非零解)的充要条件是 $D\neq 0\,(D=0)$.

重要题型

题型一　数字型行列式的计算

【题型方法分析】

数字型行列式的计算方法:

(1) 定义法,计算量较大,只适用于零元素较多的行列式;

(2) 对角线法,适用于二阶、三阶行列式;

(3) 一般数字型行列式先利用性质化简,再用展开定理展开;

(4) 三角行列式、对角行列式直接使用结论;

(5)"两线一星形"行列式的计算方法:

形如

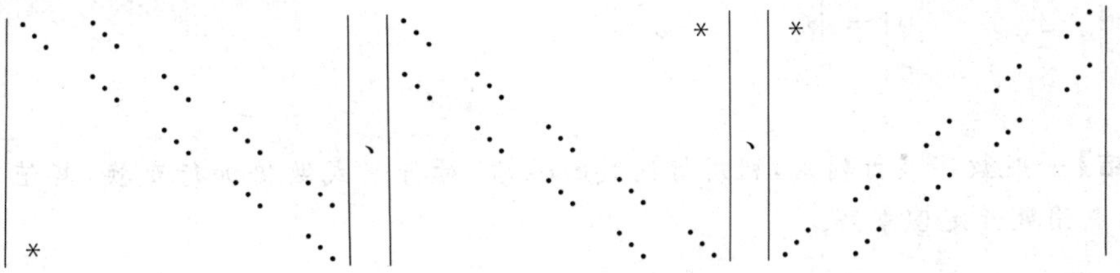

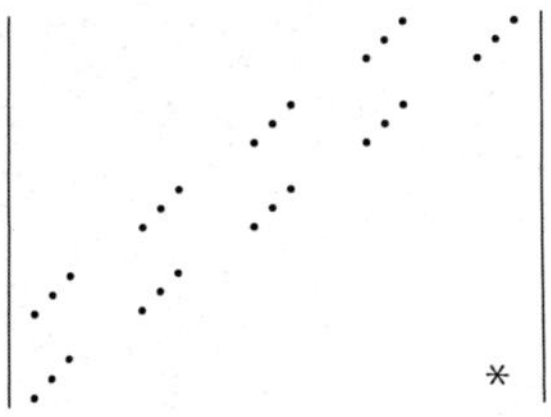

的行列式称为"两线一星形"行列式,可直接按照"星"所在的行(或列)展开,利用行列式按行(或列)展开定理进行计算.

(6)"爪形"行列式的计算方法:

形如

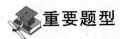

的行列式称为"爪形"行列式,其特点是只有三条线上的元素不为零,其余元素均为零. 对于"爪形"行列式,可利用主(或副)对角线上的元素把非零行(或列)中的非零元素化为零,从而化为上(下)三角行列式进行计算.

(7)“三对角形”行列式的计算方法：

形如 $\begin{vmatrix} \ddots & \ddots & & \\ \ddots & \ddots & \ddots & \\ & \ddots & \ddots & \ddots \\ & & \ddots & \ddots \end{vmatrix}$、$\begin{vmatrix} & & \cdot^{\cdot^{\cdot}} & \cdot^{\cdot^{\cdot}} \\ & \cdot^{\cdot^{\cdot}} & \cdot^{\cdot^{\cdot}} & \cdot^{\cdot^{\cdot}} \\ \cdot^{\cdot^{\cdot}} & \cdot^{\cdot^{\cdot}} & \cdot^{\cdot^{\cdot}} & \\ \cdot^{\cdot^{\cdot}} & \cdot^{\cdot^{\cdot}} & & \end{vmatrix}$ 的行列式称为“三对角形”行列式.“三对角形”行列式的特点是沿主(或副)对角线方向三条线上元素不为零,且每一条线上的元素为同一个数(或字母),其余元素均为零.对于这类“三对角形”行列式通常可用递推法进行求解.

(8) 范德蒙行列式

$$\begin{vmatrix} 1 & 1 & \cdots & 1 \\ x_1 & x_2 & \cdots & x_n \\ x_1^2 & x_2^2 & \cdots & x_n^2 \\ \vdots & \vdots & & \vdots \\ x_1^{n-1} & x_2^{n-1} & \cdots & x_n^{n-1} \end{vmatrix} = \begin{vmatrix} 1 & x_1 & \cdots & x_1^{n-1} \\ 1 & x_2 & \cdots & x_2^{n-1} \\ 1 & x_3 & \cdots & x_3^{n-1} \\ \vdots & \vdots & & \vdots \\ 1 & x_n & \cdots & x_n^{n-1} \end{vmatrix}$$

$$= (x_2-x_1)(x_3-x_1)\cdots(x_n-x_1)(x_3-x_2)\cdots(x_n-x_{n-1})$$

$$= \prod_{1\leqslant j<i\leqslant n}(x_i-x_j).$$

(9) 行和相等的行列式加列,列和相等的行列式加行.

例 1.1 计算行列式 $\begin{vmatrix} 1 & 0 & 1 \\ 2 & 1 & 0 \\ -3 & 2 & -5 \end{vmatrix}$ 的值.

【解】 $\begin{vmatrix} 1 & 0 & 1 \\ 2 & 1 & 0 \\ -3 & 2 & -5 \end{vmatrix} = \begin{vmatrix} 1 & 0 & 1 \\ 0 & 1 & -2 \\ 0 & 2 & -2 \end{vmatrix} = 2.$

【总结】 一般数字型行列式,利用行列式的性质“对行列式做倍加行变换,其值不变”,然后利用展开定理求解.

例 1.2 行列式 $D = \begin{vmatrix} 9 & 8 & 7 & 6 \\ 1 & 2^2 & 3^2 & 4^2 \\ 1 & 2^3 & 3^3 & 4^3 \\ 1 & 2 & 3 & 4 \end{vmatrix} =$ ______.

【答案】 120.

【解析】 将行列式第四行加到第一行上,可提出公因子 10,再将第四行逐行交换至第二行,得

$$D = 10\begin{vmatrix} 1 & 1 & 1 & 1 \\ 1 & 2^2 & 3^2 & 4^2 \\ 1 & 2^3 & 3^3 & 4^3 \\ 1 & 2 & 3 & 4 \end{vmatrix} = 10\begin{vmatrix} 1 & 1 & 1 & 1 \\ 1 & 2 & 3 & 4 \\ 1 & 2^2 & 3^2 & 4^2 \\ 1 & 2^3 & 3^3 & 4^3 \end{vmatrix}$$

$$= 10\times(2-1)\times(3-1)\times(4-1)\times(3-2)\times(4-2)\times(4-3) = 120.$$

【总结】利用行列式的性质"对行列式做倍加行变换，其值不变"，"行列式的某行(或列)元素都乘k，则等于行列式的值也乘k"，最后利用范德蒙行列式计算，范德蒙行列式是一种特殊类型的行列式，但396数学的往年真题中并未直接考查，故考生记住范德蒙行列式的结论即可.

例 1.3 $\begin{vmatrix} 0 & 1 & 1 & \cdots & 1 \\ 1 & 0 & 1 & \cdots & 1 \\ 1 & 1 & 0 & \cdots & 1 \\ \vdots & \vdots & \vdots & & \vdots \\ 1 & 1 & 1 & \cdots & 0 \end{vmatrix} = (\quad)$.

(A) $(-1)^{n-1}(n-1)$　　(B) $(-1)^{2n-1}(n-1)$

(C) $(-1)^{n}(n-1)$　　(D) $n-1$

(E) $(-1)^{n-1}(n+1)$

【答案】(A)

【解析】原式 $\xlongequal{2,3,\cdots,n\text{ 列加到第 1 列上}} \begin{vmatrix} n-1 & 1 & 1 & \cdots & 1 \\ n-1 & 0 & 1 & \cdots & 1 \\ n-1 & 1 & 0 & \cdots & 1 \\ \vdots & \vdots & \vdots & & \vdots \\ n-1 & 1 & 1 & \cdots & 0 \end{vmatrix} = (n-1)\begin{vmatrix} 1 & 1 & 1 & \cdots & 1 \\ 1 & 0 & 1 & \cdots & 1 \\ 1 & 1 & 0 & \cdots & 1 \\ \vdots & \vdots & \vdots & & \vdots \\ 1 & 1 & 1 & \cdots & 0 \end{vmatrix}$

$$\xlongequal{2,3,\cdots,n\text{ 行}+(1)\text{ 行}\times(-1)} (n-1)\begin{vmatrix} 1 & 1 & 1 & \cdots & 1 \\ 0 & -1 & 0 & \cdots & 0 \\ 0 & 0 & -1 & \cdots & 0 \\ & \cdots & \cdots & \cdots & \cdots \\ 0 & 0 & 0 & \cdots & -1 \end{vmatrix} = (-1)^{n-1}(n-1)\text{，所以选(A)}.$$

【总结】行和相等的行列式，采用的方法是"加列"，然后提取公因式，再化简成三角形行列式，利用公式求解；列和相等的行列式，采用的方法是"加行"，其余步骤同上.

例 1.4　计算 $\begin{vmatrix} b & c & a \\ \frac{b+c}{2} & \frac{c+d}{2} & \frac{a+b}{2} \\ c & d & b \end{vmatrix}$.

【解】　原式 $= \begin{vmatrix} b & c & a \\ \frac{b}{2} & \frac{c}{2} & \frac{a}{2} \\ c & d & b \end{vmatrix} + \begin{vmatrix} b & c & a \\ \frac{c}{2} & \frac{d}{2} & \frac{b}{2} \\ c & d & b \end{vmatrix} = 0 + 0 = 0.$

【总结】利用行列式的性质"如果行列式某行(或列)元素皆为两数之和，则其行列式等于两个行列式之和".对于利用行列式的性质和展开定理计算行列式的方法要熟练掌握.

题型二　抽象型行列式的计算

【题型方法分析】

对于抽象的行列式，主要计算方法有综合运用行列式、矩阵和向量等的运算性质对抽象行列式作恒等变形. 在计算过程中要注意行列式、矩阵运算的差别.

相关公式：

(1) 设 $\boldsymbol{A}$ 为 n 阶矩阵，则

$$|k\boldsymbol{A}|=k^n|\boldsymbol{A}|,\qquad |\boldsymbol{AB}|=|\boldsymbol{A}||\boldsymbol{B}|,\qquad |\boldsymbol{A}^k|=|\boldsymbol{A}|^k,$$

$$|\boldsymbol{A}^{\mathrm{T}}|=|\boldsymbol{A}|,\qquad |\boldsymbol{A}^{-1}|=\frac{1}{|\boldsymbol{A}|}(\boldsymbol{A}\text{ 可逆}),\qquad |\boldsymbol{A}^*|=|\boldsymbol{A}|^{n-1},$$

$$|\boldsymbol{A}^{\mathrm{T}}+\boldsymbol{B}^{\mathrm{T}}|=|(\boldsymbol{A}+\boldsymbol{B})^{\mathrm{T}}|=|\boldsymbol{A}+\boldsymbol{B}|.$$

(2) 设 $\boldsymbol{A},\boldsymbol{B}$ 为方阵，则

$$\begin{vmatrix}\boldsymbol{A}&\boldsymbol{O}\\\boldsymbol{O}&\boldsymbol{B}\end{vmatrix}=\begin{vmatrix}\boldsymbol{A}&\boldsymbol{O}\\\boldsymbol{C}&\boldsymbol{B}\end{vmatrix}=\begin{vmatrix}\boldsymbol{A}&\boldsymbol{C}\\\boldsymbol{O}&\boldsymbol{B}\end{vmatrix}=|\boldsymbol{A}||\boldsymbol{B}|,$$

$$\begin{vmatrix}\boldsymbol{O}&\boldsymbol{A}_m\\\boldsymbol{B}_n&\boldsymbol{O}\end{vmatrix}=\begin{vmatrix}\boldsymbol{C}&\boldsymbol{A}_m\\\boldsymbol{B}_n&\boldsymbol{O}\end{vmatrix}=\begin{vmatrix}\boldsymbol{O}&\boldsymbol{A}_m\\\boldsymbol{B}_n&\boldsymbol{C}\end{vmatrix}=(-1)^{mn}|\boldsymbol{A}_m||\boldsymbol{B}_n|.$$

例 1.5　设 $\boldsymbol{A}$ 是 n 阶可逆矩阵，$\boldsymbol{A}^*$ 是 $\boldsymbol{A}$ 的伴随矩阵，则（　　）.

(A) $|\boldsymbol{A}^*|=|\boldsymbol{A}|^{n-1}$　　(B) $|\boldsymbol{A}^*|=|\boldsymbol{A}|$

(C) $|\boldsymbol{A}^*|=|\boldsymbol{A}|^n$　　(D) $|\boldsymbol{A}^*|=|\boldsymbol{A}^{-1}|$

(E) $|\boldsymbol{A}^*|=|\boldsymbol{A}|^{n+1}$

【答案】　(A)

【解析】　伴随矩阵基本关系式 $\boldsymbol{A}^*\boldsymbol{A}=\boldsymbol{AA}^*=|\boldsymbol{A}|\boldsymbol{E}$，两端取行列式，有

$$|\boldsymbol{A}^*||\boldsymbol{A}|=||\boldsymbol{A}|\boldsymbol{E}|=|\boldsymbol{A}|^n|\boldsymbol{E}|=|\boldsymbol{A}|^n,$$

由 $\boldsymbol{A}$ 可逆，$|\boldsymbol{A}|\neq 0$，故 $|\boldsymbol{A}^*|=|\boldsymbol{A}|^{n-1}$. 应选(A).

【总结】 记住公式 $|\boldsymbol{A}^*|=|\boldsymbol{A}|^{n-1}$ 是常见结论，对于 396 的考生的要求就是识记，理论推导无须掌握.

例 1.6　设 $\boldsymbol{A}$、$\boldsymbol{B}$ 均为 n 阶矩阵，$|\boldsymbol{A}|=2$，$|\boldsymbol{B}|=-3$，计算 $|2\boldsymbol{A}^*\boldsymbol{B}^{-1}|$.

【解】　$|2\boldsymbol{A}^*\boldsymbol{B}^{-1}|=2^n|\boldsymbol{A}^*||\boldsymbol{B}^{-1}|=2^n|\boldsymbol{A}|^{n-1}\dfrac{1}{|\boldsymbol{B}|}=2^n\cdot 2^{n-1}\cdot\dfrac{1}{-3}=-\dfrac{2^{2n-1}}{3}$.

【总结】 方阵乘积的行列式等于行列式乘积，直接展开计算即可.

例 1.7　设 n 阶方阵 $\boldsymbol{A}$ 与 $\boldsymbol{B}$ 等价，则（　　）.

(A) $|\boldsymbol{A}|=|\boldsymbol{B}|$　　(B) $|\boldsymbol{A}|\neq|\boldsymbol{B}|$

(C) 若 $|\boldsymbol{A}|\neq 0$，则 $|\boldsymbol{B}|\neq 0$　　(D) $|\boldsymbol{A}|=-|\boldsymbol{B}|$

(E) $|\boldsymbol{A}|=(-1)^n\cdot|\boldsymbol{B}|$

【答案】　(C)

【解析】　因 $\boldsymbol{A}$ 与 $\boldsymbol{B}$ 等价，故存在可逆矩阵 $\boldsymbol{P},\boldsymbol{Q}$，使 $\boldsymbol{B}=\boldsymbol{PAQ}$，则 $|\boldsymbol{B}|=|\boldsymbol{P}||\boldsymbol{A}||\boldsymbol{Q}|$，因 $|\boldsymbol{A}|\neq 0$，$|\boldsymbol{P}|\neq 0$，$|\boldsymbol{Q}|\neq 0$，故 $|\boldsymbol{B}|\neq 0$，选(C).

【总结】 两个矩阵等价，则其行列式要么同为零，要么同时非零.

例 1.8　设 $\boldsymbol{A}$ 和 $\boldsymbol{B}$ 均为 $n\times n$ 矩阵,则必有(　).

(A) $|\boldsymbol{A}+\boldsymbol{B}|=|\boldsymbol{A}|+|\boldsymbol{B}|$　　(B) $\boldsymbol{AB}=\boldsymbol{BA}$

(C) $|\boldsymbol{AB}|=|\boldsymbol{BA}|$　　(D) $(\boldsymbol{A}+\boldsymbol{B})^{-1}=\boldsymbol{A}^{-1}+\boldsymbol{B}^{-1}$

(E) $(\boldsymbol{A}+\boldsymbol{B})^{*}=\boldsymbol{A}^{*}+\boldsymbol{B}^{*}$

【答案】 (C)

【解析】 行列式性质:当行列式的一行(列)是两个数的和时,可把行列式该行(列)拆开成两个行列式之和,拆开时其他各行(列)均保持不变.对于行列式的这一性质应当正确理解.

因此,若要拆开 n 阶行列式 $|\boldsymbol{A}+\boldsymbol{B}|$,则应当是 2^n 个 n 阶行列式的和,所以(A)错误.矩阵的运算是表格的运算,它不同于数字运算,矩阵乘法没有交换律,故(B)不正确.

若 $\boldsymbol{A}=\begin{pmatrix}1&0\\0&1\end{pmatrix}$,$\boldsymbol{B}=\begin{pmatrix}1&0\\0&2\end{pmatrix}$,则

$$(\boldsymbol{A}+\boldsymbol{B})^{-1}=\begin{pmatrix}2&0\\0&3\end{pmatrix}^{-1}=\begin{pmatrix}\frac{1}{2}&0\\0&\frac{1}{3}\end{pmatrix},\boldsymbol{A}^{-1}+\boldsymbol{B}^{-1}=\begin{pmatrix}1&0\\0&1\end{pmatrix}+\begin{pmatrix}1&0\\0&\frac{1}{2}\end{pmatrix}=\begin{pmatrix}2&0\\0&\frac{3}{2}\end{pmatrix}.$$

而且 $(\boldsymbol{A}+\boldsymbol{B})^{-1}$ 存在时,不一定 $\boldsymbol{A}^{-1}$,$\boldsymbol{B}^{-1}$ 都存在,所以选项(D)是错误的.

由行列式乘法公式 $|\boldsymbol{AB}|=|\boldsymbol{A}|\cdot|\boldsymbol{B}|=|\boldsymbol{B}|\cdot|\boldsymbol{A}|=|\boldsymbol{BA}|$ 知(C)正确.

注意行列式是数,故恒有 $|\boldsymbol{A}|\cdot|\boldsymbol{B}|=|\boldsymbol{B}|\cdot|\boldsymbol{A}|$,而矩阵则不行.

【总结】$\boldsymbol{A}$ 和 $\boldsymbol{B}$ 均为 $n\times n$ 矩阵,$\boldsymbol{AB}\neq\boldsymbol{BA}$,但 $|\boldsymbol{AB}|=|\boldsymbol{BA}|$.

例 1.9　设四阶矩阵 $\boldsymbol{A}=(\boldsymbol{\alpha},\boldsymbol{\gamma}_1,\boldsymbol{\gamma}_2,\boldsymbol{\gamma}_3)$,$\boldsymbol{B}=(\boldsymbol{\beta},\boldsymbol{\gamma}_1,\boldsymbol{\gamma}_2,\boldsymbol{\gamma}_3)$,其中 $\boldsymbol{\alpha},\boldsymbol{\beta},\boldsymbol{\gamma}_1,\boldsymbol{\gamma}_2,\boldsymbol{\gamma}_3$ 均为 4 维列向量,且 $|\boldsymbol{A}|=4$,$|\boldsymbol{B}|=-2$,则计算 $|\boldsymbol{A}+2\boldsymbol{B}|$.

【解】 因为 $\boldsymbol{A}+2\boldsymbol{B}=(\boldsymbol{\alpha},\boldsymbol{\gamma}_1,\boldsymbol{\gamma}_2,\boldsymbol{\gamma}_3)+(2\boldsymbol{\beta},2\boldsymbol{\gamma}_1,2\boldsymbol{\gamma}_2,2\boldsymbol{\gamma}_3)=(\boldsymbol{\alpha}+2\boldsymbol{\beta},3\boldsymbol{\gamma}_1,3\boldsymbol{\gamma}_2,3\boldsymbol{\gamma}_3)$,故有

$$\begin{aligned}|\boldsymbol{A}+2\boldsymbol{B}|&=|\boldsymbol{\alpha}+2\boldsymbol{\beta},3\boldsymbol{\gamma}_1,3\boldsymbol{\gamma}_2,3\boldsymbol{\gamma}_3|=27|\boldsymbol{\alpha}+2\boldsymbol{\beta},\boldsymbol{\gamma}_1,\boldsymbol{\gamma}_2,\boldsymbol{\gamma}_3|\\&=27(|\boldsymbol{\alpha},\boldsymbol{\gamma}_1,\boldsymbol{\gamma}_2,\boldsymbol{\gamma}_3|+2|\boldsymbol{\beta},\boldsymbol{\gamma}_1,\boldsymbol{\gamma}_2,\boldsymbol{\gamma}_3|)\\&=27(|\boldsymbol{A}|+2|\boldsymbol{B}|)=0.\end{aligned}$$

【总结】注意行列式加法和矩阵加法的区别:行列式的加法是某行(列)进行求和,其余行(列)不变;矩阵加法是对应每项求和.

例 1.10　设 $\boldsymbol{A}$ 为 3 阶矩阵,且 $|\boldsymbol{A}|=-2$,则 $\left|\left(\frac{1}{12}\boldsymbol{A}\right)^{-1}+(3\boldsymbol{A})^{*}\right|=$ ________.

【答案】 108

【解析】 由公式 $(k\boldsymbol{A})^{-1}=\frac{1}{k}\boldsymbol{A}^{-1}$ 及 $\boldsymbol{A}^{*}=|\boldsymbol{A}|\boldsymbol{A}^{-1}$,有 $\left(\frac{1}{12}\boldsymbol{A}\right)^{-1}=12\boldsymbol{A}^{-1}$.

$$(3\boldsymbol{A}^{*})=|3\boldsymbol{A}|(3\boldsymbol{A})^{-1}=3^3|\boldsymbol{A}|\cdot\frac{1}{3}\boldsymbol{A}^{-1}=-18\boldsymbol{A}^{-1},$$

故 $\left|\left(\frac{1}{12}\boldsymbol{A}\right)^{-1}+(3\boldsymbol{A})^{*}\right|=|12\boldsymbol{A}^{-1}-18\boldsymbol{A}^{-1}|=|-6\boldsymbol{A}^{-1}|=(-6)^3|\boldsymbol{A}^{-1}|=(-6)^3\left(-\frac{1}{2}\right)=108.$

【总结】抽象行列式的计算中,若是利用两个抽象矩阵之和求行列式,则应当变形到两个矩阵相乘再利用公式展开,要注意 $|\boldsymbol{A}+\boldsymbol{B}|\neq|\boldsymbol{A}|+|\boldsymbol{B}|$.另外,利用公式 $\boldsymbol{A}^{*}=|\boldsymbol{A}|\boldsymbol{A}^{-1}$,也要熟记它的变形 $\boldsymbol{A}^{-1}=\frac{\boldsymbol{A}^{*}}{|\boldsymbol{A}|}$.

例 1.11　设 A,B 为 n 阶方阵，满足等式 $AB=O$，则必有(　　).

(A) $A=O$ 或 $B=O$　　(B) $A+B=O$

(C) $|A|=0$ 或 $|B|=0$　　(D) $|A|+|B|=0$

(E) $|A|=0$ 且 $|B|=0$

【答案】 (C)

【解析】　由 $AB=O$，用行列式乘法公式，有 $|A||B|=|AB|=0$，所以 $|A|$ 与 $|B|$ 这两个数中至少有一个为 0，故应选(C).

注意，若 $A=\begin{pmatrix}1&1\\1&1\end{pmatrix}$，$B=\begin{pmatrix}1&1\\-1&-1\end{pmatrix}$，则 $AB=O$，显然 $A\neq O,B\neq O$. 这里一个常见的错误是"若 $AB=O,B\neq O$，则 $A=O$"，要引起注意.

【总结】 $A_{n\times n}=O\Rightarrow|A|=0$；$|A|=0\not\Rightarrow A=O$.

本章练习

1. 已知 $D=\begin{vmatrix}\lambda-3&-2&2\\k&\lambda+1&-k\\-4&-2&\lambda+3\end{vmatrix}=0$，则 $\lambda=$ ________.

2. 计算行列式 $\begin{vmatrix}1&-1&2\\3&-3&1\\-2&2&-4\end{vmatrix}$ 的值.

3. 计算行列式 $\begin{vmatrix}1&1&1&1\\1&2&3&4\\1&4&9&16\\1&8&27&64\end{vmatrix}$ 的值.

4. 计算行列式 $\begin{vmatrix}0&1&1&-1\\0&2&-2&-2\\0&-1&-1&1\\1&1&0&1\end{vmatrix}$ 的值.

5. 四阶行列式 $\begin{vmatrix}a_1&0&0&b_1\\0&a_2&b_2&0\\0&b_3&a_3&0\\b_4&0&0&a_4\end{vmatrix}$ 的值等于(　　).

(A) $a_1a_2a_3a_4-b_1b_2b_3b_4$　　(B) $a_1a_2a_3a_4+b_1b_2b_3b_4$

(C) $(a_1a_2-b_1b_2)(a_3a_4-b_3b_4)$　　(D) $(a_2a_3-b_2b_3)(a_1a_4-b_1b_4)$

(E) $a_1a_2b_1b_2-a_3a_4b_3b_4$

6. 五阶行列式 $D=\begin{vmatrix}1-a&a&0&0&0\\-1&1-a&a&0&0\\0&-1&1-a&a&0\\0&0&-1&1-a&a\\0&0&0&-1&1-a\end{vmatrix}=$ ________.

7. 设 $\boldsymbol{A},\boldsymbol{B}$ 是 n 阶可逆矩阵，$\boldsymbol{A}^*,\boldsymbol{B}^*$ 分别是 $\boldsymbol{A},\boldsymbol{B}$ 的伴随矩阵，则（　　）.

(A) $|k\boldsymbol{A}^*| = k^n|\boldsymbol{A}|^{n-1}$　　(B) $|\boldsymbol{A}+\boldsymbol{B}| = |\boldsymbol{A}|+|\boldsymbol{B}|$

(C) $|k\boldsymbol{A}^*| = k|\boldsymbol{A}|^{n-1}$　　(D) $|(\boldsymbol{AB})^*| = |\boldsymbol{A}||\boldsymbol{B}|$

(E) $|k\boldsymbol{A}^*| = k^n|\boldsymbol{A}|$

8. 设 $\boldsymbol{\alpha}_1,\boldsymbol{\alpha}_2,\boldsymbol{\alpha}_3$ 为 3 维列向量，矩阵 $\boldsymbol{A}=(\boldsymbol{\alpha}_1,\boldsymbol{\alpha}_2,\boldsymbol{\alpha}_3)$，$\boldsymbol{B}=(\boldsymbol{\alpha}_2,2\boldsymbol{\alpha}_1+\boldsymbol{\alpha}_2,\boldsymbol{\alpha}_3)$，若行列式 $|\boldsymbol{A}|=3$，则行列式 $|\boldsymbol{B}|=$（　　）.

(A) 6　　(B) 3　　(C) -3　　(D) -6　　(E) 2

9. 设 $\boldsymbol{A}$ 为 3 阶矩阵，$\boldsymbol{A}^*$ 为 $\boldsymbol{A}$ 的伴随矩阵，$\boldsymbol{A}$ 的行列式 $|\boldsymbol{A}|=2$，则 $|-2\boldsymbol{A}^*|=$（　　）.

(A) -2^5　　(B) -2^3　　(C) 2^3　　(D) 2^5　　(E) -2^6

10. $\begin{vmatrix} a_1 & 0 & a_2 & 0 \\ 0 & b_1 & 0 & b_2 \\ c_1 & 0 & c_2 & 0 \\ 0 & d_1 & 0 & d_2 \end{vmatrix} =$ ________.

11. $\begin{vmatrix} 0 & a & 0 & 0 \\ 0 & 0 & 0 & b \\ c & 0 & 0 & 0 \\ 0 & 0 & d & 0 \end{vmatrix} =$ ________.

12. 若 $\begin{vmatrix} 1 & 0 & 2 \\ x & 3 & 1 \\ 4 & x & 5 \end{vmatrix}$ 的代数余子式 $A_{12}=-1$，则代数余子式 $A_{21}=$ ________.

本章练习答案与解析

1.【答案】 $\lambda=1,\lambda=-1$（二重根）.

【解析】 将第 3 列加至第 1 列，得

$$D=\begin{vmatrix} \lambda-1 & -2 & 2 \\ 0 & \lambda+1 & -k \\ \lambda-1 & -2 & \lambda+3 \end{vmatrix} = \begin{vmatrix} \lambda-1 & -2 & 2 \\ 0 & \lambda+1 & -k \\ 0 & 0 & \lambda+1 \end{vmatrix} = (\lambda-1)(\lambda+1)^2,$$

所以 $\lambda=1,\lambda=-1$（二重根）.

2.【解】 **方法一**　利用行列式性质化为阶梯形.

$$\begin{vmatrix} 1 & -1 & 2 \\ 3 & -3 & 1 \\ -2 & 2 & -4 \end{vmatrix} = \begin{vmatrix} 1 & -1 & 2 \\ 0 & 0 & -5 \\ 0 & 0 & 0 \end{vmatrix} = 0.$$

方法二　行列式第一行和第三行对应成比例，故行列式值等于零.

3.【解】 $\begin{vmatrix} 1 & 1 & 1 & 1 \\ 1 & 2 & 3 & 4 \\ 1 & 4 & 9 & 16 \\ 1 & 8 & 27 & 64 \end{vmatrix} = \begin{vmatrix} 1 & 1 & 1 & 1 \\ 0 & 1 & 2 & 3 \\ 0 & 2 & 6 & 12 \\ 0 & 4 & 18 & 48 \end{vmatrix} = \begin{vmatrix} 1 & 2 & 3 \\ 2 & 6 & 12 \\ 4 & 18 & 48 \end{vmatrix} = \begin{vmatrix} 1 & 2 & 3 \\ 0 & 2 & 6 \\ 0 & 6 & 24 \end{vmatrix} = 12.$

4.【解】 $\begin{vmatrix} 0 & 1 & 1 & -1 \\ 0 & 2 & -2 & -2 \\ 0 & -1 & -1 & 1 \\ 1 & 1 & 0 & 1 \end{vmatrix} = (-1)^{1+4}\begin{vmatrix} 1 & 1 & -1 \\ 2 & -2 & -2 \\ -1 & -1 & 1 \end{vmatrix} = 0.$

5.【答案】 (D)

【解析】 可直接展开计算.

$$D = a_1\begin{vmatrix} a_2 & b_2 & 0 \\ b_3 & a_3 & 0 \\ 0 & 0 & a_4 \end{vmatrix} - b_1\begin{vmatrix} 0 & a_2 & b_2 \\ 0 & b_3 & a_3 \\ b_4 & 0 & 0 \end{vmatrix} = a_1a_4\begin{vmatrix} a_2 & b_2 \\ b_3 & a_3 \end{vmatrix} - b_1b_4\begin{vmatrix} a_2 & b_2 \\ b_3 & a_3 \end{vmatrix}$$

$$= (a_2a_3 - b_2b_3)(a_1a_4 - b_1b_4).$$

所以选(D).

6.【答案】 $D = 1 - a + a^2 - a^3 + a^4 - a^5$.

【解析】 把第 2 至 5 列均加到第 1 列,得

$$D_5 = \begin{vmatrix} 1 & a & 0 & 0 & 0 \\ 0 & 1-a & a & 0 & 0 \\ 0 & -1 & 1-a & a & 0 \\ 0 & 0 & -1 & 1-a & a \\ -a & 0 & 0 & -1 & 1-a \end{vmatrix}$$

$$= \begin{vmatrix} 1-a & a & 0 & 0 \\ -1 & 1-a & a & 0 \\ 0 & -1 & 1-a & a \\ 0 & 0 & -1 & 1-a \end{vmatrix} + (-a)(-1)^{5+1}\begin{vmatrix} a & 0 & 0 & 0 \\ 1-a & a & 0 & 0 \\ -1 & 1-a & a & 0 \\ 0 & -1 & 1-a & a \end{vmatrix},$$

即 $D_5 = D_4 + (-a)(-1)^{5+1}a^4$.

类似的,$D_4 = D_3 + (-a)(-1)^{4+1}a^3$,$D_3 = D_2 + (-a)(-1)^{3+1}a^2$.

三个等式相加,并把 $D_2 = 1 - a + a^2$ 代入,得 $D_5 = 1 - a + a^2 - a^3 + a^4 - a^5$.

7.【答案】 (A)

【解析】 选项(A),$|k\boldsymbol{A}^*| = k^n|\boldsymbol{A}^*| = k^n|\boldsymbol{A}|^{n-1}$,故选项(A)正确,选项(C)不正确.

选项(B),$|\boldsymbol{A}+\boldsymbol{B}| \neq |\boldsymbol{A}| + |\boldsymbol{B}|$,矩阵和的行列式不等于行列式的和.

选项(D),$|(\boldsymbol{AB})^*| = |\boldsymbol{B}^*\boldsymbol{A}^*| = |\boldsymbol{A}^*||\boldsymbol{B}^*| = |\boldsymbol{A}|^{n-1}|\boldsymbol{B}|^{n-1}$,因此答案选(A).

8.【答案】 (D)

【解析】 根据行列式的性质,有

$$|\boldsymbol{B}| = |\boldsymbol{\alpha}_2, 2\boldsymbol{\alpha}_1 + \boldsymbol{\alpha}_2, \boldsymbol{\alpha}_3| = |\boldsymbol{\alpha}_2, 2\boldsymbol{\alpha}_1, \boldsymbol{\alpha}_3| + |\boldsymbol{\alpha}_2, \boldsymbol{\alpha}_2, \boldsymbol{\alpha}_3|$$

$$= -|2\boldsymbol{\alpha}_1, \boldsymbol{\alpha}_2, \boldsymbol{\alpha}_3| + 0 = -2|\boldsymbol{\alpha}_1, \boldsymbol{\alpha}_2, \boldsymbol{\alpha}_3| = -2|\boldsymbol{A}| = -6.$$

故选(D).

9.【答案】 (A)

【解析】 因为 $|\boldsymbol{A}| = 2$,$|\boldsymbol{A}^*| = |\boldsymbol{A}|^{n-1} = |\boldsymbol{A}|^{3-1} = |\boldsymbol{A}|^2 = 2^2$,所以

$$|-2\boldsymbol{A}^*| = (-2)^3 \cdot |\boldsymbol{A}^*| = (-2)^3 \cdot 2^2 = -2^5.$$

10.【答案】 $(a_1c_2 - a_2c_1)(b_1d_2 - b_2d_1)$

【解析】 $$\begin{vmatrix} a_1 & 0 & a_2 & 0 \\ 0 & b_1 & 0 & b_2 \\ c_1 & 0 & c_2 & 0 \\ 0 & d_1 & 0 & d_2 \end{vmatrix} = -\begin{vmatrix} a_1 & 0 & a_2 & 0 \\ c_1 & 0 & c_2 & 0 \\ 0 & b_1 & 0 & b_2 \\ 0 & d_1 & 0 & d_2 \end{vmatrix} = \begin{vmatrix} a_1 & a_2 & 0 & 0 \\ c_1 & c_2 & 0 & 0 \\ 0 & 0 & b_1 & b_2 \\ 0 & 0 & d_1 & d_2 \end{vmatrix}$$

$$= \begin{vmatrix} a_1 & a_2 \\ c_1 & c_2 \end{vmatrix} \cdot \begin{vmatrix} b_1 & b_2 \\ d_1 & d_2 \end{vmatrix} = (a_1c_2 - a_2c_1)(b_1d_2 - b_2d_1).$$

11.【答案】 $-abcd$

【解析】 $$\begin{vmatrix} 0 & a & 0 & 0 \\ 0 & 0 & 0 & b \\ c & 0 & 0 & 0 \\ 0 & 0 & d & 0 \end{vmatrix} = -\begin{vmatrix} 0 & a & 0 & 0 \\ c & 0 & 0 & 0 \\ 0 & 0 & 0 & b \\ 0 & 0 & d & 0 \end{vmatrix} = -\begin{vmatrix} 0 & a \\ c & 0 \end{vmatrix}\begin{vmatrix} 0 & b \\ d & 0 \end{vmatrix} = -abcd.$$

12.【答案】 2

【解析】 按代数余子式定义 $A_{12} = (-1)^{1+2}\begin{vmatrix} x & 1 \\ 4 & 5 \end{vmatrix} = -(5x-4) = -1 \Rightarrow x = 1$，

故 $A_{21} = (-1)^{2+1}\begin{vmatrix} 0 & 2 \\ x & 5 \end{vmatrix} = -\begin{vmatrix} 0 & 2 \\ 1 & 5 \end{vmatrix} = 2.$

第二章　矩　阵

考点归纳

一、矩阵的定义

1. 定义

数域 $\boldsymbol{F}$ 中 $m\times n$ 个数 $a_{ij}\,(i=1,2,\cdots,m;j=1,2,\cdots,n)$ 排成 m 行 n 列，并括以圆括弧(或方括弧）的数表

$$\begin{pmatrix} a_{11} & a_{12} & \cdots & a_{1n} \\ a_{21} & a_{22} & \cdots & a_{2n} \\ \vdots & \vdots & & \vdots \\ a_{m1} & a_{m2} & \cdots & a_{mn} \end{pmatrix}$$

称为数域 $\boldsymbol{F}$ 上的 $m\times n$ 矩阵，通常用大写字母记作 $\boldsymbol{A}$ 或 $\boldsymbol{A}_{m\times n}$，有时也记作 $\boldsymbol{A}=(a_{ij})_{m\times n}$ 或 $\boldsymbol{A}=(a_{ij})(i=1,2,\cdots,m;j=1,2,\cdots,n)$，其中 a_{ij} 称为矩阵 $\boldsymbol{A}$ 的第 i 行第 j 列元素. 横排为行，竖排为列.

【注】（1）矩阵和行列式是有本质区别的. 行列式是一个算式，一个数字行列式经过计算可求得其值，行数和列数一致. 而矩阵仅仅是一个数表，它的行数和列数也可以不同.

（2）只有一行的矩阵 $\boldsymbol{A}=(a_{11}a_{12}\cdots a_{1n})$ 称为行矩阵，又称行向量. 为避免元素间的混淆，行矩阵也记作 $\boldsymbol{A}=(a_{11},a_{12},\cdots,a_{1n})$. 只有一列的矩阵 $\boldsymbol{B}=\begin{pmatrix} b_1 \\ b_1 \\ \vdots \\ b_n \end{pmatrix}$ 称为列矩阵或列向量.

2. 同型矩阵与矩阵相等

同型矩阵：行数、列数都相同的矩阵.

矩阵相等：如果两个矩阵 $\boldsymbol{A}=(a_{ij})_{m\times n}$ 和 $\boldsymbol{B}=(b_{ij})_{m\times n}$ 是同型矩阵，且各对应元素也相等，即 $a_{ij}=b_{ij}\,(i=1,2,\cdots,m;j=1,2,\cdots,n)$，就称 $\boldsymbol{A}$ 和 $\boldsymbol{B}$ 相等，记作 $\boldsymbol{A}=\boldsymbol{B}$.

【注】（1）矩阵同型是矩阵相等的必要条件.

（2）当矩阵 $\boldsymbol{A}\neq\boldsymbol{B}$ 时，行列式 $|\boldsymbol{A}|$ 与 $|\boldsymbol{B}|$ 并不一定不相等，例如 $\boldsymbol{A}=\begin{pmatrix} 1 & 0 \\ 0 & 2 \end{pmatrix}$，$\boldsymbol{B}=\begin{pmatrix} 2 & 0 \\ 0 & 1 \end{pmatrix}$；特别的，当 $\boldsymbol{A}\neq\boldsymbol{O}$ 时，行列式 $|\boldsymbol{A}|$ 是否为 0 是不清楚的，例如 $\boldsymbol{A}=\begin{pmatrix} 1 & 1 \\ 0 & 0 \end{pmatrix}$ 或 $\boldsymbol{A}=\begin{pmatrix} 1 & 2 \\ 3 & 4 \end{pmatrix}$，前者的行列式为 0，后者不为 0.

3. 几类特殊的矩阵

（1）零矩阵　$m\times n$ 个元素全为零的矩阵称为零矩阵，记作 $\boldsymbol{O}$ 或 $\boldsymbol{0}$.

【注】 不同型的零矩阵不相等.

（2）方阵　当 $m=n$ 时，称 $\boldsymbol{A}$ 为 n 阶矩阵(或 n 阶方阵).

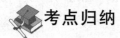

(3) 单位矩阵　主对角元全为1,其余元素全为零的 n 阶矩阵,称为 n 阶单位矩阵(简称单位阵),记作 $\boldsymbol{I}_n$ 或 $\boldsymbol{I}$ 或 $\boldsymbol{E}$.

(4) 数量矩阵　主对角元全为非零数 k,其余元素全为零的 n 阶矩阵,称为 n 阶数量矩阵,记作 $k\boldsymbol{I}_n$ 或 $k\boldsymbol{I}$ 或 $k\boldsymbol{E}$.

(5) 对角矩阵　非主对角元皆为零的 n 阶矩阵称为 n 阶对角矩阵(简称对角阵),记作 $\boldsymbol{\Lambda}$,即

$$\boldsymbol{\Lambda}=\begin{pmatrix} a_1 & 0 & \cdots & 0 \\ 0 & a_2 & \cdots & 0 \\ \vdots & \vdots & & \vdots \\ 0 & 0 & \cdots & a_n \end{pmatrix},\text{或记作 } \mathrm{diag}(a_1,a_2,\cdots,a_n).$$

(6) 上三角矩阵　n 阶矩阵 $\boldsymbol{A}=(a_{ij})_{n\times n}$,当 $i>j$ 时,$a_{ij}=0(j=1,2,\cdots,n-1)$ 的矩阵称为上三角矩阵.

(7) 下三角矩阵　当 $i<j$ 时,$a_{ij}=0(j=2,3,\cdots,n)$ 的矩阵称为下三角矩阵.

(8) 正交矩阵　若 n 阶矩阵 $\boldsymbol{A}$ 满足 $\boldsymbol{A}\boldsymbol{A}^{\mathrm{T}}=\boldsymbol{A}^{\mathrm{T}}\boldsymbol{A}=\boldsymbol{E}$,则称 $\boldsymbol{A}$ 为 n 阶正交矩阵,这里 $\boldsymbol{E}$ 是 n 阶单位矩阵.

二、矩阵的运算

1. 矩阵的线性运算

(1) 加法

设 $\boldsymbol{A}=(a_{ij})$ 和 $\boldsymbol{B}=(b_{ij})\in \boldsymbol{F}^{m\times n}$,规定

$$\boldsymbol{A}+\boldsymbol{B}=(a_{ij}+b_{ij})=\begin{pmatrix} a_{11}+b_{11} & a_{12}+b_{12} & \cdots & a_{1n}+b_{1n} \\ a_{21}+b_{21} & a_{22}+b_{22} & \cdots & a_{2n}+b_{2n} \\ \vdots & \vdots & & \vdots \\ a_{m1}+b_{m1} & a_{m2}+b_{m2} & \cdots & a_{mn}+b_{mn} \end{pmatrix},$$

并称 $\boldsymbol{A}+\boldsymbol{B}$ 为 $\boldsymbol{A}$ 与 $\boldsymbol{B}$ 之和.

【注】　只有同型矩阵才能相加,且同型矩阵之和仍是同型矩阵.

矩阵的加法满足以下运算律:

① 交换律 $\boldsymbol{A}+\boldsymbol{B}=\boldsymbol{B}+\boldsymbol{A}$;

② 结合律 $(\boldsymbol{A}+\boldsymbol{B})+\boldsymbol{C}=\boldsymbol{A}+(\boldsymbol{B}+\boldsymbol{C})$;

③ $\boldsymbol{A}+\boldsymbol{O}=\boldsymbol{A}$,其中 $\boldsymbol{O}$ 是与 $\boldsymbol{A}$ 同型的零矩阵;

④ $\boldsymbol{A}+(-\boldsymbol{A})=\boldsymbol{O}$.

这里的 $-\boldsymbol{A}$ 是将 $\boldsymbol{A}$ 中每个元素都乘上 -1 得到的,称为 $\boldsymbol{A}$ 的负矩阵.进而我们可以定义矩阵的减法 $\boldsymbol{A}-\boldsymbol{B}=\boldsymbol{A}+(-\boldsymbol{B})$.

(2) 数量乘法(简称数乘)

设 k 是数域 $\boldsymbol{F}$ 中的任意一个数,$\boldsymbol{A}=(a_{ij})\in \boldsymbol{F}^{m\times n}$,规定

$$k\boldsymbol{A}=(ka_{ij})=\begin{pmatrix} ka_{11} & ka_{12} & \cdots & ka_{1n} \\ ka_{21} & ka_{22} & \cdots & ka_{2n} \\ \vdots & \vdots & & \vdots \\ ka_{m1} & ka_{m2} & \cdots & ka_{mn} \end{pmatrix},$$

并称这个矩阵为 k 与 $\boldsymbol{A}$ 的数量乘积.

【注】　数 k 乘一个矩阵 $\boldsymbol{A}$,需要把数 k 乘矩阵 $\boldsymbol{A}$ 的每一个元素,这与行列式的相关性质是不

同的.

当 $k=1$ 时，$1\boldsymbol{A}=\boldsymbol{A}$. 当 $k=0$ 时，$0\boldsymbol{A}=\boldsymbol{O}$.

设 k,l 是数域 $\boldsymbol{F}$ 中的数，矩阵的数量乘法满足运算律：

①$(kl)\boldsymbol{A}=k(l\boldsymbol{A})$； ②$(k+l)\boldsymbol{A}=k\boldsymbol{A}+l\boldsymbol{A}$； ③ $k(\boldsymbol{A}+\boldsymbol{B})=k\boldsymbol{A}+k\boldsymbol{B}$.

矩阵加法和数量乘法结合起来，统称为矩阵的线性运算.

2. 矩阵的乘法

设 $\boldsymbol{A}$ 是一个 $m\times n$ 矩阵，$\boldsymbol{B}$ 是一个 $n\times s$ 矩阵，即

$$\boldsymbol{A}=\begin{pmatrix} a_{11} & a_{12} & \cdots & a_{1n} \\ a_{21} & a_{22} & \cdots & a_{2n} \\ \vdots & \vdots & & \vdots \\ a_{m1} & a_{m2} & \cdots & a_{mn} \end{pmatrix},\boldsymbol{B}=\begin{pmatrix} b_{11} & b_{12} & \cdots & b_{1s} \\ b_{21} & b_{22} & \cdots & b_{2s} \\ \vdots & \vdots & & \vdots \\ b_{n1} & b_{n2} & \cdots & b_{ns} \end{pmatrix},$$

则 $\boldsymbol{A}$ 与 $\boldsymbol{B}$ 的乘积 $\boldsymbol{AB}$（记作 $\boldsymbol{C}=(c_{ij})$）是一个 $m\times s$ 矩阵，且

$$c_{ij}=a_{i1}b_{1j}+a_{i2}b_{2j}+\cdots+a_{in}b_{nj}=\sum_{k=1}^{n}a_{ik}b_{kj},$$

即矩阵 $\boldsymbol{C}=\boldsymbol{AB}$ 的第 i 行第 j 列元素 c_{ij} 是 $\boldsymbol{A}$ 的第 i 行 n 个元素与 $\boldsymbol{B}$ 的第 j 列相应的 n 个元素分别相乘的乘积之和.

【注】 两个矩阵可以作乘积的条件是左边矩阵的列数等于右边矩阵的行数，简记为“相乘看中间，结果看两边”.

矩阵乘法满足以下运算律：

(1) 结合律 $(\boldsymbol{AB})\boldsymbol{C}=\boldsymbol{A}(\boldsymbol{BC})$；

(2) 数乘结合律 $k(\boldsymbol{AB})=(k\boldsymbol{A})\boldsymbol{B}=\boldsymbol{A}(k\boldsymbol{B})$，其中 k 是常数；

(3) 左分配律 $\boldsymbol{C}(\boldsymbol{A}+\boldsymbol{B})=\boldsymbol{CA}+\boldsymbol{CB}$；

(4) 右分配律 $(\boldsymbol{A}+\boldsymbol{B})\boldsymbol{C}=\boldsymbol{AC}+\boldsymbol{BC}$.

【注】 关于矩阵的乘法运算，与数的乘法有两个重要区别：

(1) 矩阵的乘法不满足交换律，即一般 $\boldsymbol{AB}\neq\boldsymbol{BA}$.

(2) 矩阵乘法不满足消去律，即由 $\boldsymbol{AB}=\boldsymbol{O}$，不能推出 $\boldsymbol{A}=\boldsymbol{O}$ 或 $\boldsymbol{B}=\boldsymbol{O}$；$\boldsymbol{A}\neq\boldsymbol{O}$ 时，由 $\boldsymbol{AB}=\boldsymbol{AC}$，不能推出 $\boldsymbol{B}=\boldsymbol{C}$.

3. 矩阵的转置、对称矩阵

(1) 矩阵的转置

把一个 $m\times n$ 矩阵 $\boldsymbol{A}=\begin{pmatrix} a_{11} & a_{12} & \cdots & a_{1n} \\ a_{21} & a_{22} & \cdots & a_{2n} \\ \vdots & \vdots & & \vdots \\ a_{m1} & a_{m2} & \cdots & a_{mn} \end{pmatrix}$ 的行列互换得到的一个 $n\times m$ 矩阵，称为 $\boldsymbol{A}$ 的转置矩阵，记作 $\boldsymbol{A}^{\mathrm{T}}$ 或 $\boldsymbol{A}'$，即 $\boldsymbol{A}^{\mathrm{T}}=\begin{pmatrix} a_{11} & a_{21} & \cdots & a_{m1} \\ a_{12} & a_{22} & \cdots & a_{m2} \\ \vdots & \vdots & & \vdots \\ a_{1n} & a_{2n} & \cdots & a_{mn} \end{pmatrix}$.

【注】 矩阵的转置也是一种运算，满足运算律：

1) $(\boldsymbol{A}^{\mathrm{T}})^{\mathrm{T}}=\boldsymbol{A}$； 2) $(\boldsymbol{A}+\boldsymbol{B})^{\mathrm{T}}=\boldsymbol{A}^{\mathrm{T}}+\boldsymbol{B}^{\mathrm{T}}$；

3) $(k\boldsymbol{A})^{\mathrm{T}}=k\boldsymbol{A}^{\mathrm{T}}$（$k$ 为任意实数）； 4) $(\boldsymbol{AB})^{\mathrm{T}}=\boldsymbol{B}^{\mathrm{T}}\boldsymbol{A}^{\mathrm{T}}$.

(2) 对称矩阵、反对称矩阵

设 $A=\begin{pmatrix} a_{11} & a_{12} & \cdots & a_{1n} \\ a_{21} & a_{22} & \cdots & a_{2n} \\ \vdots & \vdots & & \vdots \\ a_{n1} & a_{n2} & \cdots & a_{nn} \end{pmatrix}$ 是一个 n 阶矩阵，如果 $A^T=A$，即 $a_{ij}=a_{ji}(i,j=1,2,\cdots,n)$，则称 A 为对称矩阵；如果 $A^T=-A$，即 $a_{ij}=-a_{ji}(i,j=1,2,\cdots,n)$，则称 A 为反对称矩阵.

对称矩阵的特点是：它的元素以对角线为对称轴对应相等.

【注】 ① 对于反对称矩阵 A，由于 $a_{ij}=-a_{ij}(i,j=1,2,\cdots,n)$，其主对角元 a_{ii} 全为零；

② A 为对称矩阵的充要条件是 $A^T=A$；

③ A 为反对称矩阵的充要条件是 $A^T=-A$.

4. 方阵的行列式

由 n 阶方阵 A 的元素所构成的行列式(各元素的位置不变)，称为方阵 A 的行列式，记作 $|A|$ 或 $\det A$.

【注】 (1) n 阶方阵是 n^2 个数按一定方式排成的数表，而 n 阶行列式则是这些数按一定的运算法则所确定的一个数.

(2) 求方阵的行列式也是一种运算，满足运算律：

① $|A^T|=|A|$；② $|\lambda A|=\lambda^n|A|$；③ $|AB|=|A||B|$.

对于 n 阶矩阵 A,B，一般来说 $AB\neq BA$，但总有 $|AB|=|BA|$.

如：设 $A=\begin{pmatrix} a & a \\ -a & -a \end{pmatrix}$，$B=\begin{pmatrix} b & -b \\ -b & b \end{pmatrix}$，$AB=\begin{pmatrix} 0 & 0 \\ 0 & 0 \end{pmatrix}$，$BA=\begin{pmatrix} 2ab & 2ab \\ -2ab & -2ab \end{pmatrix}$，矩阵不等，但 $|AB|=|BA|=0$.

【注】 (1) $|A^k|=|A|^k$，k 为自然数；

(2) 一般情况下 $|A\pm B|\neq|A|\pm|B|$；

(3) 若 $A=O$，则 $|A|=0$；若 $|A|=0\not\Rightarrow A=O$.

5. 伴随矩阵

设 $A=\begin{pmatrix} a_{11} & a_{12} & \cdots & a_{1n} \\ a_{21} & a_{22} & \cdots & a_{2n} \\ \vdots & \vdots & & \vdots \\ a_{n1} & a_{n2} & \cdots & a_{nn} \end{pmatrix}$，$A^*=\begin{pmatrix} A_{11} & A_{21} & \cdots & A_{n1} \\ A_{12} & A_{22} & \cdots & A_{n2} \\ \vdots & \vdots & & \vdots \\ A_{1n} & A_{2n} & \cdots & A_{nn} \end{pmatrix}$ 称为矩阵 A 的伴随矩阵，其中 A_{ij} 是行列式 $|A|$ 中元素 a_{ij} 的代数余子式. 则有 $AA^*=C=(c_{ij})$，其中

$$c_{ij}=a_{i1}A_{j1}+a_{i2}A_{j2}+\cdots+a_{in}A_{jn}=\begin{cases} |A|, & j=i, \\ 0, & j\neq i, \end{cases} i,j=1,2,\cdots,n,$$

所以，$AA^*=\begin{pmatrix} |A| & & & \\ & |A| & & \\ & & \ddots & \\ & & & |A| \end{pmatrix}=|A|E_n$.

同理可得 $A^*A=|A|E_n$. 所以有结论 $AA^*=A^*A=|A|E_n$.

【注】 (1) 由上述结论，可以推出下面结果.

设 A 为 n 阶方阵，则 $|A^*|=|A|^{n-1}$，$(kA)^*=k^{n-1}A^*$，$(AB)^*=B^*A^*$，$(A^T)^*=(A^*)^T$，$(A^*)^*=|A|^{n-2}A$.

(2) 求代数余子式时一定要带符号，注意代数余子式的顺序.

6. 方阵的幂

(1) 定义

设 $\boldsymbol{A}$ 是 n 阶矩阵，k 个 $\boldsymbol{A}$ 的连乘积称为 $\boldsymbol{A}$ 的 k 次幂，记作 $\boldsymbol{A}^k$，即 $\boldsymbol{A}^k = \underbrace{\boldsymbol{AA}\cdots\boldsymbol{A}}_{k个\boldsymbol{A}}$，规定 $\boldsymbol{A}^0 = \boldsymbol{E}$.

设 $f(x) = a_k x^k + a_{k-1}x^{k-1} + \cdots + a_1 x + a_0$ 是 x 的 k 次多项式，$\boldsymbol{A}$ 是 n 阶矩阵，则

$$f(\boldsymbol{A}) = a_k\boldsymbol{A}^k + a_{k-1}\boldsymbol{A}^{k-1} + \cdots + a_1\boldsymbol{A} + a_0\boldsymbol{E}_n$$

称为矩阵 $\boldsymbol{A}$ 的 k 次多项式(注意常数项应变为 $a_0\boldsymbol{E}_n$).

【注】 (1) 只有方阵才有幂.

(2) 当 m,k 为正整数时，有 $\boldsymbol{A}^m\boldsymbol{A}^k = \boldsymbol{A}^{m+k}$，$(\boldsymbol{A}^m)^k = \boldsymbol{A}^{mk}$，但 $(\boldsymbol{AB})^k \neq \boldsymbol{A}^k\boldsymbol{B}^k$.

(3) 方阵 $\boldsymbol{A}$ 的多项式可因式分解，如

$$\boldsymbol{A}^2 - \boldsymbol{E} = (\boldsymbol{A}+\boldsymbol{E})(\boldsymbol{A}-\boldsymbol{E}) = (\boldsymbol{A}-\boldsymbol{E})(\boldsymbol{A}+\boldsymbol{E}),$$
$$\boldsymbol{A}^2 + 2\boldsymbol{A} + \boldsymbol{E} = (\boldsymbol{A}+\boldsymbol{E})^2.$$

三、逆矩阵

1. 可逆矩阵的定义

对于 n 阶方阵 $\boldsymbol{A}$，如果存在 n 阶方阵 $\boldsymbol{B}$，使得 $\boldsymbol{AB} = \boldsymbol{BA} = \boldsymbol{E}$，就称 $\boldsymbol{A}$ 为可逆矩阵(简称 $\boldsymbol{A}$ 可逆)，并称 $\boldsymbol{B}$ 是 $\boldsymbol{A}$ 的逆矩阵，记作 $\boldsymbol{A}^{-1}$，即 $\boldsymbol{A}^{-1} = \boldsymbol{B}$.

【注】 (1) 可逆矩阵及其逆矩阵是同阶方阵. 也可以说，$\boldsymbol{A}$ 是 $\boldsymbol{B}$ 的逆矩阵.

(2) 单位矩阵的逆矩阵是其自身.

(3) 若 $\boldsymbol{A}$ 是可逆矩阵，则 $\boldsymbol{A}$ 的逆矩阵是唯一的.

2. 矩阵可逆的条件

(1) 矩阵可逆的充要条件：矩阵 $\boldsymbol{A}$ 可逆的充要条件是 $|\boldsymbol{A}| \neq 0$，且 $\boldsymbol{A}^{-1} = \dfrac{1}{|\boldsymbol{A}|}\boldsymbol{A}^*$.

(2) 矩阵可逆的推论：若 $\boldsymbol{A},\boldsymbol{B}$ 都是 n 阶矩阵，则矩阵 $\boldsymbol{A}$ 可逆的充要条件是存在 $\boldsymbol{B}$ 使得 $\boldsymbol{AB} = \boldsymbol{E}$.

【注】 ① 在用定理证明矩阵可逆时，证 $\boldsymbol{AB} = \boldsymbol{E}$ 或 $\boldsymbol{BA} = \boldsymbol{E}$ 的一个即可.

② 充要条件不仅给出了矩阵 $\boldsymbol{A}$ 可逆的充要条件，而且提供了求 $\boldsymbol{A}^{-1}$ 的一种方法.

3. 可逆矩阵的性质

设同阶方阵 $\boldsymbol{A},\boldsymbol{B}$ 皆可逆，常数 $k \neq 0$.

(1) 若 $\boldsymbol{A}$ 可逆，则 $\boldsymbol{A}^{-1}$ 亦可逆，且 $(\boldsymbol{A}^{-1})^{-1} = \boldsymbol{A}$；

(2) 若 $\boldsymbol{A}$ 可逆，数 $k \neq 0$，则 $k\boldsymbol{A}$ 亦可逆，且 $(k\boldsymbol{A})^{-1} = \dfrac{1}{k}\boldsymbol{A}^{-1}$($k$ 为非零常数)；

(3) 若 $\boldsymbol{A},\boldsymbol{B}$ 为同阶矩阵且均可逆，则 $\boldsymbol{AB}$ 亦可逆，且 $(\boldsymbol{AB})^{-1} = \boldsymbol{B}^{-1}\boldsymbol{A}^{-1}$. 推广：

$$(\boldsymbol{A}_1\boldsymbol{A}_2\cdots\boldsymbol{A}_s)^{-1} = \boldsymbol{A}_s^{-1}\boldsymbol{A}_{s-1}^{-1}\cdots\boldsymbol{A}_2^{-1}\boldsymbol{A}_1^{-1},\ (\boldsymbol{A}^n)^{-1} = (\boldsymbol{A}^{-1})^n;$$

(4) 若 $\boldsymbol{A}$ 可逆，则 $\boldsymbol{A}^{\mathrm{T}},\boldsymbol{A}^*$ 亦可逆，且 $(\boldsymbol{A}^{\mathrm{T}})^{-1} = (\boldsymbol{A}^{-1})^{\mathrm{T}}$，$(\boldsymbol{A}^*)^{-1} = (\boldsymbol{A}^{-1})^* = \dfrac{1}{|\boldsymbol{A}|}\boldsymbol{A}$；

(5) $|\boldsymbol{A}^{-1}| = |\boldsymbol{A}|^{-1}$.

【注】 $\boldsymbol{A},\boldsymbol{B}$ 皆可逆，$\boldsymbol{A}+\boldsymbol{B}$ 不一定可逆；即使 $\boldsymbol{A}+\boldsymbol{B}$ 可逆，一般情况下 $(\boldsymbol{A}+\boldsymbol{B})^{-1} \neq \boldsymbol{A}^{-1} + \boldsymbol{B}^{-1}$.

四、矩阵的初等变换和初等矩阵

1. 初等变换的定义

用消元法解线性方程组，其消元法是对增广矩阵进行 3 类行变换，推广到一般，即

(1) kr_i 或 kc_i，$k \neq 0$；

(2) $r_i + kr_j$ 或 $c_i + kc_j$；

(3) $r_i \leftrightarrow r_j$，$c_i \leftrightarrow c_j$.

【注】 用初等变换求解线性方程组时，只能用初等行变换.

2.初等矩阵

(1) 定义　将单位矩阵做一次初等变换所得到的矩阵称为初等矩阵.

① 初等倍乘矩阵：$\boldsymbol{E}_i(c) = \mathrm{diag}(1,\cdots,1,c,1,\cdots,1)$，$\boldsymbol{E}_i(c)$是由单位矩阵第 i 行(或列) 乘 c $(c \neq 0)$而得到的.

② 初等倍加矩阵：$\boldsymbol{E}_{ij}(c) = \begin{pmatrix} 1 & & & & & \\ & \ddots & & & & \\ & & 1 & & & \\ & & & \ddots & & \\ & & c & & 1 & \\ & & & & & \ddots \\ & & & & & & 1 \end{pmatrix}\begin{matrix} \\ \\ i\text{行} \\ \\ j\text{行} \\ \\ \\ \end{matrix}$.

$\boldsymbol{E}_{ij}(c)$是由单位矩阵第 i 行乘 c 加到第 j 行而得到的，或由第 j 列乘 c 加到第 i 列而得到的.

③ 初等对换矩阵：$E_{ij} = \begin{pmatrix} 1 & & & & & & \\ & \ddots & & & & & \\ & & 0 & & & 1 & \\ & & & 1 & & & \\ & & & & \ddots & & \\ & & & & & 1 & \\ & & 1 & & & 0 & \\ & & & & & & \ddots \\ & & & & & & & 1 \end{pmatrix}\begin{matrix} \\ \\ i\text{行} \\ \\ \\ \\ j\text{行} \\ \\ \\ \end{matrix}$

E_{ij} 是由单位矩阵第 i,j 行(或列) 对换而得到的.

(2) 初等矩阵的作用

对 $\boldsymbol{A}$ 实施一次初等行(列) 变换，相当于左(右) 乘相应的初等矩阵.

如：$\begin{pmatrix} a_{11} & a_{12} & a_{13} \\ a_{21} & a_{22} & a_{23} \end{pmatrix} \to \begin{pmatrix} a_{21} & a_{22} & a_{23} \\ a_{11} & a_{12} & a_{13} \end{pmatrix}$，即为 $\boldsymbol{E}_{12}\begin{pmatrix} a_{11} & a_{12} & a_{13} \\ a_{21} & a_{22} & a_{23} \end{pmatrix} = \begin{pmatrix} a_{21} & a_{22} & a_{23} \\ a_{11} & a_{12} & a_{13} \end{pmatrix}$.

$\boldsymbol{E}_i(c)\boldsymbol{A}$ 表示 $\boldsymbol{A}$ 的第 i 行乘 c；

$\boldsymbol{E}_{ij}(c)\boldsymbol{A}$ 表示 $\boldsymbol{A}$ 的第 i 行乘 c 加至第 j 行；

$\boldsymbol{E}_{ij}\boldsymbol{A}$ 表示 $\boldsymbol{A}$ 的第 i 行与第 j 行对换位置；

$\boldsymbol{B}\boldsymbol{E}_i(c)$表示 $\boldsymbol{B}$ 的第 i 列乘 c；

$\boldsymbol{B}\boldsymbol{E}_{ij}(c)$表示 $\boldsymbol{B}$ 的第 j 列乘 c 加至第 i 列；

$\boldsymbol{B}\boldsymbol{E}_{ij}$ 表示 $\boldsymbol{B}$ 的第 i 列与第 j 列对换位置.

【注】 “左行右列”原则：左乘初等矩阵，对应的是相应的行变换；右乘初等矩阵，对应的是相应的列变换.

① 行列式运算：$|\boldsymbol{E}_i(k)| = k$，$|\boldsymbol{E}_{ij}(k)| = 1$，$|\boldsymbol{E}_{ij}| = -1$；

② 求逆运算：$[\boldsymbol{E}_i(k)]^{-1} = \boldsymbol{E}_i\left(\frac{1}{k}\right)$，$[\boldsymbol{E}_{ij}(k)]^{-1} = \boldsymbol{E}_{ij}(-k)$，$(\boldsymbol{E}_{ij})^{-1} = \boldsymbol{E}_{ij}$.

【注】 初等矩阵的逆矩阵仍为初等矩阵.

③ 伴随运算：$[\boldsymbol{E}_i(k)]^* = k\boldsymbol{E}_i\left(\frac{1}{k}\right)$，$[\boldsymbol{E}_{ij}(k)]^* = \boldsymbol{E}_{ij}(-k)$，$(\boldsymbol{E}_{ij})^* = -\boldsymbol{E}_{ij}$.

④ 转置运算：$[\boldsymbol{E}_i(k)]^{\mathrm{T}} = \boldsymbol{E}_i(k)$，$[\boldsymbol{E}_{ij}(k)]^{\mathrm{T}} = \boldsymbol{E}_{ji}(k)$，$(\boldsymbol{E}_{ij})^{\mathrm{T}} = \boldsymbol{E}_{ij}$.

【注】 初等矩阵的转置运算仍为初等矩阵.

3. 利用初等变换求逆矩阵

定理 可逆矩阵可以经过若干次初等行变换化为单位矩阵.

推论 1 可逆矩阵可以表示为若干个初等矩阵的乘积.

推论 2 如果对可逆矩阵 $\boldsymbol{A}$ 和同阶单位矩阵 $\boldsymbol{E}$ 作同样的初等行变换，那么当 $\boldsymbol{A}$ 变为单位矩阵时，$\boldsymbol{E}$ 就变为 $\boldsymbol{A}^{-1}$，即

$$(\boldsymbol{A},\boldsymbol{E}) \xrightarrow{\text{初等行变换}} (\boldsymbol{E},\boldsymbol{A}^{-1}).$$

我们也可用初等列变换求逆矩阵，即

$$\begin{pmatrix}\boldsymbol{A}\\ \boldsymbol{E}\end{pmatrix} \xrightarrow{\text{初等列变换}} \begin{pmatrix}\boldsymbol{E}\\ \boldsymbol{A}^{-1}\end{pmatrix}.$$

4. 矩阵的等价

(1) 定义　若矩阵 $\boldsymbol{A}$ 经过有限次初等变换得到矩阵 $\boldsymbol{B}$，则称 $\boldsymbol{A}$ 与 $\boldsymbol{B}$ 等价，记作 $\boldsymbol{A} \cong \boldsymbol{B}$.

(2) $\boldsymbol{A}$ 与 $\boldsymbol{B}$ 等价的三种等价说法

① $\boldsymbol{A}$ 经过一系列初等变换得到 $\boldsymbol{B}$；

② 存在一些初等阵 $\boldsymbol{E}_1,\cdots,\boldsymbol{E}_s,\boldsymbol{F}_1,\cdots,\boldsymbol{F}_t$，使得 $\boldsymbol{E}_s\cdots\boldsymbol{E}_1\boldsymbol{A}\boldsymbol{F}_1\cdots\boldsymbol{F}_t = \boldsymbol{B}$；

③ 存在可逆阵 $\boldsymbol{P},\boldsymbol{Q}$，使得 $\boldsymbol{PAQ} = \boldsymbol{B}$.

【注】 若 $\boldsymbol{A}$ 可逆，则 $\boldsymbol{A} \cong \boldsymbol{E}$.

(3) 矩阵等价关系的性质

① 反身性：$\boldsymbol{A} \cong \boldsymbol{A}$；

② 对称性：若 $\boldsymbol{A} \cong \boldsymbol{B}$，则 $\boldsymbol{B} \cong \boldsymbol{A}$；

③ 传递性：若 $\boldsymbol{A} \cong \boldsymbol{B}$，$\boldsymbol{B} \cong \boldsymbol{C}$，则 $\boldsymbol{A} \cong \boldsymbol{C}$.

(4) 矩阵等价的充要条件：同型矩阵 $\boldsymbol{A}$ 与 $\boldsymbol{B}$ 等价 $\Leftrightarrow r(\boldsymbol{A}) = r(\boldsymbol{B})$.

五、分块矩阵

1. 定义

把一个大型矩阵分成若干小块，构成一个分块矩阵，这是矩阵运算中的一个重要技巧，它可以把大型矩阵的运算化为若干小型矩阵的运算，使运算更为简明.

把一个 5 阶矩阵 $\boldsymbol{A} = \left(\begin{array}{cc:ccc} 2 & 1 & 1 & 0 & -1\\ 1 & 2 & 2 & -3 & 0\\ \hdashline 0 & 0 & 1 & 0 & 0\\ 0 & 0 & 0 & 1 & 0\\ 0 & 0 & 0 & 0 & 1\end{array}\right)$ 用水平和垂直的虚线分成 4 块，如果记 $\boldsymbol{A}_1 = \begin{pmatrix}2 & 1\\ 1 & 2\end{pmatrix}$，$\boldsymbol{A}_2 = \begin{pmatrix}1 & 0 & -1\\ 2 & -3 & 0\end{pmatrix}$，$\boldsymbol{O} = \begin{pmatrix}0 & 0\\ 0 & 0\\ 0 & 0\end{pmatrix}$，$\boldsymbol{E}_3 = \begin{pmatrix}1 & 0 & 0\\ 0 & 1 & 0\\ 0 & 0 & 1\end{pmatrix}$，就可以把 $\boldsymbol{A}$ 看成由上面 4 个小矩阵所组成，写成 $\boldsymbol{A} = \begin{pmatrix}\boldsymbol{A}_1 & \boldsymbol{A}_2\\ \boldsymbol{O} & \boldsymbol{E}_3\end{pmatrix}$，并称它是 $\boldsymbol{A}$ 的一个 2×2 分块矩阵，其中的每一个小矩阵称为 $\boldsymbol{A}$

的一个子块.

把一个 $m\times n$ 矩阵 $\boldsymbol{A}$，在行的方向分成 s 块，在列的方向分成 t 块，称为 $\boldsymbol{A}$ 的 $s\times t$ 分块矩阵，记作 $\boldsymbol{A}=(\boldsymbol{A}_{kl})_{s\times t}$，其中 $\boldsymbol{A}_{kl}(k=1,2,\cdots,s;l=1,2,\cdots,t)$ 称为 $\boldsymbol{A}$ 的子块，它们可以是各种类型的小矩阵.

2. 运算

(1) 分块矩阵的加法

$\boldsymbol{A}=(\boldsymbol{A}_{kl})_{s\times t}$，$\boldsymbol{B}=(\boldsymbol{B}_{kl})_{s\times t}$，则 $\boldsymbol{A}+\boldsymbol{B}=(\boldsymbol{A}_{kl}+\boldsymbol{B}_{kl})_{s\times t}$. 要求 $\boldsymbol{A},\boldsymbol{B}$ 是同型矩阵，且采用相同的分块法.

(2) 分块矩阵的数量乘法

设分块矩阵 $\boldsymbol{A}=(\boldsymbol{A}_{kl})_{s\times t}$，$\lambda$ 是一个数，则 $\lambda\boldsymbol{A}=(\lambda\boldsymbol{A}_{kl})_{s\times t}$.

(3) 分块矩阵的乘法

设 $\boldsymbol{A}_{m\times n}$，$\boldsymbol{B}_{n\times p}$，如果 $\boldsymbol{A}$ 分块为 $r\times s$ 分块矩阵 $(\boldsymbol{A}_{kl})_{r\times s}$，$\boldsymbol{B}$ 分块为 $s\times t$ 分块矩阵 $(\boldsymbol{B}_{kl})_{s\times t}$，则

$$\boldsymbol{AB}=\begin{pmatrix}\boldsymbol{A}_{11}&\boldsymbol{A}_{12}&\cdots&\boldsymbol{A}_{1s}\\\boldsymbol{A}_{21}&\boldsymbol{A}_{22}&\cdots&\boldsymbol{A}_{2s}\\\vdots&\vdots&&\vdots\\\boldsymbol{A}_{r1}&\boldsymbol{A}_{r2}&\cdots&\boldsymbol{A}_{rs}\end{pmatrix}\begin{pmatrix}\boldsymbol{B}_{11}&\boldsymbol{B}_{12}&\cdots&\boldsymbol{B}_{1t}\\\boldsymbol{B}_{21}&\boldsymbol{B}_{22}&\cdots&\boldsymbol{B}_{2t}\\\vdots&\vdots&&\vdots\\\boldsymbol{B}_{s1}&\boldsymbol{B}_{s2}&\cdots&\boldsymbol{B}_{st}\end{pmatrix}\begin{matrix}j_1\text{ 行}\\j_2\text{ 行}\\\\j_s\text{ 行}\end{matrix}=\boldsymbol{C}\xlongequal{\text{记作}}(\boldsymbol{C}_{kl})_{r\times t},$$

$$\quad j_1\text{ 列}\quad j_2\text{ 列}\quad\quad j_s\text{ 列}$$

其中，$\boldsymbol{C}$ 是 $r\times t$ 分块矩阵，且 $\boldsymbol{C}_{kl}=\sum\limits_{i=1}^{s}\boldsymbol{A}_{ki}\boldsymbol{B}_{il}(k=1,2,\cdots,r;l=1,2,\cdots,t)$.

【注】 $\boldsymbol{A}$ 的列分块法和 $\boldsymbol{B}$ 的行分块法完全相同.

(4) 分块矩阵的转置

分块矩阵 $\boldsymbol{A}=(\boldsymbol{A}_{kl})_{s\times t}$ 的转置矩阵为 $\boldsymbol{A}^{\mathrm{T}}=(\boldsymbol{B}_{lk})_{t\times s}$，其中 $\boldsymbol{B}_{lk}=\boldsymbol{A}_{kl}^{\mathrm{T}}$，$l=1,2,\cdots,t;k=1,2,\cdots,s$.

【注】 不仅要行(块)与列(块)互换，而且每一子块也要转置.

(5) 分块对角阵的行列式、n 次幂，可逆分块矩阵的逆矩阵

分块对角阵 $\boldsymbol{A}=\begin{pmatrix}\boldsymbol{A}_1&&&\\&\boldsymbol{A}_2&&\\&&\ddots&\\&&&\boldsymbol{A}_m\end{pmatrix}$，其中 $\boldsymbol{A}_i$，$i=1,2,\cdots,m$，为方阵，则 $|\boldsymbol{A}|=|\boldsymbol{A}_1||\boldsymbol{A}_2|\cdots|\boldsymbol{A}_m|$，$\boldsymbol{A}^n=\begin{pmatrix}\boldsymbol{A}_1^n&&&\\&\boldsymbol{A}_2^n&&\\&&\ddots&\\&&&\boldsymbol{A}_m^n\end{pmatrix}$. 因此，分块对角阵 $\boldsymbol{A}$ 可逆的充要条件为 $|\boldsymbol{A}_i|\neq 0$，$i=1,2,\cdots,m$，且 $\boldsymbol{A}^{-1}=\begin{pmatrix}\boldsymbol{A}_1^{-1}&&&\\&\boldsymbol{A}_2^{-1}&&\\&&\ddots&\\&&&\boldsymbol{A}_m^{-1}\end{pmatrix}$.

【注】 ① $\begin{vmatrix}\boldsymbol{A}_m&\boldsymbol{O}\\\boldsymbol{O}&\boldsymbol{B}_n\end{vmatrix}=\begin{vmatrix}\boldsymbol{A}_m&\boldsymbol{O}\\\boldsymbol{C}&\boldsymbol{B}_n\end{vmatrix}=\begin{vmatrix}\boldsymbol{A}_m&\boldsymbol{C}\\\boldsymbol{O}&\boldsymbol{B}_n\end{vmatrix}=|\boldsymbol{A}_m||\boldsymbol{B}_n|$.

② $\begin{vmatrix} \boldsymbol{O} & \boldsymbol{A}_m \\ \boldsymbol{B}_n & \boldsymbol{O} \end{vmatrix} = \begin{vmatrix} \boldsymbol{C} & \boldsymbol{A}_m \\ \boldsymbol{B}_n & \boldsymbol{O} \end{vmatrix} = \begin{vmatrix} \boldsymbol{O} & \boldsymbol{A}_m \\ \boldsymbol{B}_n & \boldsymbol{C} \end{vmatrix} = (-1)^{mn} |\boldsymbol{A}_m| |\boldsymbol{B}_n|$.

③ $\begin{pmatrix} & & & \boldsymbol{A}_1 \\ & & \boldsymbol{A}_2 & \\ & \iddots & & \\ \boldsymbol{A}_n & & & \end{pmatrix}^{-1} = \begin{pmatrix} & & & \boldsymbol{A}_n^{-1} \\ & & \iddots & \\ & \boldsymbol{A}_2^{-1} & & \\ \boldsymbol{A}_1^{-1} & & & \end{pmatrix}$.

3. 两种常用的分块法

$$\boldsymbol{B} \text{ 是 } m \times n \text{ 矩阵}, \boldsymbol{B} \xlongequal{\text{按行分块}} \begin{pmatrix} \boldsymbol{\alpha}_1 \\ \boldsymbol{\alpha}_2 \\ \vdots \\ \boldsymbol{\alpha}_m \end{pmatrix} \xlongequal{\text{按列分块}} (\boldsymbol{\beta}_1, \boldsymbol{\beta}_2, \cdots, \boldsymbol{\beta}_n).$$

【注】 (1) $m \times n$ 矩阵既可以看成是由 m 个 n 维行向量组成的，也可以看成是由 n 个 m 维列向量组成的；反之亦然.

(2) 线性方程组的向量形式：

$$\boldsymbol{A}_{m\times n}\boldsymbol{x} = \boldsymbol{b} \Leftrightarrow (\boldsymbol{\beta}_1, \boldsymbol{\beta}_2, \cdots, \boldsymbol{\beta}_n) \begin{pmatrix} x_1 \\ x_2 \\ \vdots \\ x_n \end{pmatrix} = \boldsymbol{b} \Leftrightarrow x_1\boldsymbol{\beta}_1 + x_2\boldsymbol{\beta}_2 + \cdots + x_n\boldsymbol{\beta}_n = \boldsymbol{b}.$$

$$\text{若 } \boldsymbol{b} = \boldsymbol{0}, \boldsymbol{A}_{m\times n}\boldsymbol{x} = \boldsymbol{0} \Leftrightarrow (\boldsymbol{\beta}_1, \boldsymbol{\beta}_2, \cdots, \boldsymbol{\beta}_n) \begin{pmatrix} x_1 \\ x_2 \\ \vdots \\ x_n \end{pmatrix} = \boldsymbol{0} \Leftrightarrow x_1\boldsymbol{\beta}_1 + x_2\boldsymbol{\beta}_2 + \cdots + x_n\boldsymbol{\beta}_n = \boldsymbol{0}.$$

重要题型

题型一　矩阵的基本运算

【题型方法分析】

(1) 矩阵的基本运算包括：加法运算、数乘运算、转置运算和乘法运算，其中矩阵的乘法运算是考研的重点，对于矩阵的乘法运算，要特别注意它与数字运算的区别，不要混淆.

(2) 关于方阵 $\boldsymbol{A}$ 的 n 次幂 $\boldsymbol{A}^n$ 的计算方法：

① 秩为 1 的矩阵：若 $r(\boldsymbol{A}) = 1$，则可将 $\boldsymbol{A}$ 分解为两个矩阵的乘积，

$$\boldsymbol{A} = \begin{pmatrix} a_1b_1 & a_1b_2 & a_1b_3 \\ a_2b_1 & a_2b_2 & a_2b_3 \\ a_3b_1 & a_3b_2 & a_3b_3 \end{pmatrix} = \begin{pmatrix} a_1 \\ a_2 \\ a_3 \end{pmatrix} (b_1, b_2, b_3) = \boldsymbol{\alpha\beta}^{\mathrm{T}},$$

那么 $\boldsymbol{A}^n = l^{n-1}\boldsymbol{A}$，其中 $l = \boldsymbol{\beta}^{\mathrm{T}}\boldsymbol{\alpha} = \boldsymbol{\alpha}^{\mathrm{T}}\boldsymbol{\beta} = a_1b_1 + a_2b_2 + a_3b_3 = \sum a_{ii}$.

② 数学归纳法，先求 $\boldsymbol{A}, \boldsymbol{A}^2, \boldsymbol{A}^3$，再归纳出 $\boldsymbol{A}^n$.

例 2.1　求矩阵 $\begin{pmatrix} 1 & 1 & 1 \\ 2 & 1 & 3 \end{pmatrix} \begin{pmatrix} 1 & 2 & 2 \\ 0 & 3 & -2 \\ -1 & 4 & 3 \end{pmatrix}$.

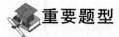

【解】 $\begin{pmatrix}1&1&1\\2&1&3\end{pmatrix}\begin{pmatrix}1&2&2\\0&3&-2\\-1&4&3\end{pmatrix}=\begin{pmatrix}0&9&3\\-1&19&11\end{pmatrix}$.

【总结】$\boldsymbol{A}$ 是一个 $m\times n$ 矩阵，$\boldsymbol{B}$ 是一个 $n\times s$ 矩阵，则 $\boldsymbol{A}$ 与 $\boldsymbol{B}$ 的乘积 $\boldsymbol{AB}$（记作 $\boldsymbol{C}=(c_{ij})$）是一个 $m\times s$ 矩阵，且 $c_{ij}=a_{i1}b_{1j}+a_{i2}b_{2j}+\cdots+a_{in}b_{nj}=\sum\limits_{k=1}^{n}a_{ik}b_{kj}$，即矩阵 $\boldsymbol{C}=\boldsymbol{AB}$ 的第 i 行第 j 列元素 c_{ij} 是 $\boldsymbol{A}$ 的第 i 行 n 个元素与 $\boldsymbol{B}$ 的第 j 列相应的 n 个元素分别相乘的乘积之和. 这就是矩阵的乘法运算，切忌对应元素与对应元素相乘.

例 2.2　设 $\boldsymbol{A}$、$\boldsymbol{B}$、$\boldsymbol{C}$ 均为 n 阶非零矩阵，则下列说法正确的是（　　）.

(A) 若 $\boldsymbol{B}\neq\boldsymbol{C}$，则 $\boldsymbol{AB}\neq\boldsymbol{AC}$

(B) 若 $\boldsymbol{AB}=\boldsymbol{AC}$，则 $\boldsymbol{B}=\boldsymbol{C}$

(C) 若 $\boldsymbol{AB}=\boldsymbol{BA}$，则 $\boldsymbol{ABC}=\boldsymbol{CBA}$

(D) 若 $\boldsymbol{AB}=\boldsymbol{BA}$，则 $\boldsymbol{A}^2\boldsymbol{B}+\boldsymbol{ACA}=\boldsymbol{A}(\boldsymbol{B}+\boldsymbol{C})\boldsymbol{A}$

(E) $\boldsymbol{AB}=\boldsymbol{BA}$ 的充要条件是 $\boldsymbol{A}^2\boldsymbol{B}^2=(\boldsymbol{AB})^2$

【答案】 (D)

【解析】 因 $\boldsymbol{AB}=\boldsymbol{BA}$，故 $\boldsymbol{A}^2\boldsymbol{B}+\boldsymbol{ACA}=\boldsymbol{AAB}+\boldsymbol{ACA}=\boldsymbol{ABA}+\boldsymbol{ACA}=\boldsymbol{A}(\boldsymbol{B}+\boldsymbol{C})\boldsymbol{A}$，故选(D).

【总结】矩阵乘法不满足消去律，即由 $\boldsymbol{AB}=\boldsymbol{O}$，不能推出 $\boldsymbol{A}=\boldsymbol{O}$ 或 $\boldsymbol{B}=\boldsymbol{O}$；$\boldsymbol{A}\neq\boldsymbol{O}$ 时，由 $\boldsymbol{AB}=\boldsymbol{AC}$，不能推出 $\boldsymbol{B}=\boldsymbol{C}$.

例 2.3　若 $\boldsymbol{A}$、$\boldsymbol{B}$ 均为 n 阶方阵，则（　　）是正确的.

(A) 若 $\boldsymbol{AB}=\boldsymbol{O}$，则 $\boldsymbol{A}=\boldsymbol{O}$ 或 $\boldsymbol{B}=\boldsymbol{O}$

(B) $(\boldsymbol{A}-\boldsymbol{B})^2=\boldsymbol{A}^2-2\boldsymbol{AB}+\boldsymbol{B}^2$

(C) $(\boldsymbol{AB})^{\mathrm{T}}=\boldsymbol{A}^{\mathrm{T}}\boldsymbol{B}^{\mathrm{T}}$

(D) $[(\boldsymbol{AB})^{-1}]^{\mathrm{T}}=(\boldsymbol{A}^{\mathrm{T}})^{-1}(\boldsymbol{B}^{\mathrm{T}})^{-1}$，$|\boldsymbol{A}|\neq0$，$|\boldsymbol{B}|\neq0$

(E) $\boldsymbol{A}^2-\boldsymbol{B}^2=(\boldsymbol{A}-\boldsymbol{B})(\boldsymbol{A}+\boldsymbol{B})$

【答案】 (D)

【解析】 设 $\boldsymbol{A}=\begin{pmatrix}0&1\\0&0\end{pmatrix}$，$\boldsymbol{B}=\begin{pmatrix}1&0\\0&0\end{pmatrix}$，则 $\boldsymbol{AB}=\begin{pmatrix}0&0\\0&0\end{pmatrix}$，但 $\boldsymbol{A}\neq\boldsymbol{O}$，$\boldsymbol{B}\neq\boldsymbol{O}$，故排除(A)；

因 $\boldsymbol{AB}=\boldsymbol{BA}$ 不一定成立，故 $(\boldsymbol{A}-\boldsymbol{B})^2=\boldsymbol{A}^2-2\boldsymbol{AB}+\boldsymbol{B}^2$ 不一定成立，则可排除(B)；

又 $(\boldsymbol{AB})^{\mathrm{T}}=\boldsymbol{B}^{\mathrm{T}}\boldsymbol{A}^{\mathrm{T}}\neq\boldsymbol{A}^{\mathrm{T}}\boldsymbol{B}^{\mathrm{T}}$，故排除(C)；

因 $[(\boldsymbol{AB})^{-1}]^{\mathrm{T}}=(\boldsymbol{B}^{-1}\boldsymbol{A}^{-1})^{\mathrm{T}}=(\boldsymbol{A}^{-1})^{\mathrm{T}}(\boldsymbol{B}^{-1})^{\mathrm{T}}=(\boldsymbol{A}^{\mathrm{T}})^{-1}(\boldsymbol{B}^{\mathrm{T}})^{-1}$，故(D)正确.

【总结】矩阵乘法与数的乘法最大的区别在于不满足交换律和消去律，故涉及矩阵乘法运算一定要注意，这也是易错点.

例 2.4　设 n 维行向量 $\boldsymbol{\alpha}=\left(\frac{1}{2},0,\cdots,0,\frac{1}{2}\right)$，矩阵 $\boldsymbol{A}=\boldsymbol{E}-\boldsymbol{\alpha}^{\mathrm{T}}\boldsymbol{\alpha}$，$\boldsymbol{B}=\boldsymbol{E}+2\boldsymbol{\alpha}^{\mathrm{T}}\boldsymbol{\alpha}$，其中 $\boldsymbol{E}$ 为 n 阶单位矩阵，则 $\boldsymbol{AB}$ 等于（　　）.

(A) $\boldsymbol{O}$　　(B) $-\boldsymbol{E}$　　(C) $\boldsymbol{E}$　　(D) $\boldsymbol{E}+\boldsymbol{\alpha}^{\mathrm{T}}\boldsymbol{\alpha}$　　(E) $\boldsymbol{E}-\boldsymbol{\alpha}^{\mathrm{T}}\boldsymbol{\alpha}$

【答案】 (C)

【解析】 利用矩阵乘法的分配律、结合律,有

$$\begin{aligned}\boldsymbol{AB}&=(\boldsymbol{E}-\boldsymbol{\alpha}^{\mathrm{T}}\boldsymbol{\alpha})(\boldsymbol{E}+2\boldsymbol{\alpha}^{\mathrm{T}}\boldsymbol{\alpha})=\boldsymbol{E}^2+2\boldsymbol{\alpha}^{\mathrm{T}}\boldsymbol{\alpha}-\boldsymbol{\alpha}^{\mathrm{T}}\boldsymbol{\alpha}-2\boldsymbol{\alpha}^{\mathrm{T}}\boldsymbol{\alpha}\boldsymbol{\alpha}^{\mathrm{T}}\boldsymbol{\alpha}\\&=\boldsymbol{E}+\boldsymbol{\alpha}^{\mathrm{T}}\boldsymbol{\alpha}-2\boldsymbol{\alpha}^{\mathrm{T}}(\boldsymbol{\alpha}\boldsymbol{\alpha}^{\mathrm{T}})\boldsymbol{\alpha},\end{aligned}$$

由于 $\boldsymbol{\alpha}\boldsymbol{\alpha}^{\mathrm{T}}=\left(\frac{1}{2},0,\cdots,0,\frac{1}{2}\right)\begin{pmatrix}\frac{1}{2}\\0\\\vdots\\0\\\frac{1}{2}\end{pmatrix}=\frac{1}{2}$,所以 $\boldsymbol{AB}=\boldsymbol{E}+\boldsymbol{\alpha}^{\mathrm{T}}\boldsymbol{\alpha}-\boldsymbol{\alpha}^{\mathrm{T}}\boldsymbol{\alpha}=\boldsymbol{E}$. 故应选(C).

【总结】 行向量 × 列向量 = 数值;非零列向量 × 非零行向量 = 矩阵.

例 2.5 已知 $\boldsymbol{\alpha}=(1,2,3)$,$\boldsymbol{\beta}=(1,\frac{1}{2},\frac{1}{3})$,设 $\boldsymbol{A}=\boldsymbol{\alpha}^{\mathrm{T}}\boldsymbol{\beta}$,其中 $\boldsymbol{\alpha}^{\mathrm{T}}$ 是 $\boldsymbol{\alpha}$ 的转置,求 $\boldsymbol{A}^n$.

【解】 **方法一** 推演法.

$$\boldsymbol{A}=\boldsymbol{\alpha}^{\mathrm{T}}\boldsymbol{\beta}=\begin{pmatrix}1\\2\\3\end{pmatrix}(1,\frac{1}{2},\frac{1}{3})=\begin{pmatrix}1&\frac{1}{2}&\frac{1}{3}\\2&1&\frac{2}{3}\\3&\frac{3}{2}&1\end{pmatrix},\boldsymbol{\beta}\boldsymbol{\alpha}^{\mathrm{T}}=(1,\frac{1}{2},\frac{1}{3})(1,2,3)^{\mathrm{T}}=3.$$

于是,

$$\begin{aligned}\boldsymbol{A}^n&=(\boldsymbol{\alpha}^{\mathrm{T}}\boldsymbol{\beta})(\boldsymbol{\alpha}^{\mathrm{T}}\boldsymbol{\beta})(\boldsymbol{\alpha}^{\mathrm{T}}\boldsymbol{\beta})\cdots(\boldsymbol{\alpha}^{\mathrm{T}}\boldsymbol{\beta})=\boldsymbol{\alpha}^{\mathrm{T}}(\boldsymbol{\beta}\boldsymbol{\alpha}^{\mathrm{T}})(\boldsymbol{\beta}\boldsymbol{\alpha}^{\mathrm{T}})\cdots(\boldsymbol{\beta}\boldsymbol{\alpha}^{\mathrm{T}})\boldsymbol{\beta}\\&=3^{n-1}\boldsymbol{\alpha}^{\mathrm{T}}\boldsymbol{\beta}=3^{n-1}\begin{pmatrix}1&\frac{1}{2}&\frac{1}{3}\\2&1&\frac{2}{3}\\3&\frac{3}{2}&1\end{pmatrix}.\end{aligned}$$

方法二 公式法.

若 $\boldsymbol{\alpha},\boldsymbol{\beta}$ 是 n 维列向量,则 $\boldsymbol{A}=\boldsymbol{\alpha}^{\mathrm{T}}\boldsymbol{\beta}$ 是秩为 1 的 n 阶矩阵,而 $\boldsymbol{\alpha}\boldsymbol{\beta}^{\mathrm{T}}$ 是 1 阶矩阵,是一个数,由于矩阵乘法有结合律,且此时 $\boldsymbol{A}^n=l^{n-1}\boldsymbol{A}$,其中 $l=\boldsymbol{\alpha}^{\mathrm{T}}\boldsymbol{\beta}=(1,2,3)(1,\frac{1}{2},\frac{1}{3})^{\mathrm{T}}=3$ 故

$$\boldsymbol{A}^n=l^{n-1}\boldsymbol{A}=3^{n-1}\begin{pmatrix}1&\frac{1}{2}&\frac{1}{3}\\2&1&\frac{2}{3}\\3&\frac{3}{2}&1\end{pmatrix}.$$

【总结】 秩为 1 的方阵 $\boldsymbol{A}$,求 n 次幂 $\boldsymbol{A}^n$,直接利用公式 $\boldsymbol{A}^n=l^{n-1}\boldsymbol{A}$,其中 l 为 $\boldsymbol{A}$ 的主对角线上的元素之和.

题型二 矩阵的逆

【题型方法分析】

(1) 定义：$\boldsymbol{AB}=\boldsymbol{BA}=\boldsymbol{E}$，($\boldsymbol{AB}=\boldsymbol{E}$ 或 $\boldsymbol{BA}=\boldsymbol{E}$).

(2) 性质：① $\boldsymbol{A}$ 可逆 $\Leftrightarrow|\boldsymbol{A}|\neq 0$. 若 $\boldsymbol{A}$ 可逆，则 $\boldsymbol{A}^{-1}=\dfrac{1}{|\boldsymbol{A}|}\boldsymbol{A}^*$.

特别的，当 $n=2$ 时，有 $\begin{pmatrix}a & b\\ c & d\end{pmatrix}^{-1}=\dfrac{1}{ad-bc}\begin{pmatrix}d & -b\\ -c & a\end{pmatrix}$，$(ad-bc\neq 0)$.

【总结】 当 $n\geqslant 3$ 时，一般不用伴随矩阵求逆，而用初等变换法求其逆.

② 初等变换求逆：

$$(\boldsymbol{A}\,\vdots\,\boldsymbol{E})\xrightarrow{\text{初等行变换}}(\boldsymbol{E}\,\vdots\,\boldsymbol{A}^{-1});\ \begin{pmatrix}\boldsymbol{A}\\ \cdots\\ \boldsymbol{E}\end{pmatrix}\xrightarrow{\text{初等列变换}}\begin{pmatrix}\boldsymbol{E}\\ \cdots\\ \boldsymbol{A}^{-1}\end{pmatrix}.$$

③ 块矩阵求逆：

$$\begin{pmatrix}\boldsymbol{A} & \boldsymbol{O}\\ \boldsymbol{O} & \boldsymbol{B}\end{pmatrix}^{-1}=\begin{pmatrix}\boldsymbol{A}^{-1} & \boldsymbol{O}\\ \boldsymbol{O} & \boldsymbol{B}^{-1}\end{pmatrix},\begin{pmatrix}\boldsymbol{O} & \boldsymbol{A}\\ \boldsymbol{B} & \boldsymbol{O}\end{pmatrix}^{-1}=\begin{pmatrix}\boldsymbol{O} & \boldsymbol{B}^{-1}\\ \boldsymbol{A}^{-1} & \boldsymbol{O}\end{pmatrix}\ (\boldsymbol{A},\boldsymbol{B}\text{ 可逆}).$$

④ 对角矩阵求逆：

a. $$\begin{pmatrix}a_1 & 0 & \cdots & 0\\ 0 & a_2 & \cdots & 0\\ \vdots & \vdots & & \vdots\\ 0 & 0 & \cdots & a_n\end{pmatrix}^{-1}=\begin{pmatrix}\frac{1}{a_1} & 0 & \cdots & 0\\ 0 & \frac{1}{a_2} & \cdots & 0\\ \vdots & \vdots & & \vdots\\ 0 & 0 & \cdots & \frac{1}{a_n}\end{pmatrix};$$

b. $$\begin{pmatrix}0 & \cdots & 0 & a_1\\ 0 & \cdots & a_2 & 0\\ \vdots & & \vdots & \vdots\\ a_n & \cdots & 0 & 0\end{pmatrix}^{-1}=\begin{pmatrix}0 & \cdots & 0 & \frac{1}{a_n}\\ 0 & \cdots & \frac{1}{a_{n-1}} & 0\\ \vdots & & \vdots & \vdots\\ \frac{1}{a_1} & \cdots & 0 & 0\end{pmatrix},(a_1,a_2,\cdots,a_n\text{ 均不为 }0).$$

⑤ 可逆的充要条件：

$\boldsymbol{A}$ 可逆 $\Leftrightarrow|\boldsymbol{A}|\neq 0\Leftrightarrow r(\boldsymbol{A})=n\Leftrightarrow\boldsymbol{A}$ 的行(或列)向量组线性无关 $\Leftrightarrow$ 方程组 $\boldsymbol{Ax}=\boldsymbol{0}$ 只有零解 $\Leftrightarrow$ 对任意 $\boldsymbol{b}$，$\boldsymbol{Ax}=\boldsymbol{b}$ 总有唯一解.

例 2.6 求矩阵 $\boldsymbol{A}=\begin{pmatrix}1 & 1 & -1\\ 0 & 2 & 2\\ 1 & -1 & 0\end{pmatrix}$ 的逆.

【解】 $$\left(\begin{array}{ccc:ccc}1 & 1 & -1 & 1 & 0 & 0\\ 0 & 2 & 2 & 0 & 1 & 0\\ 1 & -1 & 0 & 0 & 0 & 1\end{array}\right)\to\left(\begin{array}{ccc:ccc}1 & 1 & -1 & 1 & 0 & 0\\ 0 & 2 & 2 & 0 & 1 & 0\\ 0 & -2 & 1 & -1 & 0 & 1\end{array}\right)\to\left(\begin{array}{ccc:ccc}1 & 1 & -1 & 1 & 0 & 0\\ 0 & 1 & 1 & 0 & \frac{1}{2} & 0\\ 0 & 0 & 3 & -1 & 1 & 1\end{array}\right)$$

$$\rightarrow\left(\begin{array}{ccc:ccc}1&1&-1&1&0&0\\0&1&1&0&\frac{1}{2}&0\\0&0&1&-\frac{1}{3}&\frac{1}{3}&\frac{1}{3}\end{array}\right)\rightarrow\left(\begin{array}{ccc:ccc}1&0&0&\frac{1}{3}&\frac{1}{6}&\frac{2}{3}\\0&1&0&\frac{1}{3}&\frac{1}{6}&-\frac{1}{3}\\0&0&1&-\frac{1}{3}&\frac{1}{3}&\frac{1}{3}\end{array}\right).$$

所以 $\boldsymbol{A}^{-1}=\begin{pmatrix}\frac{1}{3}&\frac{1}{6}&\frac{2}{3}\\\frac{1}{3}&\frac{1}{6}&-\frac{1}{3}\\-\frac{1}{3}&\frac{1}{3}&\frac{1}{3}\end{pmatrix}$.

【总结】当矩阵为 3 阶或 3 阶以上方阵，则可利用初等变换求逆：

$$(\boldsymbol{A}\vdots\boldsymbol{E})\xrightarrow{\text{初等行变换}}(\boldsymbol{E}\vdots\boldsymbol{A}^{-1})；\begin{pmatrix}\boldsymbol{A}\\\cdots\\\boldsymbol{E}\end{pmatrix}\xrightarrow{\text{初等列变换}}\begin{pmatrix}\boldsymbol{E}\\\cdots\\\boldsymbol{A}^{-1}\end{pmatrix}$$

利用初等变换求逆矩阵是经济类联考数学中的重点，所以一定熟练掌握.

例 2.7 设矩阵 $\boldsymbol{A}=\begin{pmatrix}3&0&0\\1&4&0\\0&0&3\end{pmatrix}$，$\boldsymbol{E}=\begin{pmatrix}1&0&0\\0&1&0\\0&0&1\end{pmatrix}$，则逆矩阵 $(\boldsymbol{A}-2\boldsymbol{E})^{-1}=$ ________.

【答案】 $\begin{pmatrix}1&0&0\\-\frac{1}{2}&\frac{1}{2}&0\\0&0&1\end{pmatrix}$

【解析】 对矩阵 $(\boldsymbol{A}-2\boldsymbol{E}\vdots\boldsymbol{E})$ 作初等行变换.

$$\left(\begin{array}{ccc:ccc}1&0&0&1&0&0\\1&2&0&0&1&0\\0&0&1&0&0&1\end{array}\right)\rightarrow\left(\begin{array}{ccc:ccc}1&0&0&1&0&0\\0&2&0&-1&1&0\\0&0&1&0&0&1\end{array}\right)\rightarrow\left(\begin{array}{ccc:ccc}1&0&0&1&0&0\\0&1&0&-\frac{1}{2}&\frac{1}{2}&0\\0&0&1&0&0&1\end{array}\right),$$

从而知 $(\boldsymbol{A}-2\boldsymbol{E})^{-1}=\begin{pmatrix}1&0&0\\-\frac{1}{2}&\frac{1}{2}&0\\0&0&1\end{pmatrix}$.

【总结】关于具体的矩阵求逆，先利用矩阵运算求出矩阵，再求逆.

例 2.8 设 n 阶方阵 $\boldsymbol{A}$、$\boldsymbol{B}$、$\boldsymbol{C}$ 满足关系式 $\boldsymbol{ABC}=\boldsymbol{E}$，其中 $\boldsymbol{E}$ 是 n 阶单位阵，则必有（　　）.

(A) $\boldsymbol{ACB}=\boldsymbol{E}$　　(B) $\boldsymbol{CBA}=\boldsymbol{E}$　　(C) $\boldsymbol{BAC}=\boldsymbol{E}$

(D) $\boldsymbol{BCA}=\boldsymbol{E}$　　(E) $\boldsymbol{CAB}=\boldsymbol{E}$

【答案】 (D)

【解析】 矩阵的乘法公式没有交换律，只有一些特殊情况可以交换.

由于 A、B、C 均为 n 阶矩阵，且 $ABC=E$，对等式两边取行列式，据行列式乘法公式 $|A||B||C|=1$，得到 $|A|\neq 0$、$|B|\neq 0$、$|C|\neq 0$，知 A、B、C 均可逆.

那么对于 $ABC=E$，先左乘 A^{-1} 再右乘 A，有 $ABC=E\rightarrow BC=A^{-1}\Rightarrow BCA=E$.

故应选(D).

【总结】若干个方阵相乘等于单位矩阵 E，则这些方阵均可逆. 例如本题，对于 $ABC=E$，先右乘 C^{-1} 再左乘 C，有 $ABC=E\rightarrow AB=C^{-1}\Rightarrow CAB=E$，这个也是正确的结果.

例 2.9　设 4 阶方阵 $A=\begin{pmatrix}5&2&0&0\\2&1&0&0\\0&0&1&-2\\0&0&1&1\end{pmatrix}$，则 A 的逆矩阵 $A^{-1}=$ ________.

【答案】 $\begin{pmatrix}1&-2&0&0\\-2&5&0&0\\0&0&\frac{1}{3}&\frac{2}{3}\\0&0&-\frac{1}{3}&\frac{1}{3}\end{pmatrix}$

【解析】　根据题中矩阵的特点，考虑用分块矩阵求逆.

对于 2 阶矩阵的伴随矩阵有规律：$A=\begin{pmatrix}a&b\\c&d\end{pmatrix}$，则求 A 的伴随矩阵“主对换，副变号”，即 $A^*=\begin{pmatrix}a&b\\c&d\end{pmatrix}^*=\begin{pmatrix}d&-b\\-c&a\end{pmatrix}$.

如果 $|A|\neq 0$，$\begin{pmatrix}a&b\\c&d\end{pmatrix}^{-1}=\frac{1}{|A|}\begin{pmatrix}d&-b\\-c&a\end{pmatrix}=\frac{1}{|ad-bc|}\begin{pmatrix}d&-b\\-c&a\end{pmatrix}$.

再利用分块矩阵求逆的法则：$\begin{pmatrix}B_1&O\\O&B_2\end{pmatrix}^{-1}=\begin{pmatrix}B_1^{-1}&O\\O&B_2^{-1}\end{pmatrix}$，易见

$$A^{-1}=\begin{pmatrix}1&-2&0&0\\-2&5&0&0\\0&0&\frac{1}{3}&\frac{2}{3}\\0&0&-\frac{1}{3}&\frac{1}{3}\end{pmatrix}.$$

【总结】零元素较多的高阶矩阵求逆可先分块再求逆.

例 2.10　设 $A=\begin{pmatrix}1&0&0\\2&2&0\\3&4&5\end{pmatrix}$，$A^*$ 是 A 的伴随矩阵，则 $(A^*)^{-1}=$ ________.

【答案】 $\frac{1}{10}\begin{pmatrix}1&0&0\\2&2&0\\3&4&5\end{pmatrix}$

【解析】 由 $AA^*=|A|E$，有 $\dfrac{A}{|A|}A^*=E$，故 $(A^*)^{-1}=\dfrac{A}{|A|}$.

而 $|A|=\begin{vmatrix}1&0&0\\2&2&0\\3&4&5\end{vmatrix}=10$，所以 $(A^*)^{-1}=\dfrac{A}{|A|}=\dfrac{1}{10}\begin{pmatrix}1&0&0\\2&2&0\\3&4&5\end{pmatrix}$.

【总结】涉及伴随矩阵 A^* 的题目，一般利用核心公式：$AA^*=A^*A=|A|E$.

例 2.11 若矩阵 $A=\begin{pmatrix}1&-1\\2&3\end{pmatrix}$，$B=A^2-3A+2E$，则 $B^{-1}=$ ________.

【答案】 $\begin{pmatrix}0&\frac{1}{2}\\-1&-1\end{pmatrix}$

【解析】 $B=A^2-3A+2E=(A-2E)(A-E)=\begin{pmatrix}-1&-1\\2&1\end{pmatrix}\begin{pmatrix}0&-1\\2&2\end{pmatrix}=\begin{pmatrix}-2&-1\\2&0\end{pmatrix}$，

故 $B^{-1}=\begin{pmatrix}0&\frac{1}{2}\\-1&-1\end{pmatrix}$.

【总结】本题也可以将矩阵 A 代入直接求解，但是计算量较大. 一般矩阵方程求矩阵或者求逆，先化简为因式的形式再求解，记为"求谁分解谁".

例 2.12 设 $A=\begin{pmatrix}0&a_1&0\\0&0&a_2\\a_3&0&0\end{pmatrix}$ $(a_i\neq0,i=1,2,3)$，则 $A^{-1}=$ ________.

【答案】 $\begin{pmatrix}0&0&1/a_3\\1/a_1&0&0\\0&1/a_2&0\end{pmatrix}$

【解析】 设 $A_1=\begin{pmatrix}a_1&0\\0&a_2\end{pmatrix}$，$A_2=a_3$，则 $A=\begin{pmatrix}O&A_1\\A_2&O\end{pmatrix}$，而 $A_1^{-1}=\begin{pmatrix}1/a_1&0\\0&1/a_2\end{pmatrix}$，$A_2^{-1}=\dfrac{1}{a_3}$，

且由 $A^{-1}=\begin{pmatrix}O&A_2^{-1}\\A_1^{-1}&O\end{pmatrix}$ 得 $A^{-1}=\begin{pmatrix}0&0&1/a_3\\1/a_1&0&0\\0&1/a_2&0\end{pmatrix}$.

【总结】本题也可以利用初等行变换求逆，但是与分块矩阵法比较，后者求解更简便.

例 2.13 设矩阵 A 满足 $A^2+A-4E=O$，其中 E 为单位矩阵，则 $(A-E)^{-1}=$ ________.

【答案】 $\dfrac{A+2E}{2}$

【解析】 因 $A^2+A-4E=O$，故 $A^2+A-2E=2E$，则 $(A-E)(A+2E)=2E$，即 $(A-E)\left(\dfrac{A+2E}{2}\right)=E$，故 $(A-E)^{-1}=\dfrac{A+2E}{2}$.

【总结】已知矩阵方程求抽象矩阵的逆，原则为“求谁分解谁”. 根据逆矩阵的定义来求解，对于“$A^2+A-2E=2E$，分解成$(A-E)(A+2E)=2E$，”同中学所学的多项式的因式分解类似.

例 2.14　设 $A,B,A+B,A^{-1}+B^{-1}$ 均为 n 阶可逆矩阵，则$(A^{-1}+B^{-1})^{-1}$ 等于(　　).

(A) $A^{-1}+B^{-1}$　　(B) $A+B$

(C) $A(A+B)^{-1}B$　　(D) $(A+B)^{-1}$

(E) $B(A+B)^{-1}A$

【答案】 (C)

【解析】 因为 $A,B,A+B$ 都可逆，由可逆矩阵的定义，有

$$B^{-1}B=E,AA^{-1}=E,$$

$$(A^{-1}+B^{-1})^{-1}=(EA^{-1}+B^{-1}E)^{-1}=(B^{-1}BA^{-1}+B^{-1}AA^{-1})^{-1}=[B^{-1}(A+B)A^{-1}]^{-1},$$

由逆矩阵运算的性质，有

$$(ABC)^{-1}=C^{-1}B^{-1}A^{-1},$$

$$(A^{-1}+B^{-1})^{-1}=(A^{-1})^{-1}(A+B)^{-1}(B^{-1})^{-1}=A(A+B)^{-1}B.$$

故本题选(C).

【总结】一般情况下$(A+B)^{-1}\neq A^{-1}+B^{-1}$，不要与转置的性质$(A+B)^{\mathrm{T}}=A^{\mathrm{T}}+B^{\mathrm{T}}$相混淆. 若要求$(A+B)^{-1}$，则往往要将 $A+B$ 变形为因式相乘的形式.

题型三　伴随矩阵

【题型方法分析】

(1) 定义：设 $A=\begin{pmatrix} a_{11} & a_{12} & \cdots & a_{1n} \\ a_{21} & a_{22} & \cdots & a_{2n} \\ \vdots & \vdots & & \vdots \\ a_{n1} & a_{n2} & \cdots & a_{nn} \end{pmatrix}$，定义 $A^*=\begin{pmatrix} A_{11} & A_{21} & \cdots & A_{n1} \\ A_{12} & A_{22} & \cdots & A_{n2} \\ \vdots & \vdots & & \vdots \\ A_{1n} & A_{2n} & \cdots & A_{nn} \end{pmatrix}$为矩阵 A 的伴随矩阵，其中 A_{ij} 为 A 的第 i 行第 j 列元素的代数余子式$(i,j=1,2,\cdots,n)$.

(2) 性质：

① $AA^*=A^*A=|A|E_n$.

② $|A|\neq 0\Rightarrow A^*=|A|A^{-1}$.

③ $r(A^*)=\begin{cases} n, & r(A)=n, \\ 1, & r(A)=n-1, \\ 0, & r(A)<n-1. \end{cases}$

(3) 相关公式：

设 A 为 n 阶方阵，则

$(A^*)^{-1}=(A^{-1})^*=\dfrac{1}{|A|}A$，$(|A|\neq 0)$，　$(A^*)^{\mathrm{T}}=(A^{\mathrm{T}})^*$，

$|A^*|=|A|^{n-1}$，　$(kA)^*=k^{n-1}A^*$，　$(A^*)^*=|A|^{n-2}A$，　$(AB)^*=B^*A^*$.

例 2.15　$\big||A^*|A\big|=$(　　)，其中 A 为 n 阶方阵，A^* 为 A 的伴随矩阵.

(A) $|A|^{n^2}$　　(B) $|A|^n$　　(C) $|A|^{n^2-n}$　　(D) $|A|^{n^2-n+1}$　　(E) $|A|^{n^2+n+1}$

【答案】(D)

【解析】 $\left||A^*|A\right| = |A^*|^n|A| = (|A|^{n-1})^n|A| = |A|^{n^2-n+1}$,故选(D).

【总结】本题需注意$|A^*|$是一个数值,故提到行列式外面是$|A^*|^n$.

例 2.16 设 n 阶矩阵 A 可逆($n \geqslant 2$),A^* 是矩阵 A 的伴随矩阵,则( ).

(A) $(A^*)^* = |A|^{n-1}A$. (B) $(A^*)^* = |A|^{n+1}A$.

(C) $(A^*)^* = |A|^{n-2}A$. (D) $(A^*)^* = |A|^{n+2}A$.

(E) $(A^*)^* = |A|^{n^2-1}A$

【答案】(C)

【解析】 伴随矩阵的基本关系式为 $AA^* = A^*A = |A|E$.

现将 A^* 视为关系矩阵中的 A,则有 $A^*(A^*)^* = |A^*|E$.

那么,由 $|A^*| = |A|^{n-1}$ 及 $(A^*)^{-1} = \dfrac{A}{|A|}$,可得 $(A^*)^* = |A^*|(A^*)^{-1} = |A|^{n-1}\dfrac{A}{|A|} = |A|^{n-2}A$.

故应选(C).

【总结】由伴随矩阵的基本关系式为 $AA^* = A^*A = |A|E$,推出公式 $(A^*)^* = |A|^{n-2}A$. 需要熟记.

例 2.17 设 A、B 都是 n 阶可逆矩阵,则 $\left|(-3)\begin{bmatrix} A^{-1} & O \\ O & B^{\mathrm{T}} \end{bmatrix}\right| = $( ).

(A) $(-3)|A|^{-1}|B|$ (B) $(-3)^n|A|^{-1}|B|$

(C) $(-3)^n|A||B|$ (D) $9^n|A|^{-1}|B|$

(E) $-9^n|A|^{-1}|B|$

【答案】(D)

【解析】 原式 $= (-3)^{2n}|A^{-1}||B^{\mathrm{T}}| = 9^n|A|^{-1}|B|$,故选(D).

【总结】分块矩阵求行列式直接套用公式,本题需注意分块矩阵的阶数应为 $2n$.

题型四 初等矩阵与初等变换

【题型方法分析】

(1) 左行右列原则,对矩阵 A 作一次初等行(或列)变换,相当于 A 左(或右)乘相应的初等矩阵.

(2) 结合初等矩阵的性质和运算化简.

例 2.18 $A = \begin{bmatrix} a_{11} & a_{12} & a_{13} \\ a_{21} & a_{22} & a_{23} \\ a_{31} & a_{32} & a_{33} \end{bmatrix}$,$B = \begin{bmatrix} a_{21} & a_{22} & a_{23} \\ a_{11} & a_{12} & a_{13} \\ a_{31}+a_{11} & a_{32}+a_{12} & a_{33}+a_{13} \end{bmatrix}$,$P_1 = \begin{bmatrix} 0 & 1 & 0 \\ 1 & 0 & 0 \\ 0 & 0 & 1 \end{bmatrix}$,

$P_2 = \begin{bmatrix} 1 & 0 & 0 \\ 0 & 1 & 0 \\ 1 & 0 & 1 \end{bmatrix}$,则必有( ).

(A) $B = AP_1P_2$　　(B) $B = AP_2P_1$

(C) $B = P_1P_2A$　　(D) $B = P_2P_1A$

(E) $B = P_1AP_2$

【答案】 (C)

【解析】 由题设可知，矩阵 B 是由矩阵 A 通过初等行变换得到的，由左行右列原则可知选项(A)、(B) 均错误.

用初等矩阵 P_2 左乘 A，相当于把 A 的第一行加到第三行上去，再用初等矩阵 P_1 左乘上步骤所得矩阵(P_2A)，相当于将该矩阵的第一、二行对换，而此时所得结果恰好是 B，因此 $B = P_1P_2A$. 故选(C).

> **【总结】** 此种题型一般先判定行变换还是列变换，排除干扰选项，再判定具体的变换形式.

例 2.19　$A = \begin{pmatrix} a_{11} & a_{12} & a_{13} & a_{14} \\ a_{21} & a_{22} & a_{23} & a_{24} \\ a_{31} & a_{32} & a_{33} & a_{34} \\ a_{41} & a_{42} & a_{43} & a_{44} \end{pmatrix}$，$B = \begin{pmatrix} a_{14} & a_{13} & a_{12} & a_{11} \\ a_{24} & a_{23} & a_{22} & a_{21} \\ a_{34} & a_{33} & a_{32} & a_{31} \\ a_{44} & a_{43} & a_{42} & a_{41} \end{pmatrix}$，$P_1 = \begin{pmatrix} 0 & 0 & 0 & 1 \\ 0 & 1 & 0 & 0 \\ 0 & 0 & 1 & 0 \\ 1 & 0 & 0 & 0 \end{pmatrix}$，$P_2 = \begin{pmatrix} 1 & 0 & 0 & 0 \\ 0 & 0 & 1 & 0 \\ 0 & 1 & 0 & 0 \\ 0 & 0 & 0 & 1 \end{pmatrix}$，其中 A 可逆，则 B^{-1} 等于(　　).

(A) $A^{-1}P_1P_2$　　(B) $P_1A^{-1}P_2$　　(C) $P_1P_2A^{-1}$　　(D) $P_2A^{-1}P_1$　　(E) $A^{-1}P_2P_1$

【答案】 (C)

【解析】 由题设可知，矩阵 B 是由矩阵 A 通过初等列变换得到的，因交换 A 的第 2、3 两列并交换 A 的第 1、4 两列后可得 B，由初等方阵的作用知 $B = AP_2P_1$，故 $B^{-1} = P_1^{-1}P_2^{-1}A^{-1}$，又因为 $P_1^{-1} = P_1$，$P_2^{-1} = P_2$，故 $B^{-1} = P_1^{-1}P_2^{-1}A^{-1} = P_1P_2A^{-1}$，因此答案选(C).

> **【总结】** 初等矩阵的逆运算、转置运算以及行列式公式记住即可，其中初等变换矩阵的逆均为其本身.

例 2.20　设 A 是 3 阶矩阵，将 A 的第 1 列与第 2 列交换得 B，再把 B 的第 2 列加到第 3 列得 C，则满足 $AQ = C$ 的可逆矩阵 Q 为(　　).

(A) $\begin{pmatrix} 0 & 1 & 0 \\ 1 & 0 & 0 \\ 1 & 0 & 1 \end{pmatrix}$　　(B) $\begin{pmatrix} 0 & 1 & 0 \\ 1 & 0 & 1 \\ 0 & 0 & 1 \end{pmatrix}$　　(C) $\begin{pmatrix} 0 & 1 & 0 \\ 1 & 0 & 0 \\ 0 & 1 & 1 \end{pmatrix}$　　(D) $\begin{pmatrix} 0 & 1 & 1 \\ 1 & 0 & 0 \\ 0 & 0 & 1 \end{pmatrix}$

(E) $\begin{pmatrix} 0 & 1 & 0 \\ 1 & 0 & 0 \\ 0 & 0 & 1 \end{pmatrix}$

【答案】 (D)

【解析】 $C = A\begin{pmatrix} 0 & 1 & 0 \\ 1 & 0 & 0 \\ 0 & 0 & 1 \end{pmatrix}\begin{pmatrix} 1 & 0 & 0 \\ 0 & 1 & 1 \\ 0 & 0 & 1 \end{pmatrix}$，$Q = \begin{pmatrix} 0 & 1 & 0 \\ 1 & 0 & 0 \\ 0 & 0 & 1 \end{pmatrix}\begin{pmatrix} 1 & 0 & 0 \\ 0 & 1 & 1 \\ 0 & 0 & 1 \end{pmatrix} = \begin{pmatrix} 0 & 1 & 1 \\ 1 & 0 & 0 \\ 0 & 0 & 1 \end{pmatrix}$，故选(D).

【总结】已知初等变换确定矩阵,先根据初等变换写出对应的矩阵,再根据矩阵运算求解.

题型五　矩阵方程

【题型方法分析】

(1) 已知 $AX = B$,求 X,若矩阵 A 可逆,则 $X = A^{-1}B$;

(2) 已知 $AX = B$,求 X,若矩阵 A 不可逆,则转为线性方程组求解.

例 2.21　已知 $X = AX + B$,其中 $A = \begin{pmatrix} 0 & 1 & 0 \\ -1 & 1 & 1 \\ -1 & 0 & -1 \end{pmatrix}$,$B = \begin{pmatrix} 1 & -1 \\ 2 & 0 \\ 5 & -3 \end{pmatrix}$,求矩阵 X.

【解】　由 $X = AX + B$,得 $(E - A)X = B$.

因为 $(E-A)^{-1} = \begin{pmatrix} 1 & -1 & 0 \\ 1 & 0 & -1 \\ 1 & 0 & 2 \end{pmatrix}^{-1} = \dfrac{1}{3}\begin{pmatrix} 0 & 2 & 1 \\ -3 & 2 & 1 \\ 0 & -1 & 1 \end{pmatrix}$,

所以 $X = (E-A)^{-1}B = \dfrac{1}{3}\begin{pmatrix} 0 & 2 & 1 \\ -3 & 2 & 1 \\ 0 & -1 & 1 \end{pmatrix}\begin{pmatrix} 1 & -1 \\ 2 & 0 \\ 5 & -3 \end{pmatrix} = \begin{pmatrix} 3 & -1 \\ 2 & 0 \\ 1 & -1 \end{pmatrix}$.

例 2.22　设 n 阶矩阵 A,B 满足条件 $A + B = AB$.

(1) 求 $A - E$ 的逆矩阵(其中 E 是 n 阶单位矩阵);

(2) 已知 $B = \begin{pmatrix} 1 & -3 & 0 \\ 2 & 1 & 0 \\ 0 & 0 & 2 \end{pmatrix}$,求矩阵 A.

【解】　(1) 由 $A + B = AB$,加项后因式分解得 $AB - B - A + E = (A - E)(B - E) = E$,所以 $A - E$ 可逆,且 $(A-E)^{-1} = B - E$.

(2) 由(1)小题得出 $A = E + (B-E)^{-1}$,所以由分块矩阵求逆的法则可知 $(B-E)^{-1} = \begin{pmatrix} 0 & -3 & 0 \\ 2 & 0 & 0 \\ 0 & 0 & 1 \end{pmatrix}^{-1} = \begin{pmatrix} D & 0 \\ 0 & 1 \end{pmatrix}^{-1} = \begin{pmatrix} D^{-1} & 0 \\ 0 & 1 \end{pmatrix}$, 其中 $D = \begin{pmatrix} 0 & -3 \\ 2 & 0 \end{pmatrix}$, 由对角矩阵求逆可知,$D^{-1} = \begin{pmatrix} 0 & \frac{1}{2} \\ -\frac{1}{3} & 0 \end{pmatrix}$.

因此 $A = E + (B-E)^{-1} = \begin{pmatrix} 1 & \frac{1}{2} & 0 \\ -\frac{1}{3} & 1 & 0 \\ 0 & 0 & 2 \end{pmatrix}$.

【总结】抽象矩阵求逆一般用定义法,即通过对矩阵方程变形构造 $AB = E$.

例 2.23　设矩阵 $A = \begin{pmatrix} 1 & 0 & 1 \\ 0 & 2 & 0 \\ 1 & 0 & 1 \end{pmatrix}$,矩阵 X 满足 $AX + E = A^2 + X$. 其中 E 为 3 阶单位矩阵,

试求出矩阵 $\boldsymbol{X}$.

【解】 由 $\boldsymbol{AX}+\boldsymbol{E}=\boldsymbol{A}^2+\boldsymbol{X}$,移项有 $\boldsymbol{AX}-\boldsymbol{X}=\boldsymbol{A}^2-\boldsymbol{E}$,因式分解,得

$$(\boldsymbol{A}-\boldsymbol{E})\boldsymbol{X}=(\boldsymbol{A}-\boldsymbol{E})(\boldsymbol{A}+\boldsymbol{E}).$$

由 $\boldsymbol{A}-\boldsymbol{E}=\begin{pmatrix}0&0&1\\0&1&0\\1&0&0\end{pmatrix}$ 知,$|\boldsymbol{A}-\boldsymbol{E}|\neq 0$,由矩阵可逆的判定定理,行列式不为 0,则矩阵满秩,有 $\boldsymbol{A}-\boldsymbol{E}$ 可逆. 故 $\boldsymbol{X}=\boldsymbol{A}+\boldsymbol{E}=\begin{pmatrix}2&0&1\\0&3&0\\1&0&2\end{pmatrix}$.

【总结】已知矩阵方程求矩阵,往往采用对矩阵方程进行因式分解化简,分解原则为“求谁就将谁分解出来”. 如果直接代入求解,计算非常复杂,不建议使用.

例 2.24 设 3 阶方阵 $\boldsymbol{A}$、$\boldsymbol{B}$ 满足关系式 $\boldsymbol{A}^{-1}\boldsymbol{BA}=6\boldsymbol{A}+\boldsymbol{BA}$,且 $\boldsymbol{A}=\begin{pmatrix}\frac{1}{3}&0&0\\0&\frac{1}{4}&0\\0&0&\frac{1}{7}\end{pmatrix}$,求矩阵 $\boldsymbol{B}$.

【解】 在等式 $\boldsymbol{A}^{-1}\boldsymbol{BA}=6\boldsymbol{A}+\boldsymbol{BA}$ 两边右乘以 $\boldsymbol{A}^{-1}$,得 $\boldsymbol{A}^{-1}\boldsymbol{B}=6\boldsymbol{E}+\boldsymbol{B}$,即 $(\boldsymbol{A}^{-1}-\boldsymbol{E})\boldsymbol{B}=6\boldsymbol{E}$,

因为 $\boldsymbol{A}^{-1}=\begin{pmatrix}3&0&0\\0&4&0\\0&0&7\end{pmatrix}$,所以 $\boldsymbol{B}=6\,(\boldsymbol{A}^{-1}-\boldsymbol{E})^{-1}=6\begin{pmatrix}2&0&0\\0&3&0\\0&0&6\end{pmatrix}^{-1}=\begin{pmatrix}3&0&0\\0&2&0\\0&0&1\end{pmatrix}$.

【总结】矩阵方程化简中想消去 $\boldsymbol{A}^{-1}$,往往利用逆的定义,两边同时乘以矩阵 $\boldsymbol{A}$;若想消去 $\boldsymbol{A}^*$,则利用核心公式 $\boldsymbol{AA}^*=\boldsymbol{A}^*\boldsymbol{A}=|\boldsymbol{A}|\boldsymbol{E}$,两边同时乘以矩阵 $\boldsymbol{A}$;若想消去 $\boldsymbol{A}$,则可以两边同时乘以 $\boldsymbol{A}^{-1}$ 或 $\boldsymbol{A}^*$.

本章练习

1. 已知 3 阶矩阵 $\boldsymbol{A}$ 的逆矩阵 $\boldsymbol{A}^{-1}=\begin{pmatrix}1&1&1\\1&2&1\\1&1&3\end{pmatrix}$,求伴随矩阵 $\boldsymbol{A}^*$ 的逆矩阵.

2. 若方阵 $\boldsymbol{A}$ 满足 $\boldsymbol{A}^2=\boldsymbol{O}$,求矩阵 $\boldsymbol{E}+\boldsymbol{A}$ 的逆矩阵.

3. 设 $\boldsymbol{A}$ 是任一 $n(n\geqslant 3)$ 阶可逆方阵,$\boldsymbol{A}^*$ 为其伴随矩阵,又 k 为常数且 $k\neq 0$,则必有 $(k\boldsymbol{A})^*=$(　　).

(A) $k\boldsymbol{A}^*$　　(B) $k^{n-1}\boldsymbol{A}^*$　　(C) $k^n\boldsymbol{A}^*$　　(D) $k^{-1}\boldsymbol{A}^*$　　(E) $k^{n^2}\boldsymbol{A}^*$

4. 若 $\boldsymbol{A}$ 为 n 阶方阵且满足 $\boldsymbol{AA}^{\mathrm{T}}=\boldsymbol{E}$,$|\boldsymbol{A}|=-1$,则 $|\boldsymbol{A}+\boldsymbol{E}|=$(　　)(其中 $\boldsymbol{E}$ 为 n 阶单位矩阵).

(A)1　　(B) -1　　(C)0　　(D)2　　(E) 以上都不对

5. 若方阵 $\boldsymbol{A}$、$\boldsymbol{B}$、$\boldsymbol{C}$ 满足 $\boldsymbol{AB}=\boldsymbol{CB}$,则必有(　　).

(A) $A=C$

(B) 若 A、B、C 都可逆，则 $\dfrac{1}{|A|}=\dfrac{1}{|C|}$

(C) $B=O$

(D) $|B|=0$

(E) 若 B 不可逆，则 $A\neq C$

6. 设 A、B 均为可逆矩阵，则必有(　　).

(A) $(A+B)^{-1}=A^{-1}+B^{-1}$

(B) $(AB)^{-1}=A^{-1}B^{-1}$

(C) $(AB)^*=A^*B^*$

(D) $|(AB)^*|=|A|^{n-1}\,|B|^{n-1}$

(E) $(A+B)^*=A^*+B^*$

7. A、B、C 均为 n 阶方阵，E 为 n 阶单位矩阵，且 $AB=BC=CA=E$，则 $A^2+B^2+C^2=$(　　).

(A) $3E$　　(B) $2E$　　(C) E　　(D) O　　(E) $3E$

8. 设 n 阶方阵 A 与 B 等价，则(　　).

(A) $|A|=|B|$

(B) $|A|\neq|B|$

(C) 若 $|A|\neq 0$，则 $|B|\neq 0$

(D) $|A|=-|B|$

(E) 若 $|A|\neq 0$，则 $|B|=0$.

9. 设 A、B 均为 n 阶方阵且满足等式 $AB=O$，则必有(　　).

(A) $A=O$ 或 $B=O$

(B) $A+B=O$

(C) $|A|=0$ 或 $|B|=0$

(D) $|A|+|B|=0$

(E) $|A+B|=0$

10. 已知 n 阶行列式 $|A|=2$，m 阶行列式 $|B|=-2$，则 $m+n$ 阶行列式 $\begin{vmatrix} A & O \\ O & B \end{vmatrix}$ 的值为(　　).

(A) 0　　(B) -1　　(C) 4　　(D) -4　　(E) 1

11. 已知 $A=\begin{bmatrix} -1 & 0 & 0 \\ 0 & -1 & 2 \\ 0 & -2 & 3 \end{bmatrix}$，求 A^{-1}.

12. 将 2 阶矩阵 A 的第 2 列加到第 1 列得矩阵 B，再交换 B 的第 1 行与第 2 行得单位矩阵，则 $A=$(　　).

(A) $\begin{pmatrix} 0 & 1 \\ 1 & 1 \end{pmatrix}$　　(B) $\begin{pmatrix} 0 & 1 \\ 1 & -1 \end{pmatrix}$　　(C) $\begin{pmatrix} 1 & 1 \\ 1 & 0 \end{pmatrix}$　　(D) $\begin{pmatrix} -1 & 1 \\ 1 & 0 \end{pmatrix}$

(E) $\begin{pmatrix} 1 & -1 \\ 0 & 1 \end{pmatrix}$

13. 已知 $AB-B=A$，其中 $B=\begin{bmatrix} 1 & -2 & 0 \\ 2 & 1 & 0 \\ 0 & 0 & 2 \end{bmatrix}$，则 $A=$ ________.

14. 4 阶方阵 $A=\begin{bmatrix} 0 & 0 & 5 & 2 \\ 0 & 0 & 2 & 1 \\ 1 & -2 & 0 & 0 \\ -1 & 3 & 0 & 0 \end{bmatrix}$，则 $A^{-1}=$ ________.

15. 求矩阵 $\begin{bmatrix} 1 & 1 & -1 \\ 0 & 2 & 2 \\ 1 & -1 & 0 \end{bmatrix}$ 的逆.

16. 求矩阵 $A=\begin{pmatrix}1&2&3\\2&1&2\\3&2&1\end{pmatrix}$ 的伴随矩阵.

17. 设矩阵 $A=\begin{pmatrix}1&1&1\\1&1&-1\\1&-1&1\end{pmatrix}$，$B=\begin{pmatrix}1&2&3\\-1&-2&4\\0&5&1\end{pmatrix}$，求 $A^{T}B$.

18. 设 $A=\begin{pmatrix}0&1&0\\0&0&1\\0&0&0\end{pmatrix}$，求 A^{n}（n 为正整数）.

19. 设 4 阶矩阵 $B=\begin{pmatrix}1&-1&0&0\\0&1&-1&0\\0&0&1&-1\\0&0&0&1\end{pmatrix}$，$C=\begin{pmatrix}2&1&3&4\\0&2&1&3\\0&0&2&1\\0&0&0&2\end{pmatrix}$，且矩阵 A 满足关系式 $A(E-C^{-1}B)^{T}C^{T}=E$，其中 E 为 4 阶单位矩阵，C^{-1} 表示 C 的逆矩阵，C^{T} 表示 C 的转置矩阵. 将上述关系式简化并求矩阵 A.

本章练习答案与解析

1.【解】 由公式 $AA^{*}=A^{*}A=|A|E$，有 $\frac{A}{|A|}A^{*}=A^{*}\ \frac{A}{|A|}=E$. 按可逆矩阵定义，知 $(A^{*})^{-1}=\frac{A}{|A|}=|A^{-1}|A$. 由于 $(A^{-1})^{-1}=A$，求 $(A^{*})^{-1}$ 的逆矩阵.

作初等行变换，

$$(A^{-1}\ \vdots\ E)=\left(\begin{array}{ccc:ccc}1&1&1&1&0&0\\1&2&1&0&1&0\\1&1&3&0&0&1\end{array}\right)\xrightarrow[r_3+r_1(-1)]{r_2+r_1(-1)}\left(\begin{array}{ccc:ccc}1&1&1&1&0&0\\0&1&0&-1&1&0\\0&0&2&-1&0&1\end{array}\right),$$

$$\xrightarrow[\frac{1}{2}r_3]{r_1+r_2(-1)}\left(\begin{array}{ccc:ccc}1&0&1&2&-1&0\\0&1&0&-1&1&0\\0&0&1&-\frac{1}{2}&0&\frac{1}{2}\end{array}\right)\xrightarrow{r_1+r_3(-1)}\left(\begin{array}{ccc:ccc}1&0&0&\frac{5}{2}&-1&-\frac{1}{2}\\0&1&0&-1&1&0\\0&0&1&-\frac{1}{2}&0&\frac{1}{2}\end{array}\right),$$

即 $(A^{-1})^{-1}=A=\begin{pmatrix}\frac{5}{2}&-1&-\frac{1}{2}\\-1&1&0\\-\frac{1}{2}&0&\frac{1}{2}\end{pmatrix}$.

又因 $|A^{-1}|=2$，故知 $(A^{*})^{-1}=|A^{-1}|A=\begin{pmatrix}5&-2&-1\\-2&2&0\\-1&0&1\end{pmatrix}$.

2.【解】 因为 $(E+A)(E-A)=E-A^{2}=E$，所以 $E+A$ 的逆矩阵为 $E-A$.

3.【答案】 (B)

【解析】 由伴随矩阵性质可知，$(k\boldsymbol{A})^* = |k\boldsymbol{A}|(k\boldsymbol{A})^{-1} = k^n|\boldsymbol{A}|\dfrac{\boldsymbol{A}^{-1}}{k} = k^{n-1}\boldsymbol{A}^*$，因此答案选(B).

4.【答案】 (C)

【解析】 $|(\boldsymbol{A}+\boldsymbol{E})^{\mathrm{T}}| = |\boldsymbol{A}^{\mathrm{T}}+\boldsymbol{E}| = |\boldsymbol{A}^{\mathrm{T}}+\boldsymbol{A}^{\mathrm{T}}\boldsymbol{A}| = |\boldsymbol{A}^{\mathrm{T}}(\boldsymbol{E}+\boldsymbol{A})| = |\boldsymbol{A}^{\mathrm{T}}||\boldsymbol{E}+\boldsymbol{A}|$，即 $|\boldsymbol{A}+\boldsymbol{E}| = |\boldsymbol{A}||\boldsymbol{E}+\boldsymbol{A}|$ 而 $|\boldsymbol{A}| = -1$，故 $|\boldsymbol{A}+\boldsymbol{E}| = 0$.

5.【答案】 (B)

【解析】 若 $\boldsymbol{A}$、$\boldsymbol{B}$、$\boldsymbol{C}$ 都可逆，则 $|\boldsymbol{A}| \neq 0$，$|\boldsymbol{B}| \neq 0$，$|\boldsymbol{C}| \neq 0$，由 $\boldsymbol{AB} = \boldsymbol{CB}$ 得 $|\boldsymbol{AB}| = |\boldsymbol{CB}|$，即 $|\boldsymbol{A}||\boldsymbol{B}| = |\boldsymbol{C}||\boldsymbol{B}|$，故 $|\boldsymbol{A}| = |\boldsymbol{C}| \Rightarrow \dfrac{1}{|\boldsymbol{A}|} = \dfrac{1}{|\boldsymbol{C}|}$，故选(B).

6.【答案】 (D)

【解析】 $(\boldsymbol{AB})^* = |\boldsymbol{AB}|(\boldsymbol{AB})^{-1} = |\boldsymbol{A}||\boldsymbol{B}|\boldsymbol{B}^{-1}\boldsymbol{A}^{-1} = (|\boldsymbol{B}|\boldsymbol{B}^{-1})(|\boldsymbol{A}|\boldsymbol{A}^{-1}) = \boldsymbol{B}^*\boldsymbol{A}^*$，$|(\boldsymbol{AB})^*| = |\boldsymbol{B}^*||\boldsymbol{A}^*| = |\boldsymbol{B}|^{n-1}|\boldsymbol{A}|^{n-1}$，故选(D).

7.【答案】 (A)

【解析】 由 $\boldsymbol{AB} = \boldsymbol{E} \Rightarrow \boldsymbol{B} = \boldsymbol{A}^{-1}$，同理 $\boldsymbol{C} = \boldsymbol{B}^{-1}$，$\boldsymbol{A} = \boldsymbol{C}^{-1}$，故 $\boldsymbol{A} = \boldsymbol{A}^{-1}$，$\boldsymbol{B} = \boldsymbol{B}^{-1}$，$\boldsymbol{C} = \boldsymbol{C}^{-1}$，$\boldsymbol{A}^2 = \boldsymbol{A}\cdot\boldsymbol{A}^{-1} = \boldsymbol{E}$，$\boldsymbol{B}^2 = \boldsymbol{B}\cdot\boldsymbol{B}^{-1} = \boldsymbol{E}$，$\boldsymbol{C}^2 = \boldsymbol{C}\cdot\boldsymbol{C}^{-1} = \boldsymbol{E}$，则 $\boldsymbol{A}^2+\boldsymbol{B}^2+\boldsymbol{C}^2 = 3\boldsymbol{E}$，所以选(A).

8.【答案】 (C)

【解析】 因 $\boldsymbol{A}$ 与 $\boldsymbol{B}$ 等价，故存在可逆矩阵 $\boldsymbol{P}$，$\boldsymbol{Q}$，使 $\boldsymbol{B} = \boldsymbol{PAQ}$，则 $|\boldsymbol{B}| = |\boldsymbol{P}||\boldsymbol{A}||\boldsymbol{Q}|$，因 $|\boldsymbol{A}| \neq 0$，$|\boldsymbol{P}| \neq 0$，$|\boldsymbol{Q}| \neq 0$，故 $|\boldsymbol{B}| \neq 0$，选(C).

9.【答案】 (C)

【解析】 因为 $\boldsymbol{AB} = \boldsymbol{O}$，所以 $|\boldsymbol{AB}| = |\boldsymbol{A}||\boldsymbol{B}| = 0$，即 $|\boldsymbol{A}| = 0$ 或 $|\boldsymbol{B}| = 0$，故(C)成立.

10.【答案】 (D)

【解析】 因为 $\begin{vmatrix} \boldsymbol{A} & \boldsymbol{O} \\ \boldsymbol{O} & \boldsymbol{B} \end{vmatrix} = |\boldsymbol{A}||\boldsymbol{B}| = 2\cdot(-2) = -4$，所以选(D).

11.【解】 用初等变换求逆.

$$(\boldsymbol{A} \vdots \boldsymbol{E}) = \left(\begin{array}{ccc:ccc} -1 & 0 & 0 & 1 & 0 & 0 \\ 0 & -1 & 2 & 0 & 1 & 0 \\ 0 & -2 & 3 & 0 & 0 & 1 \end{array}\right) \to \left(\begin{array}{ccc:ccc} 1 & 0 & 0 & -1 & 0 & 0 \\ 0 & -1 & 2 & 0 & 1 & 0 \\ 0 & 0 & -1 & 0 & -2 & 1 \end{array}\right)$$

$$\to \left(\begin{array}{ccc:ccc} 1 & 0 & 0 & -1 & 0 & 0 \\ 0 & -1 & 0 & 0 & -3 & 2 \\ 0 & 0 & -1 & 0 & -2 & 1 \end{array}\right) \to \left(\begin{array}{ccc:ccc} 1 & 0 & 0 & -1 & 0 & 0 \\ 0 & 1 & 0 & 0 & 3 & -2 \\ 0 & 0 & 1 & 0 & 2 & -1 \end{array}\right) = (\boldsymbol{E} \vdots \boldsymbol{A}^{-1}),$$

则 $\boldsymbol{A}^{-1} = \begin{pmatrix} -1 & 0 & 0 \\ 0 & 3 & -2 \\ 0 & 2 & -1 \end{pmatrix}$.

12.【答案】 (D)

【解析】 由于 $\boldsymbol{A}$ 的第 2 列加到第 1 列得矩阵 $\boldsymbol{B}$，所以 $\boldsymbol{A}\begin{pmatrix} 1 & 0 \\ 1 & 1 \end{pmatrix} = \boldsymbol{B}$，即 $\boldsymbol{A} = \boldsymbol{B}\begin{pmatrix} 1 & 0 \\ 1 & 1 \end{pmatrix}^{-1} = \boldsymbol{B}\begin{pmatrix} 1 & 0 \\ -1 & 1 \end{pmatrix}$. 又由于交换 $\boldsymbol{B}$ 的第 1 行与第 2 行得单位矩阵，所以 $\begin{pmatrix} 0 & 1 \\ 1 & 0 \end{pmatrix}\boldsymbol{B} = \boldsymbol{E}$，即 $\boldsymbol{B} = \begin{pmatrix} 0 & 1 \\ 1 & 0 \end{pmatrix}^{-1} = \begin{pmatrix} 0 & 1 \\ 1 & 0 \end{pmatrix}$. 所以 $\boldsymbol{A} = \boldsymbol{B}\begin{pmatrix} 1 & 0 \\ -1 & 1 \end{pmatrix} = \begin{pmatrix} 0 & 1 \\ 1 & 0 \end{pmatrix}\begin{pmatrix} 1 & 0 \\ -1 & 1 \end{pmatrix} = \begin{pmatrix} -1 & 1 \\ 1 & 0 \end{pmatrix}$. 故应选(D).

13.【答案】 $\begin{pmatrix} 1 & \frac{1}{2} & 0 \\ -\frac{1}{2} & 1 & 0 \\ 0 & 0 & 2 \end{pmatrix}$

【解析】 由 $\boldsymbol{AB}-\boldsymbol{B}=\boldsymbol{A}$，得 $\boldsymbol{A}(\boldsymbol{B}-\boldsymbol{E})=\boldsymbol{B}$，而 $\boldsymbol{B}-\boldsymbol{E}=\begin{pmatrix} 0 & -2 & 0 \\ 2 & 0 & 0 \\ 0 & 0 & 1 \end{pmatrix}$，$|\boldsymbol{B}-\boldsymbol{E}|=4\neq 0$，

故 $\boldsymbol{B}-\boldsymbol{E}$ 可逆且 $(\boldsymbol{B}-\boldsymbol{E})^{-1}=\begin{pmatrix} 0 & \frac{1}{2} & 0 \\ -\frac{1}{2} & 0 & 0 \\ 0 & 0 & 1 \end{pmatrix}$，则

$$\boldsymbol{A}=\boldsymbol{B}(\boldsymbol{B}-\boldsymbol{E})^{-1}=\begin{pmatrix} 1 & -2 & 0 \\ 2 & 1 & 0 \\ 0 & 0 & 2 \end{pmatrix}\begin{pmatrix} 0 & \frac{1}{2} & 0 \\ -\frac{1}{2} & 0 & 0 \\ 0 & 0 & 1 \end{pmatrix}=\begin{pmatrix} 1 & \frac{1}{2} & 0 \\ -\frac{1}{2} & 1 & 0 \\ 0 & 0 & 2 \end{pmatrix}.$$

14.【答案】 $\begin{pmatrix} 0 & 0 & 3 & 2 \\ 0 & 0 & 1 & 1 \\ 1 & -2 & 0 & 0 \\ -2 & 5 & 0 & 0 \end{pmatrix}$

【解析】 设 $\boldsymbol{A}_1=\begin{pmatrix} 5 & 2 \\ 2 & 1 \end{pmatrix}$，$\boldsymbol{A}_2=\begin{pmatrix} 1 & -2 \\ -1 & 3 \end{pmatrix}$，则 $\boldsymbol{A}=\begin{pmatrix} \boldsymbol{O} & \boldsymbol{A}_1 \\ \boldsymbol{A}_2 & \boldsymbol{O} \end{pmatrix}$. 分块求逆得

$$\boldsymbol{A}_1^{-1}=\begin{pmatrix} 1 & -2 \\ -2 & 5 \end{pmatrix},\boldsymbol{A}_2^{-1}=\begin{pmatrix} 3 & 2 \\ 1 & 1 \end{pmatrix}.$$

所以 $\boldsymbol{A}^{-1}=\begin{pmatrix} \boldsymbol{O} & \boldsymbol{A}_2^{-1} \\ \boldsymbol{A}_1^{-1} & \boldsymbol{O} \end{pmatrix}=\begin{pmatrix} 0 & 0 & 3 & 2 \\ 0 & 0 & 1 & 1 \\ 1 & -2 & 0 & 0 \\ -2 & 5 & 0 & 0 \end{pmatrix}$.

15.【解】 设 $\boldsymbol{A}=\begin{pmatrix} 1 & 1 & -1 \\ 0 & 2 & 2 \\ 1 & -1 & 0 \end{pmatrix}$，对矩阵作初等行变换.

$$\left(\begin{array}{ccc:ccc} 1 & 1 & -1 & 1 & 0 & 0 \\ 0 & 2 & 2 & 0 & 1 & 0 \\ 1 & -1 & 0 & 0 & 0 & 1 \end{array}\right)\to\left(\begin{array}{ccc:ccc} 1 & 1 & -1 & 1 & 0 & 0 \\ 0 & 2 & 2 & 0 & 1 & 0 \\ 0 & -2 & 1 & -1 & 0 & 1 \end{array}\right)\to\left(\begin{array}{ccc:ccc} 1 & 1 & -1 & 1 & 0 & 0 \\ 0 & 1 & 1 & 0 & \frac{1}{2} & 0 \\ 0 & 0 & 3 & -1 & 1 & 1 \end{array}\right)\to$$

$$\left(\begin{array}{ccc:ccc} 1 & 1 & -1 & 1 & 0 & 0 \\ 0 & 1 & 1 & 0 & \frac{1}{2} & 0 \\ 0 & 0 & 1 & -\frac{1}{3} & \frac{1}{3} & \frac{1}{3} \end{array}\right)\to\left(\begin{array}{ccc:ccc} 1 & 0 & 0 & \frac{1}{3} & \frac{1}{6} & \frac{2}{3} \\ 0 & 1 & 0 & \frac{1}{3} & \frac{1}{6} & -\frac{1}{3} \\ 0 & 0 & 1 & -\frac{1}{3} & \frac{1}{3} & \frac{1}{3} \end{array}\right).$$

所以 $A^{-1}=\begin{pmatrix}\frac{1}{3}&\frac{1}{6}&\frac{2}{3}\\\frac{1}{3}&\frac{1}{6}&-\frac{1}{3}\\-\frac{1}{3}&\frac{1}{3}&\frac{1}{3}\end{pmatrix}$.

16.【解析】 方法一 $|A|=\begin{vmatrix}1&2&3\\2&1&2\\3&2&1\end{vmatrix}=\begin{vmatrix}1&2&3\\0&-3&-4\\0&-4&-8\end{vmatrix}=8.$

$$(A\vdots E)=\left(\begin{array}{ccc:ccc}1&2&3&1&0&0\\2&1&2&0&1&0\\3&2&1&0&0&1\end{array}\right)\to\left(\begin{array}{ccc:ccc}1&0&0&-\frac{3}{8}&\frac{1}{2}&\frac{1}{8}\\0&1&0&\frac{1}{2}&-1&\frac{1}{2}\\0&0&1&\frac{1}{8}&\frac{1}{2}&-\frac{3}{8}\end{array}\right),$$

即 $A^{-1}=\begin{pmatrix}-\frac{3}{8}&\frac{1}{2}&\frac{1}{8}\\\frac{1}{2}&-1&\frac{1}{2}\\\frac{1}{8}&\frac{1}{2}&-\frac{3}{8}\end{pmatrix}$. 故 $A^*=|A|A^{-1}=\begin{pmatrix}-3&4&1\\4&-8&4\\1&4&-3\end{pmatrix}$.

方法二 根据伴随矩阵的定义 $A^*=\begin{pmatrix}A_{11}&A_{21}&A_{31}\\A_{12}&A_{22}&A_{32}\\A_{13}&A_{23}&A_{33}\end{pmatrix}$,

$A_{11}=\begin{vmatrix}1&2\\2&1\end{vmatrix}=-3,A_{12}=-\begin{vmatrix}2&2\\3&1\end{vmatrix}=4,A_{13}=\begin{vmatrix}2&1\\3&2\end{vmatrix}=1,$

$A_{21}=-\begin{vmatrix}2&3\\2&1\end{vmatrix}=4,A_{22}=\begin{vmatrix}1&3\\3&1\end{vmatrix}=-8,A_{23}=-\begin{vmatrix}1&2\\3&2\end{vmatrix}=4,$

$A_{31}=\begin{vmatrix}2&3\\1&2\end{vmatrix}=1,A_{32}=-\begin{vmatrix}1&3\\2&2\end{vmatrix}=4,A_{33}=\begin{vmatrix}1&2\\2&1\end{vmatrix}=-3,$

所以 $A^*=\begin{pmatrix}A_{11}&A_{21}&A_{31}\\A_{12}&A_{22}&A_{32}\\A_{13}&A_{23}&A_{33}\end{pmatrix}=\begin{pmatrix}-3&4&1\\4&-8&4\\1&4&-3\end{pmatrix}$.

17.【解】 $A^{\mathrm{T}}B=\begin{pmatrix}1&1&1\\1&1&-1\\1&-1&1\end{pmatrix}\begin{pmatrix}1&2&3\\-1&-2&4\\0&5&1\end{pmatrix}=\begin{pmatrix}0&5&8\\0&-5&6\\2&9&0\end{pmatrix}$.

18.【解】 根据递推法,先求 $A^2,A^3,\cdots$.

$A^2=\begin{pmatrix}0&1&0\\0&0&1\\0&0&0\end{pmatrix}\begin{pmatrix}0&1&0\\0&0&1\\0&0&0\end{pmatrix}=\begin{pmatrix}0&0&1\\0&0&0\\0&0&0\end{pmatrix}$,

$A^3=A^2A=\begin{pmatrix}0&0&1\\0&0&0\\0&0&0\end{pmatrix}\begin{pmatrix}0&1&0\\0&0&1\\0&0&0\end{pmatrix}=\begin{pmatrix}0&0&0\\0&0&0\\0&0&0\end{pmatrix}$,

$$A^4 = A^3A = \begin{pmatrix} 0 & 0 & 0 \\ 0 & 0 & 0 \\ 0 & 0 & 0 \end{pmatrix}\begin{pmatrix} 0 & 1 & 0 \\ 0 & 0 & 1 \\ 0 & 0 & 0 \end{pmatrix} = \begin{pmatrix} 0 & 0 & 0 \\ 0 & 0 & 0 \\ 0 & 0 & 0 \end{pmatrix},\cdots$$

所以 $A^n = \begin{pmatrix} 0 & 0 & 0 \\ 0 & 0 & 0 \\ 0 & 0 & 0 \end{pmatrix}$.

19.**【解】**　由转置矩阵和逆矩阵的性质,$(AB)^T = B^TA^T$;$AA^{-1} = E$;$(A^{-1})^T = (A^T)^{-1}$.

由 $(AB)^T = B^TA^T$ 知 $(E - C^{-1}B)^TC^T = [C(E - C^{-1}B)]^T = (C - B)^T$,那么由 $A(C-B)^T = E$ 知 $A = [(C-B)^T]^{-1} = [(C-B)^{-1}]^T$.

由 $C - B = \begin{pmatrix} 1 & 2 & 3 & 4 \\ 0 & 1 & 2 & 3 \\ 0 & 0 & 1 & 2 \\ 0 & 0 & 0 & 1 \end{pmatrix}$,对 $((C-B) \vdots E)$ 作初等行变换.

$$((C-B)\vdots E) = \left(\begin{array}{cccc:cccc} 1 & 2 & 3 & 4 & 1 & 0 & 0 & 0 \\ 0 & 1 & 2 & 3 & 0 & 1 & 0 & 0 \\ 0 & 0 & 1 & 2 & 0 & 0 & 1 & 0 \\ 0 & 0 & 0 & 1 & 0 & 0 & 0 & 1 \end{array}\right) \to \left(\begin{array}{cccc:cccc} 1 & 2 & 3 & 0 & 1 & 0 & 0 & -4 \\ 0 & 1 & 2 & 0 & 0 & 1 & 0 & -3 \\ 0 & 0 & 1 & 0 & 0 & 0 & 1 & -2 \\ 0 & 0 & 0 & 1 & 0 & 0 & 0 & 1 \end{array}\right)$$

$$\to \left(\begin{array}{cccc:cccc} 1 & 2 & 0 & 0 & 1 & 0 & -3 & 2 \\ 0 & 1 & 0 & 0 & 0 & 1 & -2 & 1 \\ 0 & 0 & 1 & 0 & 0 & 0 & 1 & -2 \\ 0 & 0 & 0 & 1 & 0 & 0 & 0 & 1 \end{array}\right) \to \left(\begin{array}{cccc:cccc} 1 & 0 & 0 & 0 & 1 & -2 & 1 & 0 \\ 0 & 1 & 0 & 0 & 0 & 1 & -2 & 1 \\ 0 & 0 & 1 & 0 & 0 & 0 & 1 & -2 \\ 0 & 0 & 0 & 1 & 0 & 0 & 0 & 1 \end{array}\right),$$

所以 $(C-B)^{-1} = \begin{pmatrix} 1 & -2 & 1 & 0 \\ 0 & 1 & -2 & 1 \\ 0 & 0 & 1 & -2 \\ 0 & 0 & 0 & 1 \end{pmatrix}$,故 $A = \begin{pmatrix} 1 & 0 & 0 & 0 \\ -2 & 1 & 0 & 0 \\ 1 & -2 & 1 & 0 \\ 0 & 1 & -2 & 1 \end{pmatrix}$.

第三章　向量与线性方程组

第一节　向　量

考点归纳

一、n 维向量的概念与运算

1.定义

n 个数 $a_1,a_2,\cdots,a_n$ 构成的有序数组，称为一个 n 元向量(也称 n 维向量)，记作 $\boldsymbol{\alpha}=(a_1,a_2,\cdots,a_n)$，其中 a_i 称为$\boldsymbol{\alpha}$ 的第 i 个分量.向量写成上述形式称为行向量，写成列的形式 $\boldsymbol{\alpha}=\begin{pmatrix}a_1\\a_2\\\vdots\\a_n\end{pmatrix}=(a_1,a_2,\cdots,a_n)^{\mathrm{T}}$ 称为列向量.

2.线性运算

设 $\boldsymbol{\alpha}=(a_1,a_2,\cdots,a_n)^{\mathrm{T}},\boldsymbol{\beta}=(b_1,b_2,\cdots,b_n)^{\mathrm{T}}$，定义：

(1) $\boldsymbol{\alpha}=\boldsymbol{\beta}$，当且仅当 $a_i=b_i(i=1,2,\cdots,n)$；

(2) 向量加法($\boldsymbol{\alpha}$ 与 $\boldsymbol{\beta}$ 之和)

$$\boldsymbol{\alpha}+\boldsymbol{\beta}=(a_1+b_1,a_2+b_2,\cdots,a_n+b_n)^{\mathrm{T}};$$

(3) 向量的数量乘法(简称数乘).　$k\boldsymbol{\alpha}=(ka_1,ka_2,\cdots,ka_n)^{\mathrm{T}}$ 称为向量 $\boldsymbol{\alpha}$ 与数 k 的数量乘积.

3.运算性质

零向量：分量全为零的 n 维向量$(0,0,\cdots,0)^{\mathrm{T}}$ 称为 n 维零向量，记作 $\mathbf{0}_n$，或简记为 $\mathbf{0}$.

设 $\boldsymbol{\alpha},\boldsymbol{\beta},\boldsymbol{\gamma}$ 均为 n 维向量，k,l 是常数，满足下列运算规则：

(1) 加法交换律 $\boldsymbol{\alpha}+\boldsymbol{\beta}=\boldsymbol{\beta}+\boldsymbol{\alpha}$；

(2) 加法结合律 $(\boldsymbol{\alpha}+\boldsymbol{\beta})+\boldsymbol{\gamma}=\boldsymbol{\alpha}+(\boldsymbol{\beta}+\boldsymbol{\gamma})$；

(3) 对任一个向量 $\boldsymbol{\alpha}$，有 $\boldsymbol{\alpha}+\mathbf{0}=\boldsymbol{\alpha}$；

(4) 对任一个向量 $\boldsymbol{\alpha}$，存在负向量 $-\boldsymbol{\alpha}$，使 $\boldsymbol{\alpha}+(-\boldsymbol{\alpha})=\mathbf{0}$；

(5) $1\boldsymbol{\alpha}=\boldsymbol{\alpha}$；

(6) 数乘结合律 $k(l\boldsymbol{\alpha})=(kl)\boldsymbol{\alpha}$；

(7) 数乘分配律 $k(\boldsymbol{\alpha}+\boldsymbol{\beta})=k\boldsymbol{\alpha}+k\boldsymbol{\beta}$；$(k+l)\boldsymbol{\alpha}=k\boldsymbol{\alpha}+l\boldsymbol{\alpha}$.

二、线性组合、线性表出

1.线性组合

给定 $\boldsymbol{\alpha}_1,\boldsymbol{\alpha}_2,\cdots,\boldsymbol{\alpha}_m$，对于任何一组实数 $k_1,k_2,\cdots,k_m$，

$$\sum_{i=1}^{m}k_i\boldsymbol{\alpha}_i=k_1\boldsymbol{\alpha}_1+k_2\boldsymbol{\alpha}_2+\cdots+k_m\boldsymbol{\alpha}_m$$

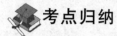

称为向量组 $\boldsymbol{\alpha}_1,\boldsymbol{\alpha}_2,\cdots,\boldsymbol{\alpha}_m$ 的一个线性组合，$k_1,k_2,\cdots,k_m$ 称为这个线性组合的系数.

2.线性表示

给定向量组 $\boldsymbol{\alpha}_1,\boldsymbol{\alpha}_2,\cdots,\boldsymbol{\alpha}_m$ 和向量 $\boldsymbol{\beta}$，如果存在一组数 $\lambda_1,\lambda_2,\cdots,\lambda_m$，使得 $\boldsymbol{\beta}=\lambda_1\boldsymbol{\alpha}_1+\lambda_2\boldsymbol{\alpha}_2+\cdots+\lambda_m\boldsymbol{\alpha}_m$，则向量 $\boldsymbol{\beta}$ 是向量组 $\boldsymbol{\alpha}_1,\boldsymbol{\alpha}_2,\cdots,\boldsymbol{\alpha}_m$ 的线性组合，称向量 $\boldsymbol{\beta}$ 能由向量组 $\boldsymbol{\alpha}_1,\boldsymbol{\alpha}_2,\cdots,\boldsymbol{\alpha}_m$ 线性表示.

【注】 (1) 向量组中任一向量均可由该向量组本身线性表示. 如：$\boldsymbol{\alpha}_1,\boldsymbol{\alpha}_2,\cdots,\boldsymbol{\alpha}_m$，$\boldsymbol{\alpha}_i=0\boldsymbol{\alpha}_1+0\boldsymbol{\alpha}_2+\cdots+1\boldsymbol{\alpha}_i+\cdots+0\boldsymbol{\alpha}_m(i=1,2,\cdots,m)$.

(2) 若 $\boldsymbol{\beta}$ 可由 $\boldsymbol{\alpha}_1,\boldsymbol{\alpha}_2,\cdots,\boldsymbol{\alpha}_m$ 中的部分向量线性表示，则 $\boldsymbol{\beta}$ 可由 $\boldsymbol{\alpha}_1,\boldsymbol{\alpha}_2,\cdots,\boldsymbol{\alpha}_m$ 线性表示.

(3) 讨论一个向量能否由一组向量线性表示的一般方法是利用方程组.

$\boldsymbol{\beta}$ 能(不能) 由 $\boldsymbol{\alpha}_1,\boldsymbol{\alpha}_2,\cdots,\boldsymbol{\alpha}_m$ 线性表示

$\Leftrightarrow$ 存在(不存在) $k_1,k_2,\cdots,k_m$，使得 $k_1\boldsymbol{\alpha}_1+k_2\boldsymbol{\alpha}_2+\cdots+k_m\boldsymbol{\alpha}_m=\boldsymbol{\beta}$ 成立

$\Leftrightarrow$ 方程组 $(\boldsymbol{\alpha}_1,\boldsymbol{\alpha}_2,\cdots,\boldsymbol{\alpha}_m)\begin{pmatrix}x_1\\x_2\\\vdots\\x_m\end{pmatrix}=\boldsymbol{\beta}$ 有(无) 解.

3.向量组等价

如果一个向量组中每一个向量可由另一个向量组线性表示，就称前一个向量组可由后一个向量组线性表示. 如果两个向量组可以相互线性表示，则称这两个向量组是等价的.

【注】 向量组等价具有三条性质：(1) 反身性；(2) 对称性；(3) 传递性.

三、线性相关性

1.线性相关与线性无关的定义

给定 m 个向量 $\boldsymbol{\alpha}_1,\boldsymbol{\alpha}_2,\cdots,\boldsymbol{\alpha}_m$，如果存在 m 个不全为零的数 $k_1,k_2,\cdots,k_m$，使得 $k_1\boldsymbol{\alpha}_1+k_2\boldsymbol{\alpha}_2+\cdots+k_m\boldsymbol{\alpha}_m=\mathbf{0}$ 成立，则称 $\boldsymbol{\alpha}_1,\boldsymbol{\alpha}_2,\cdots,\boldsymbol{\alpha}_m$ 线性相关；否则，称 $\boldsymbol{\alpha}_1,\boldsymbol{\alpha}_2,\cdots,\boldsymbol{\alpha}_m$ 线性无关.

【注】 (1) 对于任一向量组不是线性无关就是线性相关.

(2) 单个向量 $\boldsymbol{\alpha}$ 线性相关(无关)，当且仅当 $\boldsymbol{\alpha}$ 为零向量(非零向量)，即

$$k\boldsymbol{\alpha}=0,\boldsymbol{\alpha}\neq\mathbf{0}\Rightarrow k=0,k\boldsymbol{\alpha}=0,k\neq0\Rightarrow\boldsymbol{\alpha}=\mathbf{0}.$$

(3) 包含零向量的任何向量组都是线性相关的.

(4) 在一个向量组中，若有两个向量完全相同，则这个向量组线性相关.

(5) 若向量组中有两个向量成比例，则这个向量组线性相关.

2.向量组线性相关性的基本性质

性质1 向量组 $\boldsymbol{\alpha}_1,\boldsymbol{\alpha}_2,\cdots,\boldsymbol{\alpha}_m(m\geqslant2)$ 线性相关的充要条件是 $\boldsymbol{\alpha}_1,\boldsymbol{\alpha}_2,\cdots,\boldsymbol{\alpha}_m$ 中至少有一个向量可由其余 $m-1$ 个向量线性表示.

【注】 (1) 该定理不能理解为：线性相关的向量组中，每一个向量都能由其余向量线性表示. 例如：$\boldsymbol{\alpha}_1=(0,1)$，$\boldsymbol{\alpha}_2=(0,-2)$，$\boldsymbol{\alpha}_3=(1,1)$ 是线性相关的，但是 $\boldsymbol{\alpha}_3$ 不能由 $\boldsymbol{\alpha}_1,\boldsymbol{\alpha}_2$ 线性表示.(对任意的 k_1,k_2，都有 $\boldsymbol{\alpha}_3\neq k_1\boldsymbol{\alpha}_1+k_2\boldsymbol{\alpha}_2$.)

(2) 该定理的等价命题是：向量组 $\boldsymbol{\alpha}_1,\boldsymbol{\alpha}_2,\cdots,\boldsymbol{\alpha}_m(m\geqslant2)$ 线性无关的充要条件是其中任一个向量都不能由其余向量线性表示.

(3) $\boldsymbol{\alpha}_1$ 与 $\boldsymbol{\alpha}_2$ 线性相关 $\Leftrightarrow\boldsymbol{\alpha}_1=k\boldsymbol{\alpha}_2\Leftrightarrow$ 对应分量成比例.

性质2 $\boldsymbol{\alpha}_1=(a_{11},a_{21},\cdots,a_{r1})^{\mathrm{T}}$，$\boldsymbol{\alpha}_2=(a_{12},a_{22},\cdots,a_{r2})^{\mathrm{T}},\cdots,\boldsymbol{\alpha}_n=(a_{1n},a_{2n},\cdots,a_{rn})^{\mathrm{T}}$，$\boldsymbol{x}=$

$(x_1,x_2,\cdots,x_n)^{\mathrm{T}}$，则向量组 $\boldsymbol{\alpha}_1,\boldsymbol{\alpha}_2,\cdots,\boldsymbol{\alpha}_n$ 线性相关的充要条件是齐次线性方程组 $\boldsymbol{Ax}=\boldsymbol{0}$ 有非零解，其中 $\boldsymbol{A}=(\boldsymbol{\alpha}_1,\boldsymbol{\alpha}_2,\cdots,\boldsymbol{\alpha}_n)$.

上述定理的等价命题是：$\boldsymbol{\alpha}_1,\boldsymbol{\alpha}_2,\cdots,\boldsymbol{\alpha}_n$ 线性无关的充要条件是齐次线性方程组 $\boldsymbol{Ax}=\boldsymbol{0}$ 只有零解.

【注】 (1) 向量个数 = 未知量个数；向量维数 = 方程个数.

(2) 推论：任意 $n+1$ 个 n 维向量都是线性相关的.

性质 3 若向量组 $\boldsymbol{\alpha}_1,\boldsymbol{\alpha}_2,\cdots,\boldsymbol{\alpha}_r$ 线性无关，而 $\boldsymbol{\beta},\boldsymbol{\alpha}_1,\boldsymbol{\alpha}_2,\cdots,\boldsymbol{\alpha}_r$ 线性相关，则 $\boldsymbol{\beta}$ 可由 $\boldsymbol{\alpha}_1,\boldsymbol{\alpha}_2,\cdots,\boldsymbol{\alpha}_r$ 线性表示，且表示法唯一.

【注】 推论：n 个 n 维向量 $\boldsymbol{\alpha}_1,\boldsymbol{\alpha}_2,\cdots,\boldsymbol{\alpha}_n$ 线性无关，则任一 n 维向量 $\boldsymbol{\alpha}$ 可由 $\boldsymbol{\alpha}_1,\boldsymbol{\alpha}_2,\cdots,\boldsymbol{\alpha}_n$ 线性表示，且表示法唯一.

性质 4 如果向量组 $\boldsymbol{\alpha}_1,\boldsymbol{\alpha}_2,\cdots,\boldsymbol{\alpha}_m$ 中有一部分向量线性相关，则整个向量组也线性相关.（简记为：部分相关，整体相关.）

该命题的逆否命题是：如果 $\boldsymbol{\alpha}_1,\boldsymbol{\alpha}_2,\cdots,\boldsymbol{\alpha}_m$ 线性无关，则其任一部分向量组也线性无关.（简记为：整体无关，部分无关.）

性质 5 设 $\boldsymbol{\alpha}_1,\boldsymbol{\alpha}_2,\cdots,\boldsymbol{\alpha}_s$ 是 m 维向量，$\boldsymbol{\beta}_1,\boldsymbol{\beta}_2,\cdots,\boldsymbol{\beta}_s$ 是 n 维向量，令 $\boldsymbol{\gamma}_1=\begin{pmatrix}\boldsymbol{\alpha}_1\\\boldsymbol{\beta}_1\end{pmatrix}$，$\boldsymbol{\gamma}_2=\begin{pmatrix}\boldsymbol{\alpha}_2\\\boldsymbol{\beta}_2\end{pmatrix}$，$\cdots$，$\boldsymbol{\gamma}_s=\begin{pmatrix}\boldsymbol{\alpha}_s\\\boldsymbol{\beta}_s\end{pmatrix}$，其中 $\boldsymbol{\gamma}_1,\boldsymbol{\gamma}_2,\cdots,\boldsymbol{\gamma}_s$ 是 $m+n$ 维向量. 如果 $\boldsymbol{\alpha}_1,\boldsymbol{\alpha}_2,\cdots,\boldsymbol{\alpha}_s$ 线性无关，则 $\boldsymbol{\gamma}_1,\boldsymbol{\gamma}_2,\cdots,\boldsymbol{\gamma}_s$ 线性无关；反之，若 $\boldsymbol{\gamma}_1,\boldsymbol{\gamma}_2,\cdots,\boldsymbol{\gamma}_s$ 线性相关，则 $\boldsymbol{\alpha}_1,\boldsymbol{\alpha}_2,\cdots,\boldsymbol{\alpha}_s$ 线性相关.（简记为：低维无关，高维无关；高维相关，低维相关.）

四、向量组的极大无关组与秩

1. 定义

设向量组 $\boldsymbol{\alpha}_1,\boldsymbol{\alpha}_2,\cdots,\boldsymbol{\alpha}_s$ 的部分组 $\boldsymbol{\alpha}_{i1},\boldsymbol{\alpha}_{i2},\cdots,\boldsymbol{\alpha}_{ir}$ 满足条件：

(1) $\boldsymbol{\alpha}_{i1},\boldsymbol{\alpha}_{i2},\cdots,\boldsymbol{\alpha}_{ir}$ 线性无关；

(2) $\boldsymbol{\alpha}_1,\boldsymbol{\alpha}_2,\cdots,\boldsymbol{\alpha}_s$ 中的任一向量均可由它们线性表示，

则称向量组 $\boldsymbol{\alpha}_{i1},\boldsymbol{\alpha}_{i2},\cdots,\boldsymbol{\alpha}_{ir}$ 为向量组 $\boldsymbol{\alpha}_1,\boldsymbol{\alpha}_2,\cdots,\boldsymbol{\alpha}_s$ 的一个极大线性无关组，简称极大无关组.

向量组的极大无关组所含向量的个数称为向量组的秩，记为 $r(\boldsymbol{\alpha}_1,\boldsymbol{\alpha}_2,\cdots,\boldsymbol{\alpha}_s)=r$.

【注】 (1) 若向量组中存在 r 个线性无关的向量，且任何 $r+1$ 个向量都线性相关，称数 r 为向量组的秩.

(2) 极大无关组不唯一，但是不同的极大无关组所含向量个数是相同的. 比如 $\boldsymbol{\alpha}_1=(1,0)$，$\boldsymbol{\alpha}_2=(0,1)$，$\boldsymbol{\alpha}_3=(1,1)$，则 $\boldsymbol{\alpha}_3=\boldsymbol{\alpha}_1+\boldsymbol{\alpha}_2$，故 $\boldsymbol{\alpha}_1,\boldsymbol{\alpha}_2$ 或 $\boldsymbol{\alpha}_2,\boldsymbol{\alpha}_3$ 都是极大无关组.

(3) $r(\boldsymbol{\alpha}_1,\boldsymbol{\alpha}_2,\cdots,\boldsymbol{\alpha}_s)\leqslant s$.

(4) 若 $r(\boldsymbol{\alpha}_1,\boldsymbol{\alpha}_2,\cdots,\boldsymbol{\alpha}_s)=r$，则 $\boldsymbol{\alpha}_1,\boldsymbol{\alpha}_2,\cdots,\boldsymbol{\alpha}_s$ 中任意 r 个线性无关的向量组均可作为极大无关组.

(5) 只含零向量的向量组没有极大线性无关组，规定它的秩为零.

(6) 向量组和它的极大线性无关组等价；两向量组等价 $\Leftrightarrow$ 其极大无关组等价.

2. 向量组秩的性质

性质 1 $\boldsymbol{\alpha}_1,\boldsymbol{\alpha}_2,\cdots,\boldsymbol{\alpha}_s$ 线性无关 $\Leftrightarrow r(\boldsymbol{\alpha}_1,\boldsymbol{\alpha}_2,\cdots,\boldsymbol{\alpha}_s)=s$；

$\boldsymbol{\alpha}_1,\boldsymbol{\alpha}_2,\cdots,\boldsymbol{\alpha}_s$ 线性相关 $\Leftrightarrow r(\boldsymbol{\alpha}_1,\boldsymbol{\alpha}_2,\cdots,\boldsymbol{\alpha}_s)<s$.

性质 2　若 $\boldsymbol{\beta}_1,\boldsymbol{\beta}_2,\cdots,\boldsymbol{\beta}_t$ 可由 $\boldsymbol{\alpha}_1,\boldsymbol{\alpha}_2,\cdots,\boldsymbol{\alpha}_s$ 线性表出，则

$$r(\boldsymbol{\beta}_1,\boldsymbol{\beta}_2,\cdots,\boldsymbol{\beta}_t)\leqslant r(\boldsymbol{\alpha}_1,\boldsymbol{\alpha}_2,\cdots,\boldsymbol{\alpha}_s).$$

【注】　等价的向量组秩相等，但秩相同的向量组不一定等价. 例如，$\boldsymbol{\alpha}_1=\begin{pmatrix}1\\0\end{pmatrix},\boldsymbol{\alpha}_2=\begin{pmatrix}2\\0\end{pmatrix}$ 与 $\boldsymbol{\beta}_1=\begin{pmatrix}0\\1\end{pmatrix},\boldsymbol{\beta}_2=\begin{pmatrix}0\\2\end{pmatrix}$.

性质 3　若向量组 $\boldsymbol{\beta}_1,\boldsymbol{\beta}_2,\cdots,\boldsymbol{\beta}_t$ 可由 $\boldsymbol{\alpha}_1,\boldsymbol{\alpha}_2,\cdots,\boldsymbol{\alpha}_s$ 线性表示，且 $t>s$，则 $\boldsymbol{\beta}_1,\boldsymbol{\beta}_2,\cdots,\boldsymbol{\beta}_t$ 线性相关.（多的能由少的线性表示，则多的必线性相关.）

上述定理的等价命题是：若向量组 $\boldsymbol{\beta}_1,\boldsymbol{\beta}_2,\cdots,\boldsymbol{\beta}_t$ 可由 $\boldsymbol{\alpha}_1,\boldsymbol{\alpha}_2,\cdots,\boldsymbol{\alpha}_s$ 线性表示，且 $\boldsymbol{\beta}_1,\boldsymbol{\beta}_2,\cdots,\boldsymbol{\beta}_t$ 线性无关，则 $t\leqslant s$.（无关向量组不能由比它个数少的向量组表出.）

性质 4　对矩阵 $\boldsymbol{A}$ 做初等行变换化为 $\boldsymbol{B}$，则 $\boldsymbol{A}$ 与 $\boldsymbol{B}$ 的任何对应的列向量组有相同的线性相关性，即 $\boldsymbol{A}=(\boldsymbol{\alpha}_1,\boldsymbol{\alpha}_2,\cdots,\boldsymbol{\alpha}_n)\xrightarrow{\text{初等行变换}}(\boldsymbol{\xi}_1,\boldsymbol{\xi}_2,\cdots,\boldsymbol{\xi}_n)=\boldsymbol{B}$，则列向量组 $\boldsymbol{\alpha}_{i_1},\boldsymbol{\alpha}_{i_2},\cdots,\boldsymbol{\alpha}_{i_r}$ 与 $\boldsymbol{\xi}_{i_1},\boldsymbol{\xi}_{i_2},\cdots,\boldsymbol{\xi}_{i_r}$ $(1\leqslant i_1<i_2<\cdots<i_r\leqslant n)$ 有相同的线性相关性.

【注】　利用矩阵的初等行变换可以

(1) 求矩阵的秩.

(2) 求一个向量组的秩，进而判断其线性相关性，求出极大无关组.

(3) 求解线性方程组.

五、矩阵的秩

1. k 阶子式

矩阵 $\boldsymbol{A}=(a_{ij})_{m\times n}$ 的任意 k 行和任意 k 列的交点上的 k^2 个元素按原顺序排成 k 阶行列式

$$\begin{vmatrix}a_{i_1j_1} & a_{i_1j_2} & \cdots & a_{i_1j_k}\\ a_{i_2j_1} & a_{i_2j_2} & \cdots & a_{i_2j_k}\\ \vdots & \vdots & & \vdots\\ a_{i_kj_1} & a_{i_kj_2} & \cdots & a_{i_kj_k}\end{vmatrix}$$ 称为 $\boldsymbol{A}$ 的 k 阶子式.

2. 矩阵的秩

矩阵 $\boldsymbol{A}$ 中存在一个 r 阶子式不为零，而所有 $r+1$ 阶子式全为零（若存在），则称矩阵的秩为 r，记为 $r(\boldsymbol{A})=r$，即非零子式的最高阶数.

【注】　(1) $r(\boldsymbol{A}_{m\times n})\leqslant m,r(\boldsymbol{A}_{m\times n})\leqslant n$.

(2) $r(\boldsymbol{A})=r\Leftrightarrow\boldsymbol{A}$ 中有 r 阶子式不为 0，任何 $r+1$ 阶子式（若还有）必全为 0；$r(\boldsymbol{A})<k\Leftrightarrow\boldsymbol{A}$ 中 k 阶及以上子式全为 0；

$r(\boldsymbol{A})\geqslant k\Leftrightarrow\boldsymbol{A}$ 中有 k 阶子式不为 0.

$r(\boldsymbol{A})=0\Leftrightarrow\boldsymbol{A}=\boldsymbol{0},\boldsymbol{A}\neq\boldsymbol{0}\Leftrightarrow r(\boldsymbol{A})\geqslant 1$.

3. 矩阵秩的基本性质

(1) 初等变换不改变矩阵的秩.

设 $\boldsymbol{A}$ 是 $m\times n$ 矩阵，$\boldsymbol{P},\boldsymbol{Q}$ 分别是 m 阶，n 阶可逆矩阵，则 $r(\boldsymbol{A})=r(\boldsymbol{PA})=r(\boldsymbol{AQ})=r(\boldsymbol{PAQ})$.

同型矩阵 $\boldsymbol{A}$ 和 $\boldsymbol{B}$ 等价 $\Leftrightarrow r(\boldsymbol{A})=r(\boldsymbol{B})$.

(2) 矩阵的秩 = 行秩 = 列秩 = 矩阵的非零子式的最高阶数（三秩相等）.

设 $\boldsymbol{A}=(a_{ij})_{m\times n}=(\boldsymbol{\alpha}_1,\cdots,\boldsymbol{\alpha}_n)=\begin{pmatrix}\boldsymbol{\beta}_1\\ \vdots\\ \boldsymbol{\beta}_m\end{pmatrix}$，则 $r(\boldsymbol{A})=r(\boldsymbol{\alpha}_1,\cdots,\boldsymbol{\alpha}_n)=r(\boldsymbol{\beta}_1,\cdots,\boldsymbol{\beta}_m)=\boldsymbol{A}$ 的非零

子式的最高阶数.

【注】 $r(\boldsymbol{A})=r(\boldsymbol{A}^{\mathrm{T}})$.

(3) $\boldsymbol{A}$ 为 n 阶方阵,$r(\boldsymbol{A})=n \Leftrightarrow |\boldsymbol{A}| \neq 0 \Leftrightarrow \boldsymbol{A}$ 可逆 $\Leftrightarrow \boldsymbol{A}$ 的行(列)向量组线性无关.

(4) $r(\boldsymbol{A}+\boldsymbol{B}) \leqslant r(\boldsymbol{A})+r(\boldsymbol{B}), r(k\boldsymbol{A})=r(\boldsymbol{A}), k \neq 0$.

(5) $r(\boldsymbol{AB}) \leqslant r(\boldsymbol{A}), r(\boldsymbol{AB}) \leqslant r(\boldsymbol{B})$——“矩阵越乘秩越小”.

(6) $\boldsymbol{A}$ 是 $m \times n$ 矩阵,$\boldsymbol{B}$ 是 $n \times p$ 矩阵,如 $\boldsymbol{AB}=\boldsymbol{O}$,则 $r(\boldsymbol{A})+r(\boldsymbol{B}) \leqslant n$.

(7) 若 $r(\boldsymbol{A}_{m\times n})=n$,则 $r(\boldsymbol{AB})=r(\boldsymbol{B})$;若 $r(\boldsymbol{B}_{n\times s})=n$ 则 $r(\boldsymbol{AB})=r(\boldsymbol{A})$.

(8) $r(\boldsymbol{A}^*)=\begin{cases} n, & r(\boldsymbol{A})=n, \\ 1, & r(\boldsymbol{A})=n-1, \\ 0, & r(\boldsymbol{A})<n-1. \end{cases}$

第二节　线性方程组

考点归纳

一、线性方程组的三种表达形式、解与通解

1. 线性方程组的三种表达形式

(1) 一般形式(代数形式)

$$\begin{cases} a_{11}x_1+a_{12}x_2+\cdots+a_{1n}x_n=b_1, \\ a_{21}x_1+a_{22}x_2+\cdots+a_{2n}x_n=b_2, \\ \cdots\cdots \\ a_{m1}x_1+a_{m2}x_2+\cdots+a_{mn}x_n=b_m, \end{cases} \tag{2.1}$$

称为 m 个方程 n 个未知量的线性方程组,当 $b_1=b_2=\cdots=b_m=0$ 时,称为齐次线性方程组;当 $b_1,b_2,\cdots,b_m$ 不全为零时,称为非齐次线性方程组.

(2) 矩阵形式

设 $\boldsymbol{A}=\begin{pmatrix} a_{11} & a_{12} & \cdots & a_{1n} \\ a_{21} & a_{22} & \cdots & a_{2n} \\ \vdots & \vdots & & \vdots \\ a_{m1} & a_{m2} & \cdots & a_{mn} \end{pmatrix}, \boldsymbol{x}=\begin{pmatrix} x_1 \\ x_2 \\ \vdots \\ x_n \end{pmatrix}, \boldsymbol{b}=\begin{pmatrix} b_1 \\ b_2 \\ \vdots \\ b_m \end{pmatrix}$,则式(2.1)可表为 $\boldsymbol{A}_{m\times n}\boldsymbol{x}=\boldsymbol{b}$.

(3) 向量形式

$$\boldsymbol{\alpha}_1=\begin{pmatrix} a_{11} \\ a_{21} \\ \vdots \\ a_{m1} \end{pmatrix}, \boldsymbol{\alpha}_2=\begin{pmatrix} a_{12} \\ a_{22} \\ \vdots \\ a_{m2} \end{pmatrix}, \cdots, \boldsymbol{\alpha}_n=\begin{pmatrix} a_{1n} \\ a_{2n} \\ \vdots \\ a_{mn} \end{pmatrix}, \boldsymbol{b}=\begin{pmatrix} b_1 \\ b_2 \\ \vdots \\ b_m \end{pmatrix},$$

则式(2.1)可表示为 $x_1\boldsymbol{\alpha}_1+x_2\boldsymbol{\alpha}_2+\cdots+x_n\boldsymbol{\alpha}_n=\boldsymbol{b}$.

【注】 系数矩阵的行数 = 方程的个数;系数矩阵的列数 = 变量的个数.

2. 解与通解

若 $\boldsymbol{A}\boldsymbol{x}_0=\boldsymbol{b}$,则称 $\boldsymbol{x}_0$ 为 $\boldsymbol{A}\boldsymbol{x}=\boldsymbol{b}$ 的一个解.

当方程组有无穷多解时,则称它的全部解为该方程组的通解.

【注】 齐次线性方程组总有零解.

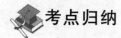

二、齐次线性方程组有非零解的条件及解的结构

1. 解的判定

定理 1 设 $\mathbf{A}$ 是 $m\times n$ 矩阵，则齐次线性方程组 $\mathbf{Ax}=\mathbf{0}$ 有非零解（只有零解）的充要条件为 $r(\mathbf{A})<n(r(\mathbf{A})=n)$.

推论 齐次线性方程组 $\mathbf{A}_{n\times n}\mathbf{x}=\mathbf{0}$ 有非零解（只有零解）的充要条件为 $|\mathbf{A}|=0(|\mathbf{A}|\neq 0)$.

【注】 (1) 对于 $\mathbf{A}_{m\times n}\mathbf{x}=\mathbf{0}$，若 $m<n$，则 $\mathbf{A}_{m\times n}\mathbf{x}=\mathbf{0}$ 有非零解；

(2) 令 $\mathbf{A}=(\boldsymbol{\alpha}_1,\boldsymbol{\alpha}_2,\cdots,\boldsymbol{\alpha}_n)$，$\mathbf{Ax}=\mathbf{0}$，即 $x_1\boldsymbol{\alpha}_1+x_2\boldsymbol{\alpha}_2+\cdots+x_n\boldsymbol{\alpha}_n=\mathbf{0}$ 有非零解（只有零解）$\Leftrightarrow\boldsymbol{\alpha}_1,\boldsymbol{\alpha}_2,\cdots,\boldsymbol{\alpha}_n$ 线性相关（无关）

$\Leftrightarrow r(\mathbf{A})<n(r(\mathbf{A})=n)$

$\Leftrightarrow\mathbf{A}$ 的列向量线性相关（无关）；

(3) 讨论 $\boldsymbol{\alpha}_1,\boldsymbol{\alpha}_2,\cdots,\boldsymbol{\alpha}_n$ 线性相关性的常用方法：

① 定义.

② 秩：$r(\boldsymbol{\alpha}_1,\boldsymbol{\alpha}_2,\cdots,\boldsymbol{\alpha}_n)=r$，若 $r<n$ 则相关；若 $r=n$ 则无关.

③ 行列式（维数等于个数）.

④ 线性方程组：$x_1\boldsymbol{\alpha}_1+x_2\boldsymbol{\alpha}_2+\cdots+x_n\boldsymbol{\alpha}_n=\mathbf{0}$ 有无非零解.

2. 解的结构

(1) 解的性质

齐次线性方程组任二个解的线性组合仍为其解，即若 $\mathbf{x}_1,\mathbf{x}_2$ 是齐次线性方程组 $\mathbf{Ax}=\mathbf{0}$ 的两个解，则 $k_1\mathbf{x}_1+k_2\mathbf{x}_2(k_1,k_2$ 为任意常数) 也是它的解.（简记为：齐次解＋齐次解＝齐次解.）

推广：若 $\mathbf{x}_1,\cdots,\mathbf{x}_s$ 均为 $\mathbf{Ax}=\mathbf{0}$ 的解，则 $k_1\mathbf{x}_1+\cdots+k_s\mathbf{x}_s$ 也是 $\mathbf{Ax}=\mathbf{0}$ 的解.

(2) 齐次线性方程组的基础解系（解的极大线性无关组）

设 $\mathbf{x}_1,\mathbf{x}_2,\cdots,\mathbf{x}_p$ 是 $\mathbf{Ax}=\mathbf{0}$ 的解向量，若

① $\mathbf{x}_1,\mathbf{x}_2,\cdots,\mathbf{x}_p$ 线性无关；

② $\mathbf{Ax}=\mathbf{0}$ 的任一个解向量可由 $\mathbf{x}_1,\mathbf{x}_2,\cdots,\mathbf{x}_p$ 线性表示；

则称 $\mathbf{x}_1,\mathbf{x}_2,\cdots,\mathbf{x}_p$ 是 $\mathbf{Ax}=\mathbf{0}$ 的一个基础解系.

定理 2 设 $\mathbf{A}$ 是 $m\times n$ 矩阵，若 $r(\mathbf{A})=r<n$，则齐次线性方程组 $\mathbf{Ax}=\mathbf{0}$ 存在基础解系，且基础解系含 $n-r$ 个解向量.

【注】 基础解系三要素：方程组的解；线性无关；基础解系中所含解向量个数 $=n-r(\mathbf{A})$.

(3) 通解定义

若 $r(\mathbf{A})=r<n$，则 $\mathbf{Ax}=\mathbf{0}$ 有非零解，设 $\boldsymbol{\xi}_1,\boldsymbol{\xi}_2,\cdots,\boldsymbol{\xi}_{n-r}$ 是 $\mathbf{Ax}=\mathbf{0}$ 的基础解系，则 $\mathbf{x}=k_1\boldsymbol{\xi}_1+k_2\boldsymbol{\xi}_2+\cdots+k_{n-r}\boldsymbol{\xi}_{n-r}$ 是 $\mathbf{Ax}=\mathbf{0}$ 的通解，其中 $k_1,k_2,\cdots,k_{n-r}$ 是任意常数.

(4) 求解齐次线性方程组 $\mathbf{A}_{m\times n}\mathbf{x}=\mathbf{0}$ 的方法步骤：

第一步，用初等行变换化系数矩阵 $\mathbf{A}$ 为行阶梯形；

第二步，若 $r(\mathbf{A})=n$，则无基础解系，只有零解；

若 $r(\mathbf{A})<n$，在每个阶梯上选出一列，剩下的 $n-r(\mathbf{A})$ 列对应的变量就是自由变量. 依次对一个自由变量赋值为 1，其余自由变量赋值为 0，代入阶梯形方程组中求解，得到 $n-r(\mathbf{A})$ 个线性无关的解，设为 $\boldsymbol{\xi}_1,\boldsymbol{\xi}_2,\cdots,\boldsymbol{\xi}_{n-r(\mathbf{A})}$，即为基础解系，则 $\mathbf{Ax}=\mathbf{0}$ 的通解为 $\mathbf{x}=k_1\boldsymbol{\xi}_1+k_2\boldsymbol{\xi}_2+\cdots+k_{n-r}\boldsymbol{\xi}_{n-r(\mathbf{A})}$，其中 $k_1,k_2,\cdots,k_{n-r(\mathbf{A})}$ 是任意常数.

三、非齐次线性方程组有解的条件及解的结构

1. 解的判定

$A_{m\times n}x=b$ 有解 $\Leftrightarrow r(A)=r(A,b)=r$，且 $r=n\Leftrightarrow A_{m\times n}x=b$ 有唯一解；$r<n\Leftrightarrow A_{m\times n}x=b$ 有无穷多解.

$A_{m\times n}x=b$ 无解 $\Leftrightarrow r(A)\neq r(A,b)\Leftrightarrow r(A)+1=r(A,b)$.

【注】 (1) 当 $m=n$ 时，$|A|=0$ 是 $Ax=b$ 无解（或有无穷多解）的必要非充分条件.

(2) 按向量形式：

$x_1\boldsymbol{\alpha}_1+x_2\boldsymbol{\alpha}_2+\cdots+x_n\boldsymbol{\alpha}_n=b(A=(\boldsymbol{\alpha}_1,\boldsymbol{\alpha}_2,\cdots,\boldsymbol{\alpha}_n))$ 有解（无解）

$\Leftrightarrow b$ 可（不可）由 $\boldsymbol{\alpha}_1,\boldsymbol{\alpha}_2,\cdots,\boldsymbol{\alpha}_n$ 线性表示

$\Leftrightarrow b$ 可（不可）由 A 的列向量线性表示.

2. 解的结构

(1) 解的性质

① 设 $Ax_1=b,Ax_2=b$，则 $A(x_1-x_2)=0$，即 x_1-x_2 是 $Ax=0$ 的解.

② 设 $Ax_1=b,Ax_0=0$，则 $A(x_1+x_0)=b$，即 x_1+x_0 是 $Ax=b$ 的解.

(2) 非齐次线性方程组的通解

若 $Ax=b$ 有无穷多解，则其通解为 $x=k_1\boldsymbol{\xi}_1+k_2\boldsymbol{\xi}_2+\cdots+k_{n-r}\boldsymbol{\xi}_{n-r(A)}+\boldsymbol{\eta}$，其中 $\boldsymbol{\xi}_1,\boldsymbol{\xi}_2,\cdots,\boldsymbol{\xi}_{n-r(A)}$ 为 $Ax=0$ 的一组基础解系，$\boldsymbol{\eta}$ 是 $Ax=b$ 的一个特解.

(3) 求解非齐次线性方程组的通解的步骤：

第一步，用初等行变换化增广矩阵 $\overline{A}=(A,b)$ 为行阶梯形；

第二步，若 $r(A)\neq r(A,b)$，则 $Ax=b$ 无解；若 $r(A)=r(A,b)=n$，则方程组有唯一解，根据消元法得到方程组的唯一解；

若 $r(A)=r(A,b)<n$，则方程组有无穷多解，设 $\boldsymbol{\eta}$ 是 $Ax=b$ 的一个特解，则 $Ax=b$ 的通解为 $x=k_1\boldsymbol{\xi}_1+k_2\boldsymbol{\xi}_2+\cdots+k_{n-r}\boldsymbol{\xi}_{n-r(A)}+\boldsymbol{\eta}$，其中 $\boldsymbol{\xi}_1,\boldsymbol{\xi}_2,\cdots,\boldsymbol{\xi}_{n-r(A)}$ 为 $Ax=0$ 的一组基础解系.

重要题型

题型一　向量的线性相关性以及线性表示

【题型方法分析】

(1) 数值型向量组线性相关性判定

① 个数和维数角度：个数大于维数则一定线性相关；个数等于维数，则用行列式判定法，行列式等于零即线性相关，反之，则无关.

② 部分和整体角度：部分相关则整体相关；整体无关则部分无关.

③ 高维和低维角度：低维无关则高维无关；高维相关则低维相关.

(2) 抽象型向量组线性相关性判定

① 定义法：证谁设谁，拆项重组或两边同乘.

② 用秩，秩小于向量个数则线性相关；秩等于向量个数则线性无关.

(3) 数值型向量组线性表示，直接转化为方程组问题求解

一个 n 维向量 $\boldsymbol{\beta}$ 能否由一个 n 维向量组 $\boldsymbol{\alpha}_1,\boldsymbol{\alpha}_2,\cdots,\boldsymbol{\alpha}_s$ 线性表示：

第一步，$(\boldsymbol{\alpha}_1,\boldsymbol{\alpha}_2,\cdots,\boldsymbol{\alpha}_s,\boldsymbol{\beta})\xrightarrow{\text{初等行变换}}$ 行阶梯形矩阵；

第二步，若 $r(\boldsymbol{\alpha}_1,\boldsymbol{\alpha}_2,\cdots,\boldsymbol{\alpha}_s)\neq r(\boldsymbol{\alpha}_1,\boldsymbol{\alpha}_2,\cdots,\boldsymbol{\alpha}_s,\boldsymbol{\beta})$，则 $\boldsymbol{\beta}$ 不能由向量组 $\boldsymbol{\alpha}_1,\boldsymbol{\alpha}_2,\cdots,\boldsymbol{\alpha}_s$ 线性

表示；

若 $r(\boldsymbol{\alpha}_1,\boldsymbol{\alpha}_2,\cdots,\boldsymbol{\alpha}_s)=r(\boldsymbol{\alpha}_1,\boldsymbol{\alpha}_2,\cdots,\boldsymbol{\alpha}_s,\boldsymbol{\beta})$，则 $\boldsymbol{\beta}$ 能由向量组 $\boldsymbol{\alpha}_1,\boldsymbol{\alpha}_2,\cdots,\boldsymbol{\alpha}_s$ 线性表示.

第三步，解方程组 $(\boldsymbol{\alpha}_1,\boldsymbol{\alpha}_2,\cdots,\boldsymbol{\alpha}_s)\boldsymbol{x}=\boldsymbol{\beta}$，或者将阶梯形矩阵中每个阶梯的第一列化成基本单位向量 $\begin{pmatrix}1\\0\\0\end{pmatrix}$，$\begin{pmatrix}0\\1\\0\end{pmatrix}$，再求出线性表示关系式.

例 3.1　设向量组 $\boldsymbol{\alpha}_1=(1,1,0)^{\mathrm{T}}$，$\boldsymbol{\alpha}_2=(1,3,-1)^{\mathrm{T}}$，$\boldsymbol{\alpha}_3=(5,3,t)^{\mathrm{T}}$，$\boldsymbol{\alpha}_1,\boldsymbol{\alpha}_2,\boldsymbol{\alpha}_3$ 线性相关，求 t 的值.

【解】　由于 $\boldsymbol{\alpha}_1,\boldsymbol{\alpha}_2,\boldsymbol{\alpha}_3$ 是 3 个线性相关的 3 维向量，所以可以利用行列式来计算.

$$|\boldsymbol{\alpha}_1,\boldsymbol{\alpha}_2,\boldsymbol{\alpha}_3|=\begin{vmatrix}1&1&5\\1&3&3\\0&-1&t\end{vmatrix}=\begin{vmatrix}1&1&5\\0&2&-2\\0&-1&t\end{vmatrix}=2t-2=0,$$

故 $t=1$.

【总结】当向量组个数等于维数时，则用行列式判定：

$|\boldsymbol{\alpha}_1,\boldsymbol{\alpha}_2,\cdots,\boldsymbol{\alpha}_n|=0\Leftrightarrow\boldsymbol{\alpha}_1,\boldsymbol{\alpha}_2,\cdots,\boldsymbol{\alpha}_n$ 线性相关；$|\boldsymbol{\alpha}_1,\boldsymbol{\alpha}_2,\cdots,\boldsymbol{\alpha}_n|\neq 0\Leftrightarrow\boldsymbol{\alpha}_1,\boldsymbol{\alpha}_2,\cdots,\boldsymbol{\alpha}_n$ 线性无关.

例 3.2　设 $\boldsymbol{A}$ 是 n 阶矩阵，且 $\boldsymbol{A}$ 的行列式 $|\boldsymbol{A}|=0$，则 $\boldsymbol{A}$ 中(　　).

(A) 必有一列元素全为 0　　(B) 必有两列元素对应成比例

(C) 必有一列向量是其余列向量的线性组合　(D) 任一列向量是其余列向量的线性组合

(E) 任意两行元素对应成比例

【答案】　(C)

【解析】　本题考查 $|\boldsymbol{A}|=0$ 的充分必要条件，而选项(A)、(B)、(D) 都是充分条件，并不必要.

由线性相关性的性质可知，向量组中有一列向量是其余列向量的线性组合等价于向量组线性相关，故等价于其行列式为零.

以 3 阶矩阵为例，若 $\boldsymbol{A}=\begin{pmatrix}1&1&2\\1&2&3\\1&3&4\end{pmatrix}$，条件(A) 必有一列元素全为 0，(B) 必有两列元素对应成比例均不成立，但有 $|\boldsymbol{A}|=0$，所以(A)、(B) 不满足题意，不可选.

若 $\boldsymbol{A}=\begin{pmatrix}1&2&3\\1&2&4\\1&2&5\end{pmatrix}$，则 $|\boldsymbol{A}|=0$，但第三列并不是其余两列的线性组合，可见(D) 不正确.

可知应选(C).

【总结】因为对行列式 $|\boldsymbol{A}|$ 来说，行和列具有等价性，所以单一说列或者单一说行满足什么条件就构成了 $|\boldsymbol{A}|=0$ 的必要条件，不具有任意性. 比如本题只需要存在一列向量是其余列向量的线性组合即可.

例 3.3　设 $\boldsymbol{\alpha}_1=(1,1,1)$，$\boldsymbol{\alpha}_2=(1,2,3)$，$\boldsymbol{\alpha}_3=(1,3,t)$.

(1) 问当 t 为何值时，向量组 $\boldsymbol{\alpha}_1,\boldsymbol{\alpha}_2,\boldsymbol{\alpha}_3$ 线性无关？

(2) 问当 t 为何值时，向量组 $\boldsymbol{\alpha}_1,\boldsymbol{\alpha}_2,\boldsymbol{\alpha}_3$ 线性相关？

(3) 当向量组 $\boldsymbol{\alpha}_1,\boldsymbol{\alpha}_2,\boldsymbol{\alpha}_3$ 线性相关时，将 $\boldsymbol{\alpha}_3$ 表示为 $\boldsymbol{\alpha}_1$ 和 $\boldsymbol{\alpha}_2$ 的线性组合.

【解】 由于 $|\boldsymbol{\alpha}_1,\boldsymbol{\alpha}_2,\boldsymbol{\alpha}_3|=\begin{vmatrix}1&1&1\\1&2&3\\1&3&t\end{vmatrix}=t-5$，故当 $t\neq 5$ 时，向量组 $\boldsymbol{\alpha}_1,\boldsymbol{\alpha}_2,\boldsymbol{\alpha}_3$ 线性无关；$t=5$ 时，向量组 $\boldsymbol{\alpha}_1,\boldsymbol{\alpha}_2,\boldsymbol{\alpha}_3$ 线性相关.

当 $t=5$ 时，

$$(\boldsymbol{\alpha}_1,\boldsymbol{\alpha}_2,\boldsymbol{\alpha}_3)=\begin{pmatrix}1&1&1\\1&2&3\\1&3&5\end{pmatrix}\to\begin{pmatrix}1&1&1\\0&1&2\\0&2&4\end{pmatrix}\to\begin{pmatrix}1&1&1\\0&1&2\\0&0&0\end{pmatrix}\to\begin{pmatrix}1&0&-1\\0&1&2\\0&0&0\end{pmatrix},$$

即 $\boldsymbol{\alpha}_3=-\boldsymbol{\alpha}_1+2\boldsymbol{\alpha}_2$.

【总结】 线性相关、线性无关以及线性表示是考试的重点，在联考数学中通常以计算题的形式考查，解法同本题的解析，熟练掌握这类题的解题方法. 现将线性表示的解题步骤总结如下：

第一步，将向量组用矩阵形式表示，并作初等行变换至行阶梯形矩阵；

第二步，将每个阶梯的第一列化成基本单位向量 $\begin{pmatrix}1\\0\\0\end{pmatrix},\begin{pmatrix}0\\1\\0\end{pmatrix}$；

第三步，将其余向量由阶梯的第一列线性表示出来.

例 3.4 设有三维列向量 $\boldsymbol{\alpha}_1=\begin{pmatrix}1+\lambda\\1\\1\end{pmatrix},\boldsymbol{\alpha}_2=\begin{pmatrix}1\\1+\lambda\\1\end{pmatrix},\boldsymbol{\alpha}_3=\begin{pmatrix}1\\1\\1+\lambda\end{pmatrix},\boldsymbol{\beta}=\begin{pmatrix}0\\\lambda\\\lambda^2\end{pmatrix}$，问 λ 取何值时，

(1) $\boldsymbol{\beta}$ 可由 $\boldsymbol{\alpha}_1,\boldsymbol{\alpha}_2,\boldsymbol{\alpha}_3$ 线性表示，且表达式唯一？

(2) $\boldsymbol{\beta}$ 可由 $\boldsymbol{\alpha}_1,\boldsymbol{\alpha}_2,\boldsymbol{\alpha}_3$ 线性表示，且表达式不唯一？

(3) $\boldsymbol{\beta}$ 不能由 $\boldsymbol{\alpha}_1,\boldsymbol{\alpha}_2,\boldsymbol{\alpha}_3$ 线性表示？

【解】 设 $x_1\boldsymbol{\alpha}_1+x_2\boldsymbol{\alpha}_2+x_3\boldsymbol{\alpha}_3=\boldsymbol{\beta}$，即

$$\begin{cases}(1+\lambda)x_1+x_2+x_3=0,\\x_1+(1+\lambda)x_2+x_3=\lambda,\\x_1+x_2+(1+\lambda)x_3=\lambda^2,\end{cases}$$

对方程组的增广矩阵作初等行变换，有

$$\left(\begin{array}{ccc|c}1+\lambda&1&1&0\\1&1+\lambda&1&\lambda\\1&1&1+\lambda&\lambda^2\end{array}\right)\xrightarrow[-(1+\lambda)\times r_1+r_3]{(-1)\times r_1+r_2}\left(\begin{array}{ccc|c}1+\lambda&1&1&0\\-\lambda&\lambda&0&\lambda\\-\lambda^2-2\lambda&-\lambda&0&\lambda^2\end{array}\right)$$

$$\xrightarrow{r_2+r_3}\left(\begin{array}{ccc|c}1+\lambda&1&1&0\\-\lambda&\lambda&0&\lambda\\-\lambda^2-3\lambda&0&0&\lambda^2+\lambda\end{array}\right).$$

若$\lambda \neq 0$且$\lambda^2+3\lambda \neq 0$,即$\lambda \neq 0$且$\lambda \neq -3$,则$r(\boldsymbol{A})=r(\overline{\boldsymbol{A}})=3$,方程组有唯一解,即$\boldsymbol{\beta}$可由$\boldsymbol{\alpha}_1,\boldsymbol{\alpha}_2,\boldsymbol{\alpha}_3$线性表示且表达式唯一.

若$\lambda=0$,则$r(\boldsymbol{A})=r(\overline{\boldsymbol{A}})=1<3$,方程组有无穷多解,$\boldsymbol{\beta}$可由$\boldsymbol{\alpha}_1,\boldsymbol{\alpha}_2,\boldsymbol{\alpha}_3$线性表示,且表达式不唯一.

若$\lambda=-3$,则$r(\boldsymbol{A})=2,r(\overline{\boldsymbol{A}})=3$,方程组无解,从而$\boldsymbol{\beta}$不能由$\boldsymbol{\alpha}_1,\boldsymbol{\alpha}_2,\boldsymbol{\alpha}_3$线性表示.

【总结】一个向量可以由一组向量线性表示的问题,本质上就是求方程组解的问题,所以需要掌握利用初等变换求解线性方程组的方法.本题关于解的判定,也可以用行列式.

例 3.5　已知向量组$\boldsymbol{\alpha}_1,\boldsymbol{\alpha}_2,\boldsymbol{\alpha}_3,\boldsymbol{\alpha}_4$线性无关,则(　　).

(A) $\boldsymbol{\alpha}_1+\boldsymbol{\alpha}_2,\boldsymbol{\alpha}_2+\boldsymbol{\alpha}_3,\boldsymbol{\alpha}_3+\boldsymbol{\alpha}_4,\boldsymbol{\alpha}_4+\boldsymbol{\alpha}_1$线性无关

(B) $\boldsymbol{\alpha}_1-\boldsymbol{\alpha}_2,\boldsymbol{\alpha}_2-\boldsymbol{\alpha}_3,\boldsymbol{\alpha}_3-\boldsymbol{\alpha}_4,\boldsymbol{\alpha}_4-\boldsymbol{\alpha}_1$线性无关

(C) $\boldsymbol{\alpha}_1+\boldsymbol{\alpha}_2,\boldsymbol{\alpha}_2+\boldsymbol{\alpha}_3,\boldsymbol{\alpha}_3+\boldsymbol{\alpha}_4,\boldsymbol{\alpha}_4-\boldsymbol{\alpha}_1$线性无关

(D) $\boldsymbol{\alpha}_1+\boldsymbol{\alpha}_2,\boldsymbol{\alpha}_2+\boldsymbol{\alpha}_3,\boldsymbol{\alpha}_3-\boldsymbol{\alpha}_4,\boldsymbol{\alpha}_4-\boldsymbol{\alpha}_1$线性无关

(E) $\boldsymbol{\alpha}_1+\boldsymbol{\alpha}_2+\boldsymbol{\alpha}_3,\boldsymbol{\alpha}_2+\boldsymbol{\alpha}_3,\boldsymbol{\alpha}_4-\boldsymbol{\alpha}_1,\boldsymbol{\alpha}_4$

【答案】　(C)

【解析】　**方法一**　排除法.

排除(B):全部相加等于$\mathbf{0}$;

排除(D):$(\boldsymbol{\alpha}_1+\boldsymbol{\alpha}_2)-(\boldsymbol{\alpha}_2+\boldsymbol{\alpha}_3)+(\boldsymbol{\alpha}_3-\boldsymbol{\alpha}_4)+(\boldsymbol{\alpha}_4-\boldsymbol{\alpha}_1)=\mathbf{0}$;

排除(A):$(\boldsymbol{\alpha}_1+\boldsymbol{\alpha}_2)+(\boldsymbol{\alpha}_3+\boldsymbol{\alpha}_4)-(\boldsymbol{\alpha}_2+\boldsymbol{\alpha}_3)-(\boldsymbol{\alpha}_4+\boldsymbol{\alpha}_1)=\mathbf{0}$.

所以选(C).

方法二　直接推演法.

设存在常数k_1,k_2,k_3,k_4使得

$k_1(\boldsymbol{\alpha}_1+\boldsymbol{\alpha}_2)+k_2(\boldsymbol{\alpha}_2+\boldsymbol{\alpha}_3)+k_3(\boldsymbol{\alpha}_3+\boldsymbol{\alpha}_4)+k_4(\boldsymbol{\alpha}_4-\boldsymbol{\alpha}_1)=\mathbf{0}$,拆项变形为

$(k_1-k_4)\boldsymbol{\alpha}_1+(k_1+k_2)\boldsymbol{\alpha}_2+(k_2+k_3)\boldsymbol{\alpha}_3+(k_3+k_4)\boldsymbol{\alpha}_4=\mathbf{0}$,

由向量组$\boldsymbol{\alpha}_1,\boldsymbol{\alpha}_2,\boldsymbol{\alpha}_3,\boldsymbol{\alpha}_4$线性无关可知,$\begin{cases}k_1-k_4=0,\\k_1+k_2=0,\\k_2+k_3=0,\\k_3+k_4=0\end{cases}\Rightarrow k_1=k_2=k_3=k_4=0.$

故向量组$\boldsymbol{\alpha}_1+\boldsymbol{\alpha}_2,\boldsymbol{\alpha}_2+\boldsymbol{\alpha}_3,\boldsymbol{\alpha}_3+\boldsymbol{\alpha}_4,\boldsymbol{\alpha}_4-\boldsymbol{\alpha}_1$线性无关.

【总结】抽象型向量组线性无关的判定用定义法:证谁设谁,拆项重组或者两边同乘.

题型二　向量的极大无关组与秩

【题型方法分析】

(1) 数值型向量组的极大无关组与秩求解步骤:

① 向量组进行初等行变换化为行阶梯形;

② 每个阶梯处取一个向量,构成的向量组为极大无关组;

③ 将行阶梯化为行最简,利用向量之间元素的关系写出线性表示式.

(2) 抽象型向量组的极大无关组求解利用定义:线性无关,极大无关组中向量个数 = 向量组的秩.

例 3.6　设有向量组$\boldsymbol{\alpha}_1=(1,-1,2,4),\boldsymbol{\alpha}_2=(0,5,1,2),\boldsymbol{\alpha}_3=(3,0,7,4),\boldsymbol{\alpha}_4=$

$(1,-2,2,0)$，$\boldsymbol{\alpha}_5=(2,1,5,10)$，则该向量组的极大无关组为(　　).

(A) $\boldsymbol{\alpha}_1,\boldsymbol{\alpha}_2,\boldsymbol{\alpha}_3$　(B) $\boldsymbol{\alpha}_1,\boldsymbol{\alpha}_2,\boldsymbol{\alpha}_4$　(C) $\boldsymbol{\alpha}_1,\boldsymbol{\alpha}_2,\boldsymbol{\alpha}_5$　(D) $\boldsymbol{\alpha}_1,\boldsymbol{\alpha}_2,\boldsymbol{\alpha}_4,\boldsymbol{\alpha}_5$

(E) $\boldsymbol{\alpha}_2,\boldsymbol{\alpha}_3,\boldsymbol{\alpha}_4$

【答案】 (D)

【解析】 因 $|\boldsymbol{\alpha}_1^{\mathrm{T}},\boldsymbol{\alpha}_2^{\mathrm{T}},\boldsymbol{\alpha}_4^{\mathrm{T}},\boldsymbol{\alpha}_5^{\mathrm{T}}|=\begin{vmatrix}1&0&1&2\\-1&5&-2&1\\2&1&2&5\\4&2&0&10\end{vmatrix}=8\neq0$，故 $\boldsymbol{\alpha}_1,\boldsymbol{\alpha}_2,\boldsymbol{\alpha}_4,\boldsymbol{\alpha}_5$ 线性无关，且再加一个向量即 5 个四维向量，故必线性相关，因此 $\boldsymbol{\alpha}_1,\boldsymbol{\alpha}_2,\boldsymbol{\alpha}_3,\boldsymbol{\alpha}_4,\boldsymbol{\alpha}_5$ 的秩为 4，则 $\boldsymbol{\alpha}_1,\boldsymbol{\alpha}_2,\boldsymbol{\alpha}_4,\boldsymbol{\alpha}_5$ 为此向量组的极大线性无关组，所以选(D).

> **【总结】** 向量组的极大无关组的判定，只需要满足两个要素：线性无关，且所含向量个数 = 向量组的秩.

例 3.7　已知向量组 $\boldsymbol{\alpha}_1=(1,2,-1,1)^{\mathrm{T}}$，$\boldsymbol{\alpha}_2=(2,0,t,0)^{\mathrm{T}}$，$\boldsymbol{\alpha}_3=(0,-4,5,t)^{\mathrm{T}}$ 线性无关，求 t 的取值.

【解】 $$\boldsymbol{A}=(\boldsymbol{\alpha}_1,\boldsymbol{\alpha}_2,\boldsymbol{\alpha}_3)=\begin{pmatrix}1&2&0\\2&0&-4\\-1&t&5\\1&0&t\end{pmatrix}\to\begin{pmatrix}1&2&0\\0&-4&-4\\0&t+2&5\\0&-2&t\end{pmatrix}\to\begin{pmatrix}1&2&0\\0&1&1\\0&0&3-t\\0&0&t+2\end{pmatrix},$$

由于任意 t，恒有 $r(\boldsymbol{A})=3$，所以向量组 $\boldsymbol{\alpha}_1,\boldsymbol{\alpha}_2,\boldsymbol{\alpha}_3$ 必线性无关. 因此 t 的取值为任意实数.

> **【总结】** 由于向量的个数与维数不一样，不能用行列式去分析，只能用齐次方程组只有零解或矩阵的秩等于 n 来进行分析.

例 3.8　讨论向量组 $\boldsymbol{\alpha}_1=(1,1,0)$，$\boldsymbol{\alpha}_2=(1,3,-1)$，$\boldsymbol{\alpha}_3=(5,3,t)$ 的线性相关性.

【解】 由 $\begin{vmatrix}1&1&5\\1&3&3\\0&-1&t\end{vmatrix}=2t-2=2(t-1)$，故当 $t\neq1$ 时，$\boldsymbol{\alpha}_1,\boldsymbol{\alpha}_2,\boldsymbol{\alpha}_3$ 线性无关；$t=1$ 时，$\boldsymbol{\alpha}_1,\boldsymbol{\alpha}_2,\boldsymbol{\alpha}_3$ 线性相关.

> **【总结】** m 个 n 维向量 $\boldsymbol{\alpha}_1,\boldsymbol{\alpha}_2,\cdots,\boldsymbol{\alpha}_m$ 线性相关的充分必要条件是齐次方程组
> $$(\boldsymbol{\alpha}_1,\boldsymbol{\alpha}_2,\cdots,\boldsymbol{\alpha}_m)\begin{pmatrix}x_1\\x_2\\\vdots\\x_m\end{pmatrix}=\mathbf{0}$$ 有非零解.
>
> 特别地，n 个 n 维向量 $\boldsymbol{\alpha}_1,\boldsymbol{\alpha}_2,\cdots,\boldsymbol{\alpha}_n$ 线性相关的充分必要条件是行列式 $|\boldsymbol{\alpha}_1,\boldsymbol{\alpha}_2,\cdots,\boldsymbol{\alpha}_n|=0$.

例 3.9　已知向量组 $\boldsymbol{\alpha}_1=(1,2,3,4)$，$\boldsymbol{\alpha}_2=(2,3,4,5)$，$\boldsymbol{\alpha}_3=(3,4,5,6)$，$\boldsymbol{\alpha}_4=(4,5,6,7)$，求向量组的秩.

【解】 经过初等变换后向量组的秩不变.

所以有 $A=\begin{pmatrix}\boldsymbol{\alpha}_1\\ \boldsymbol{\alpha}_2\\ \boldsymbol{\alpha}_3\\ \boldsymbol{\alpha}_4\end{pmatrix}=\begin{pmatrix}1&2&3&4\\2&3&4&5\\3&4&5&6\\4&5&6&7\end{pmatrix}\to\begin{pmatrix}1&2&3&4\\0&-1&-2&-3\\0&-2&-4&-6\\0&-3&-6&-9\end{pmatrix}\to\begin{pmatrix}1&2&3&4\\0&1&2&3\\0&0&0&0\\0&0&0&0\end{pmatrix}$.

由矩阵秩的定义,有 $r(\boldsymbol{\alpha}_1,\boldsymbol{\alpha}_2,\boldsymbol{\alpha}_3,\boldsymbol{\alpha}_4)=r(\boldsymbol{A})=2$.

【总结】求向量组的秩的方法:(1) 初等变换;(2) 方阵可以用行列式;(3) 秩的定义.

题型三　矩阵的秩

【题型方法分析】

(1) 求矩阵的秩

① 具体矩阵:**方法 1** 初等变换.

$\boldsymbol{A}\xrightarrow{\text{初等变换}}$ 行阶梯形矩阵 $\boldsymbol{B}$,则 $\boldsymbol{A}$ 的秩就等于阶梯形 $\boldsymbol{B}$ 非零行数;

方法 2　求矩阵 $\boldsymbol{A}$ 中非零子式的最高阶数.

② 抽象矩阵:用矩阵秩的定义及性质来求.

(2) 已知矩阵的秩,求其待定系数

方法 1　$\boldsymbol{A}\xrightarrow{\text{初等变换}}$ 行阶梯形矩阵 $\boldsymbol{B}$,则 $\boldsymbol{A}$ 的秩就等于阶梯形 $\boldsymbol{B}$ 的非零行数;

方法 2　若 $\boldsymbol{A}$ 是 n 阶方阵,且 $r(\boldsymbol{A})<n$,得 $|\boldsymbol{A}|=0$ 求出待定系数.这时可能得到待定系数能取多个值的情况,应根据矩阵的秩来验证这些值是否满足已知条件.

例 3.10　设 3 阶矩阵 $\boldsymbol{A}=\begin{pmatrix}a&b&b\\b&a&b\\b&b&a\end{pmatrix}$,若 $\boldsymbol{A}$ 的伴随矩阵的秩等于 1,则必有(　　).

(A) $a=b$ 或 $a+2b=0$　　(B) $a=b$ 或 $a+2b\neq 0$

(C) $a\neq b$ 且 $a+2b=0$　　(D) $a\neq b$ 且 $a+2b\neq 0$

(E) $a=b$

【答案】 (C)

【解析】　由 $r(\boldsymbol{A}^*)=1$ 知,$r(\boldsymbol{A})=3-1=2$,则 $|\boldsymbol{A}|=0$,由 $|\boldsymbol{A}|=\begin{vmatrix}a&b&b\\b&a&b\\b&b&a\end{vmatrix}=(a-b)^2(a+2b)=0$.可得 $a=b$ 或 $a+2b=0$,但 $a=b$ 时,$r(\boldsymbol{A})=1\neq 2$,故 $a\neq b$ 且 $a+2b=0$.

例 3.11　设 4 阶方阵 $\boldsymbol{A}$ 的秩为 2,则其伴随矩阵 $\boldsymbol{A}^*$ 的秩为________.

【答案】 0

【解析】　**方法一**　由于 $r(\boldsymbol{A})=2$.说明 $\boldsymbol{A}$ 中 3 阶子式全为 0,于是得代数余子式 $A_{ij}\equiv 0$,故 $\boldsymbol{A}^*=0$.所以 $r(\boldsymbol{A}^*)=0$.

方法二　伴随矩阵 $\boldsymbol{A}^*$ 秩的关系式 $r(\boldsymbol{A}^*)=\begin{cases}n, & r(\boldsymbol{A})=n,\\ 1, & r(\boldsymbol{A})=n-1,\\ 0, & r(\boldsymbol{A})<n-1,\end{cases}$ 易知 $r(\boldsymbol{A}^*)=0$.

【总结】牢记公式 $r(\boldsymbol{A}^*)=\begin{cases}n, & r(\boldsymbol{A})=n,\\ 1, & r(\boldsymbol{A})=n-1,\\ 0, & r(\boldsymbol{A})<n-1,\end{cases}$ 可以快速解题.

例 3.12 设 $\boldsymbol{A}$ 是 4×3 矩阵，且 $\boldsymbol{A}$ 的秩 $r(\boldsymbol{A})=2$，而 $\boldsymbol{B}=\begin{pmatrix}1&0&2\\0&2&0\\-1&0&3\end{pmatrix}$，求 $r(\boldsymbol{AB})$.

【解】 因为 $|\boldsymbol{B}|=\begin{vmatrix}1&0&2\\0&2&0\\-1&0&3\end{vmatrix}=10\neq 0$，所以矩阵 $\boldsymbol{B}$ 可逆，故 $r(\boldsymbol{AB})=r(\boldsymbol{A})=2$.

【总结】矩阵 $\boldsymbol{A}$ 左乘或右乘可逆矩阵，不改变矩阵的秩.

题型四　线性方程组解的性质、判定与结构

【题型方法分析】

(1) 利用齐次、非齐次方程组的解的性质、判定、解的结构，基础解系概念等直接解题.

(2) 将行列式、矩阵、向量的内容与方程组的基本概念相结合.

例 3.13 设 $\boldsymbol{A}$ 是 $m\times n$ 矩阵，$\boldsymbol{B}$ 是 $n\times m$ 矩阵，则线性方程组 $(\boldsymbol{AB})\boldsymbol{x}=\boldsymbol{0}$（　　）.

(A) 当 $n>m$ 时仅有零解　　(B) 当 $n>m$ 时必有非零解

(C) 当 $m>n$ 时仅有零解　　(D) 当 $m>n$ 时必有非零解

(E) 当 $m=n$ 时，只有零解

【答案】 (D)

【解析】 利用齐次方程组解的充要条件，结合矩阵的秩来求解.

方法 1 $\boldsymbol{A}$ 是 $m\times n$ 矩阵，$\boldsymbol{B}$ 是 $n\times m$ 矩阵，则 $\boldsymbol{AB}$ 是 m 阶方阵，因 $r(\boldsymbol{AB})\leqslant\min(r(\boldsymbol{A}),r(\boldsymbol{B}))$. 当 $m>n$ 时，有 $r(\boldsymbol{AB})\leqslant\min(r(\boldsymbol{A}),r(\boldsymbol{B}))\leqslant n<m$（系数矩阵的秩小于未知数的个数）. 方程组 $(\boldsymbol{AB})\boldsymbol{x}=\boldsymbol{0}$ 必有非零解，故应选(D).

方法 2 $\boldsymbol{B}$ 是 $n\times m$ 矩阵，当 $m>n$ 时，则 $r(\boldsymbol{B})\leqslant n<m$（系数矩阵的秩小于未知数的个数），方程组 $\boldsymbol{Bx}=\boldsymbol{0}$ 必有非零解，即存在 $\boldsymbol{x}_0\neq\boldsymbol{0}$，使得 $\boldsymbol{Bx}_0=\boldsymbol{0}$，两边左乘 $\boldsymbol{A}$，得 $\boldsymbol{ABx}_0=\boldsymbol{0}$，即 $\boldsymbol{ABx}=\boldsymbol{0}$ 有非零解，故选(D).

【总结】齐次线性方程组解的判定就是看系数矩阵的秩和未知数个数的关系，涉及矩阵秩的求解往往结合矩阵秩的性质.

例 3.14 设 n 阶矩阵 $\boldsymbol{A}$ 的伴随矩阵 $\boldsymbol{A}^*\neq 0$，若 $\boldsymbol{\xi}_1,\boldsymbol{\xi}_2,\boldsymbol{\xi}_3,\boldsymbol{\xi}_4$ 是非齐次线性方程组 $\boldsymbol{Ax}=\boldsymbol{b}$ 的互不相等的解，则对应的齐次线性方程组 $\boldsymbol{Ax}=\boldsymbol{0}$ 的基础解系（　　）.

(A) 不存在　　(B) 仅含一个非零解向量

(C) 含有两个线性无关的解向量　　(D) 含有三个线性无关的解向量

(E) 含有 $n-1$ 个线无关的解，$n\geqslant 3$ 时

【答案】 (B)

【解析】 若 $\boldsymbol{x}_1,\boldsymbol{x}_2$ 是 $\boldsymbol{Ax}=\boldsymbol{b}$ 的解，则 $\boldsymbol{x}_1-\boldsymbol{x}_2$ 是对应齐次方程组 $\boldsymbol{Ax}=\boldsymbol{0}$ 的解，且 $\boldsymbol{\xi}_1\neq\boldsymbol{\xi}_2$，得

$\boldsymbol{\xi}_1-\boldsymbol{\xi}_2\neq\mathbf{0}$ 是 $\boldsymbol{Ax}=\mathbf{0}$ 的解. 由齐次线性方程组有非零解的充要条件，知 $r(\boldsymbol{A})<n$. $\boldsymbol{A}^*\neq\mathbf{0}$，由伴随矩阵的定义，知 $\boldsymbol{A}$ 中至少有一个代数余子式 $A_{ij}\neq 0$，即 $\boldsymbol{A}$ 中有 $n-1$ 阶子式不为零，由 $r(\boldsymbol{A})=r$ 的充要条件是 $\boldsymbol{A}$ 的非零子式的最高阶为 r，故 $r(\boldsymbol{A})\geqslant n-1$，再由上面的 $r(\boldsymbol{A})<n$，得 $r(\boldsymbol{A})=n-1$，故基础解系所含向量个数为 $n-(n-1)=1$，故选(B).

【总结】涉及基础解系的题，牢记基础解系三要素：方程组的解；线性无关；基础解系中所含解向量个数 $=n-r(\boldsymbol{A})$.

题型五　齐次线性方程组的求解

【题型方法分析】

(1) 数值型齐次线性方程组的求解

第一步，用初等行变换化系数矩阵 $\boldsymbol{A}$ 为行阶梯形；

第二步，若 $r(\boldsymbol{A})=n$，则无基础解系，只有零解；

若 $r(\boldsymbol{A})<n$，在每个阶梯上选出一列，剩下的 $n-r(\boldsymbol{A})$ 列对应的变量就是自由变量. 依次对一个自由变量赋值为 1，其余自由变量赋值为 0，代入阶梯形方程组中求解，得到 $n-r(\boldsymbol{A})$ 个线性无关的解，设为 $\boldsymbol{\xi}_1,\boldsymbol{\xi}_2,\cdots,\boldsymbol{\xi}_{n-r(\boldsymbol{A})}$，即为基础解系，则 $\boldsymbol{Ax}=\mathbf{0}$ 的通解为 $\boldsymbol{x}=k_1\boldsymbol{\xi}_1+k_2\boldsymbol{\xi}_2+\cdots+k_{n-r}\boldsymbol{\xi}_{n-r(\boldsymbol{A})}$，其中 $k_1,k_2,\cdots,k_{n-r(\boldsymbol{A})}$ 是任意常数.

(2) 抽象型齐次线性方程组的求解

利用基础解系的定义或者三要素求解.

例 3.15　齐次线性方程组 $\begin{cases}\lambda x_1+x_2+x_3=0,\\ x_1+\lambda x_2+x_3=0,\\ x_1+x_2+x_3=0\end{cases}$ 只有零解，求 λ 应满足的条件.

【解】 $|\boldsymbol{A}|=\begin{vmatrix}\lambda & 1 & 1\\ 1 & \lambda & 1\\ 1 & 1 & 1\end{vmatrix}=\begin{vmatrix}\lambda-1 & 0 & 0\\ 0 & \lambda-1 & 0\\ 1 & 1 & 1\end{vmatrix}=(\lambda-1)^2$，所以 $|\boldsymbol{A}|\neq 0\Rightarrow\lambda\neq 1$.

【总结】n 个方程 n 个未知数的齐次方程组 $\boldsymbol{Ax}=\mathbf{0}$ 有非零解的充分必要条件是 $|\boldsymbol{A}|=0$，因为此时未知数的个数等于方程的个数，即 $\boldsymbol{A}$ 为方阵时，用 $|\boldsymbol{A}|=0$ 判定比较方便.

例 3.16　求方程组 $\begin{cases}x_1+2x_2+x_3-x_4=0,\\ 2x_1+3x_2+x_3-3x_4=0,\\ 3x_1+5x_2+2x_3-4x_4=0\end{cases}$ 的基础解系和通解.

【解】 $\boldsymbol{A}=\begin{pmatrix}1 & 2 & 1 & -1\\ 2 & 3 & 1 & -3\\ 3 & 5 & 2 & -4\end{pmatrix}\xrightarrow[\text{变换}]{\text{初等行}}\begin{pmatrix}1 & 2 & 1 & -1\\ 0 & 1 & 1 & 1\\ 0 & 0 & 0 & 0\end{pmatrix}$,

取 x_3,x_4 为自由变量得 $\boldsymbol{\xi}_1=\begin{pmatrix}1\\ -1\\ 1\\ 0\end{pmatrix}$，$\boldsymbol{\xi}_2=\begin{pmatrix}3\\ -1\\ 0\\ 1\end{pmatrix}$,

所以通解为 $x = k_1\boldsymbol{\xi}_1 + k_2\boldsymbol{\xi}_2 = k_1\begin{pmatrix}1\\-1\\1\\0\end{pmatrix} + k_2\begin{pmatrix}3\\-1\\0\\1\end{pmatrix}$，其中 k_1, k_2 为任意常数.

【总结】 求解数值型齐次线性方程组直接按照题型方法中的步骤计算即可.

题型六　非齐次线性方程组的求解

【题型方法分析】

(1) 数值型非齐次线性方程组的求解

第一步，用初等行变换化增广矩阵 $\overline{\boldsymbol{A}} = (\boldsymbol{A}, \boldsymbol{b})$ 为行阶梯形；

第二步，若 $r(\boldsymbol{A}) \neq r(\boldsymbol{A}, \boldsymbol{b})$，则 $\boldsymbol{A}x = \boldsymbol{b}$ 无解；若 $r(\boldsymbol{A}) = r(\boldsymbol{A}, \boldsymbol{b}) = n$，则方程组有唯一解，根据消元法得到方程组的唯一解；若 $r(\boldsymbol{A}) = r(\boldsymbol{A}, \boldsymbol{b}) < n$，则方程组有无穷多解，设 $\boldsymbol{\eta}$ 是 $\boldsymbol{A}x = \boldsymbol{b}$ 的一个特解，则 $\boldsymbol{A}x = \boldsymbol{b}$ 的通解为 $x = k_1\boldsymbol{\xi}_1 + k_2\boldsymbol{\xi}_2 + \cdots + k_{n-r}\boldsymbol{\xi}_{n-r(\boldsymbol{A})} + \boldsymbol{\eta}$，其中 $\boldsymbol{\xi}_1, \boldsymbol{\xi}_2, \cdots, \boldsymbol{\xi}_{n-r(\boldsymbol{A})}$ 为 $\boldsymbol{A}x = \boldsymbol{0}$ 的一组基础解系.

(2) 抽象型非齐次线性方程组的求解

利用解的结构：非齐通 = 齐通 + 非齐特，根据基础解系三要素构造出齐次特解，再利用非齐次线性方程组解的定义构造非齐次特解.

例 3.17　若 $\begin{pmatrix}1&1\\2&2\end{pmatrix}\boldsymbol{X} = \begin{pmatrix}2&3\\4&6\end{pmatrix}$，求 $\boldsymbol{X}$.

【解】　由于矩阵 $\begin{pmatrix}1&1\\2&2\end{pmatrix}$ 不可逆，故可设 $\boldsymbol{X} = \begin{bmatrix}x_1&y_1\\x_2&y_2\end{bmatrix}$，于是 $\begin{pmatrix}1&1\\2&2\end{pmatrix}\begin{pmatrix}x_1&y_1\\x_2&y_2\end{pmatrix} = \begin{pmatrix}2&3\\4&6\end{pmatrix}$.

得方程组 $\begin{cases}x_1 + x_2 = 2,\\2x_1 + 2x_2 = 4,\\y_1 + y_2 = 3,\\2y_1 + 2y_2 = 6\end{cases} \Rightarrow \begin{cases}x_1 = 2 - t,\\x_2 = t,\\y_1 = 3 - u,\\y_2 = u,\end{cases}$ 所以 $\boldsymbol{X} = \begin{pmatrix}2-t&3-u\\t&u\end{pmatrix}$，$t, u$ 是任意常数.

【总结】 已知矩阵方程求矩阵问题：已知 $\boldsymbol{AX} = \boldsymbol{B}$，求 $\boldsymbol{X}$.
若 $\boldsymbol{A}$ 可逆，则 $X = \boldsymbol{A}^{-1}\boldsymbol{B}$；若 $\boldsymbol{A}$ 不可逆，则将 $\boldsymbol{X}$ 的元素设作未知变量，转化为方程组求解.

例 3.18　问 λ 为何值时，线性方程组 $\begin{cases}x_1 + x_3 = \lambda,\\4x_1 + x_2 + 2x_3 = \lambda + 2,\\6x_1 + x_2 + 4x_3 = 2\lambda + 3\end{cases}$ 有解，并求出解的一般形式.

【解】　对方程组的增广矩阵作初等行变换，有

$$\left(\begin{array}{ccc:c}1&0&1&\lambda\\4&1&2&\lambda+2\\6&1&4&2\lambda+3\end{array}\right) \to \left(\begin{array}{ccc:c}1&0&1&\lambda\\0&1&-2&-3\lambda+2\\0&1&-2&-4\lambda+3\end{array}\right) \to \left(\begin{array}{ccc:c}1&0&1&\lambda\\0&1&-2&-3\lambda+2\\0&0&0&-\lambda+1\end{array}\right),$$

由于方程组有解的充要条件是 $r(\boldsymbol{A}) = r(\overline{\boldsymbol{A}})$，故仅当 $-\lambda + 1 = 0$，即 $\lambda = 1$ 时，方程组有解. 此时秩 $r(\boldsymbol{A}) = r(\overline{\boldsymbol{A}}) = 2 < n = 3$，符合定理的第二种情况，故方程组有无穷多解.

由同解方程组齐通解＋非齐特解的形式.即$\begin{cases}x_1+x_3=1,\\x_2-2x_3=-1,\end{cases}\Rightarrow\begin{cases}x_1=x_3+1,\\x_2=2x_3-1,\\x_3=x_3.\end{cases}$故通解为：

$$x=k\begin{bmatrix}-1\\2,\\1\end{bmatrix}+\begin{bmatrix}1\\-1,\\0\end{bmatrix}=\begin{bmatrix}-k+1\\2k-1,\\k\end{bmatrix}.$$

【总结】方程组求解问题是考试的重点，对于非齐次线性方程组解的结构是齐次的通解加上非齐次的特解.需熟练掌握求解的步骤和方法.

例 3.19 已知线性方程组$\begin{cases}x_1+x_2+x_3+x_4+x_5=a,\\3x_1+2x_2+x_3+x_4-3x_5=0,\\x_2+2x_3+2x_4+6x_5=b,\\5x_1+4x_2+3x_3+3x_4-x_5=2,\end{cases}$

(1) a,b 为何值时，方程组有解？

(2) 方程组有解时，求出方程组的导出组的一个基础解系；

(3) 方程组有解时，求出方程组的全部解.

【解】 对增广矩阵作初等行变换.

$$\left(\begin{array}{ccccc:c}1&1&1&1&1&a\\3&2&1&1&-3&0\\0&1&2&2&6&b\\5&4&3&3&-1&2\end{array}\right)\to\left(\begin{array}{ccccc:c}1&1&1&1&1&a\\0&-1&-2&-2&-6&-3a\\0&1&2&2&6&b\\0&-1&-2&-2&-6&2-5a\end{array}\right)\to\left(\begin{array}{ccccc:c}1&1&1&1&1&a\\0&1&2&2&6&3a\\0&0&0&0&0&b-3a\\0&0&0&0&0&2-2a\end{array}\right).$$

(1) 当 $b-3a=0$ 且 $2-2a=0$，即 $a=1,b=3$ 时方程组有解.

(2) 当 $a=1,b=3$ 时，方程组的同解方程组是$\begin{cases}x_1+x_2+x_3+x_4+x_5=1,\\x_2+2x_3+2x_4+6x_5=3,\end{cases}$由 $n-r(\boldsymbol{A})=5-2=3$，即解向量的个数为 3，

取自变量为 x_3,x_4,x_5，则导出组的基础解系为

$$\boldsymbol{\eta}_1=(-1,1,1,0,0)^{\mathrm{T}},\boldsymbol{\eta}_2=(-1,1,0,1,0)^{\mathrm{T}},\boldsymbol{\eta}_3=(3,-3,0,0,1)^{\mathrm{T}}.$$

(3) 令 $x_3=x_4=x_5=0$，得方程组的特解为 $\boldsymbol{\xi}=(-2,3,0,0,0)^{\mathrm{T}}$. 由(2)知 $\boldsymbol{\eta}_1,\boldsymbol{\eta}_2,\boldsymbol{\eta}_3$ 是对应齐次线性方程组 $\boldsymbol{Ax}=\boldsymbol{0}$ 的基础解系，则 $\boldsymbol{Ax}=\boldsymbol{b}$ 的通解形式为 $k_1\boldsymbol{\eta}_1+k_2\boldsymbol{\eta}_2+k_3\boldsymbol{\eta}_3+\boldsymbol{\xi}$.

由解的性质和解的结构得方程组的所有解是 $\boldsymbol{\xi}+k_1\boldsymbol{\eta}_1+k_2\boldsymbol{\eta}_2+k_3\boldsymbol{\eta}_3$，其中 k_1,k_2,k_3 为任意常数.

【总结】含参数的非齐次方程组的求解，根据解的判定确定参数，再求解.

本章练习

1. 已知 $\boldsymbol{\alpha}_1,\boldsymbol{\alpha}_2,\boldsymbol{\alpha}_3$ 线性无关，证明 $2\boldsymbol{\alpha}_1+3\boldsymbol{\alpha}_2,\boldsymbol{\alpha}_2-\boldsymbol{\alpha}_3,\boldsymbol{\alpha}_1+\boldsymbol{\alpha}_2+\boldsymbol{\alpha}_3$ 线性无关.

2. 对于线性方程组$\begin{cases}\lambda x_1+x_2+x_3=\lambda-3,\\x_1+\lambda x_2+x_3=-2,\\x_1+x_2+\lambda x_3=-2.\end{cases}$讨论 λ 取何值时，方程组无解、有唯一解和有无

穷多组解.在方程组有无穷多组解时,试用其导出组的基础解系表示全部解.

3.已知线性方程组$\begin{cases}x_1+x_2-2x_3+3x_4=0,\\2x_1+x_2-6x_3+4x_4=-1,\\3x_1+2x_2+px_3+7x_4=-1,\\x_1-x_2-6x_3-x_4=t,\end{cases}$讨论参数 p,t 取何值时,方程组有解、无解;当有解时,求通解.

4.设 n 元齐次线性方程组 $\boldsymbol{Ax}=\boldsymbol{0}$ 的系数矩阵 $\boldsymbol{A}$ 的秩为 r,则 $\boldsymbol{Ax}=\boldsymbol{0}$ 有非零解的充分必要条件是(　　).

(A)$r=n$　　(B)$r<n$　　(C)$|\boldsymbol{A}|=0$　　(D)$|\boldsymbol{A}|\neq 0$　　(E)$r(\boldsymbol{A})\leqslant n$

5.已知 $\boldsymbol{\beta}_1,\boldsymbol{\beta}_2$ 是非齐次方程组 $\boldsymbol{Ax}=\boldsymbol{b}$ 的两个不同的解,$\boldsymbol{\alpha}_1,\boldsymbol{\alpha}_2$ 是其对应的齐次线性方程组的基础解系,k_1、k_2 是任意常数,则方程组 $\boldsymbol{Ax}=\boldsymbol{b}$ 的通解必是(　　).

(A) $k_1\boldsymbol{\alpha}_1+k_2(\boldsymbol{\alpha}_1+\boldsymbol{\alpha}_2)+\dfrac{\boldsymbol{\beta}_1-\boldsymbol{\beta}_2}{2}$　　(B) $k_1\boldsymbol{\alpha}_1+k_2(\boldsymbol{\alpha}_1-\boldsymbol{\alpha}_2)+\dfrac{\boldsymbol{\beta}_1+\boldsymbol{\beta}_2}{2}$

(C) $k_1\boldsymbol{\alpha}_1+k_2(\boldsymbol{\beta}_1+\boldsymbol{\beta}_2)+\dfrac{\boldsymbol{\beta}_1-\boldsymbol{\beta}_2}{2}$　　(D) $k_1\boldsymbol{\alpha}_1+k_2(\boldsymbol{\beta}_1-\boldsymbol{\beta}_2)+\dfrac{\boldsymbol{\beta}_1+\boldsymbol{\beta}_2}{2}$

(E)$k_1\boldsymbol{\alpha}_1+k_2\boldsymbol{\alpha}_2+\dfrac{\boldsymbol{\beta}_1-\boldsymbol{\beta}_2}{2}$

6.齐次线性方程组$\begin{cases}\lambda x_1+x_2+\lambda^2x_3=0,\\x_1+\lambda x_2+x_3=0,\\x_1+x_2+\lambda x_3=0\end{cases}$的系数矩阵为 $\boldsymbol{A}$,存在 $\boldsymbol{B}\neq\boldsymbol{O}$,使得 $\boldsymbol{AB}=\boldsymbol{O}$,则(　　).

(A)$\lambda=-2$ 且 $|\boldsymbol{B}|=0$　　(B)$\lambda=-2$ 且 $|\boldsymbol{B}|\neq 0$

(C)$\lambda=1$ 且 $|\boldsymbol{B}|=0$　　(D)$\lambda=1$ 且 $|\boldsymbol{B}|\neq 0$

(E)λ 为任意值时,$|\boldsymbol{B}|=0$

7.设 $\boldsymbol{A},\boldsymbol{B}$ 都是 n 阶非零矩阵,且 $\boldsymbol{AB}=\boldsymbol{O}$,则 $\boldsymbol{A}$ 和 $\boldsymbol{B}$ 的秩(　　).

(A) 必有一个等于0　　(B) 都小于 n

(C) 一个小于 n,一个等于 n　　(D) 都等于 n

(E) 无法判定

8.设 $\boldsymbol{A}=\begin{pmatrix}1&1&1&\cdots&1\\a_1&a_2&a_3&\cdots&a_n\\a_1^2&a_2^2&a_3^2&\cdots&a_n^2\\\vdots&\vdots&\vdots&&\vdots\\a_1^{n-1}&a_2^{n-1}&a_3^{n-1}&\cdots&a_n^{n-1}\end{pmatrix}$,$\boldsymbol{x}=\begin{pmatrix}x_1\\x_2\\\vdots\\x_n\end{pmatrix}$,$\boldsymbol{b}=\begin{pmatrix}1\\1\\\vdots\\1\end{pmatrix}$,其中 $a_i\neq a_j(i\neq j)(i,j=1,2,\cdots,n)$,则方程组 $\boldsymbol{A}^{\mathrm{T}}\boldsymbol{x}=\boldsymbol{b}$ 的解是________.

9.当常数 $a=$________时,方程组$\begin{cases}ax_1+x_2+2x_3=0,\\x_1+2x_2+4x_3=0,\\x_1-x_2+x_3=0\end{cases}$有非零解.

10.当 $\lambda=$________时,方程组$\begin{cases}x_1-x_2+2x_3=1,\\2x_1-x_2+7x_3=2,\\-x_1+2x_2+x_3=\lambda\end{cases}$有解.

11. 已知方程组 $\begin{pmatrix}1&2&1\\2&3&a+2\\1&a&-2\end{pmatrix}\begin{pmatrix}x_1\\x_2\\x_3\end{pmatrix}=\begin{pmatrix}1\\3\\0\end{pmatrix}$ 无解，则 $a=$ ________.

12. 设方程 $\begin{pmatrix}a&1&1\\1&a&1\\1&1&a\end{pmatrix}\begin{pmatrix}x_1\\x_2\\x_3\end{pmatrix}=\begin{pmatrix}1\\1\\-2\end{pmatrix}$ 有无穷多个解，则 $a=$ ________.

13. 已知向量组 $\boldsymbol{\alpha}_1,\boldsymbol{\alpha}_2,\boldsymbol{\alpha}_3$ 线性无关，则下列向量组中线性无关的是(　　).

(A) $\boldsymbol{\alpha}_1+2\boldsymbol{\alpha}_2,2\boldsymbol{\alpha}_2+\boldsymbol{\alpha}_3,\boldsymbol{\alpha}_3-\boldsymbol{\alpha}_1$　　(B) $\boldsymbol{\alpha}_1-2\boldsymbol{\alpha}_2,\boldsymbol{\alpha}_2-\boldsymbol{\alpha}_3,2\boldsymbol{\alpha}_3-\boldsymbol{\alpha}_1$

(C) $2\boldsymbol{\alpha}_1-\boldsymbol{\alpha}_2,\boldsymbol{\alpha}_2+2\boldsymbol{\alpha}_3,\boldsymbol{\alpha}_3-\boldsymbol{\alpha}_1$　　(D) $\boldsymbol{\alpha}_1-\boldsymbol{\alpha}_2,\boldsymbol{\alpha}_2+2\boldsymbol{\alpha}_3,2\boldsymbol{\alpha}_3+\boldsymbol{\alpha}_1$

(E) $\boldsymbol{\alpha}_1+\boldsymbol{\alpha}_2,\boldsymbol{\alpha}_2+\boldsymbol{\alpha}_3,\boldsymbol{\alpha}_3-\boldsymbol{\alpha}_1$

14. 设向量组 $\boldsymbol{\alpha}=(1,0,1)^{\mathrm{T}},\boldsymbol{\beta}=(2,k,-1)^{\mathrm{T}},\boldsymbol{\gamma}=(-1,1,-4)^{\mathrm{T}}$ 线性相关，则 $k=$ ________.

15. 设 $\boldsymbol{A}=\begin{pmatrix}1&2&1\\1&a+2&a+1\\-1&a-2&2a-3\end{pmatrix}$，若存在 3 阶非零矩阵 $\boldsymbol{B}$，使得 $\boldsymbol{AB}=\boldsymbol{O}$.

(Ⅰ) 求 a 的值；

(Ⅱ) 求方程组 $\boldsymbol{Ax}=\boldsymbol{0}$ 的通解.

16. 设 $\boldsymbol{A}=\begin{pmatrix}a&1&1\\0&a-1&0\\1&1&a\end{pmatrix}$，$\boldsymbol{\beta}=\begin{pmatrix}-2\\1\\1\end{pmatrix}$. 已知线性方程组 $\boldsymbol{Ax}=\boldsymbol{\beta}$ 有 2 个不同的解，求 a 的值和方程组 $\boldsymbol{Ax}=\boldsymbol{\beta}$ 的通解.

17. 已知 $\boldsymbol{\alpha}_1=(1,2,1)^{\mathrm{T}},\boldsymbol{\alpha}_2=(1,1,2)^{\mathrm{T}},\boldsymbol{\alpha}_3=(1,-1,4)^{\mathrm{T}},\boldsymbol{\beta}=(1,0,a)^{\mathrm{T}}$. 问 a 为何值时，

(Ⅰ) $\boldsymbol{\beta}$ 不能由 $\boldsymbol{\alpha}_1,\boldsymbol{\alpha}_2,\boldsymbol{\alpha}_3$ 线性表示；

(Ⅱ) $\boldsymbol{\beta}$ 可由 $\boldsymbol{\alpha}_1,\boldsymbol{\alpha}_2,\boldsymbol{\alpha}_3$ 线性表示，并写出一般表达式.

18. 设 $\boldsymbol{\alpha}_1=\begin{pmatrix}0\\0\\c_1\end{pmatrix},\boldsymbol{\alpha}_2=\begin{pmatrix}0\\1\\c_2\end{pmatrix},\boldsymbol{\alpha}_3=\begin{pmatrix}1\\-1\\c_3\end{pmatrix},\boldsymbol{\alpha}_4=\begin{pmatrix}-1\\1\\c_4\end{pmatrix}$，其中 c_1,c_2,c_3,c_4 为任意常数，则下列向量组线性相关的为(　　).

(A) $\boldsymbol{\alpha}_1,\boldsymbol{\alpha}_2,\boldsymbol{\alpha}_3$　　(B) $\boldsymbol{\alpha}_1,\boldsymbol{\alpha}_2,\boldsymbol{\alpha}_4$

(C) $\boldsymbol{\alpha}_1,\boldsymbol{\alpha}_3,\boldsymbol{\alpha}_4$　　(D) $\boldsymbol{\alpha}_2,\boldsymbol{\alpha}_3,\boldsymbol{\alpha}_4$

(E) $\boldsymbol{\alpha}_1,\boldsymbol{\alpha}_2$

19. 设 $\boldsymbol{A}=\begin{pmatrix}1&a&0&0\\0&1&a&0\\0&0&1&a\\a&0&0&1\end{pmatrix}$，$\boldsymbol{\beta}=\begin{pmatrix}1\\-1\\0\\0\end{pmatrix}$.

(Ⅰ) 计算行列式 $|\boldsymbol{A}|$；

(Ⅱ) 当实数 a 为何值时，方程组 $\boldsymbol{Ax}=\boldsymbol{\beta}$ 有无穷多解，并求其通解.

20. 设 4 元齐次线性方程组(Ⅰ)为 $\begin{cases}2x_1+3x_2-x_3=0,\\x_1+2x_2+x_3-x_4=0,\end{cases}$ 求方程组(Ⅰ)的一个基础解系.

本章练习答案与解析

1.【解】 若 $x_1(2\boldsymbol{\alpha}_1+3\boldsymbol{\alpha}_2)+x_2(\boldsymbol{\alpha}_2-\boldsymbol{\alpha}_3)+x_3(\boldsymbol{\alpha}_1+\boldsymbol{\alpha}_2+\boldsymbol{\alpha}_3)=\mathbf{0}$,整理得

$$(2x_1+x_3)\boldsymbol{\alpha}_1+(3x_1+x_2+x_3)\boldsymbol{\alpha}_2+(-x_2+x_3)\boldsymbol{\alpha}_3=\mathbf{0}.$$

由已知条件 $\boldsymbol{\alpha}_1,\boldsymbol{\alpha}_2,\boldsymbol{\alpha}_3$ 线性无关,故组合系数必全为0,即 $\begin{cases}2x_1 \quad\quad +x_3=0,\\ 3x_1+x_2+x_3=0,\\ \quad\quad -x_2+x_3=0\end{cases}$ ⇒ 系数行列式

$\begin{vmatrix}2&0&1\\3&1&1\\0&-1&1\end{vmatrix}=1\neq 0$,故齐次方程组只有零解,即 $x_1=x_2=x_3=0$. 因此 $2\boldsymbol{\alpha}_1+3\boldsymbol{\alpha}_2,\boldsymbol{\alpha}_2-\boldsymbol{\alpha}_3,\boldsymbol{\alpha}_1+\boldsymbol{\alpha}_2+\boldsymbol{\alpha}_3$ 线性无关.

2.【解】 对增广矩阵作初等行变换,有

$$\left(\begin{array}{ccc:c}\lambda&1&1&\lambda-3\\1&\lambda&1&-2\\1&1&\lambda&-2\end{array}\right)\to\left(\begin{array}{ccc:c}1&1&\lambda&-2\\1&\lambda&1&-2\\\lambda&1&1&\lambda-3\end{array}\right)\to\left(\begin{array}{ccc:c}1&1&\lambda&-2\\0&\lambda-1&1-\lambda&0\\0&1-\lambda&1-\lambda^2&3\lambda-3\end{array}\right)$$

$$\to\left(\begin{array}{ccc:c}1&1&\lambda&-2\\0&\lambda-1&1-\lambda&0\\0&0&-(\lambda+2)(\lambda-1)&3\lambda-3\end{array}\right).$$

当 $\lambda\neq 1$ 且 $\lambda\neq -2$ 时,$r(\boldsymbol{A})=r(\bar{\boldsymbol{A}})=3$,方程组有唯一解.

当 $\lambda=-2$ 时,$r(\boldsymbol{A})=2$,$r(\bar{\boldsymbol{A}})=3$,方程组无解.

当 $\lambda=1$ 时,$r(\boldsymbol{A})=r(\bar{\boldsymbol{A}})=1$,方程组有无穷多组解.

其同解方程组为 $x_1+x_2+x_3=-2$,令 $x_2=x_3=0$,得特解 $\boldsymbol{\alpha}=(-2,0,0)^{\mathrm{T}}$. 令 $x_2=1$,$x_3=0$ 及 $x_2=0$,$x_3=1$,得导出组的基础解系 $\boldsymbol{\eta}_1=(-1,1,0)^{\mathrm{T}}$,$\boldsymbol{\eta}_2=(-1,0,1)^{\mathrm{T}}$. 因此,方程组的通解是 $\boldsymbol{\alpha}+k_1\boldsymbol{\eta}_1+k_2\boldsymbol{\eta}_2$,其中 k_1,k_2 是任意常数.

3.【解】 对增广矩阵作初等行变换,有

$$\bar{\boldsymbol{A}}=\left(\begin{array}{cccc:c}1&1&-2&3&0\\2&1&-6&4&-1\\3&2&p&7&-1\\1&-1&-6&-1&t\end{array}\right)\to\left(\begin{array}{cccc:c}1&1&-2&3&0\\0&1&2&2&1\\0&0&p+8&0&0\\0&0&0&0&t+2\end{array}\right).$$

当 $t\neq -2$ 时,$r(\boldsymbol{A})\neq r(\bar{\boldsymbol{A}})$,故方程组无解;

当 $t=-2$ 时,无论 p 取何值,恒有 $r(\boldsymbol{A})=r(\bar{\boldsymbol{A}})$,故方程组总有解.

若 $p\neq -8$,则 $r(\boldsymbol{A})=r(\bar{\boldsymbol{A}})=3$,得通解 $(-1,1,0,0)^{\mathrm{T}}+k(-1,-2,0,1)^{\mathrm{T}}$,其中 k 为任意常数.

若 $p=-8$,则 $r(\boldsymbol{A})=r(\bar{\boldsymbol{A}})=2$,得通解 $(-1,1,0,0)^{\mathrm{T}}+k_1(4,-2,1,0)^{\mathrm{T}}+k_2(-1,-2,0,1)^{\mathrm{T}}$,其中 k_1,k_2 为任意常数.

4.【答案】 (B)

【解析】 注意:n 元方程组只强调 n 个未知数而方程的个数不一定是 n,因此,系数矩阵 $\boldsymbol{A}$ 不一定是 n 阶方阵,所以这里直接用行列式 $|\boldsymbol{A}|=0$ 是不对的.

对矩阵 $\boldsymbol{A}$ 按列分块,有 $\boldsymbol{A}=(\boldsymbol{\alpha}_1,\boldsymbol{\alpha}_2,\cdots,\boldsymbol{\alpha}_n)$,则 $\boldsymbol{Ax}=\mathbf{0}$ 的向量形式为 $x_1\boldsymbol{\alpha}_1+x_2\boldsymbol{\alpha}_2+\cdots+$

$x_n\boldsymbol{\alpha}_n=\mathbf{0}$.

那么，$\boldsymbol{Ax}=\mathbf{0}$ 有非零解 $\Leftrightarrow\boldsymbol{\alpha}_1,\boldsymbol{\alpha}_2,\cdots,\boldsymbol{\alpha}_n$ 线性相关 $\Leftrightarrow r(\boldsymbol{\alpha}_1,\boldsymbol{\alpha}_2,\cdots,\boldsymbol{\alpha}_n)<n\Leftrightarrow r(\boldsymbol{A})<n$. 故应选(B).

5.【答案】 (B)

【解析】 排除(A)：$\dfrac{\boldsymbol{\beta}_1-\boldsymbol{\beta}_2}{2}$ 不是方程组 $\boldsymbol{Ax}=\boldsymbol{b}$ 的解；

排除(C)：$\boldsymbol{\beta}_1+\boldsymbol{\beta}_2$ 不是方程组 $\boldsymbol{Ax}=\mathbf{0}$ 的解；

排除(D)：虽然 $\boldsymbol{\alpha}_1,\boldsymbol{\beta}_1-\boldsymbol{\beta}_2$ 是 $\boldsymbol{Ax}=\mathbf{0}$ 的解，但 $\boldsymbol{\alpha}_1,\boldsymbol{\beta}_1-\boldsymbol{\beta}_2$ 是否线性无关未知，故不能断定它们构成 $\boldsymbol{Ax}=\mathbf{0}$ 的基础解系，故选(B).

6.【答案】 (C)

【解析】 存在 $\boldsymbol{B}\neq\boldsymbol{O}$，使 $\boldsymbol{AB}=\boldsymbol{O}$，说明齐次线性方程组 $\boldsymbol{Ax}=\mathbf{0}$ 有非零解，故 $|\boldsymbol{A}|=\begin{vmatrix}\lambda&1&\lambda^2\\1&\lambda&1\\1&1&\lambda\end{vmatrix}=(1-\lambda)^2=0$，解得 $\lambda=1$，而当 $\lambda=1$ 时，$r(\boldsymbol{A})=1$，则 $r(\boldsymbol{B})\leqslant2$，$|\boldsymbol{B}|=0$，故选(C).

7.【答案】 (B)

【解析】 因 $\boldsymbol{AB}=\boldsymbol{O}$，故 $r(\boldsymbol{A})+r(\boldsymbol{B})\leqslant n$，又 $\boldsymbol{A}\neq\boldsymbol{O},\boldsymbol{B}\neq\boldsymbol{O}$，则 $r(\boldsymbol{A})\neq0,r(\boldsymbol{B})\neq0$，故 $r(\boldsymbol{A})<n,r(\boldsymbol{B})<n$，故选(B).

8.【答案】 $(1,0,0,\cdots,0)^{\mathrm{T}}$

【解析】 因 $a_i\neq a_j$，故由范德蒙行列式的结论知：$|\boldsymbol{A}|\neq0$，故 $\boldsymbol{A}^{\mathrm{T}}\boldsymbol{x}=\boldsymbol{b}$ 有唯一解：$x_j=\dfrac{|\boldsymbol{A}_j|}{|\boldsymbol{A}|}$，其中 $|\boldsymbol{A}_j|$ 是将 $|\boldsymbol{A}^{\mathrm{T}}|$ 中的第 j 列改成 $\boldsymbol{b}=(1,1,\cdots,1)^{\mathrm{T}}$ 而成的行列式，故 $|\boldsymbol{A}_1|=|\boldsymbol{A}|$，$|\boldsymbol{A}_j|=0(j=2,3,\cdots,n)$，所以方程组的解是 $(1,0,0,\cdots,0)^{\mathrm{T}}$.

9.【答案】 $\dfrac{1}{2}$

【解析】 要使 $\begin{cases}ax_1+x_2+2x_3=0,\\x_1+2x_2+4x_3=0,\\x_1-x_2+x_3=0\end{cases}$ 有非零解，则必须使 $\begin{vmatrix}a&1&2\\1&2&4\\1&-1&1\end{vmatrix}=0$，由此解得 $a=\dfrac{1}{2}$.

10.【答案】 -1

【解析】 将方程组的增广矩阵进行初等变换，有

$$\left(\begin{array}{ccc:c}1&-1&2&1\\2&-1&7&2\\-1&2&1&\lambda\end{array}\right)\rightarrow\left(\begin{array}{ccc:c}1&-1&2&1\\0&1&3&0\\0&0&0&\lambda+1\end{array}\right),$$

则只有 $\lambda+1=0$，即 $\lambda=-1$ 时，$r(\boldsymbol{A})=r(\overline{\boldsymbol{A}})=2$，方程组有解.

11.【答案】 -1

【解析】 $$\overline{\boldsymbol{A}}=\left(\begin{array}{ccc:c}1&2&1&1\\2&3&a+2&3\\1&a&-2&0\end{array}\right)\xrightarrow[\text{变换}]{\text{初等}}\left(\begin{array}{ccc:c}1&2&1&1\\0&-1&a&1\\0&0&(a-3)(a+1)&a-3\end{array}\right).$$

若 $a=-1$，则 $r(\overline{\boldsymbol{A}})=3\neq r(\boldsymbol{A})=2$，故方程组无解.

12.【答案】 -2

【解析】 因为$\begin{pmatrix} a & 1 & 1 & \vdots & 1 \\ 1 & a & 1 & \vdots & 1 \\ 1 & 1 & a & \vdots & -2 \end{pmatrix} \xrightarrow[\text{变换}]{\text{初等}} \begin{pmatrix} a & 1 & 1 & \vdots & 1 \\ 1 & a & 1 & \vdots & 1 \\ a+2 & a+2 & a+2 & \vdots & 0 \end{pmatrix}$.

所以当$a=-2$时，增广矩阵的秩与系数矩阵的秩都等于2，而未知数个数为3，从而原方程组有无穷多个解.

13.**【答案】** (C)

【解析】 对于(A)、(B)、(D)选项，由于

$$(\boldsymbol{\alpha}_1+2\boldsymbol{\alpha}_2)-(2\boldsymbol{\alpha}_2+\boldsymbol{\alpha}_3)+(\boldsymbol{\alpha}_3-\boldsymbol{\alpha}_1)=\mathbf{0};$$

$$(\boldsymbol{\alpha}_1-2\boldsymbol{\alpha}_2)+2(\boldsymbol{\alpha}_2-\boldsymbol{\alpha}_3)+(2\boldsymbol{\alpha}_3-\boldsymbol{\alpha}_1)=\mathbf{0};$$

$$(\boldsymbol{\alpha}_1-\boldsymbol{\alpha}_2)+(\boldsymbol{\alpha}_2+2\boldsymbol{\alpha}_3)-(2\boldsymbol{\alpha}_3+\boldsymbol{\alpha}_1)=\mathbf{0},$$

根据线性相关的定义可知，(A)、(B)、(D)选项中的向量组都是线性相关的. 由排除法可得(C)正确.

事实上，可以根据定义证明选项(C)正确.

设 $\quad k_1(2\boldsymbol{\alpha}_1-\boldsymbol{\alpha}_2)+k_2(\boldsymbol{\alpha}_2+2\boldsymbol{\alpha}_3)+k_3(\boldsymbol{\alpha}_3-\boldsymbol{\alpha}_1)=\mathbf{0}$,

整理得 $\quad (2k_1-k_3)\boldsymbol{\alpha}_1+(-k_1+k_2)\boldsymbol{\alpha}_2+(2k_2+k_3)\boldsymbol{\alpha}_3=\mathbf{0}$.

由于向量组$\boldsymbol{\alpha}_1,\boldsymbol{\alpha}_2,\boldsymbol{\alpha}_3$线性无关，所以$\begin{cases} 2k_1-k_3=0, \\ -k_1+k_2=0, \\ 2k_2+k_3=0, \end{cases}$此线性方程组的系数矩阵$\boldsymbol{A}=\begin{pmatrix} 2 & 0 & -1 \\ -1 & 1 & 0 \\ 0 & 2 & 1 \end{pmatrix}$.

由于 $|\boldsymbol{A}|=\begin{vmatrix} 2 & 0 & -1 \\ -1 & 1 & 0 \\ 0 & 2 & 1 \end{vmatrix}=\begin{vmatrix} 2 & 2 & 0 \\ -1 & 1 & 0 \\ 0 & 2 & 1 \end{vmatrix}=\begin{vmatrix} 2 & 2 \\ -1 & 1 \end{vmatrix}=4\neq 0$，所以方程组$\begin{cases} 2k_1-k_3=0, \\ -k_1+k_2=0, \\ 2k_2+k_3=0 \end{cases}$只有零解，即$k_1=k_2=k_3=0$.

由线性无关的定义可知，向量组$2\boldsymbol{\alpha}_1-\boldsymbol{\alpha}_2,\boldsymbol{\alpha}_2+2\boldsymbol{\alpha}_3,\boldsymbol{\alpha}_3-\boldsymbol{\alpha}_1$线性无关.

14.**【答案】** 1

【解析】 令$\boldsymbol{A}=(\boldsymbol{\alpha},\boldsymbol{\beta},\boldsymbol{\gamma})=\begin{pmatrix} 1 & 2 & -1 \\ 0 & k & 1 \\ 1 & -1 & -4 \end{pmatrix}$. 由于$\boldsymbol{\alpha},\boldsymbol{\beta},\boldsymbol{\gamma}$线性相关，所以$|\boldsymbol{A}|=0$，即$-3k+3=0\Rightarrow k=1$.

15.**【解】** (Ⅰ)由题设知方程组$\boldsymbol{Ax}=\mathbf{0}$有非零解，所以

$$|\boldsymbol{A}|=\begin{vmatrix} 1 & 2 & 1 \\ 1 & a+2 & a+1 \\ -1 & a-2 & 2a-3 \end{vmatrix}=\begin{vmatrix} 1 & 2 & 1 \\ 0 & a & a \\ 0 & a & 2a-2 \end{vmatrix}=a(a-2)=0,$$

于是$a=2$或$a=0$.

(Ⅱ)当$a=2$时，对$\boldsymbol{A}$施以初等行变换，有

$$\boldsymbol{A}=\begin{pmatrix} 1 & 2 & 1 \\ 1 & 4 & 3 \\ -1 & 0 & 1 \end{pmatrix}\to\begin{pmatrix} 1 & 2 & 1 \\ 0 & 2 & 2 \\ -1 & 0 & 1 \end{pmatrix}\to\begin{pmatrix} 0 & 2 & 2 \\ 0 & 2 & 2 \\ 1 & 0 & -1 \end{pmatrix}\to\begin{pmatrix} 1 & 0 & -1 \\ 0 & 1 & 1 \\ 0 & 0 & 0 \end{pmatrix},$$

取自由未知量 $x_3=1$,得 $\boldsymbol{\xi}_1=(1,-1,1)^{\mathrm{T}}$,即 $\boldsymbol{A}\boldsymbol{x}=\boldsymbol{0}$ 的通解为 $x=k_1\boldsymbol{\xi}_1=k_1(1,-1,1)^{\mathrm{T}}$,($k_1$ 为任意常数).

当 $a=0$ 时,对 $\boldsymbol{A}$ 施以初等行变换,有

$$\boldsymbol{A}=\begin{pmatrix}1&2&1\\1&2&1\\-1&-2&-3\end{pmatrix}\rightarrow\begin{pmatrix}1&2&1\\0&0&0\\0&0&-2\end{pmatrix}\rightarrow\begin{pmatrix}1&2&0\\0&0&1\\0&0&0\end{pmatrix},$$

取自由未知量 $x_2=1$,得 $\boldsymbol{\xi}_2=(-2,1,0)^{\mathrm{T}}$,即 $\boldsymbol{A}\boldsymbol{x}=\boldsymbol{0}$ 的通解为 $x=k_2\boldsymbol{\xi}_2=k_2(-2,1,0)^{\mathrm{T}}$,($k_2$ 为任意常数).

16.**【解】**　(Ⅰ)已知 $\boldsymbol{A}\boldsymbol{x}=\boldsymbol{\beta}$ 有 2 个不同的解,则 $r(\boldsymbol{A})=r(\boldsymbol{A},\boldsymbol{\beta})<3$.

又 $|\boldsymbol{A}|=0$,即 $(a-1)^2(a+1)=0$,知 $a=1$ 或 -1.

当 $a=1$ 时,$r(\boldsymbol{A})=1\neq r(\boldsymbol{A},\boldsymbol{\beta})=2$,此时 $\boldsymbol{A}\boldsymbol{x}=\boldsymbol{\beta}$ 无解.所以 $a=-1$.

$$(\text{Ⅱ})\ (\boldsymbol{A},\boldsymbol{\beta})=\left(\begin{array}{ccc:c}-1&1&1&-2\\0&-2&0&1\\1&1&-1&1\end{array}\right)\rightarrow\left(\begin{array}{ccc:c}1&-1&-1&2\\0&2&0&-1\\0&0&0&0\end{array}\right)\rightarrow\left(\begin{array}{ccc:c}1&0&-1&\frac{3}{2}\\0&1&0&-\frac{1}{2}\\0&0&0&0\end{array}\right),$$

原方程组等价为 $\begin{cases}x_1-x_3=\dfrac{3}{2},\\x_2=-\dfrac{1}{2},\end{cases}$ 即 $\begin{cases}x_1=x_3+\dfrac{3}{2},\\x_2=-\dfrac{1}{2},\\x_3=x_3,\end{cases}$ 得 $\begin{pmatrix}x_1\\x_2\\x_3\end{pmatrix}=x_3\begin{pmatrix}1\\0\\1\end{pmatrix}+\begin{pmatrix}\frac{3}{2}\\-\frac{1}{2}\\0\end{pmatrix}$.

所以 $\boldsymbol{A}\boldsymbol{x}=\boldsymbol{\beta}$ 的通解为 $\boldsymbol{x}=k\begin{pmatrix}1\\0\\1\end{pmatrix}+\begin{pmatrix}\frac{3}{2}\\-\frac{1}{2}\\0\end{pmatrix}$,$k$ 为任意常数.

17.**【解】**　设 $\boldsymbol{\beta}=x_1\boldsymbol{\alpha}_1+x_2\boldsymbol{\alpha}_2+x_3\boldsymbol{\alpha}_3$.

(Ⅰ)若 $\boldsymbol{\beta}$ 不能由 $\boldsymbol{\alpha}_1,\boldsymbol{\alpha}_2,\boldsymbol{\alpha}_3$ 线性表示,则 $r(\boldsymbol{\alpha}_1,\boldsymbol{\alpha}_2,\boldsymbol{\alpha}_3)\neq r(\boldsymbol{\alpha}_1,\boldsymbol{\alpha}_2,\boldsymbol{\alpha}_3,\boldsymbol{\beta})$,对 $(\boldsymbol{\alpha}_1,\boldsymbol{\alpha}_2,\boldsymbol{\alpha}_3,\boldsymbol{\beta})$ 进行初等行变换,有

$$(\boldsymbol{\alpha}_1,\boldsymbol{\alpha}_2,\boldsymbol{\alpha}_3,\boldsymbol{\beta})=\left(\begin{array}{ccc:c}1&1&1&1\\2&1&-1&0\\1&2&4&a\end{array}\right)\rightarrow\left(\begin{array}{ccc:c}1&1&1&1\\0&-1&-3&-2\\0&1&3&a-1\end{array}\right)\rightarrow\left(\begin{array}{ccc:c}1&1&1&1\\0&1&3&2\\0&0&0&a-3\end{array}\right),$$

当 $a\neq3$ 时,$r(\boldsymbol{\alpha}_1,\boldsymbol{\alpha}_2,\boldsymbol{\alpha}_3)=2\neq r(\boldsymbol{\alpha}_1,\boldsymbol{\alpha}_2,\boldsymbol{\alpha}_3,\boldsymbol{\beta})=3$,$\boldsymbol{\beta}$ 不能由 $\boldsymbol{\alpha}_1,\boldsymbol{\alpha}_2,\boldsymbol{\alpha}_3$ 线性表示.

(Ⅱ)当 $a=3$ 时,$r(\boldsymbol{\alpha}_1,\boldsymbol{\alpha}_2,\boldsymbol{\alpha}_3)=r(\boldsymbol{\alpha}_1,\boldsymbol{\alpha}_2,\boldsymbol{\alpha}_3,\boldsymbol{\beta})=2$,$\boldsymbol{\beta}$ 可由 $\boldsymbol{\alpha}_1,\boldsymbol{\alpha}_2,\boldsymbol{\alpha}_3$ 线性表示.继续对 $(\boldsymbol{\alpha}_1,\boldsymbol{\alpha}_2,\boldsymbol{\alpha}_3,\boldsymbol{\beta})$ 进行初等行变换:

$$(\boldsymbol{\alpha}_1,\boldsymbol{\alpha}_2,\boldsymbol{\alpha}_3,\boldsymbol{\beta})\rightarrow\left(\begin{array}{ccc:c}1&1&1&1\\0&1&3&2\\0&0&0&0\end{array}\right)\rightarrow\left(\begin{array}{ccc:c}1&0&-2&-1\\0&1&3&2\\0&0&0&0\end{array}\right),$$

得 $\boldsymbol{x}=k\begin{pmatrix}2\\-3\\1\end{pmatrix}+\begin{pmatrix}-1\\2\\0\end{pmatrix}=\begin{pmatrix}2k-1\\-3k+2\\k\end{pmatrix}$.所以 $\boldsymbol{\beta}=(2k-1)\boldsymbol{\alpha}_1+(-3k+2)\boldsymbol{\alpha}_2+k\boldsymbol{\alpha}_3$,其中 k 为任

意常数.

18.【答案】(C)

【解析】 $|\boldsymbol{\alpha}_1,\boldsymbol{\alpha}_3,\boldsymbol{\alpha}_4| = \begin{vmatrix} 0 & 1 & -1 \\ 0 & -1 & 1 \\ c_1 & c_3 & c_4 \end{vmatrix} = c_1 \times \begin{vmatrix} 1 & -1 \\ -1 & 1 \end{vmatrix} = 0$,故 $\boldsymbol{\alpha}_1,\boldsymbol{\alpha}_3,\boldsymbol{\alpha}_4$ 必定线性相关,从而应选(C).

19.【解】(Ⅰ)$|\boldsymbol{A}| = \begin{vmatrix} 1 & a & 0 & 0 \\ 0 & 1 & a & 0 \\ 0 & 0 & 1 & a \\ a & 0 & 0 & 1 \end{vmatrix} = 1 - a^4 = (1-a^2)(1+a^2)$.

(Ⅱ)由 $|\boldsymbol{A}| = 0$,知 $a = 1$ 或 $a = -1$.

当 $a = 1$ 时,$(\boldsymbol{A},\boldsymbol{\beta}) = \left(\begin{array}{cccc:c} 1 & 1 & 0 & 0 & 1 \\ 0 & 1 & 1 & 0 & -1 \\ 0 & 0 & 1 & 1 & 0 \\ 1 & 0 & 0 & 1 & 0 \end{array}\right) \to \left(\begin{array}{cccc:c} 1 & 1 & 0 & 0 & 1 \\ 0 & 1 & 1 & 0 & -1 \\ 0 & 0 & 1 & 1 & 0 \\ 0 & 0 & 0 & 0 & -2 \end{array}\right)$,

因为 $r(\boldsymbol{A}) \neq r(\boldsymbol{A},\boldsymbol{\beta})$,所以 $\boldsymbol{Ax} = \boldsymbol{\beta}$ 无解,从而 $a = 1$ 舍去.

当 $a = -1$ 时,$(\boldsymbol{A},\boldsymbol{\beta}) = \left(\begin{array}{cccc:c} 1 & -1 & 0 & 0 & 1 \\ 0 & 1 & -1 & 0 & -1 \\ 0 & 0 & 1 & -1 & 0 \\ -1 & 0 & 0 & 1 & 0 \end{array}\right) \to \left(\begin{array}{cccc:c} 1 & -1 & 0 & 0 & 1 \\ 0 & 1 & -1 & 0 & -1 \\ 0 & 0 & 1 & -1 & 0 \\ 0 & 0 & 0 & 0 & 0 \end{array}\right)$.

因为 $r(\boldsymbol{A}) = r(\boldsymbol{A},\boldsymbol{\beta}) = 3 < 4$,所以 $\boldsymbol{Ax} = \boldsymbol{\beta}$ 有无穷多解. 故 $a = -1$.

此时,取 x_4 为自由变量,令 $x_4 = 1$,代入所对应的齐次线性方程组中,得所对应的齐次线性方程组的基础解系为 $\boldsymbol{\xi} = (1,1,1,1)^{\mathrm{T}}$;

令 $x_4 = 0$,代入非齐次线性方程组中,得非齐次线性方程组的特解为 $\boldsymbol{\eta} = (1,-1,0,0)^{\mathrm{T}}$. 所以 $\boldsymbol{Ax} = \boldsymbol{\beta}$ 的通解为 $\boldsymbol{x} = k\boldsymbol{\xi} + \boldsymbol{\eta}$,其中 k 为任意常数.

20.【解】 对方程组(Ⅰ)的系数矩阵作初等行变换,有 $\begin{pmatrix} 2 & 3 & -1 & 0 \\ 1 & 2 & 1 & -1 \end{pmatrix} \to \begin{pmatrix} 1 & 2 & 1 & -1 \\ 0 & -1 & -3 & 2 \end{pmatrix}$,由于 $n - r(\boldsymbol{A}) = 4 - 2 = 2$,基础解系由 2 个线性无关的解向量所构成,取 x_3, x_4 为自由变量,得 $\boldsymbol{\beta}_1 = (5,-3,1,0)^{\mathrm{T}}$,$\boldsymbol{\beta}_2 = (-3,2,0,1)^{\mathrm{T}}$ 是方程组(Ⅰ)的基础解系.

第三篇　概率论与数理统计

第一章　随机事件及其概率

“随机事件”是概率论中最基本的概念,概率的计算是概率统计的核心.本章涉及大量公式(加法公式、减法公式、乘法公式、全概率公式、贝叶斯公式)和三个概率模型(古典概型、几何概型和伯努利概型),必须熟练掌握.本章知识框架如下:

本章知识框架

- 随机事件与概率
  - 随机试验
    - 定义
    - 样本空间,样本点
  - 随机事件
    - 定义:样本空间中的子集 → 基本事件、必然事件、不可能事件
    - 运算 → 加(并),减,积(交),逆
    - 事件的关系
      - 包含,相等,互不相容,对立,完备事件组
      - 独立 → 两两独立 → 相互独立
    - 概率定义 → 描述性定义,统计定义,古典定义,几何定义,公理化定义
    - 概率性质
      - 非负性,有界性,单调不减性,有限可加性
      - 加法公式,减法公式,求逆公式
    - 概率模型
      - n 重伯努力概型 → 独立试验序列概型
      - 等可能概型
        - 古典概型
        - 几何概型
  - 概率的计算
    - 古典概型计算
    - 几何概型计算
    - 条件概率公式
    - 乘法公式
    - 全概率公式
    - 贝叶斯公式

第一节　计数原理

考点归纳

一、加法原理：

完成某件事有 k 类办法，只要选择其中任何一类办法中的任何一种方法，就可以完成这件事，每类办法分别有 $n_1, n_2, \cdots, n_k$ 种方法，则完成此事共有 $n_1+n_2+\cdots+n_k$ 种方法.

二、乘法原理

完成某件事必须由 k 个步骤才能完成，每步分别有 $n_1, n_2, \cdots, n_k$ 种方法，则完成此事共 $n_1 \cdot n_2 \cdot \cdots \cdot n_k$ 种方法.

【注】 加法原理方法相互独立，任何一种方法都可以独立地完成这件事. 乘法原理各步相互依存，每步中的方法完成事件的一个阶段，不能完成整个事件.

三、排列与排列数

1. 排列的定义

从 n 个不同的元素中任取 r 个 $(0<r\leqslant n)$，按一定顺序排成一列，则称为从 n 个元素中取出 r 个元素的一个排列，其个数记为排列数 P_n^r 或 A_n^r.

2. 排列公式

$$A_n^r=P_n^r=n(n-1)(n-2)\cdots(n-r+1)=\frac{n!}{(n-r)!}.$$

四、组合与组合数

1. 组合的定义

从 n 个不同的元素中任取 r 个 $(0<r\leqslant n)$，不计顺序拼成一组，称为从 n 个元素中取出 r 个元素的一个组合，其个数记为组合数 C_n^r.

2. 组合公式

$$C_n^r=\frac{n(n-1)(n-2)\cdots(n-r+1)}{r!}=\frac{n!}{(n-r)!r!}.$$

【注】 (1) 每次组合的元素都不完全一样.

(2) 排列是有序，组合是无序，排列可以看作先取 r 个元素，然后再排列，即

$$A_n^r=C_n^r r!=\frac{n!}{(n-r)!r!}r!=\frac{n!}{(n-r)!}.$$

重要题型

题型一　加法原理与乘法原理

【题型方法分析】

(1) 对完成某件事的方法进行分类则用加法原理.

(2) 对完成某件事分阶段进行则用乘法原理.

例 1.1 学校举行运动会，现要求每班选 4 个学生参加，其中男生至少 3 个人，甲班可参加比赛的男生共 10 人，女生 4 人，则共有(　　)种选法.

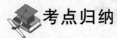

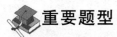

(A)480　(B)540　(C)630　(D)690　(E)700

【答案】 (D)

【解析】 男生至少有 3 人参加，则有两种情况，4 个人均是男生或者 3 个男生和 1 个女生参加，故分类讨论：

当参加运动会的 4 个人均是男生时，有 $C_{10}^{4}=210$ 种；

当 3 个男生和 1 个女生参加运动会时，则可分为两个步骤，先从 10 个男生中选 3 个，再从 4 个女生中选一个，有 $C_{10}^{3}C_{4}^{1}=480$ 种.

综上，故共计 $C_{10}^{4}+C_{10}^{3}C_{4}^{1}=690$ 种.

【总结】"分类讨论方法个数"则一定用到加法原理；只要是"分步骤完成"则一定用到乘法原理.

题型二　排列、组合定义

【题型方法分析】

(1) 有顺序要求用排列数；

(2) 无顺序要求用组合数.

例 1.2　在一次聚会上，20 个熟人被要求彼此握手一次，一共需要握手(　　)次.

(A)180　(B)190　(C)200　(D)210　(E)220

【答案】 (B)

【解析】 每次握手是两个人进行，故从 20 个人中选出 2 个人，共有 $C_{20}^{2}=190$ 种，故选(B).

【总结】两个人握手是无序选择，即甲和乙握手与乙和甲握手是一样的，故无序用组合数.

例 1.3　某铁路线上共有 10 个车站，每两站之间都有往返车票，则各站之间共有(　　)种不同的车票.

(A)45　(B)54　(C)63　(D)90　(E)91

【答案】 (D)

【解析】 两站之间有往返票，即从甲地到乙地的车票与从乙地到甲地的车票不同，故共有 $A_{10}^{2}=90$ 种不同的车票.

第二节　随机事件和概率

考点归纳

一、随机试验和样本空间

1. 随机试验

具有以下特点的试验称为随机试验，通常用字母 E 来表示.

(1) 可以在相同的条件下重复地进行；

(2) 每次试验的可能结果不止一个，并且能事先明确试验的所有可能结果；

(3) 进行一次试验之前不能确定哪一个结果会出现.

【注】 随机试验的三个特征:可重复性、多样性和不确定性.比如抛硬币看哪面朝上,就是典型的随机试验.

2.样本空间和样本点

(1)试验的所有可能结果组成的集合称为样本空间,记为Ω.

(2)样本空间的元素,即试验的每一个可能结果称为样本点,记为ω.

二、随机事件

1.定义:样本空间Ω的子集称为随机事件,简称为事件,通常用A,B,C表示.

2.事件发生:在每次试验中,当且仅当这一子集中的一个样本点出现时,称这一事件发生.

【注】 比如,掷骰子,记录朝上一面的点数,则样本空间$\Omega=\{1,2,3,4,5,6\}$,事件$A=\{2,4,6\}$表示朝上一面的点数为偶数,若某次试验中点数为2,则表示事件A发生.

3.事件的分类

(1)基本事件:只含一个样本点的单点集.

(2)复合事件:集合中至少包含两个基本事件.

(3)必然事件:样本空间Ω包含所有样本点,它是Ω自身的子集,在每次试验中它总是发生的,称为必然事件,记为Ω.

(4)不可能事件:空集$\varnothing$不包含任何样本点,它也是样本空间Ω的子集,在每次试验中都不发生,称为不可能事件,记为$\varnothing$.

三、事件间的关系和运算

1.事件间的关系

(1)包含关系:$A\subset B$,即事件A的每一个样本点都包含在事件B中$\Leftrightarrow$事件A的发生必然导致事件B发生,如图3-1-1所示.

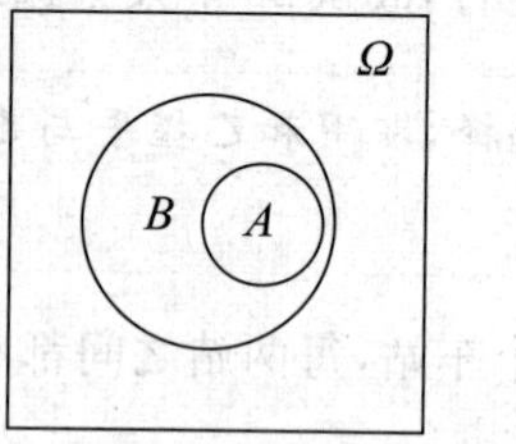

图 3-1-1

(2)事件相等:$A=B$,即事件A的每一个样本点都包含在事件B中,同时事件B的每一个样本点都包含在事件A中$\Leftrightarrow$事件A的发生必然导致事件B发生且事件B的发生必然导致事件A发生,如图3-1-2所示.

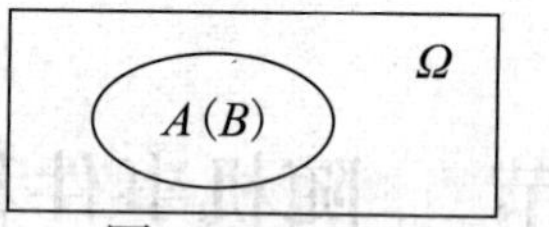

图 3-1-2

(3)A和B的和事件:$A\cup B$或$A+B$,即样本点在A中或在B中$\Leftrightarrow$事件A和事件B至少有一个发生,如图3-1-3所示.

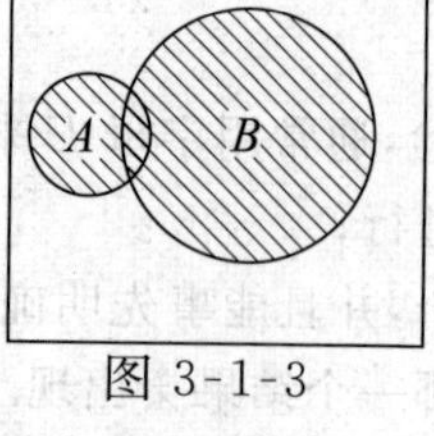

图 3-1-3

【注】　类似地，称 $\bigcup_{k=1}^{n} A_k$ 为 n 个事件 $A_1, A_2, \cdots, A_n$ 的和事件.

(4) A 和 B 的积事件：$A \cap B$ 或 AB，即样本点既在 A 中又在 B 中 $\Leftrightarrow$ 事件 A 和事件 B 同时发生，如图 3-1-4.

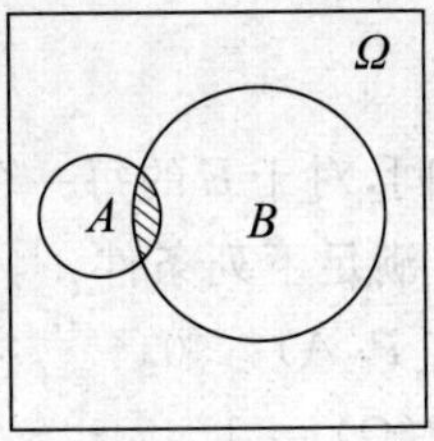

图 3-1-4

【注】　类似地，称 $\bigcap_{i=1}^{n} A_i$ 为 n 个事件 $A_1, A_2, \cdots, A_n$ 的积事件.

(5) A 和 B 的差事件：事件 $A-B$，即样本点在 A 中但不在 B 中 $\Leftrightarrow$ 事件 A 发生且事件 B 不发生，如图 3-1-5 所示.

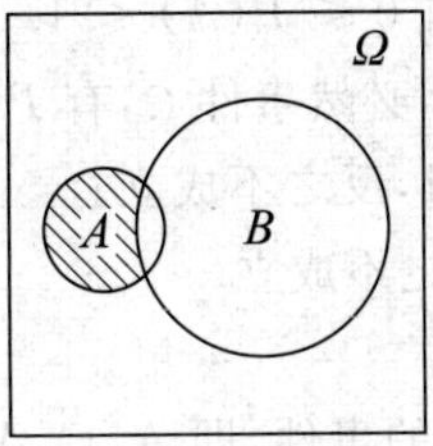

图 3-1-5

(6) 互斥(互不相容)事件：$AB = \varnothing$，即不存在样本点既在 A 中又在 B 中 $\Leftrightarrow$ 事件 A 和事件 B 不能同时发生，如图 3-1-6 所示.

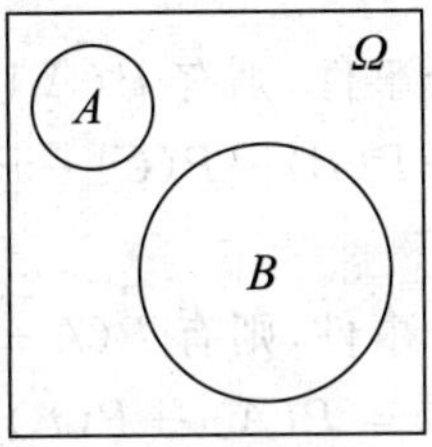

图 3-1-6

(7) 对立(互逆)事件：$A \cup B = \Omega$ 且 $AB = \varnothing$，即样本点不在 A 中就在 B 中 $\Leftrightarrow$ 事件 A 和事件 B 在一次试验中必然发生且只能发生一件，且 A 的对立事件记为 $\overline{A}$，如图 3-1-7 所示.

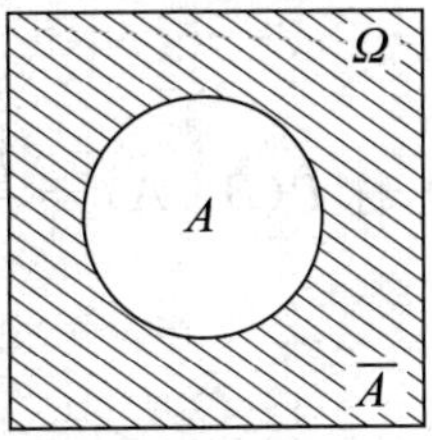

图 3-1-7

【注】　$A - B = A - AB = A\overline{B}$.

2. 事件的运算律

(1) 交换律：$A \cup B = B \cup A$，$A \cap B = B \cap A$.

(2) 结合律：$(A\cup B)\cup C=A\cup(B\cup C)$，$(A\cap B)\cap C=A\cap(B\cap C)$.

(3) 分配律：$A\cup(BC)=(A\cup B)\cap(A\cup C)$，$A\cap(B\cup C)=(A\cap B)\cup(A\cap C)$.

(4) 德摩根律(对偶律)：$\overline{A\cup B}=\overline{A}\cap\overline{B}$，$\overline{A\cap B}=\overline{A}\cup\overline{B}$.

四、概率

1. 概率的定义

设 E 是随机试验，Ω 是它的样本空间，对于 E 的每一个事件 A 赋予一个实数，记为 $P(A)$，称为事件 A 的概率，如果集合函数 $P(A)$ 满足下列条件：

(1) 非负性：对于每一个事件 A，有 $P(A)\geqslant 0$.

(2) 规范性：对于必然事件 Ω，有 $P(\Omega)=1$.

(3) 可列可加性：设 $A_1,A_2,\cdots$ 是两两互不相容的事件，即 $A_i\cap A_j=\varnothing$，$i\neq j$，$i,j=1,2,\cdots$ 有：

$P(A_1\cup A_2\cup\cdots)=P(A_1)+P(A_2)+\cdots$

2. 概率的基本性质

(1) 非负性：对于每一个事件 A，有 $0\leqslant P(A)\leqslant 1$.

(2) 规范性：对于不可能事件 $\varnothing$ 和必然事件 Ω，有 $P(\Omega)=1$，$P(\varnothing)=0$.

【注】 A 为必然事件 $\Rightarrow P(A)=1$，反之不成立；

B 为不可能事件 $\Rightarrow P(B)=0$，反之不成立.

(3) 可列可加性：

设 $A_1,A_2,\cdots,A_n$ 是两两互不相容的事件，即 $A_i\cap A_j=\varnothing$，$i\neq j$，$i,j=1,\cdots,n$，有

$$P(A_1\cup A_2\cup\cdots\cup A_n)=P(A_1)+P(A_2)+\cdots+P(A_n).$$

(4) 逆事件的概率公式：对于任一事件 A，有：$P(\overline{A})=1-P(A)$.

3. 概率的基本公式

(1) 加法公式：设 A,B 是任意两个事件，则有 $P(A\cup B)=P(A)+P(B)-P(AB)$.

【注】 $P(A\cup B\cup C)=P(A)+P(B)+P(C)-P(AB)-P(BC)-P(AC)+P(ABC)$，简记为加奇减偶.

(2) 减法公式：设 A,B 是任意两个事件，则有 $P(A-B)=P(A)-P(AB)$.

【注】 若 $B\subset A$，则有 $P(A-B)=P(A)-P(B)$，$P(B)\leqslant P(A)$. 特别的，

若 $P(A)=0$，$\forall B\subseteq A$，则 $P(B)=0$.

若 $P(B)=1$，$\forall A\supseteq B$，则 $P(A)=1$.

五、条件概率和乘法公式

1. 条件概率的定义

设 A,B 是两个事件，且 $P(A)>0$，称 $P(B\mid A)=\dfrac{P(AB)}{P(A)}$ 为在事件 A 发生的条件下事件 B 发生的条件概率.

【注】 条件概率的本质仍是概率.

2. 条件概率的性质

(1) 非负性：$0\leqslant P(B\mid A)\leqslant 1$.

(2) 规范性：$P(\Omega\mid A)=1$.

(3) $P(\overline{A}\mid B)=1-P(A\mid B)$.

(4) $P(A_1 \cup A_2 \mid B) = P(A_1 \mid B) + P(A_2 \mid B) - P(A_1A_2 \mid B)$.

(5) $P((A-B)|C) = P(A|C) - P(AB|C)$.

3. 乘法公式

若 $P(A) > 0$,则有 $P(AB) = P(A)P(B|A)$,我们称此公式为乘法公式.

三个事件的乘法公式:设 A,B,C 为事件,且 $P(AB) > 0$,则有 $P(ABC) = P(A)P(B \mid A) \cdot P(C \mid AB)$.

六、事件的独立性

1. 两个事件的独立性

(1) 定义

设 A,B 是两个事件,如果满足等式 $P(AB) = P(A)P(B)$,则称事件 A,B 相互独立,简称事件 A,B 独立.

【注】 要区分互斥、互逆和独立:互斥、互逆是事件关系;独立是概率关系,与互斥和互逆没有直接联系.

(2) 独立性的等价说法

若 $0 < P(A) < 1$,则事件 A,B 独立 $\Leftrightarrow P(B) = P(B|A) = P(B|\overline{A})$.

【注】 事件 A,B 独立 $\Leftrightarrow$ 事件 B 发生的概率与事件 A 发生或者不发生没关系.

(3) 独立性的性质

① 若事件 A,B 相互独立,则 A 与 $\overline{B}$,$\overline{A}$ 与 B,$\overline{A}$ 与 $\overline{B}$ 相互独立.

② 概率为 0 或 1 的事件,与任意事件均独立.

2. 三个事件的独立性

(1) 定义

设 A,B,C 是三个事件,

$$\left.\begin{array}{l}\left.\begin{array}{l}P(AB) = P(A)P(B)\\P(AC) = P(A)P(C)\\P(BC) = P(B)P(C)\end{array}\right\}A,B,C\text{ 两两独立}\\P(ABC) = P(A)P(B)P(C)\end{array}\right\}A,B,C\text{ 相互独立}$$

【注】 相互独立则一定两两独立,反之,不成立.

(2) 三个事件独立的性质

若三个事件 A,B,C 相互独立,则任意两个事件的和、积、差构成的新事件与另外一个事件或者它的逆事件是相互独立的. 例如事件 $A \cup B$ 与事件 $\overline{C}$ 相互独立.

七、三大概型

1. 古典概型

(1) 古典概型定义:具有以下两特点的试验称为古典概型:

① 样本空间有限,即 Ω 中只有有限个样本点,;

② 等可能性,每个样本点发生的概率相同.

(2) 古典概型概率公式:$P(A) = \dfrac{\text{事件 } A \text{ 中基本事件个数 } n_A}{\text{事件 } \Omega \text{ 中基本事件个数 } n_\Omega}$.

2. 几何概型

(1) 几何概型定义:如果试验 E 是从某一线段(或平面、空间中有界区域)Ω 上任取一点,并且所取得的点位于Ω中任意两个长度(或平面、体积)相等的子区间(或子区域)内的可能性相同.

(2) 几何概型概率公式:取得的点位于Ω中任意子区间(或子区域)A内这一事件(仍记作A)的概率为$P(A)=\dfrac{A\text{的长度(面积、体积)}}{\Omega\text{的长度(面积、体积)}}$.

3. n重伯努利概型

(1) n重伯努利概型定义:设试验E只有两个可能结果:A和$\overline{A}$,则称E为伯努利试验.若将伯努利试验独立重复地进行n次,则称为n重伯努利概型.

(2) 二项概率公式

设在每次试验中,事件A发生的概率$P(A)=p(0<p<1)$,则在n重伯努利试验中,事件A发生k次的概率为

$$B_k(n,p)=C_n^k p^k(1-p)^{n-k},(k=0,1,2,\cdots,n).$$

八、全概率公式与贝叶斯公式(逆概公式)

1. 完备事件组

若事件$A_1,A_2,\cdots,A_n$满足$A_1\cup A_2\cup\cdots\cup A_n=\Omega,A_i\cap A_j=\varnothing,i\neq j,i,j=1,\cdots,n$,则称事件$A_1,A_2,\cdots,A_n$是一个完备事件组.

2. 全概率公式

事件$A_1,A_2,\cdots,A_n$是完备事件组,且$P(A_i)>0$,则$P(B)=\sum\limits_{i=1}^{n}P(A_i)P(B\mid A_i)$.

3. 贝叶斯公式(逆概率公式)

$A_1,A_2,\cdots,A_n$是完备事件组,$P(B)>0,P(A_i)>0,i=1,2,\cdots,n$,则

$$P(A_j|B)=\frac{P(A_j)P(B|A_j)}{\sum\limits_{i=1}^{n}P(A_i)P(B|A_i)},j=1,2,\cdots,n.$$

重要题型

题型一　随机事件的关系与运算

【题型方法分析】

(1) 事件的基本运算公式.

(2) 利用文氏图,数形结合.

例 2.1　设A,B,C是三个随机事件,则事件"A,B,C不多于一个发生"的逆事件是(　).

(A)A,B,C至少有一个发生　(B)A,B,C至少有二个发生

(C)A,B,C都发生　(D)A,B,C不都发生

(E)A,B,C都不发生

【答案】 (B)

【解析】 A,B,C不多于一个发生表示三个事件只发生一个或者都不发生,其逆事件就是发生的事件个数至少有两个.

【总结】所谓逆事件即整个样本空间中除了这个事件的样本点之外剩余的全部样本点构成的集合.

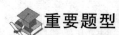

例 2.2　设事件 A,B,C，若 $A\cup B\cup C=A$，则(　　).

(A) 若 A 发生必导致 B,C 同时发生　　(B) 若 B 发生必导致 A,C 同时发生

(C) 若 C 发生必导致 A,B 同时发生　　(D) 若 B 发生或 C 发生必导致 A 发生

(E) 若 A 发生必导致 B 发生或 C 发生

【答案】 (D)

【解析】 由题设可知，$A\cup B\cup C=A$，则 $B\cup C\subset A$，由包含的定义可知 B 发生或 C 发生必导致 A 发生，故答案选(D).

> **【总结】** 若 $A\cup B\cup C=A$，则 $B\subset A,C\subset A,B\cup C\subset A$，即越并越大；
> 若 $A\cap B\cap C=A$，则 $A\subset B,A\subset C,A\subset BC$，即越交越小.

例 2.3　现有一批电子元件，系统初始先由一个元件工作，当其损坏时，立即更换一个新元件接替工作. 如果用 X_i 表示第 i 个元件寿命，那么事件 $A=$"到时刻 T 为止，系统仅更换一个元件"可以表示为(　　).

(A)$A=\{X_1+X_2>T\}$　　(B)$A=\{0\leqslant X_1<T,0<X_2<T\}$

(C)$A=\{0\leqslant X_1<T,X_1+X_2<T\}$　　(D)$A=\{0\leqslant X_1<T,X_1+X_2>T\}$

(E)$A\{0\leqslant X_1,X_2\geqslant 0\}$

【答案】 (D)

【解析】 事件 $A=$"到时刻 T 为止，系统仅更换一个元件"表示到时刻 T 第一个元件已经更换，即第一个元件的寿命 X_1 一定不到 T，则 $0\leqslant X_1<T$，同时第二个元件还没有损坏，故两个元件加起来使用的时间一定比 T 长，则 $X_1+X_2>T$，两个条件同时成立，故 $A=\{0\leqslant X_1<T,X_1+X_2>T\}$，因此答案选(D).

> **【总结】** 将文字转化成事件表示，关键是找准事件之间的关系，如果是同时成立，则取"交"，如果是至少有一个成立，则取"并".

例 2.4　对于事件 A,B，下列说法中正确的是(　　).

(A) 若 A,B 互斥，则 $\overline{A},\overline{B}$ 也互斥　　(B) 若 A,B 互逆，则 $\overline{A},\overline{B}$ 也互逆

(C) 若 $A-B=\varnothing$，则 A,B 互斥　　(D) 若 $A\cup B=\Omega$，则 A,B 互逆

(E) 若 $A\overline{B}=\varnothing$，则 $B\overline{A}=\varnothing$

【答案】 (B)

【解析】 选项(A)，若 A,B 互斥，则 $A\cap B=\varnothing$，而 $\overline{A}\cap\overline{B}=\overline{A\cup B}$，显然推不出 $\overline{A}\cap\overline{B}=\varnothing$，如图 3-1-8 所示，显然 $\overline{A}\cap\overline{B}\neq\varnothing$. 故选项(A) 不正确.

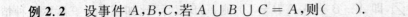

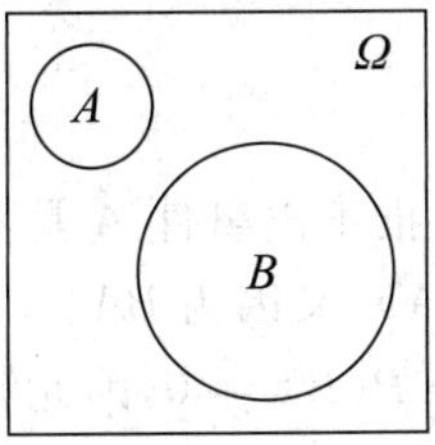

图 3-1-8

选项(B)，若 A,B 互逆，即满足 $A\cap B=\varnothing,A\cup B=\Omega$，则由对偶定律可知，$\overline{A}\cap\overline{B}=\overline{A\cup B}=\overline{\Omega}=\varnothing,\overline{A}\cup\overline{B}=\overline{A\cap B}=\overline{\varnothing}=\Omega$，故 $\overline{A},\overline{B}$ 也互逆，选项(B) 正确.

选项(C),若 $A-B=\varnothing$,即 $A-B=A\cap\overline{B}=\varnothing$,则 $A,\overline{B}$ 互斥,比如图 3-1-9 所示这种情况:

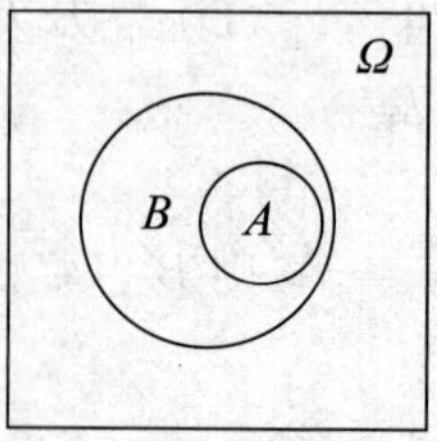

,

图 3-1-9

故选项(C) 不正确.

选项(D) 中只有 $A\cup B=\Omega$,而无条件 $A\cap B=\varnothing$,显然得不到 A,B 互逆,故选项(D) 不正确.

【总结】事件关系的判定一般直接用定义,数形结合可以更直观,更易于理解.

题型二　基本概率性质与公式

【题型方法分析】

(1) 熟记概率的基本性质和公式.

(2) 将概率与事件关系相结合,利用文氏图.

例 2.5　设事件 A,B 满足 $P(A)+P(B)=0.8,P(\overline{A}\,\overline{B})=0.4$,则 $P(\overline{A}B)+P(A\overline{B})=(\quad)$.

(A)0.2　　(B)0.4　　(C)0.5　　(D)0.6　　(E)0.8

【答案】 (B)

【解析】 $P(\overline{A}B)+P(A\overline{B})=P(B-A)+P(A-B)$

$$=P(B)-P(BA)+P(A)-P(AB)=P(B)+P(A)-2P(AB),$$

$P(\overline{A}\,\overline{B})=P(\overline{A\cup B})=1-P(A\cup B)=1-P(A)-P(B)+P(AB)=0.4,$

得 $P(AB)=0.2$,故

$$P(\overline{A}B)+P(A\overline{B})=P(B)+P(A)-2P(AB)=0.8-2\times0.2=0.4.$$

【总结】看到两个逆事件的交(并),则想到对偶律;看到一个事件和另一个事件的逆的交,则想到减法公式.

例 2.6　对于任意的事件 A 与 B,若 $P(A)=0$,则(　　).

(A)$A=\varnothing$　　(B)$\overline{A}=\Omega$

(C)$P(B\overline{A})-P(B)=0$　　(D)$P(A\overline{B})-P(B)=0$

(E)$P(BA)=0$

【答案】 (C)

【解析】 由性质可知,$P(A)=0$ 推不出事件 A 是不可能事件,故选项(A)、(B) 均错.

选项(C),$P(B\overline{A})=P(B)-P(BA)$,又因为 $BA\subseteq A$,故 $P(BA)\leqslant P(A)$,则 $P(BA)=0$,代入可知 $P(B\overline{A})=P(B)\Rightarrow P(B\overline{A})-P(B)=0$,因此答案选(C).

选项(D),$P(A\overline{B})=P(A)-P(AB)=0$,而 $P(B)$ 不一定等于 0,因此选项(D) 错误.

【总结】在概率中，有两种关系：事件关系和概率关系．例如不可能事件和必然事件为事件关系，而$P(A)=0$或$P(A)=1$则为概率关系．其中，事件关系可推出概率关系，概率关系推不出事件关系．这个结论可直接使用，例如本题题设中已知概率关系，那么选项(A)、(B)描述的是事件关系，就可以直接排除．

例 2.7　已知A与B是任意两个互不相容的事件，下列结论正确的是(　　)．

(A) 如果$P(A)=0$，则$P(B)=0$　　(B) 如果$P(A)=0$，则$P(B)=1$

(C) 如果$P(A)=1$，则$P(B)=0$　　(D) 如果$P(A)=1$，则$P(B)=1$

(E) 如果$P(A)=1$，则$P(\bar{B})=0$

【答案】　(C)

【解析】　由题设可知，$AB=\varnothing$，故$P(AB)=0$．

由加法公式可知，$P(A\cup B)=P(A)+P(B)-P(AB)=P(A)+P(B)$，选项(C)中，若$P(A)=1$，又因为$A\subseteq A\cup B$，故$P(A\cup B)=1$，代入可知$P(A\cup B)=P(A)+P(B)=1+P(B)=1$，可推出$P(B)=0$，因此选项(C)正确．

【总结】减法公式的两个结论：任何一个包含概率为1的事件的随机事件，其概率也为1；任何一个概率为零的事件的子集概率也为0．

特别地，若$P(A)=1$，则$P(A\cup B)=1$；若$P(A)=0$，则$P(AB)=0$．

例 2.8　已知$P(A)=p$，$P(B)=q$，且A与B互斥，则A与B恰有一个发生的概率为(　　)．

(A) $p+q$　　(B) $1-p+q$　　(C) $1+p-q$　　(D) $p+q-2pq$　　(E) $p+q-1$

【答案】　(A)

【解析】　A与B恰有一个发生的概率为$P(A\bar{B})+P(\bar{A}B)$．因$AB=\varnothing$，故$P(AB)=0$，因而$P(A\bar{B})+P(\bar{A}B)=P(A)-P(AB)+P(B)-P(AB)=P(A)+P(B)=p+q$，因此选项(A)正确．

【总结】A与B恰有一个发生的情况有两种：A发生且B不发生或者B发生且A不发生，将事件关系转化为数学语言是解答此类题目的关键．

题型三　条件概率与乘法公式相关计算

【题型方法分析】

(1) 题设中有"如果……就……""当……时""已知在……条件下"，则考虑用条件概率；

(2) 题设中有"且""同时"，则考虑用乘法公式；

(3) 条件概率本质是概率，故其性质与概率性质一致；

(4) $P(AB)=P(A)P(B|A)$，$(P(A)>0)$；$P(AB)=P(B)P(A|B)$，$(P(B)>0)$．

例 2.9　设$P(B)>0$，则$P(A\cup B\mid B)=$(　　)．

(A) 0　　(B) 1　　(C) $\frac{1}{2}$　　(D) $\frac{1}{4}$　　(E) $\frac{1}{3}$

【答案】　(B)

【解析】　**方法一**　利用条件概率公式．

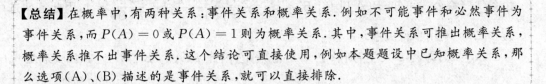

由条件概率公式可知，$P(A\cup B\mid B)=\dfrac{P((A\cup B)\cap B)}{P(B)}=\dfrac{P(B)}{P(B)}=1$，因此答案选(B).

方法二 利用事件关系.

$B\subset A\cup B$，即若 B 发生，则 $A\cup B$ 必然发生，因此 $P(A\cup B\mid B)=1$，因此答案选(B).

【总结】 因为事件关系可以推概率关系，故如若能够直接判定事件关系，则概率求解更加简便.

例 2.10 射击场上，甲、乙两人对同一目标进行射击，每人单独射击时，其命中率分别为 92% 和 93%. 若在甲没射中的条件下，乙射中目标的概率为 85%，求

(1) 目标被射中的概率.

(2) 在乙没射中的条件下，甲也没射中目标的概率.

【解】 (1) 设 $A=$“甲射中目标”，$B=$“乙射中目标”，$C=$“目标被射中”，即 $C=A\cup B$. 又因为 $P(A)=0.92$，$P(B)=0.93$，$P(B\mid\overline{A})=0.85$，下面求 $P(C)$ 有两种方法.

方法一 $P(C)=P(A\cup B)=1-P(\overline{A\cup B})=1-P(\overline{A}\overline{B})=1-P(\overline{A})P(\overline{B}\mid\overline{A})=1-(1-0.92)(1-0.85)=0.988$.

方法二 $P(B\mid\overline{A})=\dfrac{P(B\overline{A})}{P(\overline{A})}=\dfrac{P(B)-P(AB)}{P(\overline{A})}=0.85$，即 $\dfrac{0.93-P(AB)}{0.08}=0.85$，解得 $P(AB)=0.862$，从而

$$P(C)=P(A\cup B)=P(A)+P(B)-P(AB)=0.92+0.93-0.862=0.988.$$

(2) 因为 $P(A)=0.92$，$P(B)=0.93$，$P(B\mid\overline{A})=0.85$，所以在乙没射中的条件下，甲也没射中目标的概率为

$$P(\overline{A}\mid\overline{B})=\frac{P(\overline{A}\overline{B})}{P(\overline{B})}=\frac{P(\overline{A})P(\overline{B}\mid\overline{A})}{P(\overline{B})}=\frac{[1-P(A)][1-P(B\mid\overline{A})]}{1-P(B)}$$

$$=\frac{(1-0.92)(1-0.85)}{1-0.93}=\frac{0.012}{0.07}\approx 0.171.$$

例 2.11 设任意两事件 $A,B,A\subset B,P(B)>0$，则(　　).

(A) $P(A)<P(A|B)$　　(B) $P(A)\leqslant P(A|B)$

(C) $P(A)>P(A|B)$　　(D) $P(A)\geqslant P(A|B)$

(E) $P(A)=P(A\mid B)$

【答案】 (B)

【解析】 由题设可知 $A\subset B$，故 $AB=A$，且 $P(A)\leqslant P(B)\leqslant 1$，再由条件概率公式可知

$$P(A|B)=\frac{P(AB)}{P(B)}=\frac{P(A)}{P(B)}\geqslant\frac{P(A)}{1}=P(A),$$

因此选(B).

【总结】 在判定大小关系用放缩时，一般多用概率的规范性：$0\leqslant P(\cdot)\leqslant 1$.

例 2.12 已知 $0<P(B)<1$，且 $P[(A_1+A_2)|B]=P(A_1|B)+P(A_2|B)$，则下列结论成立的是(　　).

(A) $P[(A_1+A_2)|\overline{B}]=P(A_1|\overline{B})+P(A_2|\overline{B})$

(B) $P(A_1B+A_2B)=P(A_1B)+P(A_2B)$

(C) $P(A_1+A_2)=P(A_1|B)+P(A_2|B)$

(D) $P(B)=P(A_1)P(B|A_1)+P(A_2)P(B|A_2)$

(E) A_1 与 A_2 互斥

【答案】 (B)

【解析】 由条件概率性质可知，

$P[(A_1+A_2)|B]=P(A_1|B)+P(A_2|B)-P(A_1A_2|B)=P(A_1|B)+P(A_2|B)$，

故 $P(A_1A_2|B)=0\Rightarrow\dfrac{P(A_1A_2B)}{P(B)}=0\Rightarrow P(A_1A_2B)=0$，

则 $P(A_1B+A_2B)=P(A_1B)+P(A_2B)-P(A_1A_2B)=P(A_1B)+P(A_2B)$，

因此选(B).

【总结】 条件概率的基本公式在记忆的时候可以与概率基本公式类比，只要在每个位置上加上条件即可.

题型四　随机事件独立性的判定与运算

【题型方法分析】

独立性是概率事件非常重要的关系之一，事件 A,B 若满足 $P(AB)=P(A)P(B)$，则称事件 A,B 相互独立. 有了独立性作为条件，使积事件的概率计算变得简单. 在理解事件独立性概念的同时，必须要对独立与互斥的区别、两两独立和相互独立的区别非常清楚.

(1) 事件 A,B 独立和事件 A,B 互斥是两个不同的概念，前者与事件发生的概率有关，而后者与概率无关，两者在逻辑上没有必然联系.

(2) 若事件 A,B 既独立又互斥，则 $P(A)=0$ 或 $P(B)=0$. 这是因为 $P(AB)=0=P(A)P(B)$.

(3) 多个事件相互独立一定两两独立，但多个事件两两独立不一定相互独立.

(4) 概率为 0 或概率为 1 的事件与任何事件都独立.

例 2.13　设 A,B 相互独立，则下面说法错误的是(　　).

(A) A 与 $\overline{B}$ 相互独立　　(B) $\overline{A}$ 与 B 相互独立

(C) $P(\overline{A}B)=P(\overline{A})P(B)$　　(D) A 与 B 一定互斥

(E) $\overline{A}$ 与 $\overline{B}$ 一定相互独立

【答案】 (D)

【解析】 **方法一**　由独立的性质可知，若事件 A,B 相互独立，则 A 与 $\overline{B}$，$\overline{A}$ 与 B，$\overline{A}$ 与 $\overline{B}$ 相互独立. 则选项(A)、(B)、(C) 均正确，因此答案选(D).

方法二　独立是概率关系，互斥是事件关系，概率关系推不出事件关系，则选项(D) 错误，因此答案选(D).

【总结】 独立的性质：若事件 A,B 相互独立，则 A 与 $\overline{B}$，$\overline{A}$ 与 B，$\overline{A}$ 与 $\overline{B}$ 也相互独立. 简记为“拔不拔”没关系.

例 2.14　设 A,B 是两个随机事件，且 $0<P(A)<1$，$P(B)>0$，$P(B\mid A)=P(B\mid\overline{A})$，则必有(　　).

(A) $P(A\mid B)=P(\overline{A}\mid B)$　　(B) $P(A\mid B)\neq P(\overline{A}\mid B)$

(C) $P(AB)=P(A)P(B)$　　(D) $P(AB)\neq P(A)P(B)$

(E) $P(B\mid A)=P(A\mid B)$

【答案】 (C)

【解析】 由 $P(B\mid A)=P(B\mid \overline{A})$ 及 $0<P(A)<1$ 知，事件 A 是否发生对事件 B 没有产生影响，所以 A 与 B 相互独立，$P(AB)=P(A)P(B)$，仅C可选.

> **【总结】** 本题也能用独立的定义处理，但是计算较大，在独立判定题中，若题设出现条件概率，则一般考虑用独立的等价说法判定.

例 2.15 设两个相互独立的事件 A,B 都不发生的概率为 $\frac{1}{4}$，A 发生且 B 不发生的概率与 B 发生且 A 不发生的概率相等，求 $P(A)$.

【解】 由题设可知，事件 A,B 相互独立，则 $\overline{A}$ 与 $\overline{B}$ 也相互独立，故 $P(\overline{A}\,\overline{B})=P(\overline{A})P(\overline{B})=\frac{1}{4}$.

又 $P(A\overline{B})=P(B\overline{A})\Rightarrow P(A)-P(AB)=P(B)-P(BA)\Rightarrow P(A)=P(B)$，则 $P(\overline{A})=P(\overline{B})$，可得 $P(\overline{A})=\frac{1}{2}\Rightarrow P(A)=1-P(\overline{A})=\frac{1}{2}$.

> **【总结】** 题设中有"且"字，则事件关系一般取"交"，两个独立事件交的概率则直接用独立的定义展开计算即可.

例 2.16 设 A,B,C 为随机事件，A 与 B 相互独立，且 $P(C)=1$，则下列事件中不相互独立的是(　　).

(A) $A,B,A\cup C$　(B) $A,B,A-C$　(C) A,B,AC　(D) $A,B,\overline{AC}$　(E) $A,B,\overline{C}$

【答案】 (C)

【解析】 因为 $P(C)=1$，$C\subseteq A\cup C$，所以 $P(A\cup C)=1$，即

$$P(A\cup C)=P(A)+P(C)-P(AC)=1\Rightarrow P(A)-P(AC)=0,$$

从而 $P(A-C)=P(A)-P(AC)=0$，同理 $P(\overline{AC})=P(\overline{A\cup C})=0$.

因为概率为0或概率为1的事件与任何事件都相互独立，故选项(A)、(B)、(D) 中的事件均相互独立，所以选(C).

> **【总结】** 判定事件独立与否，除了应用等式 $P(AB)=P(A)P(B)$ 进行判断外，还可以根据独立的等价定义进行判断，即 A,B 两事件独立等价于事件 A 发生与事件 B 发生没有关系. 除此之外，还可以根据相互独立的随机事件的规律：即两个不含相同元素的事件相互独立来判断. 若题目条件中给出了某个事件的概率为1，也可根据"概率为0或概率为1的事件与任何事件独立"的原则来判断.

题型五　古典概型

【题型方法分析】

(1) 计算古典概型事件的概率可分三步：

第一步，求出基本事件的总个数 n；

第二步，求出事件 A 所包含的基本事件个数 n_A；

第三步，代入公式求出概率 P，计算时要注意，古典概型在用排列组合求解基本事件个数时分子、分母要保持同序(同时有序或同时无序).

(2) 含有"至多""至少" 等类型的概率问题，从正面突破比较困难或者比较繁琐时，可考虑其反面，即逆事件，然后应用逆事件的性质 $P(\overline{A}) = 1 - P(A)$ 进一步求解.

例 2.17　箱子中共有 36 个球，其中 12 个红球，10 个白球，8 个黑球，6 个蓝球，若从中随机选出两个球，则它们的颜色相同的概率是(　　).

(A) $\dfrac{77}{315}$　　(B) $\dfrac{44}{315}$　　(C) $\dfrac{33}{315}$　　(D) $\dfrac{9}{122}$　　(E) $\dfrac{79}{315}$

【答案】 (A)

【解析】　该模型为古典概型，基本事件个数是有限的，并且每个基本事件的发生是等可能的，根据古典概型的概率公式，可知 $P = \dfrac{C_{12}^2 + C_{10}^2 + C_8^2 + C_6^2}{C_{36}^2} = \dfrac{77}{315}$，故选(A).

> **【总结】** 摸球是古典概型中非常经典的题型，本题在求解颜色相同这一事件的事件个数时采用的是加法原理，古典概型题与计数原理结合是常见的考查模式，同学们一定要熟练掌握.

例 2.18　将 3 个红球与 1 个白球随机地放入甲、乙、丙三个盒子中，则乙盒中至少有 1 个红球的概率为(　　).

(A) $\dfrac{2}{9}$　　(B) $\dfrac{8}{27}$　　(C) $\dfrac{7}{27}$　　(D) $\dfrac{19}{27}$　　(E) $\dfrac{1}{3}$

【答案】 (D)

【解析】　由题设知，该题为古典概型.

设 A 表示事件"乙盒中至少有 1 个红球"，共有六种情况：1 个红球和 1 个白球，1 个红球和没有白球，2 个红球和 1 个白球，2 个红球和没有白球，3 个红球和 1 个白球，3 个红球和没有白球，直接求解，比较复杂，故我们先求逆事件的概率.

"乙盒中至少有 1 个红球" 的逆事件 $\overline{A}$，即"乙盒中没有红球"，两种情况：有白球或没有白球，根据古典概型概率公式知，$P(\overline{A}) = \dfrac{2^3 \cdot 1 + 2^3 \cdot 2}{3^4} = \dfrac{8}{27}$，则 $P(A) = 1 - P(\overline{A}) = \dfrac{19}{27}$，故答案选(D).

> **【总结】** 题设中出现"至多""至少"，一般都会先求逆事件概率，再利用性质求解.

题型六　几何概型

【题型方法分析】

(1) 计算几何概型事件的概率可分三步：

第一步，求出样本空间的几何长度或面积、体积；

第二步，求出事件 A 的几何长度或面积、体积；

第三步，代入公式求出概率 P，计算时要注意数形结合.

(2) 含有"至多""至少" 等类型的概率问题，从正面突破比较困难或者比较繁琐时，可考虑其反面，即逆事件，然后应用逆事件的性质 $P(\overline{A}) = 1 - P(A)$ 进一步求解.

例 2.19 在区间(0,1)中随机地取两个数，则事件"两数之和小于$\frac{6}{5}$"的概率为(　　).

(A) $\frac{12}{25}$　　(B) $\frac{17}{25}$　　(C) $\frac{8}{25}$　　(D) $\frac{9}{25}$　　(E) $\frac{2}{5}$

【答案】 (B)

【解析】 落入某区间，为几何概型.

设A表示事件"两数之和小于$\frac{6}{5}$"，x,y分别表示随机取出的两个数，则$0<x<1,0<y<1$，从而$\Omega=\{(x,y)\mid 0<x<1,0<y<1\}$，$A=\{(x,y)\mid x+y<\frac{6}{5}\}$，如图 3-1-10 所示.

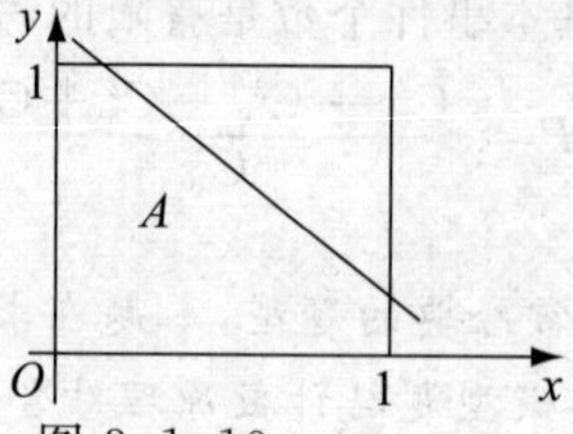

图 3-1-10

可知$S_A=1-\frac{1}{2}\left(\frac{4}{5}\right)^2=\frac{17}{25}$，则由几何型概率，知$P(A)=\frac{S_A}{S_\Omega}=\frac{1-\frac{1}{2}\left(\frac{4}{5}\right)^2}{1}=\frac{17}{25}$.
因此答案选(B).

【总结】 在求解S_A时，若直接求较麻烦，则用整体面积减去其逆事件面积去求解.

例 2.20 随机的向半圆$0<y<\sqrt{2ax-x^2}\,(a>0)$内投掷一点，点落在半圆内的任何区域的概率与区域的面积成正比，则原点和该点连线与x轴正方向夹角小于$\frac{\pi}{4}$的概率是(　　).

(A) $\frac{1}{2}$　　(B) $\frac{1}{4}$　　(C) $\frac{1}{2}+\frac{1}{\pi}$　　(D) $\frac{1}{8}$　　(E) $\frac{1}{4}+\frac{1}{\pi}$

【答案】 (C)

【解析】 设A表示事件"原点与该点连线与x轴正方向夹角小于$\frac{\pi}{4}$"，如图 3-1-11 所示.

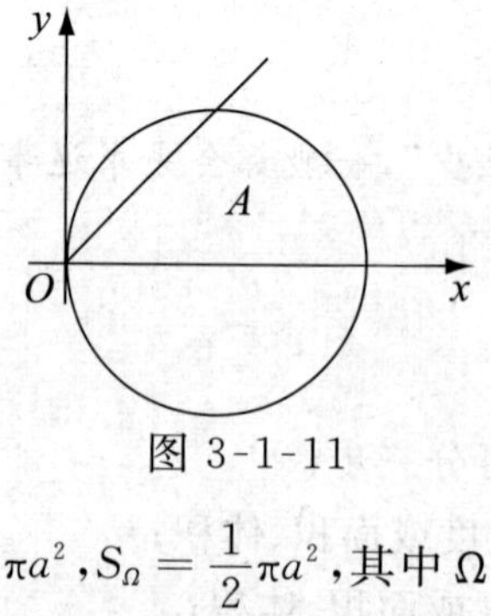

图 3-1-11

由几何知识可知，$S_A=\frac{a^2}{2}+\frac{1}{4}\pi a^2$，$S_\Omega=\frac{1}{2}\pi a^2$，其中$\Omega=\{(x+y)\mid 0<y<\sqrt{2ax-x^2}\}$，

则由几何型概率知$P(A)=\frac{S_A}{S_\Omega}=\frac{\frac{a^2}{2}+\frac{1}{4}\pi a^2}{\frac{1}{2}\pi a^2}=\frac{1}{2}+\frac{1}{\pi}$.

【总结】求几何概型的题，为了方便求解长度或面积、体积，一般要先画出图形，结合几何图形求解.

题型七　伯努利概型

【题型方法分析】

若题设中出现"独立重复""次数"等一般为伯努利概型，则计算伯努利概型的概率可分三步：

① 求出事件 A 发生的概率 $P(A)=p$；

② 确定试验总数 n 和事件 A 发生的次数 k；

③ 代入二项概率公式计算.

例 2.21　掷一枚不均匀硬币，正面朝上的概率为 $\frac{2}{3}$，若将此硬币抛掷 4 次，则正面朝上 3 次的概率是(　　).

(A) $\frac{8}{81}$　　(B) $\frac{8}{27}$　　(C) $\frac{32}{81}$　　(D) $\frac{1}{2}$　　(E) $\frac{1}{27}$

【答案】 (C)

【解析】 满足独立重复，计算的是次数，易知此为 4 重伯努利概型.

设 A 表示事件"硬币正面朝上"，则由题设可知 $P(A)=\frac{2}{3}$，故代入二项概率公式

$$B_3\left(4,\frac{2}{3}\right)=C_4^3\,\frac{2}{3}^3\left(1-\frac{2}{3}\right)^{4-3}=\frac{32}{81}.$$

故答案选(C).

【总结】计算伯努利概型的关键是三个变量：$P(A),n,k$，确定好这三个变量则直接代入公式即可.

例 2.22　在一系列的独立试验中，每次试验成功的概率为 p，记 A 表示事件"第 3 次成功之前失败 4 次"，B 表示"第 10 次成功之前至多失败 2 次"，求 $P(A),P(B)$.

【解】 (1) A 表示"第 3 次成功之前失败 4 次"，等价于共进行了 7 次独立试验，且第 6 次试验成功，前 6 次试验中 4 次失败、2 次成功，属于伯努利概型，故对前 6 次试验用伯努利计算公式有 $C_6^2p^2\cdot(1-p)^4$，其中试验成功的概率为 p，所以 $P(A)=C_6^2p^2\cdot(1-p)^4\cdot p=C_6^2p^3\cdot(1-p)^4$.

B 表示"第 10 次成功之前至多失败 2 次"，等价于试验成功 10 次之前，可能没有失败，可能失败 1 次，可能失败 2 次，每次独立试验为伯努利试验. 设 $B_i=$"10 次成功前失败 i 次"$(i=0,1,2)$，等价于共进行 $10+i$ 次试验，前 $10+i-1$ 次试验中成功 9 次，第 10 次成功发生在第 $10+i$ 次试验. 故根据伯努利概型的计算公式有

$$P(B_0)=C_{10}^{10}p^{10}=p^{10},$$
$$P(B_1)=C_{10}^{9}p^9\cdot(1-p)\cdot p=10p^{10}(1-p),$$
$$P(B_2)=C_{11}^{9}p^9\cdot(1-p)^2\cdot p=55p^{10}(1-p)^2,$$

故

$$P(B)=P(B_0)+P(B_1)+P(B_2)$$
$$=p^{10}+10p^{10}(1-p)+55p^{10}(1-p)^2$$

$$=(55p^2-120p+66)p^{10}.$$

【总结】解答本题的关键是弄清楚试验的总数，可将结论总结为：进行一系列独立试验，每次试验成功的概率为 p，则在成功 n 次之前已经失败 m 次的概率为

$$C_{n-1+m}^{n-1}p^{n-1}(1-p)^m p=C_{n-1+m}^{n-1}p^n(1-p)^m.$$

题型八　全概率公式与贝叶斯公式

【题型方法分析】

利用全概率公式与贝叶斯公式解题时，判断概型、正确选择公式是关键. 考生要弄清楚，全概率公式是用于计算由若干“原因”引起的复杂事件的概率；贝叶斯公式是用来计算复杂事件已发生的条件下，是由某一种“原因”引起的条件概率. 考生对此题型的学习还需掌握：

(1) 利用全概率公式和贝叶斯公式求解的题目中一般分为两个阶段：

① 全概率公式求解的是第二阶段某一结果的概率.

② 贝叶斯公式本质是条件概率，求解的是已知第二阶段发生某一结果，反求第一阶段某一结果的概率.

(2) 用全概率公式解题的步骤：

① 判断求解的问题是否为全概率类型.

② 若是全概率，需设出事件 A 及完备事件组 $B_1,B_2,\cdots,B_n$.

③ 计算 $P(B_i),P(A\mid B_i)$.

④ 将 ③ 的结果代入公式 $P(A)=\sum\limits_{i=1}^{n}P(B_i)P(A\mid B_i)$，计算最后结果.

例 2.23　有两支医疗队赶往灾区救援伤员，第一支医疗队的 20 名医生名单中有 5 名专家，第二支医疗队的 12 名医生名单中有 2 名专家，求

(1) 将两队名单混合在一起，从中任取 2 名担任指挥，问取出的都是专家的概率？

(2) 从第一队中取 2 名放入第二队中，再从第二队中取 2 名担任指挥，问取出的都是专家的概率？

(3) 从第一队中取 2 名放入第二队中，已知从第二队中任取出 2 名医生为专家，求第一队中取出 2 人均为专家的概率？

【解】　(1) 设 A 表示“名单合在一起后任取 2 名为专家”，则混合后总的取法有 C_{32}^2 种，从所有专家当中任取 2 名的取法有 C_7^2 种，故 $P(A)=\dfrac{C_7^2}{C_{32}^2}=\dfrac{21}{496}$.

(2) 设 B_i 表示“从第一支医疗队抽出的 2 名医生中恰有 i 名专家”$(i=0,1,2)$，C 表示“从第二队中取出的都是专家”，则

$$P(B_0)=\frac{C_{15}^2}{C_{20}^2}=\frac{21}{38},P(A\mid B_0)=\frac{C_2^2}{C_{14}^2}=\frac{1}{91},$$

$$P(B_1)=\frac{C_5^1C_{15}^1}{C_{20}^2}=\frac{15}{38},P(A\mid B_1)=\frac{C_3^2}{C_{14}^2}=\frac{3}{91},$$

$$P(B_2)=\frac{C_5^2}{C_{20}^2}=\frac{1}{19},P(A\mid B_2)=\frac{C_4^2}{C_{14}^2}=\frac{6}{91},$$

$$\begin{aligned}P(C)&=P(B_0)P(C\mid B_0)+P(B_1)P(C\mid B_1)+P(B_2)P(C\mid B_2)\\&=\frac{21}{38}\times\frac{1}{91}+\frac{15}{38}\times\frac{3}{91}+\frac{1}{19}\times\frac{6}{91}=\frac{3}{133}.\end{aligned}$$

(3) 事件设法同(2)，则所求概率为

$$P(B_2 \mid C)=\frac{P(CB_2)}{P(C)}=\frac{P(B_2)P(C \mid B_2)}{P(C)}=\frac{\frac{1}{19}\times\frac{6}{91}}{\frac{3}{133}}=\frac{2}{13}.$$

【总结】已知原因求结果用全概率公式；已知结果求原因用贝叶斯公式.

本章练习

1. 已知事件 A,B 互斥，且 $P(A)=0.2, P(A+B)=0.8$，则 $P(B)=$(　　).

(A)0.4　　(B)0.5　　(C)0.6　　(D)0.7　　(E)0.8

2. 设 A,B 是任意两个随机事件，则 $P\{(\overline{A}+B)(A+B)(\overline{A}+\overline{B})(A+\overline{B})\}=$(　　).

(A)1　　(B)0　　(C)$P(A)$　　(D)$P(B)$　　(E)$P(AB)$

3. 已知 A,B 为两事件，且 $B\supset A, P(A)=0.3, P(\overline{B})=0.4$，则 $P(\overline{B-A})=$(　　).

(A)0.45　　(B)0.5　　(C)0.6　　(D)0.7　　(E)0.8

4. 设 A,B,C 是三个随机事件，且 $A\supset C, B\supset C, P(A)=0.7, P(A-C)=0.4, P(AB)=0.5$，求 $P(AB\overline{C})$.

5. 从 0,1,2,…,9 这 10 个数码中随机可重复的取出 5 个数码，求“5 个数码中至少有 2 个相同”的概率.

6. 将 C,C,E,E,I,N,S 七个字母随机的排成一列，那么恰好成英文单词 $SCIENCE$ 的概率是多少？

7. 质检局现抽样调查某厂商生产的牛奶，已知 10 瓶样品牛奶中有 3 瓶是次品，现从 10 瓶牛奶中一次性抽取 2 瓶，则两次抽取的均为次品的概率是(　　).

(A) $\frac{3}{10}$　　(B) $\frac{1}{12}$　　(C) $\frac{1}{15}$　　(D) $\frac{9}{100}$　　(E) $\frac{1}{10}$

8. 设随机事件 A,B 及其和事件 $A\cup B$ 的概率分别是 0.4，0.3 和 0.6，若 $\overline{B}$ 表示 B 的对立事件，那么积事件 $A\overline{B}$ 的概率 $P(A\overline{B})=$(　　).

(A)0.3　　(B)0.4　　(C)0.5　　(D)0.6　　(E)0.8

9. 设 A,B 是两个随机事件，且 $0<P(A)<1, P(B)>0, P(B\mid A)+P(\overline{B}\mid\overline{A})=1$，则必有(　　).

(A) 事件 A 与 B 互不相容　　(B) 事件 A 与 B 相互对立

(C) 事件 A 与 B 不独立　　(D) 事件 A 与 B 相互独立

(E) 以上均不正确

10. 一批产品共有 10 个正品 2 个次品，任意抽取 2 次，每次抽 1 个，抽出后不再放回，则第二次抽出的是次品的概率为(　　).

(A) $\frac{1}{5}$　　(B) $\frac{1}{6}$　　(C) $\frac{2}{11}$　　(D) $\frac{1}{11}$　　(E) $\frac{3}{11}$

11. 第一只盒子里装有 5 只红球，4 只白球；第二只盒子里装有 4 只红球，5 只白球. 先从第一只盒子里取一只球放到第二只盒子，再从第二只盒子里取出一只球，求取到的是白球的概率.

12. 有甲、乙两个盒子，甲盒子装有 3 只蓝球，4 只白球，6 只红球，乙盒子装有 4 只蓝球，2 只

白球,5 只红球.先从这两个盒子中任取一个盒子,再从取出的盒子里取出一个球,求

(1) 取出的是白球的概率.

(2) 在已知取出的是白球的条件下,求抽到的是甲盒子的概率.

13. 设 $0 < P(A) < 1, 0 < P(B) < 1$,且 $P(A \mid B) + P(\overline{A} \mid \overline{B}) = 1$,试证明:事件 A,B 独立.

14. 设 A,B 是两个随机事件,$0 < P(A) < 1, P(A) = 0.4, P(B \mid \overline{A}) + P(\overline{B} \mid A) = 1, P(A \cup B) = 0.7$,求 $P(\overline{A} \cup \overline{B})$.

15. 已知事件 A 发生必导致事件 B 发生,且 $0 < P(B) < 1$,求 $P(A \mid \overline{B})$.

16. 设 K 为(0,2) 内随机取的数,求方程 $x^2 + 2Kx + K = 0$ 有实根的概率.

17. 设三次独立试验中,事件 A 出现的概率相等,若已知 A 至少出现一次的概率等于 $\frac{19}{27}$,则事件 A 在一次试验中出现的概率为(　　).

(A) $\frac{1}{3}$　　(B) $\frac{2}{3}$　　(C) $\frac{1}{4}$　　(D) $\frac{1}{2}$　　(E) $\frac{1}{9}$

18. 经统计,某路口在每天 8 点到 8 点 10 分的十分钟里通过的车辆数及对应的概率如下表,则该路口在 2 天中至少有 1 天通过的车辆数大于 15 辆的概率是(　　).

车流量	0 ~ 5	6 ~ 10	11 ~ 15	16 ~ 20	21 ~ 25	26 以上
概 率	0.1	0.2	0.2	0.25	0.2	0.05

(A)0.25　　(B)0.4　　(C)0.5　　(D)0.75　　(E)0.2

19. 进行一系列独立试验,每次试验成功的概率为 p,则在成功 2 次之前已经失败 3 次的概率为(　　).

(A)$4p^2(1-p)^3$　(B)$4p(1-p)^3$　(C)$10p^2(1-p)^3$　(D)$p^2(1-p)^3$

(E)$4(1-p)^4$

本章练习答案与解析

1.【答案】 (C)

【解析】 由题设知,事件 A,B 互斥,则 $A \cap B = \varnothing, P(AB) = 0$,故

$$P(A+B) = P(A) + P(B) - P(AB) = P(A) + P(B) = 0.2 + P(B) = 0.8,$$

可推出 $P(B) = 0.6$,因此答案选(C).

2.【答案】 (B)

【解析】 $(\overline{A}+B)(A+B) = (\overline{A}+B)A + (\overline{A}+B)B = \overline{A}A + AB + \overline{A}B + B$

$$= (A+\overline{A})B + B = B,$$

$(\overline{A}+\overline{B})(A+\overline{B}) = (\overline{A}+\overline{B})A + (\overline{A}+\overline{B})\overline{B} = \overline{A}A + A\overline{B} + \overline{A}\overline{B} + \overline{B} = (A+\overline{A})\overline{B} + \overline{B} = \overline{B}$,

$P\{(\overline{A}+B)(A+B)(\overline{A}+\overline{B})(A+\overline{B})\} = P(B\overline{B}) = 0$.

3.【答案】 (D)

【解析】 $P(\overline{B-A}) = 1 - P(B-A) = 1 - [P(B) - P(AB)]$

$$= P(\overline{B}) + P(AB) = P(\overline{B}) + P(A)$$

$$= 0.4 + 0.3 = 0.7.$$

4.【解】 由 $A \supset C, B \supset C$ 知,$A \cap B \supset C$,所以 $P(A-C) = P(A) - P(C)$,即

$P(C)=P(A)-P(A-C)=0.7-0.4=0.3$，

$P(AB\overline{C})=P(A-C)=P(AB)-P(ABC)=P(AB)-P(C)=0.5-0.3=0.2.$

5.【解】　设 $A=\{5$ 个数码中至少有 2 个相同$\}$，则 $\overline{A}=\{5$ 个数码中都不相同$\}$，事件 $\overline{A}$ 中包含的基本事件数为 $m=A_{10}^5=\frac{10!}{5!}=6\times7\times8\times9\times10$，基本事件总数为 $n=10^5$，因而 $P(\overline{A})=\frac{10\times9\times8\times7\times6}{10^5}=\frac{189}{625}$，故 $P(A)=1-P(\overline{A})=1-\frac{189}{625}=\frac{436}{625}$.

6.【解】　样本空间基本事件的总数为 $n=7!$，所求事件发生的基本事件数 $k=2\times2=4$，故所求概率为 $p=\frac{k}{n}=\frac{4}{7!}=\frac{1}{1\,260}$.

7.【答案】　(C)

【解析】　设 A 表示事件"两次抽取牛奶的均为次品"，则 $n_A=C_3^2$. 故 $P(A)=\frac{C_3^2}{C_{10}^2}=\frac{1}{15}$.

8.【答案】　(A)

【解析】　由题设可知 $P(A)=0.4,P(B)=0.3,P(A\cup B)=0.6$，又因为

$P(A\cup B)=P(A)+P(B)-P(AB)=0.4+0.3-P(AB)=0.6$，故 $P(AB)=0.1$.

$P(A\overline{B})=P(A)-P(AB)=0.4-0.1=0.3$，因此答案选(A).

9.【答案】　(D)

【解析】　由于 $P(B\mid A)+P(\overline{B}\mid\overline{A})=1$，故 $P(B\mid A)=1-P(\overline{B}\mid\overline{A})=P(B\mid\overline{A})$，同时 $0<P(A)<1$，故知事件 A 是否发生对事件 B 没有产生影响，所以 A 与 B 相互独立，因此答案选(D).

10.【答案】　(B)

【解析】　设 A 表示事件"第一次抽取的是次品"，B 表示事件"第二次抽取的是次品".

$$P(B)=P(A)P(B\mid A)+P(\overline{A})P(B\mid\overline{A})=\frac{2}{12}\times\frac{1}{11}+\frac{10}{12}\times\frac{2}{11}=\frac{1}{6},$$

因此答案选(B).

【注】抽签原理(抓阄原理).

若 n 个签中 m 个"有"签，$n-m$ 个"无"签. n 个人排队依次抽签(或某人抽 n 次，每次抽出一个)，则第 k 个人(或某人第 k 次，$k=1,\cdots,n$) 抽到"有"签的概率都一样，都等于 $\frac{m}{n}$.

11.【解】　令 A 表示事件"从第二个盒子中取出一球，取到的是白球"，B 表示事件"从第一个盒子中取出白球"，利用全概率公式得

$$P(A)=P(B)P(A\mid B)+P(\overline{B})P(A\mid\overline{B})=\frac{4}{9}\times\frac{6}{10}+\frac{5}{9}\times\frac{5}{10}=\frac{49}{90}.$$

12.【解】　(1) 令 A 表示事件"取出的是白球"，B_1 表示事件"从甲盒子取出"，B_2 表示事件"从乙盒子取出"，则 B_1 和 B_2 构成完备事件组，利用全概率公式得

$$P(A)=P(B_1)\cdot P(A\mid B_1)+P(B_2)\cdot P(A\mid B_2)=\frac{1}{2}\times\frac{4}{13}+\frac{1}{2}\times\frac{2}{11}=\frac{35}{143}.$$

(2) 由贝叶斯公式得

$$P(B_1\mid A)=\frac{P(AB_1)}{P(A)}=\frac{P(B_1)\cdot P(A\mid B_1)}{P(A)}=\frac{\frac{1}{2}\times\frac{4}{13}}{\frac{35}{143}}=\frac{22}{35}.$$

13.【证】 $P(A\mid B)+P(\overline{A}\mid\overline{B})=P(A\mid B)+1-P(A\mid\overline{B})=1$ 得 $P(A\mid B)-P(A\mid\overline{B})=0$，

$$P(A\mid B)-P(A\mid\overline{B})=\frac{P(AB)}{P(B)}-\frac{P(A\overline{B})}{P(\overline{B})}=\frac{P(\overline{B})P(AB)-P(B)P(A\overline{B})}{P(B)P(\overline{B})}$$

$$=\frac{[1-P(B)]P(AB)-P(B)[P(A)-P(AB)]}{P(B)P(\overline{B})}$$

$$=\frac{P(AB)-P(B)P(AB)-P(B)P(A)+P(B)P(AB)}{P(B)P(\overline{B})}$$

$$=\frac{P(AB)-P(B)P(A)}{P(B)P(\overline{B})},$$

得 $P(AB)-P(A)P(B)=0$，即 $P(AB)=P(A)P(B)$，得事件 A,B 独立.

14.【解】 由题设 $P(B\mid\overline{A})+P(\overline{B}\mid A)=1$，得 A,B 独立，$P(A\cup B)=P(A)+P(B)-P(A)P(B)$，即 $0.7=0.4+P(B)-0.4P(B)$，解得 $P(B)=0.5$.

$$P(\overline{A}\cup\overline{B})=P(\overline{AB})=1-P(AB)=1-P(A)P(B)=0.8.$$

15.【解】 由 $A\subset B$，得 $\overline{B}\subset\overline{A}$，即 $\overline{B}$ 发生必导致 A 不发生，故 $P(A\mid\overline{B})=0$.

16.【解】 由题设可知，方程 $x^2+2Kx+K=0$ 有实根 $\Leftrightarrow 4K^2-4K\geqslant 0\Leftrightarrow K\leqslant 0$ 或 $K\geqslant 1$，故方程 $x^2+2Kx+K=0$ 有实根的概率为 $P(K\geqslant 1)=\frac{1}{2}$.

17.【答案】 (A)

【解析】 由题设可知，A 一次都不出现的概率 $C_3^0P^0(1-P)^3=1-\frac{19}{27}$，可推出 $P=\frac{1}{3}$.

18.【答案】 (D)

【解析】 由题设知，此题为 2 重伯努利概型.

设 A 表示事件"一天通过的车辆数大于 15 辆"，由题设可知 $P(A)=0.25+0.2+0.05=0.5$，该路口在 2 天中至少有 1 天通过的车辆数大于 15 辆的情况有两种：有 1 天通过的车辆数大于 15 辆或 2 天通过的车辆数都大于 15 辆，计算较麻烦. 故可以考虑逆事件，即 2 天内通过的车辆数大于 15 辆的天数为 0，则概率为 $C_2^0\frac{1}{2}^0\left(1-\frac{1}{2}\right)^{2-0}=\frac{1}{4}$，则路口在 2 天中至少有 1 天通过的车辆数大于 15 辆的概率为 $1-\frac{1}{4}=\frac{3}{4}$，答案选(D).

19.【答案】 (A)

【解析】 独立重复试验且计算次数，故为伯努利概型.

成功 2 次之前失败 3 次，即意味着，最后一次的结果应该为第 2 次成功，而前面应该成功 1 次且失败三次，故概率为 $C_4^1p^1(1-p)^{4-1}p=4p^2(1-p)^3$，故答案选(A).

第二章　一维随机变量及其概率分布

本章是复习备考的重点之一，也是后面其他重点内容的基础. 随机变量及其概率分布是概率论与数理统计的重要概念，引进随机变量及其概率分布的概念，可以使随机事件及其概率的研究数量化，能够应用微积分等方法研究随机现象. 本章重点为“分布和分布函数的概念，常见分布”. 本章知识网络图如下：

本章知识框架

- 随机变量函数的分布
  - 随机变量
    - 定义 → $X = X(\omega)$，定义在样本空间 Ω 上的实值函数
    - 分类 → 离散型，连续型，混合型
    - 分布函数 → 定义，性质
  - 离散型随机变量 → 概率分布 → $p_k \geqslant 0, \sum p_k = 1$
  - 连续型随机变量
    - 分布函数
    - 概率密度 → 性质
  - 常见分布
    - 离散型
      - $0-1$ 分布
      - 二项分布
      - 泊松分布
      - 几何分布
      - 超几何分布
    - 连续型
      - 均匀分布
      - 正态分布 → 标准正态分布
      - 指数分布
  - 随机变量函数的分布
    - 直接求法（分布函数法）
    - 公式法

考点归纳

一、随机变量及其概率分布

1. 随机变量

定义在基本空间 $\Omega = \{\omega\}$ 上的实值函数 $X = X(\omega), \omega \in \Omega$，称为随机变量. 随机变量也可以取复数值，称为复值随机变量. 这里我们只讨论实值随机变量.

2. 随机变量的分布函数

(1) 分布函数的定义：对于任意实数 x，称函数 $F(x) = P\{X \leqslant x\}, x \in \mathbf{R}$ 为随机变量 X 的分布函数. 随机变量 X 的分布函数 $F(x), x \in \mathbf{R}$ 就是 X 在区间 $(-\infty, x]$ 内取值这一事件的概率.

(2) 分布函数的性质

随机变量 X 的分布函数 $F(x)$ 具有下面的性质.

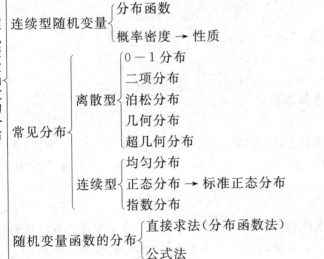

① 非负性：$0 \leqslant F(x) \leqslant 1$；

② 规范性：$F(-\infty) = \lim\limits_{x \to -\infty} F(x) = 0, F(+\infty) = \lim\limits_{x \to +\infty} F(x) = 1$.

③ 右连续性：$F(x)$ 在点 $x \in \mathbf{R}$ 是右连续的，即 $F(x+0) = F(x)$.

④ 单调不减性：任意 $x_1 < x_2$，有 $F(x_1) \leqslant F(x_2)$.

二、离散型随机变量

1. 离散型随机变量及其概率分布

(1) 离散型随机变量定义：如果一个随机变量可能取的值是有限多个或可数无穷多个，则称它为离散型随机变量.

(2) 离散型随机变量的概率分布

设离散型随机变量 X 可能取的值是 $x_1, x_2, \cdots, x_k, \cdots$，$X$ 取各可能值的概率为 $P\{X = x_k\} = p_k, k = 1,2,\cdots$，其中 $p_k \geqslant 0 (k = 1,2,\cdots)$，$\sum\limits_{k=1}^{\infty} p_k = 1$，则称上式为离散型随机变量 X 的概率分布或分布律.

(3) 离散型随机变量的分布函数

设离散型随机变量 X 可能取的值是 $x_1, x_2, \cdots, x_n$，则 X 的分布函数为

$$F(x) = P\{X \leqslant x\} = \begin{cases} 0, & x < x_1, \\ p_1, & x_1 \leqslant x < x_2, \\ p_1 + p_2, & x_2 \leqslant x < x_3, \\ \cdots \\ 1, & x \geqslant x_n. \end{cases}$$

2. 常用的离散型随机变量及其概率分布

(1) 0-1 分布

设随机变量 X 只可能取 0 和 1 两个值，它的概率分布为 $P\{X = 0\} = 1 - p, P\{X = 1\} = p (0 < p < 1)$，或写成 $P\{X = k\} = p^k (1-p)^{1-k}, k = 0,1 (0 < p < 1)$，则称 X 服从 $0-1$ 分布，记为 $X \sim B(1,p)$.

(2) 二项分布

设事件 A 在任意一次试验中出现的概率都是 $p (0 < p < 1)$，在 n 次独立重复试验(即 n 重伯努利试验)中事件 A 发生的次数 X 可能取的值是 $0,1,2,\cdots,n$，它的概率分布是

$$P\{X = k\} = C_n^k p^k (1-p)^{n-k} (0 < p < 1), k = 0,1,2,\cdots,n,$$

称 X 服从参数为 n, p 的二项分布，记为 $X \sim B(n,p)$.

【注】 0-1 分布和二项分布的背景均是 n 重伯努利概型.

(3) 超几何分布

设随机变量 X 的概率分布为 $P\{X = k\} = \dfrac{C_M^k C_{N-M}^{n-k}}{C_N^n}, k = 0,1,2,\cdots,n$，其中 M, N, n 都是正整数，且 $n \leqslant N, M \leqslant N$，则称 X 服从参数为 M, N 和 n 的超几何分布，记为 $X \sim H(n, M, N)$.

【注】 超几何分布的背景是古典概型，N 个签中，M 个"有"签，其余 $N-M$ 个"无"签，现从 N 个签中任选 n 个签，则其中有 k 个"有"签的概率.

(4) 泊松分布

设随机变量 X 的概率分布为 $P\{X = k\} = \dfrac{\lambda^k e^{-\lambda}}{k!} (\lambda > 0), k = 0,1,2,\cdots$，则称 X 服从参数为

λ 的泊松分布，记为 $X \sim P(\lambda)$.

【注】 ① 泊松分布的背景是描述流量，比如单位时间内进入银行的人流量，通过某个路口的车流量.

② 由概率分布的规范性知，$1 = \sum_{k=0}^{\infty} P\{X = k\} = \sum_{k=0}^{\infty} \frac{\lambda^k e^{-\lambda}}{k!}$，则 $\sum_{k=0}^{\infty} \frac{\lambda^k}{k!} = e^{\lambda}$.

(5) 几何分布

设随机变量 X 的概率分布为 $P\{X = k\} = (1-p)^{k-1} p(0 < p < 1), k = 1,2,\cdots$，则称 X 服从几何分布.

【注】 几何分布的背景描述的是在伯努利试验中，事件 A 首次出现的概率.

三、连续型随机变量

1. 连续型随机变量及其概率密度

设随机变量 X 的分布函数为 $F(x)$，如果存在非负可积函数 $f(x)$，使得对于任意实数 x，有 $F(x) = \int_{-\infty}^{x} f(t)\mathrm{d}t, x \in \mathbf{R}$，则称 X 为连续型随机变量，函数 $f(x)$ 称为 X 的概率密度.

概率密度 $f(x)$ 具有如下性质：

(1) $f(x) \geqslant 0$.

(2) $\int_{-\infty}^{+\infty} f(x)\mathrm{d}x = 1$.

(3) 连续型随机变量 X 的分布函数 $F(x) = \int_{-\infty}^{x} f(t)\mathrm{d}t$ 是连续函数，

故在任何给定值的概率都是零，即对于任何实数 a，有 $P\{X = a\} = 0$.

【注】 该性质也很好地说明了概率为零的事件不一定是不可能事件.

(4) 对于任意实数 $x_1 < x_2$，有

$$P\{x_1 < X \leqslant x_2\} = P\{x_1 \leqslant X \leqslant x_2\} = P\{x_1 < X < x_2\} = P\{x_1 \leqslant X < x_2\} = \int_{x_1}^{x_2} f(t)\mathrm{d}t.$$

【注】 连续型随机变量在具体某点的概率为零，故求落入某区间的概率时，无须考虑端点.

(5) 在 $f(x)$ 的连续点 x 处，有 $f(x) = F'(x)$.

2. 常用的连续型随机变量及其概率密度

(1) 均匀分布

如果随机变量 X 的概率密度为 $f(x) = \begin{cases} \frac{1}{b-a}, & a < x < b, \\ 0, & \text{其他}, \end{cases}$ 则称 X 在区间 (a,b) 内服从均匀分布，记为 $X \sim U(a,b)$，其中 a 和 b 是分布的参数.

随机变量 X 的分布函数为 $F(x) = \begin{cases} 0, & x < a, \\ \frac{x-a}{b-a}, & a \leqslant x < b, \\ 1, & x \geqslant b. \end{cases}$

【注】 均匀分布的背景为几何概型.

(2) 指数分布

设随机变量 X 的概率密度为 $f(x) = \begin{cases} \lambda e^{-\lambda x}, & x > 0, \\ 0, & x \leqslant 0, \end{cases}$ 则称 X 服从参数为 λ ($\lambda > 0$ 是常数)

的指数分布，记为 $X \sim E(\lambda)$，随机变量 X 的分布函数为 $F(x)=\begin{cases}1-\mathrm{e}^{-\lambda x}, & x>0,\\ 0, & x\leqslant 0.\end{cases}$

【注】 指数分布的背景是对电器元件寿命的描述.

(3) 正态分布

设随机变量 X 的概率密度为 $f(x)=\dfrac{1}{\sqrt{2\pi\sigma^2}}\mathrm{e}^{-\frac{(x-\mu)^2}{2\sigma^2}}, x\in\mathbf{R}$，其中 $\sigma>0$ 及 μ 均为常数，则称 X 服从参数为 μ,σ 的正态分布，记为 $X\sim N(\mu,\sigma^2)$，也称 X 为正态随机变量.

【注】 利用概率密度的规范性，得 $\int_{-\infty}^{+\infty}\mathrm{e}^{-\frac{(x-\mu)^2}{2\sigma^2}}\mathrm{d}x=\sqrt{2\pi}\sigma$，特别地，$\int_{-\infty}^{+\infty}\mathrm{e}^{-x^2}\mathrm{d}x=\sqrt{\pi}$.

特别地，当 $\mu=0,\sigma=1$ 时，称 X 服从标准正态分布，此时 $X\sim N(0,1)$.

标准正态随机变量的概率密度和分布函数分别用 $\varphi(x)$ 和 $\Phi(x)$ 表示，即有

$$\varphi(x)=\frac{1}{\sqrt{2\pi}}\mathrm{e}^{-\frac{x^2}{2}},\Phi(x)=\int_{-\infty}^{x}\frac{1}{\sqrt{2\pi}}\mathrm{e}^{-\frac{t^2}{2}}\mathrm{d}t,x\in\mathbf{R}.$$

四、随机变量函数的分布

1. 离散型随机变量函数的概率分布

设 X 是离散型随机变量，概率分布为 $P\{X=x_k\}=p_k,k=1,2,\cdots$，则随机变量 X 的函数 $Y=g(X)$ 取值 $g(x_k)$ 的概率为 $P\{Y=g(x_k)\}=p_k,k=1,2,\cdots$，如果在函数 $Y=g(x_k)$ 中有相同的数值，则将它们相应的概率之和作为随机变量 $Y=g(X)$，取该值的概率，就可以得到 $Y=g(X)$ 的概率分布.

2. 连续型随机变量函数的概率密度

设连续型随机变量 X 的概率密度为 $f_X(x),x\in\mathbf{R}$，函数 $y=g(x)$ 在 X 可能取值的区间上处处可导且单调，$h(y)$ 为它的反函数，则随机变量 X 的函数 $Y=g(X)$ 的概率密度为

$$f_Y(y)=\begin{cases}f_X[h(y)]\,|h'(y)|, & \alpha<y<\beta,\\ 0, & \text{其他},\end{cases}$$

其中(α,β) 是函数 $g(x)$ 在 X 可能取值的区间上的值域.

设 $X\sim N(\mu,\sigma^2)$，则 X 的线性函数 $Y=aX+b(a\neq 0)$ 也服从正态分布，且

$$Y=aX+b\sim N(a\mu+b,a^2\sigma^2).$$

特别地，对于 $a=\dfrac{1}{\sigma},b=-\dfrac{\mu}{\sigma}$，有 $Y=\dfrac{X-\mu}{\sigma}\sim N(0,1)$.

重要题型

题型一　一维随机变量及其分布函数的性质

【题型方法分析】

(1) 考查分布函数的定义，对于任意实数 x，称函数 $F(x)=P\{X\leqslant x\},x\in\mathbf{R}$ 为随机变量 X 的分布函数. 随机变量 X 的分布函数 $F(x),x\in\mathbf{R}$ 就是 X 在区间$(-\infty,x]$内取值这一事件的概率.

(2) 分布函数的四个性质：非负性、规范性、右连续性以及单调不减性，是判定 $F(x)$ 是分布函数的充要条件.

(3) 分布函数的规范性和右连续性多用于求参数.

(4) 利用分布函数求各种随机事件的概率.

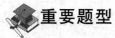

已知随机变量 X 的分布函数为 $F(x)$，则有

①$P\{X\leqslant a\}=F(a)$.

②$P\{X>a\}=1-P\{X\leqslant a\}=1-F(a)$.

③$P\{X<a\}=F(a-0)=\lim\limits_{x\to a^-}F(x)$.

④$P\{X=a\}=P\{X\leqslant a\}-P\{X<a\}=F(a)-F(a-0)$.

⑤$P\{a<X\leqslant b\}=P\{X\leqslant b\}-P\{X\leqslant a\}=F(b)-F(a)$.

⑥$P\{a<X<b\}=P\{X<b\}-P\{X\leqslant a\}=F(b-0)-F(a)$.

⑦$P\{a\leqslant X\leqslant b\}=P\{X\leqslant b\}-P\{X<a\}=F(b)-F(a-0)$.

⑧$P\{a\leqslant X<b\}=P\{X<b\}-P\{X<a\}=F(b-0)-F(a-0)$.

例 2.1　下述函数中，在 $(-\infty,+\infty)$ 内可以作为某个随机变量 X 的分布函数的是(　　).

(A) $F(x)=\dfrac{1}{1+x^2}$　　(B) $F(x)=\dfrac{1}{\pi}\arctan x+\dfrac{1}{2}$

(C) $F(x)=\begin{cases}\dfrac{1}{2}(1-\mathrm{e}^{-x}), & x>0\\ 1, & x\leqslant 0\end{cases}$　　(D) $F(x)=\int_{-\infty}^{x}f(t)\mathrm{d}t$，其中$\int_{-\infty}^{+\infty}f(t)\mathrm{d}t=1$

(E) $F(x)=\begin{cases}\mathrm{e}^{-x}+1, & x\leqslant 0\\ 1, & x>0\end{cases}$

【答案】　(B)

【解析】　判定函数是否是分布函数，利用充要条件，及是否同时满足四个性质：

选项(A)不满足规范：$\lim\limits_{x\to+\infty}F(x)=\lim\limits_{x\to+\infty}\dfrac{1}{1+x^2}=0\neq 1$；选项(B)四个条件都满足；选项(C)不满足规范性：$\lim\limits_{x\to+\infty}F(x)=\lim\limits_{x\to+\infty}\dfrac{1}{2}(1-\mathrm{e}^{-x})=\dfrac{1}{2}\neq 1$；选项(D)，虽然有$\int_{-\infty}^{+\infty}f(t)\mathrm{d}t=1$，但不能保证 f 非负，故排除(D). 例如，$f(x)=\begin{cases}\dfrac{1}{2\pi}(\sin x-1), & -\pi<x<\pi,\\ 0, & \text{其他}.\end{cases}$(E)中$\lim\limits_{x\to\infty}F(x)=+\infty$ 排除(E).

> **【总结】**一元函数 $F(x)$ 是分布函数，需要同时满足四个条件：
>
> (1) 非负性：$0\leqslant F(x)\leqslant 1$；
>
> (2) 规范性：$F(-\infty)=\lim\limits_{x\to-\infty}F(x)=0$，$F(+\infty)=\lim\limits_{x\to+\infty}F(x)=1$；
>
> (3) 单调不减性：对于任意 $x_1<x_2$，有 $F(x_1)\leqslant F(x_2)$；
>
> (4) 右连续性：$F(x)=F(x+0)$.

例 2.2　设 $F(x)$ 与 $G(x)$ 都是分布函数，则下列各个函数中可以作为随机变量的分布函数的是(　　).

(A)$F(x)+G(x)$　　(B)$2F(x)-G(x)$

(C)$0.3F(x)+0.7G(x)$　　(D)$1-F(-x)$

(E)$F(x)-2G(x)$

【答案】　(C)

【解析】　选项(A)不满足规范性，$F(+\infty)+G(+\infty)=\lim\limits_{x\to+\infty}F(x)+\lim\limits_{x\to+\infty}G(x)=1+1=$

2;选项(B) 不满足单调不减性;选项(C) 四个条件都满足;选项(D) 不满足右连续性,如令 $F(x) = \begin{cases} 0, & x < 0, \\ 1, & x \geqslant 0, \end{cases}$ 则 $F(x)$ 满足分布函数的三个条件,但 $1-F(-x) = \begin{cases} 0, & x \leqslant 0, \\ 1, & x > 0 \end{cases}$ 在 $x=0$ 处有 $\lim\limits_{x\to 0^+}[1-F(-x)] = 1$,而 $1-F(0)=0$,因此 $1-F(-x)$ 在 $x=0$ 处不满足右连续.因此答案选(C).选项(E) 中 $\lim\limits_{x\to+\infty}[F(x)-2G(x)] = -1$,故排除.

【总结】本题一定要注意选项(D) 中 $1-F(-x)$ 满足的是左连续性,本题也可以直接证明,但是经济类专硕的同学不需要涉及证明题,故举反例排除是处理选择题难题较便捷的方法.

例 2.3 设随机变量的分布函数为 $F(x) = A + B\arctan x, -\infty < x < +\infty$,则常数 $A =$ ________,$B =$ ________,$P\{X<1\} =$ ________,概率密度 $f(x) =$ ________.

【答案】 0.5;$\frac{1}{\pi}$;0.75;$\frac{1}{\pi(1+x^2)}, (-\infty < x < +\infty)$

【解析】 利用分布函数的规范性 $F(-\infty)=0, F(+\infty)=1$,得 $A-\frac{\pi}{2}B=0, A+\frac{\pi}{2}B=1$,从而 $A=0.5, B=\frac{1}{\pi}$,即分布函数 $F(x)=0.5+\frac{1}{\pi}\arctan x, -\infty<x<+\infty$.

利用分布函数计算随机事件发生的概率,得

$$P\{X<1\} = \lim_{x\to 1^-} F(x) = \lim_{x\to 1^-}\left(0.5+\frac{1}{\pi}\arctan x\right) = 0.5+\frac{1}{\pi}\cdot\frac{\pi}{4} = 0.75.$$

$$f(x) = F'(x) = \frac{1}{\pi(1+x^2)}, -\infty < x < +\infty.$$

【总结】分布函数中涉及参数的确定一般考虑规范性和右连续性,且已知分布函数,求随机变量落入某个区间的概率直接套用那 8 个公式即可.

例 2.4 设随机变量 X 的分布函数为 $F(x) = \begin{cases} a+\frac{b}{(1+x)^2}, & x>0, \\ c, & x \leqslant 0, \end{cases}$ 则 $a =$ ________,$b =$ ________,$c =$ ________.

【答案】 $1, -1, 0$

【解析】 利用分布函数的规范性:$F(-\infty)=0$,得 $c=0$;由 $F(+\infty)=1$,得 $a=1$.右连续性:$\lim\limits_{x\to 0^+}F(x) = a+b = c$,得 $b=-1$.

【总结】分布函数如果是分段函数,则利用右连续性确定参数.一般是在分段点处利用其右连续性列方程.

题型二　离散型随机变量及其分布

【题型方法分析】

(1) 求离散型随机变量的概率分布一般分为三个步骤:

第一步,定取值;

第二步，求概率；

第三步，验证 1.

(2) 利用离散型随机变量的概率分布求分布函数或者已知分布函数求概率分布的题，关键是抓住两者关系：离散型随机变量的分布函数是以随机变量的可能取值 x_k 为间断点的跳跃的阶梯型函数，且在 x_k 点产生的跳跃高度为 $P\{X=x_k\}=p_k$.

(3) 常用的离散型随机变量及其概率分布

熟记常用的离散型随机变量：0-1 分布，二项分布，泊松分布，几何分布等，并掌握其概率分布，尤其是二项分布和泊松分布，考频较高.

例 2.5　设随机变量 X 的概率分布为 $P\{X=k\}=Ak(k=1,2,3,4,5)$，则常数 $A=$ ________，概率 $P\{\frac{1}{2}<X<\frac{5}{2}\}=$ ________.

【答案】　$\frac{1}{15}$，$\frac{1}{5}$

【解析】　利用概率分布的规范性 $\sum\limits_{k=1}^{5}P\{X=k\}=1$，即 $A\sum\limits_{k=1}^{5}k=15A=1$，得 $A=\frac{1}{15}$，即 X 的概率分布为 $P\{X=k\}=\frac{1}{15}k(k=1,2,3,4,5)$，则

$$P\{\frac{1}{2}<X<\frac{5}{2}\}=P\{X=1\}+P\{X=2\}=\frac{1}{15}+\frac{2}{15}=\frac{1}{5}.$$

【总结】离散型随机变量的概率分布中参数的确定多用其规范性求解，已知概率分布求随机变量落入某个区间的概率，则求解其区间中有几个取值点，再将这些点对应的概率求和即可.

例 2.6　设随机变量 X 服从参数为 $2,p$ 的二项分布，随机变量 Y 服从参数为 $1,p$ 的二项分布，若 $P\{X\geqslant 1\}=\frac{5}{9}$，则 $P\{Y\geqslant 1\}=$ ________.

【答案】　$\frac{1}{3}$

【解析】　$P\{X\geqslant 1\}=1-P\{X<1\}=1-P\{X=0\}=1-C_2^0p^0(1-p)^2=\frac{5}{9}$，解得 $p=\frac{1}{3}$ 或者 $p=\frac{5}{3}$(舍去)，故 $P\{Y\geqslant 1\}=P\{Y=1\}=\frac{1}{3}$.

【总结】本题也可以利用直接法 $P\{X\geqslant 1\}=P\{X=1\}+P\{X=2\}$ 求解，但是直接用逆事件更简捷，这也是二项分布中的常用技巧.

例 2.7　设随机变量 X 的概率分布为 $P\{X=k\}=\frac{c}{k!}$，$k=0,1,2,\cdots$，则概率 $P\{X>1\}=$ ________.

【答案】　$1-\frac{2}{\mathrm{e}}$

【解析】　利用概率分布的规范性 $\sum\limits_{k=0}^{\infty}P\{X=k\}=1$，得 $1=\sum\limits_{k=0}^{\infty}\frac{c}{k!}=c\sum\limits_{k=0}^{\infty}\frac{1^k}{k!}=c\mathrm{e}$，解得

$c=\frac{1}{e}$,即 X 的概率分布为 $P\{X=k\}=\frac{1}{ek!},k=0,1,2,\cdots$.

$P\{X>1\}=1-P\{X\leqslant 1\}=1-P\{X=0\}-P\{X=1\}=1-\frac{1}{e}-\frac{1}{e}=1-\frac{2}{e}$.

【总结】本题利用结论 $\sum_{k=0}\frac{\lambda^k}{k!}=e^{\lambda}$,当 $\lambda=1$ 时,有 $\sum_{k=0}^{\infty}\frac{1^k}{k!}=e$.

例 2.8 设 X 服从参数为 λ 的泊松分布,$P\{X=1\}=P\{X=2\}$,则概率 $P\{0<X^2<3\}=$ ______.

【答案】 $2e^{-2}$

【解析】 $P\{X=k\}=\frac{\lambda^k}{k!}e^{-\lambda}(k=0,1,\cdots)$,由于 $P\{X=1\}=P\{X=2\}$,即 $\frac{\lambda^1}{1!}e^{-\lambda}=\frac{\lambda^2}{2!}e^{-\lambda}$,解得 $\lambda=2$.故 $P\{0<X^2<3\}=P\{X=1\}=2e^{-2}$.

【总结】求 X^2 落入某个区间的概率,直接解不等式方程转化为 X 的范围求解.

例 2.9 已知随机变量 X 的概率分布为

X	0	1	2
P	$\frac{1}{4}$	$\frac{1}{3}$	$\frac{5}{12}$

,随机变量 X 的分布函数为 $F(X)$,画出 $F(X)$,$P\{0<X<2\}$.

【解】 当 $x<0$ 时,$F(x)=0$;

当 $0\leqslant x<1$ 时,$F(x)=P\{X\leqslant x\}=P\{X=0\}=\frac{1}{4}$;

当 $1\leqslant x<2$ 时,$F(x)=P\{X\leqslant x\}=P\{X=0\}+P\{X=1\}=\frac{1}{4}+\frac{1}{3}=\frac{7}{12}$;

当 $x\geqslant 2$ 时,$F(x)=P\{X\leqslant x\}=P\{X=0\}+P\{X=1\}+P\{X=2\}=1$.

所以 X 的分布函数为 $F(x)=\begin{cases}0, & x<0,\\ \frac{1}{4}, & 0\leqslant x<1,\\ \frac{7}{12}, & 1\leqslant x<2,\\ 1, & x\geqslant 2.\end{cases}$

$F(x)$ 的图形如图 3-2-1 所示.

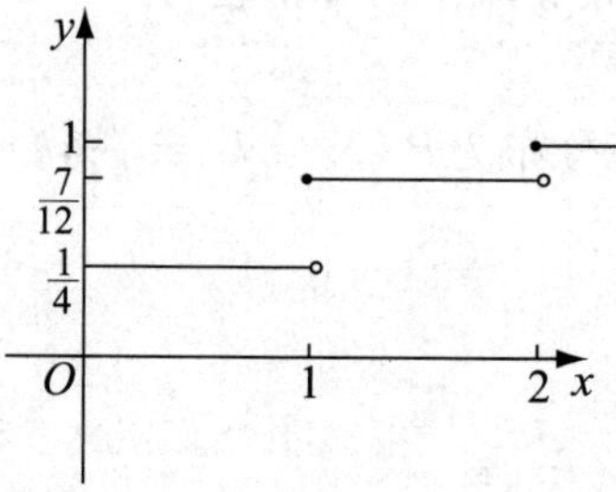

图 3-2-1

$P\{0 \leqslant X < 1\} = F(1-0) - F(0-0) = \dfrac{1}{4}$,

$P\{0 < X < 2\} = F(2-0) - F(0) = \dfrac{7}{12} - \dfrac{1}{4} = \dfrac{1}{3}$.

> **【总结】**离散型随机变量的分布函数均为跳跃的阶梯状函数,其分段点即随机变量的取值点,已知分布函数求概率分布时,直接根据形式套 8 个公式即可.

例 2.10　设离散型随机变量 X 的分布函数为 $F(x)=\begin{cases}0, & x<-1,\\ 0.2, & -1\leqslant x<1,\\ 0.9, & 1\leqslant x<2,\\ 1, & x\geqslant 2,\end{cases}$ 求 X 的分布律.

【解】　根据求离散型随机变量的三个步骤求解.

分布函数的分段点即随机变量的取值点,$X=-1,1,2$.

再求概率,分布函数在每个间断点产生的跳跃高度为随机变量在这点取值的概率,故

$P\{X=-1\}=0.2-0=0.2$,$P\{X=1\}=0.9-0.2=0.7$,$P\{X=2\}=1-0.9=0.1$.

验证可知 $\sum\limits_{i=1}^{3} p_i = 1$,故

X	-1	1	2
P	0.2	0.7	0.1

> **【总结】**求离散型随机变量的概率分布都按照"三步骤"求解,本题求概率时,利用的是"分布函数在每个间断点产生的跳跃高度为随机变量在这点取值的概率"这一离散型随机变量的性质,也可以考虑利用分布函数求概率.
>
> $P\{X=-1\}=F(-1)-F(-1-0)=0.2-0=0.2$,
>
> $P\{X=1\}=F(1)-F(1-0)=0.9-0.2=0.7$,
>
> $P\{X=2\}=F(2)-F(2-0)=1-0.9=0.1$.

例 2.11　设平面区域 D_1 由 $x=1, y=0, y=x$ 所围成. 现向 D_1 内随机投掷 5 个点,求这 5 个点中至少有 2 个点落在由曲线 $y=x^2$ 与 $y=x$ 所围成的区域 D 内的概率.

【解】　随机投掷 5 个点,可以看成独立重复地进行 5 次随机试验;点要么落入区域 D 内,要么落入区域 D 外,只有两种结果,故该试验是 5 重伯努利试验. 设随机变量 X 表示 5 个点中投入 D 内的点的个数,则 X 服从二项分布.

令 A 表示事件"任投一点落在区域 D 内",如图 3-2-2 所示,则

$$P(A)=\frac{S_D}{S_{D_1}}=\frac{\int_0^1 (x-x^2)\,\mathrm{d}x}{\frac{1}{2}}=\frac{\frac{1}{6}}{\frac{1}{2}}=\frac{1}{3}.$$

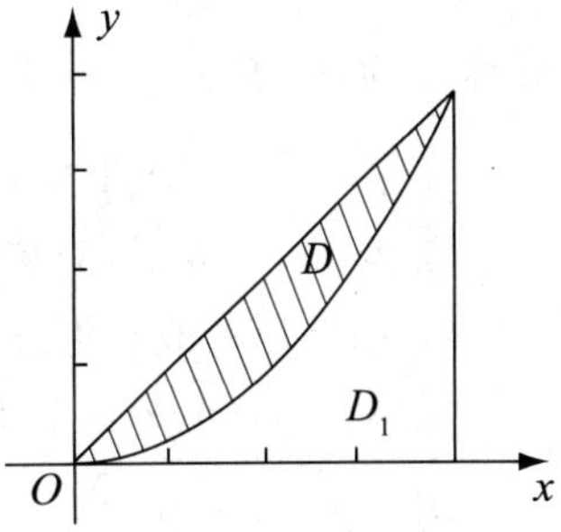

图 - —2-2

将随机投掷 5 个点看成 5 次随机试验,设这 5 个点中落入 D 内的点数为随机变量 X,则 $X \sim B\left(5,\dfrac{1}{3}\right)$,所以有

$$P\{X\geqslant 2\}=1-P\{X<2\}=1-P\{X=0\}-P\{X=1\}$$

$$= 1 - C_5^0 \left(\frac{1}{3}\right)^0 \left(1 - \frac{1}{3}\right)^{5-0} - C_5^1 \left(\frac{1}{3}\right)^1 \left(1 - \frac{1}{3}\right)^{5-1} = \frac{131}{243}.$$

【总结】凡题中涉及事件 A 在每次试验中发生的概率都相等，且出现的数量指标为整数（例如次数，个数等）的问题，要考虑二项分布. 设服从二项分布的随机变量为 X，通过先求出二项分布的参数 p（事件 A 在一次试验中出现的概率），然后再利用二项分布求出题中所要求的概率.

题型三　连续型随机变量及其分布

【题型方法分析】

(1) 连续型随机变量的概率密度 $f(x)$ 的确定，利用概率密度的性质：

①$f(x) \geqslant 0$.　② $\int_{-\infty}^{+\infty} f(x)\mathrm{d}x = 1$.

其中 ② 经常用来确定概率密度函数中的待定参数.

(2) 已知连续型随机变量 X 的概率密度为 $f(x)$，求分布函数 $F(x)$.

一般情况下，概率密度 $f(x)$ 是分段函数，利用 $f(x)$ 的分段点将区间 $(-\infty, +\infty)$ 分为若干个子区间. 在每个区间上，利用分布函数的定义 $F(x) = \int_{-\infty}^{x} f(u)\mathrm{d}u$ 进行求解.

(3) 已知连续型随机变量 X 的分布函数为 $F(x)$，求概率密度 $f(x)$.

连续型随机变量的分布函数是连续函数，分布函数求导得概率密度，即 $f(x) = F'(x)$. 在 $F(x)$ 的分段点处，令 $F'(x) = 0$.

(4) 常用的连续型随机变量及其性质

① 如果随机变量 X 在区间 (a,b) 内服从均匀分布，设 $a \leqslant c < c + l \leqslant b$，则 $P\{c < X < c + l\} = \frac{l}{b-a}$，即落入子区间的概率等于区间长度之比.

② 如果随机变量 X，其概率密度 $f(x) = \frac{1}{\sqrt{2\pi\sigma^2}} \mathrm{e}^{-\frac{(x-\mu)^2}{2\sigma^2}}$ 关于 $x = \mu$ 对称，且 $f(x)$ 在 $x = \mu$ 处取得最大值 $f(\mu) = \frac{1}{\sqrt{2\pi\sigma^2}}$.

③ 如果随机变量 $X \sim N(\mu, \sigma^2)$，则 $P\{X \leqslant \mu\} = \frac{1}{2}$.

④ 如果随机变量 $X \sim N(0,1)$，其概率密度 $\varphi(x)$ 是偶函数，函数 $y = \varphi(x)$ 的图形关于 y 轴对称，从而有 $\Phi(-x) = 1 - \Phi(x), x \in \mathbf{R}$，故 $\Phi(0) = \frac{1}{2}$，且对于任意实数 $a > 0$，有

$$P\{|X| \leqslant a\} = 2\Phi(a) - 1, P\{|X| > a\} = 2[1 - \Phi(a)].$$

⑤ 若 $X \sim (\mu_1, \sigma_1^2), Y \sim (\mu_2, \sigma_2^2)$，且 X, Y 相互独立，则 $aX + bY \sim (a\mu_1 + b\mu_2, a^2\sigma_1^2 + b^2\sigma_2^2)$.

⑥ 如果是一般的正态分布求概率，则分为三个步骤：

设 $X \sim N(\mu, \sigma^2)$，求 $P\{a < X < b\}$.

第一步，标准化：$\frac{X-\mu}{\sigma} \sim N(0,1)$；

第二步，利用标准正态分布的对称性化简；

第三步，查表.

例 2.12　设连续型随机变量 X 的概率密度为 $f(x)=\begin{cases}ax\mathrm{e}^{-3x}, & x>0,\\ 0, & x\leqslant 0,\end{cases}$ 求 a 的值和 X 的分布函数 $F(x)$.

【解】　利用概率密度的规范性 $\int_{-\infty}^{+\infty}f(x)\mathrm{d}x=1$，得到 $\int_{0}^{+\infty}ax\mathrm{e}^{-3x}\mathrm{d}x=\frac{a}{9}=1$，解得 $a=9$.

X 的概率密度为 $f(x)=\begin{cases}9x\mathrm{e}^{-3x}, & x>0,\\ 0, & x\leqslant 0.\end{cases}$ 分布函数 $F(x)=\int_{-\infty}^{x}f(t)\mathrm{d}t$.

当 $x<0$ 时，$F(x)=\int_{-\infty}^{x}0\mathrm{d}t=0$；

当 $x\geqslant 0$ 时，$F(x)=\int_{-\infty}^{0}0\mathrm{d}t+\int_{0}^{x}9t\mathrm{e}^{-3t}\mathrm{d}t=1-3x\mathrm{e}^{-3x}-\mathrm{e}^{-3x}$.

> **【总结】** 概率密度中参数的确定，一般用概率密度的规范性；若概率密度是分段函数，则其分布函数一般也是分段函数.

例 2.13　设 $f(x)=k\mathrm{e}^{-x^2+2x-3}\ (-\infty<x<+\infty)$ 是一概率密度，则 $k=$ ______.

【答案】　$\frac{\mathrm{e}^2}{\sqrt{\pi}}$

【解析】　将 $f(x)=k\mathrm{e}^{-x^2+2x-3}$ 与正态分布的概率密度比较，整理得

$$f(x)=k\mathrm{e}^{-x^2+2x-3}=k\mathrm{e}^{-(x-1)^2-2}=k\mathrm{e}^{-2}\cdot\mathrm{e}^{-(x-1)^2}=k\mathrm{e}^{-2}\cdot\mathrm{e}^{-\frac{(x-1)^2}{2\cdot\frac{1}{2}}},$$

将其与正态分布 $N\left(1,\frac{1}{2}\right)$ 的概率密度比较，则有 $k\mathrm{e}^{-2}=\frac{1}{\sqrt{2\pi\cdot\frac{1}{2}}}$，故可推出 $k=\frac{\mathrm{e}^2}{\sqrt{2\pi}\sqrt{\frac{1}{2}}}=\frac{\mathrm{e}^2}{\sqrt{\pi}}$.

> **【总结】** 若随机变量 X 的概率密度 $f(x)=\mathrm{e}^{ax^2+bx+c}\ (a<0)$，则均考虑为正态分布，若其中有参数，则将 $f(x)$ 表示成正态分布一般形式 $f(x)=\frac{1}{\sqrt{2\pi\sigma^2}}\mathrm{e}^{-\frac{(x-\mu)^2}{2\sigma^2}}$，再待定其参数.

例 2.14　设随机变量 X 的概率密度为 $f(x)=c\mathrm{e}^{-x^2}$，$-\infty<x<+\infty$，则 $c=$（　　）.

(A) $\frac{1}{\sqrt{2\pi}}$　　(B) $\frac{1}{\sqrt{\pi}}$　　(C) $\frac{1}{\pi}$　　(D) $\frac{1}{2\pi}$　　(E) $\frac{2}{\pi}$

【答案】　(B)

【解析】　利用概率密度的规范性 $1=\int_{-\infty}^{+\infty}f(x)\mathrm{d}x=\int_{-\infty}^{+\infty}c\mathrm{e}^{-x^2}\mathrm{d}x=c\sqrt{\pi}$ 得 $c=\frac{1}{\sqrt{\pi}}$，选(B).

> **【总结】** 本题用概率密度的规范性求解，计算时利用结论 $\int_{-\infty}^{+\infty}\mathrm{e}^{-x^2}\mathrm{d}x=\sqrt{\pi}$，也可考虑例 2.13 中的方法：$f(x)=c\mathrm{e}^{-x^2}=c\mathrm{e}^{-\frac{(x-0)^2}{2\cdot\frac{1}{2}}}$，则 $X\sim N(0,\frac{1}{2})$，故 $c=\frac{1}{\sqrt{2\pi}\sqrt{\frac{1}{2}}}=\frac{1}{\sqrt{\pi}}$.

例 2.15　已知 $f_1(x)$，$f_2(x)$ 均为随机变量的概率密度，则下列函数可以作为概率密度的是（　　）.

(A) $f_1(x)+f_2(x)$ (B) $f_1(x)f_2(x)$

(C) $2f_1(x)-f_2(x)$ (D) $0.4f_1(x)+0.6f_2(x)$

(E) $2f_1(x)+f_2(x)$

【答案】 (D)

【解析】 一元函数是概率密度,需要同时满足两个条件:(1) 非负性:$f(x)\geqslant 0$.(2) 规范性:$\int_{-\infty}^{+\infty}f(x)\mathrm{d}x=1$.

(A) 选项,函数$\int_{-\infty}^{+\infty}[f_1(x)+f_2(x)]\mathrm{d}x=2$,不满足规范性,排除;(B) 选项,令 $f_1(x)=f_2(x)=\begin{cases}2, & 0<x<\dfrac{1}{2},\\ 0, & 其他.\end{cases}$ 则 $f_1(x),f_2(x)$ 均为随机变量的概率密度,而 $f_1(x)f_2(x)=\begin{cases}4, & 0<x<\dfrac{1}{2},\\ 0, & 其他.\end{cases}$ 它不满足规范性,排除;(C) 选项,令 $f_1(x)=\begin{cases}1, & 0<x<1,\\ 0, & 其他,\end{cases}$ $f_2(x)=\begin{cases}1, & 1<x<2,\\ 0, & 其他.\end{cases}$ 则 $2f_1(x)-f_2(x)=\begin{cases}2, & 0<x<1,\\ -1, & 1\leqslant x<2,\\ 0, & 其他.\end{cases}$ 不满足非负性,排除;(D) 选项,首先 $0.4f_1(x)+0.6f_2(x)\geqslant 0$,同时

$$\int_{-\infty}^{+\infty}[0.4f_1(x)+0.6f_2(x)]\mathrm{d}x=0.4\int_{-\infty}^{+\infty}f_1(x)\mathrm{d}x+0.6\int_{-\infty}^{+\infty}f_2(x)\mathrm{d}x=1,$$

因此 $0.4f_1(x)+0.6f_2(x)$ 可以作为随机变量的概率密度,因此答案选(D).

【总结】 验证一元函数是概率密度,一定同时满足两个条件:

(1) 非负性:$f(x)\geqslant 0$.

(2) 规范性:$\int_{-\infty}^{+\infty}f(x)\mathrm{d}x=1$.

例 2.16 设连续型随机变量 X 的分布函数为 $F(x)$,其概率密度为 $f(x)$.若 X 与 $-2X$ 有相同的分布函数,则( ).

(A) $F(x)=F(-2x)$ (B) $F(x)=F\left(-\dfrac{x}{2}\right)$

(C) $f(x)=f(-2x)$ (D) $f(x)=\dfrac{1}{2}f\left(-\dfrac{x}{2}\right)$

(E) $F(x)=F(2x)$

【答案】 (D)

【解析】 随机变量 X 与 $-2X$ 有相同的分布函数,即对任意实数 x,有 $P\{X\leqslant x\}=P\{-2X\leqslant x\}$,则 $F(x)=P\{X\leqslant x\}=P\{-2X\leqslant x\}=P\left\{X\geqslant -\dfrac{x}{2}\right\}=1-P\left\{X<-\dfrac{x}{2}\right\}=1-F\left(-\dfrac{x}{2}\right)$,两边对 x 求导,得概率密度 $f(x)=\dfrac{1}{2}f\left(-\dfrac{1}{2}x\right)$,所以答案选(D).

【总结】 两个随机变量有相同的分布函数,即这两个随机变量落入同一个区间的概率相同.$F(x)=F(-2x)$ 表示随机变量 X 的分布函数在 x 与 $-2x$ 的取值相同,并不表示 X 与 $-2X$ 有相同的分布函数.

例 2.17　随机变量 K 在 $(0,5)$ 上服从均匀分布，则方程 $4x^2+4Kx+K+2=0$ 有实根的概率为________.

【答案】 $\frac{3}{5}$

【解析】 方程 $4x^2+4Kx+K+2=0$ 有实根的充要条件是 $\Delta=(4K)^2-16(K+2)\geqslant 0$，故 $K\geqslant 2$ 或者 $K\leqslant -1$，由均匀分布的性质可知

$$P\{(K\geqslant 2)\cup(K\leqslant -1)\}=P\{K\geqslant 2\}+P\{K\leqslant -1\}=\frac{3}{5}+0=\frac{3}{5}.$$

【总结】 服从均匀分布的随机变量落入某区间的概率，直接利用其性质求解. 本题也可以利用概率密度求解.

$$P\{K\geqslant 2\}+P\{K\leqslant -1\}=\int_2^{+\infty}f(x)\mathrm{d}x+\int_{-\infty}^{-1}f(x)\mathrm{d}x=\int_2^5\frac{1}{5}\mathrm{d}x+0=\frac{3}{5}.$$

例 2.18　随机变量 X 服从参数为 2 的指数分布，则 $P\{-2<X<4\mid X>0\}=$________.

【答案】 $1-\mathrm{e}^{-8}$

【解析】 $$P\{-2<X<4\mid X>0\}=\frac{P\{-2<X<4,X>0\}}{P\{X>0\}}$$

$$=\frac{P\{0<X<4\}}{P\{X>0\}}=\frac{\int_0^4 2\mathrm{e}^{-2x}\mathrm{d}x}{\int_0^{+\infty}2\mathrm{e}^{-2x}\mathrm{d}x}=1-\mathrm{e}^{-8}.$$

【总结】 常见分布与条件概率的结合，直接按照条件概率公式展开，本题求解概率时也可以利用分布函数求解，由指数分布的分布函数公式可知

$F(x)=\begin{cases}1-\mathrm{e}^{-2x}, & x>0,\\ 0, & x\leqslant 0,\end{cases}$ 则 $P\{0<X<4\}=F(4)-F(0)=1-\mathrm{e}^{-8}-0=1-\mathrm{e}^{-8}$，

$P\{X>0\}=1-P\{X\leqslant 0\}=1-0=1$，故

$$P\{-2<X<4\mid X>0\}=\frac{P\{-2<X<4,X>0\}}{P\{X>0\}}=\frac{P\{0<X<4\}}{P\{X>0\}}=1-\mathrm{e}^{-8}.$$

例 2.19　设随机变量 $X\sim N(3,2^2)$，且 $P\{X>c\}=P\{X\leqslant c\}$，则 $c=$________.

【答案】 3

【解析】 由 $P\{X>c\}=P\{X\leqslant c\}$ 知，$1-P\{X\leqslant c\}=P\{X\leqslant c\}$，即 $\frac{1}{2}=P\{X\leqslant c\}=P\left\{\frac{X-3}{2}\leqslant\frac{c-3}{2}\right\}=\Phi\left(\frac{c-3}{2}\right)$，得 $\frac{c-3}{2}=0$，解得 $c=3$.

【总结】 一般正态分布求概率往往先标准化再计算. 本题也可以直接利用正态分布的性质，即若 $X\sim N(\mu,\sigma^2)$，则 $P\{X\leqslant\mu\}=\frac{1}{2}$，因此 $P\{X\leqslant c\}=\frac{1}{2}$，可知 $c=\frac{1}{2}$.

例 2.20　设两个相互独立的随机变量 X 和 Y 分别服从正态分布 $N(0,1)$ 和 $N(1,1)$，则（　　）.

(A) $P\{X+Y\leqslant 0\}=\frac{1}{2}$ (B) $P\{X+Y\leqslant 1\}=\frac{1}{2}$

(C) $P\{X-Y\leqslant 0\}=\frac{1}{2}$ (D) $P\{X-Y\leqslant 1\}=\frac{1}{2}$

(E) $P\{X+Y\leqslant 1\}=1$

【答案】 (B)

【解析】 **方法一** 由正态分布的性质可知，$X+Y\sim N(1,2)$，$X-Y\sim N(-1,2)$，则

$P\{X+Y\leqslant 0\}=P\left\{\frac{X+Y-1}{\sqrt{2}}\leqslant\frac{0-1}{\sqrt{2}}\right\}=\Phi\left(-\frac{1}{\sqrt{2}}\right)\neq\frac{1}{2}$，因此选项(A)错误；

$P\{X+Y\leqslant 1\}=P\left\{\frac{X+Y-1}{\sqrt{2}}\leqslant\frac{1-1}{\sqrt{2}}\right\}=\Phi(0)=\frac{1}{2}$，因此选项(B)正确，(E)错误；

$P\{X-Y\leqslant 0\}=P\left\{\frac{X-Y+1}{\sqrt{2}}\leqslant\frac{0+1}{\sqrt{2}}\right\}=\Phi(\frac{1}{\sqrt{2}})\neq\frac{1}{2}$，因此选项(C)错误；

$P\{X-Y\leqslant 1\}=P\left\{\frac{X-Y+1}{\sqrt{2}}\leqslant\frac{1+1}{\sqrt{2}}\right\}=\Phi(\sqrt{2})\neq\frac{1}{2}$，因此选项(D)错误.

故答案选(B).

方法二 同方法一，可知 $X+Y\sim N(1,2)$，即 $\mu=1$，故 $P\{X+Y\leqslant\mu\}=P\{X+Y\leqslant 1\}=\frac{1}{2}$. 因此答案选(B).

【总结】 题设涉及两个相互独立的一维正态分布，则一般考虑性质：两个独立的一维正态分布的线性组合仍服从一维正态分布.

题型四　随机变量函数的分布

【题型方法分析】

(1) 已知离散型随机变量 X 的概率分布为 $P\{X=x_i\}=p_i, i=1,2,\cdots$，求连续函数 $Y=g(X)$ 的概率分布. 其解题步骤为：

① 求 Y 的全部可能取值：由 $X=x_i$，求出 $y_i=g(x_i), i=1,2,\cdots$.

② 计算 Y 取各值的概率：$P\{Y=g(x_i)\}=p_i$（当 $i\neq j$ 时，$g(x_i)\neq g(x_j)$）.

若 $g(x_i)$ 中有相同数值，则把相同的可能取值进行合并，并将其对应的概率相加，这样就得到 $Y=g(X)$ 的概率分布.

一般用同一表格的形式表示：

X	x_1	x_2	$\cdots$	x_i
P	p_1	p_2	$\cdots$	p_i
$Y=g(X)$	$Y=g(x_1)$	$Y=g(x_2)$	$\cdots$	$Y=g(x_i)$

(2) 已知连续型随机变量 X 的概率密度 $f_X(x)$，求连续函数 $Y=g(X)$ 的概率密度 $f_Y(y)$. 采用分布函数法，即先求 Y 的分布函数 $F_Y(y)$，然后求导得 $f_Y(y)=F_Y'(y)$. 此法是求随机变量函数分布的普遍适用的方法. 其解题步骤为：

① 将 X 的概率密度 $f_X(x)$ 的分段点代入 $Y=g(X)$ 中得到 Y 的取值，同时结合 $Y=g(X)$ 的最值得到 Y 的分布函数 $F_Y(y)$ 的分段点.

② 在 Y 的不同取值范围内，求分布函数 $F_Y(y)=P\{Y\leqslant y\}=P\{g(X)\leqslant y\}$. 关键一步是将事件 $\{g(X)\leqslant y\}$ 化为直接关于 X 的事件. 若能化为 $\{X\leqslant g^{-1}(y)\}$，则

$$F_Y(y)=P\{g(X)\leqslant y\}=P\{X\leqslant g^{-1}(y)\}=\int_{-\infty}^{g^{-1}(y)}f(x)\mathrm{d}x.$$

③ 对 y 求导，得到 Y 的概率密度 $f_Y(y)=F'_Y(y)$.

(3) 若已知连续型随机变量 X 的概率密度 $f_X(x)$，求离散型随机变量 $Y=g(X)$ 的概率分布. 其解题步骤为：先确定 Y 的所有可能取值，利用等价事件求出 Y 取各对应值的概率.

例 2.21　设随机变量 X 的分布函数 $F_X(x)=\begin{cases}0, & x<-2,\\ 0.2, & -2\leqslant x<-1,\\ 0.35, & -1\leqslant x<0,\\ 0.6, & 0\leqslant x<1,\\ 1, & x\geqslant 1.\end{cases}$ 求 $Y=X^2$ 的概率分布.

【解】　已知随机变量 X 的分布函数，它是一个跳跃的阶梯形分段函数，则 X 是离散型随机变量，则可以利用分布函数先求 X 的概率分布，进一步得到 $Y=X^2$ 的概率分布.

由 X 的分布函数 $F_X(x)$ 知，X 的所有可能取值为 $-2,-1,0,1$，

$P\{X=-2\}=0.2-0=0.2$，$P\{X=-1\}=0.35-0.2=0.15$，

$P\{X=0\}=0.6-0.35=0.25$，$P\{X=1\}=1-0.6=0.4$.

X 的概率分布为

X	-2	-1	0	1
P_k	0.2	0.15	0.25	0.4
$Y=g(X)$	4	1	0	1

显然，随机变量 $Y=X^2$ 的所有可能取值为 $0,1,4$.

$P\{Y=0\}=P\{X^2=0\}=P\{X=0\}=0.25$，

$P\{Y=1\}=P\{X^2=1\}=P\{X=-1\}+P\{X=1\}=0.55$，

$P\{Y=4\}=P\{X^2=4\}=P\{X=-2\}=0.2$.

Y 的概率分布为

Y	0	1	4
P_k	0.25	0.55	0.2

【总结】求离散型随机变量函数的概率分布则直接用统一表格法.

例 2.22　设随机变量 X 服从 $(-1,1)$ 上的均匀分布，求 $Y=\mathrm{e}^X$ 的概率密度 $f_Y(y)$.

【解】　本题是求连续型随机变量函数的概率密度，采用分布函数法. 为此首先确定分布函数的分段点：将 X 的概率密度的分段点 $-1,1$ 代入 $y=\mathrm{e}^x$ 中得到 $y=\mathrm{e}^{-1}$ 和 e. 函数 $y=\mathrm{e}^x$ 的最小值趋向于 0，所以 $0,\mathrm{e}^{-1},\mathrm{e}$ 作为 Y 的分布函数的分段点.

由题意得 X 的概率密度 $f_X(x)=\begin{cases}\dfrac{1}{2}, & -1<x<1,\\ 0, & \text{其他}.\end{cases}$

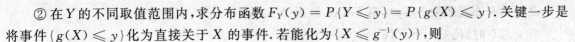

设 Y 的分布函数为 $F_Y(y)$，则 $F_Y(y)=P\{Y\leqslant y\}=P\{e^X\leqslant y\}$.

当 $y\leqslant 0$ 时，$F_Y(y)=P\{e^X\leqslant y\}=P(\varnothing)=0$；

当 $0<y<e^{-1}$ 时，$F_Y(y)=P\{X\leqslant \ln y\}=\int_{-\infty}^{\ln y}f(x)dx=\int_{-\infty}^{\ln y}0dx=0$；

当 $e^{-1}\leqslant y<e$ 时，$F_Y(y)=P\{X\leqslant \ln y\}=\int_{-\infty}^{\ln y}f(x)dx=\int_{-\infty}^{-1}0dx+\int_{-1}^{\ln y}\frac{1}{2}dx=\frac{\ln y+1}{2}$；

当 $e\leqslant y$ 时，$F_Y(y)=P\{X\leqslant \ln y\}=\int_{-\infty}^{\ln y}f(x)dx=\int_{-\infty}^{-1}0dx+\int_{-1}^{1}\frac{1}{2}dx+\int_{1}^{+\infty}0dx=1$.

综上所述，Y 的分布函数为 $F_Y(y)=\begin{cases}0, & y<e^{-1},\\ \frac{\ln y+1}{2}, & e^{-1}\leqslant y<e,\\ 1, & y\geqslant e.\end{cases}$

所以 $Y=e^X$ 的概率密度为 $f_Y(y)=F_Y'(y)=\begin{cases}\frac{1}{2y}, & e^{-1}<y<e,\\ 0, & \text{其他}.\end{cases}$

【总结】求连续型随机变量的概率密度一般用分布函数法：找出分段点；分段积分得分步函数；对分布函数求导得概率密度函数.

例 2.23 设随机变量 X 服从参数为 $\lambda(\lambda>0)$ 的指数分布，且 $Y=\begin{cases}-1, & X\leqslant 1,\\ 0, & 1<X<3,\\ 1, & X\geqslant 3.\end{cases}$ 求随机变量 $Z=\arccos Y$ 的概率分布.

【解】 利用随机变量 X 定义的等价事件求出 Y 的概率分布，从而可以得到 $Z=\arccos Y$ 的概率分布，X 的概率密度 $f(x)=\begin{cases}\lambda e^{-\lambda x}, & x>0,\\ 0, & x\leqslant 0.\end{cases}$

$P\{Y=-1\}=P\{X\leqslant 1\}=\int_0^1\lambda e^{-\lambda x}dx=1-e^{-\lambda}$，

$P\{Y=0\}=P\{1<X<3\}=\int_1^3\lambda e^{-\lambda x}dx=e^{-\lambda}-e^{-3\lambda}$，

$P\{Y=1\}=P\{X\geqslant 3\}=\int_3^{+\infty}\lambda e^{-\lambda x}dx=e^{-3\lambda}$.

随机变量 Z 的所有可能取值为 $0,\frac{\pi}{2},\pi$.

$$P\{Z=0\}=P\{\arccos Y=0\}=P\{Y=1\}=e^{-3\lambda},$$

$$P\left\{Z=\frac{\pi}{2}\right\}=P\left\{\arccos Y=\frac{\pi}{2}\right\}=P\{Y=0\}=e^{-\lambda}-e^{-3\lambda},$$

$$P\{Z=\pi\}=P\{\arccos Y=\pi\}=P\{Y=-1\}=1-e^{-\lambda}.$$

$Z=\arccos Y$ 的概率分布为

Z	0	$\frac{\pi}{2}$	π
P_k	$e^{-3\lambda}$	$e^{-\lambda}-e^{-3\lambda}$	$1-e^{-\lambda}$

【总结】已知连续型随机变量 X 的概率密度 $f_X(x)$，求离散型随机变量 $Y=g(X)$ 的概率分布，关键找出随机变量 X 和随机变量 $Y=g(X)$ 的等价对应关系.

本章练习

1. 设随机变量 X 的概率密度为 $f(x)=\begin{cases}2x, & 0<x<1,\\ 0, & \text{其他}.\end{cases}$ 以 Y 表示对 X 的三次重复观察中事件 $\left\{X\leqslant\frac{1}{2}\right\}$ 出现的次数，则 $P\{Y=2\}=$(　　).

(A) $\frac{9}{64}$　(B) $\frac{3}{64}$　(C) $\frac{1}{8}$　(D) $\frac{9}{32}$　(E) $\frac{1}{4}$

2. 已知每次试验"成功"的概率为 p，现进行 n 次独立试验，则在没有全部"失败"的条件下，"成功"不止一次的概率为________.

3. 设随机变量 $X\sim N(\mu,\sigma^2)$，且满足 $P\{X<\sigma\}>P\{X>\sigma\}$，则比值 $\frac{\mu}{\sigma}$ 为(　　).

(A) 小于 1　(B) 等于 1　(C) 大于 1　(D) 不确定　(E)0

4. 已知随机变量 X 的概率密度为 $f(x)=\begin{cases}Ae^{-x}, & x>\lambda,\\ 0, & x\leqslant\lambda\end{cases}(\lambda>0)$，则概率 $P\{\lambda<X<\lambda+a\}(a>0)$ 的值(　　).

(A) 与 a 无关随 λ 的增大而增大　(B) 与 a 无关随 λ 的增大而减小

(C) 与 λ 无关随 a 的增大而增大　(D) 与 λ 无关随 a 的增大而减小

(E) 以上均不正确

5. 设随机变量 X 的概率密度为 $f(x)=\begin{cases}kx, & 0<x<3,\\ 2-\frac{x}{2}, & 3\leqslant x<4,\\ 0, & \text{其他}.\end{cases}$

(Ⅰ) 求常数 k.

(Ⅱ) 求 X 的分布函数 $F(x)$.

(Ⅲ) 求概率 $P\left\{1<X\leqslant\frac{7}{2}\right\}$.

6. 设随机变量 X 的概率密度 $f(x)=e^{-x^2+bx+c}(x\in\mathbf{R},b,c$ 为常数) 在 $x=1$ 处取最大值 $\frac{1}{\sqrt{\pi}}$，求概率 $P\{1-\sqrt{2}<X<1+\sqrt{2}\}$(用标准正态分布的分布函数 $\Phi(x)$ 表示出来).

7. 设随机变量 X 的分布函数为 $F(x)=\begin{cases}0, & x<-1,\\ 0.4, & -1\leqslant x<1,\\ 0.8, & 1\leqslant x<3,\\ 1, & x\geqslant 3,\end{cases}$ 则 X 的概率分布为________.

8. 随机变量 X 的分布函数为 $F(x)=\begin{cases}0, & x\leqslant 0,\\ x^2, & 0<x<1,\\ 1, & x\geqslant 1\end{cases}$，则其概率密度为 $f(x)=$________.

9. 设随机变量 X 的概率分布为 $P\{X=k\}=\frac{a}{N}, k=1,2,\cdots,N$，则 $a=$ ______.

(A) $\frac{1}{N}$　(B) N　(C) 1　(D) $\frac{1}{2}$　(E) $\frac{1}{2N}$

10. 一射手对同一目标独立地进行 4 次射击，以 X 表示命中目标的次数，如果 $P\{X\geqslant 1\}=\frac{80}{81}$，则 $P\{X=1\}=$ ______.

11. 如果离散型随机变量 X 的概率分布如下表所示，则 $C=$ ______.

X	0	1	2	3
P	$\frac{1}{C}$	$\frac{1}{2C}$	$\frac{1}{3C}$	$\frac{1}{4C}$

12. 设随机变量 X 服从泊松分布，并且已知 $P\{X=1\}=P\{X=2\}$，则 $P\{X=4\}=$ ______.

13. 若 ae^{-x^2+x} 为随机变量 X 的概率密度，求 a 的值.

14. 设随机变量 X 的分布函数为 $F(x)$，概率密度为 $f(x)=\begin{cases}af_1(x), & x\leqslant 0,\\ bf_2(x), & x>0,\end{cases}$ 其中 $f_1(x)$ 是标准正态分布的概率密度，$f_2(x)$ 是参数为 λ 的指数分布的概率密度，已知 $F(0)=\frac{1}{4}$，则 $a=$ ______，$b=$ ______.

15. 设随机变量 X 的概率分布为 $P\{X=k\}=\theta(1-\theta)^{k-1}, k=1,2,\cdots$，其中 $0<\theta<1$，若 $P\{X\leqslant 2\}=\frac{5}{9}$，则 $P\{X=3\}=$ ______.

16. 设 $F_1(x), F_2(x)$ 为两个分布函数，其相应的概率密度 $f_1(x), f_2(x)$ 是连续函数，则必为概率密度的是（　）.

(A) $f_1(x)f_2(x)$　(B) $2f_2(x)F_1(x)$

(C) $f_1(x)F_2(x)$　(D) $f_1(x)F_2(x)+f_2(x)F_1(x)$

(E) $f_1(x)+f_2(x)$

17. 设随机变量 X 服从参数为 1 的泊松分布，则 $P\{X=EX^2\}=$ ______.

18. 设随机变量 X 的分布函数 $F(x)=\begin{cases}0, & x<0,\\ \frac{1}{2}, & 0\leqslant x<1,\\ 1-e^{-x}, & x\geqslant 1,\end{cases}$ 则 $P\{X=1\}=$（　）.

(A) 0　(B) $\frac{1}{2}$　(C) $\frac{1}{2}-e^{-1}$　(D) $1-e^{-1}$　(E) e^{-1}

19. 设 $f_1(x)$ 为标准正态分布的概率密度，$f_2(x)$ 为 $[-1,3]$ 上均匀分布的概率密度，若 $f(x)=\begin{cases}af_1(x), & x\leqslant 0,\\ bf_2(x), & x>0\end{cases}$ $(a>0, b>0)$ 为概率密度，则 a,b 应满足（　）.

(A) $2a+3b=4$　(B) $3a+2b=4$　(C) $a+b=1$　(D) $a+b=2$

(E) $a+4b=1$

20. 设随机变量 X 的分布函数为 $F(x)=\begin{cases}0, & x<-3,\\ \frac{1}{3}, & -3\leqslant x<0,\\ \frac{2}{3}, & 0\leqslant x<2,\\ 1, & x\geqslant 2,\end{cases}$ 则 $P\{-1<X<1\}=(\quad)$.

(A)0　(B) $\frac{1}{2}$　(C) $\frac{1}{3}$　(D) $\frac{1}{4}$　(E) $\frac{1}{5}$

21. 设 $X\sim N(3,\sigma^2)$，且 $P\{3<X<6\}=0.4$，则 $P(X<0)=(\quad)$.

(A)0.5　(B)0.4　(C)0.1　(D)0.2　(E)0.3

22. 已知随机变量 X 的概率密度为 $f(x)=\begin{cases}6x(1-x), & 0<x<1,\\ 0, & 其他,\end{cases}$ 求 $P\{3X^2+2X-1<0\}$.

23. 已知随机变量 X 服从 $[a,b](a>0)$ 上的均匀分布，且 $P\{0<X<3\}=\frac{1}{4}$，$P\{X>4\}=\frac{1}{2}$，求 X 的概率密度.

24. 设随机变量 X_1,X_2 的分布函数、概率密度分别为 $F_1(x),F_2(x);f_1(x),f_2(x)$. 如果 $a>0,b>0,c>0$，则下列结论中**不正确**的是(　　).

(A) $aF_1(x)+bF_2(x)$ 是某一随机变量分布函数的充要条件是 $a+b=1$

(B) $cF_1(x)F_2(x)$ 是某一随机变量分布函数的充要条件是 $c=1$

(C) $af_1(x)+bf_2(x)$ 是某一随机变量概率密度的充要条件是 $a+b=1$

(D) $cf_1(x)f_2(x)$ 是某一随机变量概率密度的充要条件是 $c=1$

(E) 以上均不正确

25. 盒中共有 7 个红球、3 个白球，从盒中任意取一球，若为白球，则不放回. 求取到红球前已取出白球个数 X 的概率分布.

26. 设随机变量 X 在区间 $(-1,2)$ 上服从均匀分布，求 $Y=X^2-2X-3$ 的概率密度 $f_Y(y)$.

本章练习答案与解析

1.【答案】 (A)

【解析】 $P\left\{X\leqslant\frac{1}{2}\right\}=\int_0^{\frac{1}{2}}2x\mathrm{d}x=\frac{1}{4}$. 依题设知，$Y\sim B\left(3,\frac{1}{4}\right)$，故 $P\{Y=2\}=\mathrm{C}_3^2\left(\frac{1}{4}\right)^2\left(\frac{3}{4}\right)=\frac{9}{64}$，因此答案选(A).

2.【答案】 $1-\frac{np(1-p)^{n-1}}{1-(1-p)^n}$

【解析】 令事件 $A=\{成功\}$，则 $p=P(A)$，又设 n 次独立试验中 A 发生的次数为 X，则 $X\sim B(n,p)$，所求概率为

$$P\{X\geqslant 2\mid X\geqslant 1\}=\frac{P\{X\geqslant 2,X\geqslant 1\}}{P\{X\geqslant 1\}}=\frac{P\{X\geqslant 2\}}{P\{X\geqslant 1\}}=\frac{1-P\{X=0\}-P\{X=1\}}{1-P\{X=0\}}$$

$$=1-\frac{P\{X=1\}}{1-P\{X=0\}}=1-\frac{\mathrm{C}_n^1p(1-p)^{n-1}}{1-(1-p)^n}$$

$$=1-\frac{np(1-p)^{n-1}}{1-(1-p)^n}.$$

3.【答案】 (A)

【解析】 $P\{X<\sigma\}=P\left\{\frac{X-\mu}{\sigma}<\frac{\sigma-\mu}{\sigma}\right\}=\Phi\left(\frac{\sigma-\mu}{\sigma}\right)$.

由于连续型随机变量在任何给定值的概率均等于0,则

$$P\{X\leqslant\sigma\}=P\{X<\sigma\}=\Phi\left(\frac{\sigma-\mu}{\sigma}\right),P\{X>\sigma\}=1-P\{X\leqslant\sigma\}=1-\Phi\left(\frac{\sigma-\mu}{\sigma}\right).$$

已知 $P\{X<\sigma\}>P\{X>\sigma\}$,所以 $\Phi\left(\frac{\sigma-\mu}{\sigma}\right)>1-\Phi\left(\frac{\sigma-\mu}{\sigma}\right)$,整理得 $\frac{\sigma-\mu}{\sigma}>0$,即 $\sigma>\mu$,得 $\frac{\mu}{\sigma}<1$. 故选(A).

4.【答案】 (C)

【解析】 利用概率密度的规范性,得 $1=\int_{-\infty}^{+\infty}f(x)\mathrm{d}x=\int_{\lambda}^{+\infty}A\mathrm{e}^{-x}\mathrm{d}x=A\mathrm{e}^{-\lambda}$,即 $A=\mathrm{e}^{\lambda}$.

则 $P\{\lambda<X<\lambda+a\}=\int_{\lambda}^{\lambda+a}A\mathrm{e}^{-x}\mathrm{d}x=\mathrm{e}^{\lambda}(-\mathrm{e}^{-x})\Big|_{\lambda}^{\lambda+a}=\mathrm{e}^{\lambda}(\mathrm{e}^{-\lambda}-\mathrm{e}^{-\lambda-a})=1-\mathrm{e}^{-a}$.

显然其值与 λ 无关且随 a 的增大而增大.

5.【解】 (Ⅰ)利用规范性得,$1=\int_{-\infty}^{+\infty}f(x)\mathrm{d}x=\int_0^3kx\mathrm{d}x+\int_3^4\left(2-\frac{x}{2}\right)\mathrm{d}x=\frac{18k+1}{4}$,得 $k=\frac{1}{6}$.

(Ⅱ)$f(x)=\begin{cases}\frac{x}{6}, & 0<x<3,\\ 2-\frac{x}{2}, & 3\leqslant x<4,\\ 0, & \text{其他}.\end{cases}$

当 $x<0$ 时,$F(x)=0$;

当 $0\leqslant x<3$ 时,$F(x)=\int_{-\infty}^{x}f(t)\mathrm{d}t=\int_0^x\frac{t}{6}\mathrm{d}t=\frac{x^2}{12}$;

当 $3\leqslant x<4$ 时,$F(x)=\int_{-\infty}^{x}f(t)\mathrm{d}t=\int_0^3\frac{t}{6}\mathrm{d}t+\int_3^x\left(2-\frac{t}{2}\right)\mathrm{d}t=-3+2x-\frac{x^2}{4}$;

当 $4\leqslant x$ 时,$F(x)=1$.

X 的分布函数为 $F(x)=\begin{cases}0, & x<0,\\ \frac{x^2}{12}, & 0\leqslant x<3,\\ -3+2x-\frac{x^2}{4}, & 3\leqslant x<4,\\ 1, & x\geqslant 4.\end{cases}$

(Ⅲ)$P\left\{1<X\leqslant\frac{7}{2}\right\}=F\left(\frac{7}{2}\right)-F(1)=\frac{41}{48}$.

6.【解】由 $f(x)$ 的形式知,$X\sim N(\mu,\sigma^2)$,即 $f(x)=\frac{1}{\sqrt{2\pi}\sigma}\mathrm{e}^{-\frac{1}{2}\frac{(x-\mu)^2}{\sigma^2}}(-\infty<x<+\infty)$.

当 $x=\mu$ 时,$f(x)$ 取最大值为 $\frac{1}{\sqrt{2\pi}\sigma}$. 已知 $f(x)$ 在 $x=1$ 处取得最大值 $\frac{1}{\sqrt{\pi}}$,故 $\mu=1$ 且 $\frac{1}{\sqrt{2\pi}\sigma}=$

$\frac{1}{\sqrt{\pi}}$,即 $\sigma=\frac{1}{\sqrt{2}}$. 于是 $X\sim N\left(1,\frac{1}{2}\right)$,所求概率为

$$P\{1-\sqrt{2}<X<1+\sqrt{2}\}=P\left\{\frac{1-\sqrt{2}-1}{\frac{1}{\sqrt{2}}}<\frac{X-1}{\frac{1}{\sqrt{2}}}<\frac{1+\sqrt{2}-1}{\frac{1}{\sqrt{2}}}\right\}$$

$$=\Phi\left(\frac{\sqrt{2}}{\frac{1}{\sqrt{2}}}\right)-\Phi\left(\frac{-\sqrt{2}}{\frac{1}{\sqrt{2}}}\right)=2\Phi(2)-1.$$

7.【答案】

X	-1	1	3
P_k	0.4	0.4	0.2

【解析】　已知随机变量 X 的分布函数,它是一个跳跃的阶梯形分段函数,则 X 是离散型随机变量,则可以利用分布函数求 X 的概率分布.

由 X 的分布函数 $F_X(x)$ 知,X 的所有可能取值为 $-1,1,3$,

$P\{X=-1\}=0.4-0=0.4, P\{X=1\}=0.8-0.4=0.4, P\{X=3\}=1-0.8=0.2.$

则 X 的概率分布为

X	-1	1	3
P_k	0.4	0.4	0.2

8.【答案】　$f(x)=\begin{cases}2x, & 0<x<1,\\ 0, & \text{其他}\end{cases}$

【解析】　$f(x)=F'(x)=\begin{cases}2x, & 0<x<1,\\ 0, & \text{其他}.\end{cases}$

9.【答案】　(C)

【解析】　$1=\sum_{k=1}^{N}P\{X=k\}=\sum_{k=1}^{N}\frac{a}{N}=a$,故可知 $a=1$.

10.【答案】　$\frac{8}{81}$

【解析】　设射手射中目标的概率为 p,则 $X\sim B(4,p)$.

$P\{X\geqslant 1\}=1-P\{X<1\}=1-P\{X=0\}=1-C_4^0p^0(1-p)^4=\frac{80}{81}$,可推出 $p=\frac{2}{3}$,

则 $P\{X=1\}=C_4^1p^1(1-p)^3=4\times\frac{2}{3}\times\left(\frac{1}{3}\right)^3=\frac{8}{81}$.

11.【答案】　$C=\frac{25}{12}$

【解析】　由概率分布的规范性可知,$1=\sum_{k=0}^{3}P\{X=k\}=\frac{1}{C}+\frac{1}{2C}+\frac{1}{3C}+\frac{1}{4C}=\frac{25}{12C}$,故可推出 $C=\frac{25}{12}$.

12.【答案】　$\frac{2}{3}e^{-2}$

【解析】 由题设可知，$P\{X=k\}=\dfrac{\lambda^k}{k!}e^{-\lambda}(k=0,1,\cdots)$，由于 $P\{X=1\}=P\{X=2\}$，即$\dfrac{\lambda^1}{1!}e^{-\lambda}=\dfrac{\lambda^2}{2!}e^{-\lambda}$，解得 $\lambda=2$，故 $P\{X=4\}=\dfrac{2^4}{4!}e^{-2}=\dfrac{2}{3}e^{-2}$.

13.【解】 $f(x)=ae^{-x^2+x}=ae^{-\left(x-\frac{1}{2}\right)^2+\frac{1}{4}}=ae^{\frac{1}{4}}\cdot e^{-\left(x-\frac{1}{2}\right)^2}=ae^{\frac{1}{4}}\cdot e^{-\frac{\left(x-\frac{1}{2}\right)^2}{2\cdot\frac{1}{2}}}$，将其与正态分布 $N\left(\dfrac{1}{2},\dfrac{1}{2}\right)$的概率密度比较，则有 $ae^{\frac{1}{4}}=\dfrac{1}{\sqrt{2\pi\dfrac{1}{2}}}$，故可推出 $a=\dfrac{1}{\sqrt{\pi}}e^{-\frac{1}{4}}$.

14.【答案】 $\dfrac{1}{2},\dfrac{3}{4}$

【解析】 确定两个参数的值，需要建立两个方程. 首先利用概率密度的性质$\int_{-\infty}^{+\infty}f(x)dx=1$ 建立一个方程，然后利用 $F(0)=\dfrac{1}{4}$ 建立另外一个方程.

由概率密度函数的性质知

$$1=\int_{-\infty}^{+\infty}f(x)dx=\int_{-\infty}^{0}af_1(x)dx+\int_{0}^{+\infty}bf_2(x)dx=a\Phi(0)+b=\frac{1}{2}a+b,$$

由分布函数的定义知 $F(0)=\int_{-\infty}^{0}f(x)dx=\int_{-\infty}^{0}af_1(x)dx=\dfrac{a}{2}=\dfrac{1}{4}$.

解得 $a=\dfrac{1}{2},b=\dfrac{3}{4}$.

15.【答案】 $\dfrac{4}{27}$

【解析】 $P(X\leqslant 2)=P(X=1)+P(X=2)=\theta(1-\theta)^{1-1}+\theta(1-\theta)^{2-1}=\theta+\theta(1-\theta)\Rightarrow 2\theta-\theta^2=\dfrac{5}{9}$，解得 $\theta=\dfrac{1}{3},\theta=\dfrac{5}{3}$(舍).

则 $P(X=3)=\theta(1-\theta)^2=\dfrac{1}{3}\left(1-\dfrac{1}{3}\right)^2=\dfrac{4}{27}$.

16.【答案】 (D)

【解析】 对于选项(D)，因为

$$\int_{-\infty}^{+\infty}[f_1(x)F_2(x)+f_2(x)F_1(x)]dx=\int_{-\infty}^{+\infty}[F_2(x)dF_1(x)+F_1(x)dF_2(x)]$$
$$=\int_{-\infty}^{+\infty}d[F_1(x)F_2(x)]=F_1(x)F_2(x)\Big|_{-\infty}^{+\infty}=1$$

且 $f_1(x)F_2(x)+f_2(x)F_1(x)\geqslant 0$ 所以，$f_1F_2(x)$ 和 $f_2F_1(x)$ 为概率密度.

17.【答案】 $\dfrac{1}{2e}$

【解析】 由 $DX=EX^2-(EX)^2$，得 $EX^2=DX+(EX)^2$，又因为 X 服从参数为 1 的泊松分布，所以 $DX=EX=1$，所以 $EX^2=1+1=2$，所以 $P\{X=2\}=\dfrac{1^2}{2!}e^{-1}=\dfrac{1}{2}e^{-1}$.

18.【答案】 (C)

【解析】 $P\{X=1\}=P\{X\leqslant 1\}-P\{X<1\}=F(1)-F(1-0)=1-e^{-1}-\dfrac{1}{2}=\dfrac{1}{2}-e^{-1}$.

19.【答案】 (A)

【解析】　由题意知 $f_1(x)=\frac{1}{\sqrt{2\pi}}e^{\frac{-x^2}{2}}$，$f_2(x)=\begin{cases}\frac{1}{4}, & -1\leqslant x\leqslant 3,\\ 0, & 其他.\end{cases}$

利用概率密度的性质

$$1=\int_{-\infty}^{+\infty}f(x)\mathrm{d}x=\int_{-\infty}^{0}af_1(x)\mathrm{d}x+\int_{0}^{+\infty}bf_2(x)\mathrm{d}x=\frac{a}{2}\int_{-\infty}^{+\infty}f_1(x)\mathrm{d}x+b\int_{0}^{3}\frac{1}{4}\mathrm{d}x=\frac{a}{2}+\frac{3}{4}b,$$

所以 $2a+3b=4$.

20.【答案】 (C)

【解析】　由离散型随机变量分布函数与分布律的关系可知，

X	-3	0	2
P	$\frac{1}{3}$	$\frac{1}{3}$	$\frac{1}{3}$

所以 $P(-1<X<1)=\frac{1}{3}$.

21.【答案】 (C)

【解析】　$P\{3<X<6\}=P\left\{\frac{3-3}{\sigma}<\frac{X-3}{\sigma}<\frac{6-3}{\sigma}\right\}=\Phi\left(\frac{3}{\sigma}\right)-\Phi(0)=\Phi\left(\frac{3}{\sigma}\right)-0.5=0.4$，

$P\{X<0\}=P\left\{\frac{X-3}{\sigma}<\frac{0-3}{\sigma}\right\}=\Phi\left(-\frac{3}{\sigma}\right)=1-\Phi\left(\frac{3}{\sigma}\right)=0.1$.

22.【解】　$P\{3X^2+2X-1<0\}=P\left\{-1<X<\frac{1}{3}\right\}=\int_{-1}^{\frac{1}{3}}f(x)\mathrm{d}x=\int_{0}^{\frac{1}{3}}6x(1-x)\mathrm{d}x=\frac{7}{27}$.

23.【解】　$f(x)=\begin{cases}\frac{1}{b-a}, & a\leqslant x\leqslant b,\\ 0, & 其他,\end{cases}$ $P\{0<X<3\}=\int_{0}^{3}f(x)\mathrm{d}x=\int_{0}^{a}f(x)\mathrm{d}x+$

$\int_{a}^{3}f(x)\mathrm{d}x=\frac{3-a}{b-a}=\frac{1}{4}$.

$P\{X>4\}=\int_{4}^{b}f(x)\mathrm{d}x=\frac{b-4}{b-a}=\frac{1}{2}$，解得 $a=2,b=6$，所以 $f(x)=\begin{cases}\frac{1}{4}, & 2\leqslant x\leqslant 6,\\ 0, & 其他.\end{cases}$

24.【答案】 (D)

【解析】　由分布函数的充要条件知，(A)，(B) 正确. 由概率密度充要条件知(C) 正确，而(D) 未必正确，因此选(D).

事实上，$cf_1(x)f_2(x)$ 为概率密度 $\Leftrightarrow cf_1(x)f_2(x)\geqslant 0$，且$\int_{-\infty}^{\infty}cf_1(x)f_2(x)\mathrm{d}x=1\Leftrightarrow cf_1(x)f_2(x)\geqslant 0$，且 $c=\frac{1}{A}$，$A=\int_{-\infty}^{\infty}f_1(x)f_2(x)\mathrm{d}x$(假设右式积分存在). 显然 A 未必等于1，所以选择项(D) 不正确.

25.【解】　X 的所有可能取值为 0,1,2,3. 令 A_i 表示事件"第 i 次取到的是白球"，$(i=1,2,3,4)$，则

$P\{X=0\}=P(\overline{A}_1)=\frac{7}{10}$，

$P\{X=1\}=P(A_1\overline{A}_2)=\frac{3}{10}\times\frac{7}{9}=\frac{7}{30}$，

$P\{X=2\}=P(A_1A_2\overline{A}_3)=\frac{3}{10}\times\frac{2}{9}\times\frac{7}{8}=\frac{7}{120}$,

$P\{X=3\}=P(A_1A_2A_3\overline{A}_4)=\frac{3}{10}\times\frac{2}{9}\times\frac{1}{8}\times\frac{7}{7}=\frac{1}{120}$.

X 的概率分布为

X	0	1	2	3
P_k	$\frac{7}{10}$	$\frac{7}{30}$	$\frac{7}{120}$	$\frac{1}{120}$

26.**【解】** 本题考查随机变量函数概率密度的计算.

X 的概率密度 $f(x)=\begin{cases}\frac{1}{3}, & -1\leqslant x\leqslant 2,\\ 0, & 其他.\end{cases}$

设 Y 的分布函数为 $F(y)$,则 $F(y)=P\{Y\leqslant y\}=P\{X^2-2X-3\leqslant y\}=P\{(X-1)^2\leqslant y+4\}$.

(1) 若 $y\leqslant -4$,则 $F(y)=0$;

(2) 若 $-4<y\leqslant -3$,则

$F(y)=P\{1-\sqrt{y+4}\leqslant X\leqslant 1+\sqrt{y+4}\}=\int_{1-\sqrt{y+4}}^{1+\sqrt{y+4}}f(x)\mathrm{d}x=\int_{1-\sqrt{y+4}}^{1+\sqrt{y+4}}\frac{1}{3}\mathrm{d}x=\frac{2}{3}\sqrt{y+4}$;

(3) 若 $-3<y\leqslant 0$,则

$F(y)=\int_{1-\sqrt{y+4}}^{1+\sqrt{y+4}}f(x)\mathrm{d}x=\int_{1-\sqrt{y+4}}^{2}f(x)\mathrm{d}x+\int_{2}^{1+\sqrt{4+y}}f(x)\mathrm{d}x=\int_{1-\sqrt{y+4}}^{2}f(x)\mathrm{d}x=\frac{1}{3}\sqrt{4+y}$;

(4) 若 $y>0$,则 $F(y)=1$.

故可得 $f(y)=F'(y)=\begin{cases}\frac{1}{3\sqrt{y+4}}, & -4<y\leqslant -3,\\ \frac{1}{6\sqrt{y+4}}, & -3<y\leqslant 0,\\ 0, & 其他.\end{cases}$

第三章　随机变量的数学期望和方差

随机变量的数字特征是用来描述随机变量分布特征的某些数字，包括数学期望、方差、矩.数学期望给出了随机变量取值的加权平均值，方差反映了随机变量取值对于其数学期望的分散程度.本章的重点是掌握随机变量数学特征的定义、性质，并会利用数字特征的基本性质计算具体分布的数字特征，掌握常见分布的数字特征.会根据随机变量的概率分布或概率密度求其数学期望和方差.

本章知识框架

- 数学期望
  - 性质
  - 离散型随机变量：$E(x)=\sum_{i=1}^{\infty}x_ip_i$
  - 连续型随机变量：$E(X)=\int_{-\infty}^{+\infty}xf(x)\mathrm{d}x$
- 方差
  - 定义
  - 公式 $D(X)=E(X^2)-[E(X)]^2$
  - 性质
- 常见分布的数字特征：0－1分布，二项分布，泊松分布，几何分布，超几何分布，均匀分布，正态分布，指数分布

考点归纳

一、离散型随机变量的数学期望

1.一维离散型随机变量的数学期望

设随机变量 X 的概率分布为 $P(X=x_i)=p_i(i=1,2,\cdots)$，若级数 $\sum_{i=1}^{\infty}x_ip_i$ 绝对收敛，则 $\sum_{i=1}^{\infty}x_ip_i$ 称为随机变量 X 的数学期望，记作 $E(X)$，即 $E(X)=\sum_{i=1}^{\infty}x_ip_i$；如果级数 $\sum_{i=1}^{\infty}|x_i|p_i$ 发散，则称 X 的数学期望不存在.

2.一维离散型随机变量函数的数学期望

若 X 是离散型随机变量，其概率分布为 $P(X=x_i)=p_i(i=1,2,\cdots)$，$g(x)$ 为连续函数，$Y=g(X)$，若级数 $\sum_{i=1}^{\infty}g(x_i)p_i$ 绝对收敛，则 $E[g(X)]$ 存在，且 $E[g(x)]=\sum_{i=1}^{\infty}g(x_i)p_i$.

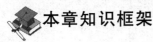

二、连续型随机变量的数学期望

1. 一维连续型随机变量的数学期望

设连续型随机变量 X 的概率密度为 $f(x)$，若积分 $\int_{-\infty}^{+\infty} xf(x)\mathrm{d}x$ 绝对收敛，则称积分 $\int_{-\infty}^{+\infty} xf(x)\mathrm{d}x$ 为 X 的数学期望，记作 $E(X)$，即 $E(X)=\int_{-\infty}^{+\infty} xf(x)\mathrm{d}x$；若积分 $\int_{-\infty}^{+\infty} |x|f(x)\mathrm{d}x$ 发散，则称 X 的数学期望不存在.

2. 一维连续型随机变量函数的数学期望

若 X 是连续型随机变量，其密度函数为 $f_X(x)$，$g(x)$ 为连续函数，$Y=g(X)$，若积分 $\int_{-\infty}^{+\infty} g(x)f_X(x)\mathrm{d}x$ 绝对收敛，则 $E[g(X)]$ 存在，且 $E(Y)=E[g(X)]=\int_{-\infty}^{+\infty} g(x)f_X(x)\mathrm{d}x$.

三、随机变量数学期望的性质

(1) 设 C 为常数，则有 $E(C)=C$；

(2) 设 X 为一个随机变量，且 $E(X)$ 存在，C 为常数，则有 $E(CX)=CE(X)$；

(3) 设 X 与 Y 是两个随机变量，则有 $E(X\pm Y)=E(X)\pm E(Y)$；

(4) 设 X 与 Y 相互独立，则有 $E(XY)=[E(X)]\cdot[E(Y)]$.

四、随机变量的方差

1. 随机变量方差的定义

设 X 是一个随机变量，如果 $E\{[X-E(X)]^2\}$ 存在，则 $E\{[X-E(X)]^2\}$ 称为 X 的方差，记作 $D(X)$，即 $D(X)=E\{[X-E(X)]^2\}$，$\sqrt{D(X)}$ 称为标准差或均方差.

2. 方差的计算

(1) 定义法

离散情形：若 X 是离散型随机变量，其概率分布为 $P(X=x_i)=p_i(i=1,2,\cdots)$

$$D(X)=E\{[X-E(X)]^2\}=\sum_i [x_i-E(X)]^2 p_i.$$

连续情形：设连续型随机变量 X 的概率密度为 $f(x)$，则

$$D(X)=E\{[X-E(X)]^2\}=\int_{-\infty}^{+\infty}[X-E(X)]^2 f(x)\mathrm{d}x.$$

(2) 公式法

$$D(X)=E(X^2)-[E(X)]^2.$$

3. 方差的性质

(1) 设 C 为常数，则 $D(C)=0$.

(2) 如果 X 为随机变量，C 为常数，则 $D(CX)=C^2D(X)$.

(3) 如果 X 为随机变量，C 为常数，则有 $D(X+C)=D(X)$.

由性质(2)(3) 可得 $D(aX+b)=a^2D(X)$(a,b 为任意常数).

4. 常用随机变量的数学期望和方差

分布名称	分布记号	期望	方差
0－1 分布	$X\sim B(1,p)$	p	$p(1-p)$
二项分布	$X\sim B(n,p)$	np	$np(1-p)$

续表

分布名称	分布记号	期望	方差
泊松分布	$X \sim P(\lambda)$	λ	λ
几何分布	$X \sim G(p)$	$\dfrac{1}{p}$	$\dfrac{1-p}{p^2}$
均匀分布	$X \sim U(a,b)$	$\dfrac{a+b}{2}$	$\dfrac{(b-a)^2}{12}$
指数分布	$X \sim E(\lambda)$	$\dfrac{1}{\lambda}$	$\dfrac{1}{\lambda^2}$
正态分布	$X \sim N(\mu,\sigma^2)$	μ	σ^2

重要题型

题型一　求随机变量的期望与方差

【题型方法分析】

(1) 求随机变量的期望一般原则：先利用性质化简，再利用公式.

① 离散型随机变量的期望和方差：$E(X)=\sum\limits_{i=1}^{\infty}x_ip_i$，$D(X)=E(X^2)-[E(X)]^2$.

② 连续型随机变量的期望和方差：$E(X)=\int_{-\infty}^{+\infty}xf(x)\mathrm{d}x$.

(2) 公式法求随机变量的方差：$D(X)=E(X^2)-[E(X)]^2$.

(3) 利用常见分布的期望和方差.

例 3.1　已知随机变量 X_1,X_2 互相独立，且具有相同分布律：

X	1	2	3
P	0.2	0.6	0.2

，则 $D(X_1+X_2)=(\quad)$.

(A)0.2　　(B)0.4　　(C)0.6　　(D)0.8　　(E)1

【答案】　(D)

【解析】　$E(X_1)=E(X_2)=1\times0.2+2\times0.6+3\times0.2=2$，

$E(X_1^2)=E(X_2^2)=1^2\times0.2+2^2\times0.6+3^2\times0.2=4.4$，

所以方差 $D(X_1)=D(X_2)=E(X_1^2)-[E(X_1)]^2=0.4$，

又 X_1,X_2 相互独立，由方差的性质 $D(X_1+X_2)=D(X_1)+D(X_2)=0.8$.

【总结】求随机变量的方差一般先利用性质化简，再利用公式.

例 3.2　设 X,Y 相互独立，其方差分别为 1 和 4，则 $D(3X-Y)=(\quad)$.

(A) 5　　(B)11　　(C) 12　　(D)13　　(E)7

【答案】　(D)

【解析】　因为 X,Y 相互独立，所以

$$D(3X-Y)=D(3X)+D(-Y)=9D(X)+D(Y)=9+4=13.$$

【总结】已知随机变量相互独立，求其数字特征一定先利用独立性化简.

例 3.3 设随机变量 X 的概率密度为 $f(x)=\begin{cases}1+x, & -1\leqslant x<0,\\ 1-x, & 0\leqslant x\leqslant 1,\\ 0, & \text{其他},\end{cases}$ 求 $D(X)$.

【解】 $E(X)=\int_{-\infty}^{+\infty}xf(x)\mathrm{d}x=\int_{-1}^{0}x(1+x)\mathrm{d}x+\int_{0}^{1}x(1-x)\mathrm{d}x=0$,

$E(X^2)=\int_{-\infty}^{+\infty}x^2f(x)\mathrm{d}x=\int_{-1}^{0}x^2(1+x)\mathrm{d}x+\int_{0}^{1}x^2(1-x)\mathrm{d}x=\frac{1}{6}$,

$D(X)=E(X^2)-[E(X)]^2=\frac{1}{6}$.

【总结】本题考查连续型随机变量期望和方差的计算，按照公式积分计算即可.

例 3.4 设随机变量 X 的分布函数为 $F(x)=0.3\Phi(x)+0.7\Phi\left(\frac{x-1}{2}\right)$，$\Phi(x)$ 为标准正态分布的分布函数，求 $E(X)$.

【解】 由 X 的分布函数，可得 X 的概率密度.

$$f(x)=F'(x)=\left[0.3\Phi(x)+0.7\Phi\left(\frac{x-1}{2}\right)\right]'=0.3\varphi(x)+0.35\varphi\left(\frac{x-1}{2}\right)$$

（其中 $\varphi(x)$ 为标准正态分布的概率密度函数）.

所以 $E(X)=\int_{-\infty}^{+\infty}xf(x)\mathrm{d}x=\int_{-\infty}^{+\infty}x\left[0.3\varphi(x)+0.35\varphi\left(\frac{x-1}{2}\right)\right]\mathrm{d}x$

$$=0.3\int_{-\infty}^{+\infty}x\varphi(x)\mathrm{d}x+0.35\int_{-\infty}^{+\infty}x\varphi\left(\frac{x-1}{2}\right)\mathrm{d}x=0.7\int_{-\infty}^{+\infty}x\varphi\left(\frac{x-1}{2}\right)\mathrm{d}\left(\frac{x-1}{2}\right)$$

$$=0.7\int_{-\infty}^{+\infty}(2t+1)\varphi(t)\mathrm{d}t=0.7\int_{-\infty}^{+\infty}2t\varphi(t)\mathrm{d}t+0.7\int_{-\infty}^{+\infty}\varphi(t)\mathrm{d}t=0.7.$$

【总结】本题考查连续型随机变量期望的计算. 特别地，本题还用到了标准正态分布的期望 $\int_{-\infty}^{+\infty}x\varphi(x)\mathrm{d}x=0$，及其概率密度满足的规范性 $\int_{-\infty}^{+\infty}\varphi(x)\mathrm{d}x=1$.

题型二 已知随机变量的数学期望或(和)方差，求其分布的特定参数

【题型方法分析】

首先由期望、方差的定义来建立参数的方程，再解方程得到对应的参数.

例 3.5 设随机变量 X 的概率密度为 $f(x)=\begin{cases}Ax, & 0<x\leqslant 1,\\ B-x, & 1<x<2,\\ 0, & \text{其他},\end{cases}$ $E(X)=1$.

求：(1) 常数 A,B；(2) $\sqrt{D(X)}$.

【解】 由题意得 $E(X)=\int_{-\infty}^{+\infty}xf(x)\mathrm{d}x=\int_{0}^{1}x\cdot Ax\mathrm{d}x+\int_{1}^{2}x(B-x)\mathrm{d}x=\frac{1}{3}A+\frac{3}{2}B-\frac{7}{3}=1$.

再由概率密度的规范性 $\int_{-\infty}^{+\infty}f(x)\mathrm{d}x=1$，有 $\int_{0}^{1}Ax\mathrm{d}x+\int_{1}^{2}(B-x)\mathrm{d}x=\frac{1}{2}A+B-\frac{3}{2}=1$，解

得 $A=1, B=2$.

$$E(X^2)=\int_{-\infty}^{+\infty}x^2 f(x)\mathrm{d}x=\int_0^1 x^2\cdot x\mathrm{d}x+\int_1^2 x^2(2-x)\mathrm{d}x=\frac{7}{6},$$

于是 $D(X)=E(X^2)-[E(X)]^2=\frac{1}{6}, \sqrt{D(X)}=\frac{\sqrt{6}}{6}$.

【总结】本题考查连续型随机变量期望和方差的计算.

例 3.6　随机变量 X 的数学期望为 10，方差为 25，而 $Y=aX+b$ 满足 $E(Y)=0, D(Y)=1$，则常数 a,b 的取值为(　　).

(A) $a=0.2, b=2$ 或 $a=0.2, b=-2$　(B) $a=-0.2, b=2$ 或 $a=-0.2, b=2$

(C) $a=0.2, b=2$ 或 $a=-0.2, b=-2$　(D) $a=-0.2, b=2$ 或 $a=0.2, b=-2$

(E) $a=0.2, b=2$ 或 $a=0$

【答案】　(D)

【解析】　由期望和方差的性质，有

$E(Y)=E(aX+b)=aE(X)+b=10a+b=0, D(Y)=D(aX+b)=a^2D(X)=25a^2=1$，可得 $a=-0.2, b=2$ 或 $a=0.2, b=-2$.

【总结】若题设中某随机变量是其他随机变量的线性表示，则一般先用数字特征的线性性质化简再求解.

题型三　求解与期望或方差有关的实际问题

【题型方法分析】

先把实际问题中的文字性语言转化为数学语言，再利用期望的定义求解.

例 3.7　设某工厂生产的产品不合格率为 10%，假设生产一件不合格品亏损 2 元，生产一件合格产品盈利 10 元，求每件产品的平均利润.

【解】　设 X 为某件产品的利润，于是 $P\{X=-2\}=0.1, P\{X=10\}=0.9$，则平均利润为 X 的期望 $E(X)=-2\times0.1+10\times0.9=8.8$.

【总结】本题需要先把离散型随机变量的概率分布表示出来，然后计算其期望.

例 3.8　某厂推土机发生故障后的维修时间 T 是一个随机变量(单位:h)，其概率密度为

$$p(t)=\begin{cases}0.02\mathrm{e}^{-0.02t}, & t>0,\\ 0, & t\leqslant 0,\end{cases}$$ 试求平均维修时间.

【解】　由 T 的概率密度可知，T 服从参数为 0.02 的指数分布 $T\sim E(0.02)$，于是平均维修时间为 T 的数学期望 $E(T)=\frac{1}{0.02}=50\ (\mathrm{h})$.

【总结】平均维修时间即为维修时间的期望，由指数分布的期望可得结果.

本章练习

1. 现有 10 张奖券，其中 8 张 2 元，2 张 5 元，现某人随机无放回地抽取 3 张，则此人的奖金额

的数学期望为(　　)元.

(A)6　　(B)12　　(C)7.8　　(D) 9　　(E)10

2. 已知随机变量 X 服从二项分布且 $E(X)=2.4, D(X)=1.68$，则二项分布的参数 n, p 的值为(　　).

(A) $n=4, p=0.6$　　(B) $n=8, p=0.3$

(C) $n=7, p=0.3$　　(D) $n=5, p=0.6$

(E) $n=6, p=0.4$

3. 设随机变量 X 服从参数 λ 的指数分布，求 $P\{X>\sqrt{D(X)}\}$.

4. 设随机变量 X 和 Y 同分布，概率密度为 $f(x)=\begin{cases}2x\theta^2, & 0<x<\dfrac{1}{\theta},\\ 0, & \text{其他},\end{cases}$ 且 $E[a(X+2Y)]=\dfrac{1}{\theta}$，则 a 的值为(　　).

(A) $\dfrac{1}{2}$　　(B) $\dfrac{1}{3}$　　(C) $\dfrac{1}{2\theta^2}$　　(D) $\dfrac{2}{3\theta}$　　(E) $\dfrac{1}{2\theta}$

5. 设随机变量 X 服从参数为 λ 的指数分布，且已知 $E[(X-1)(X+2)]=1$，则 $\lambda=$(　　).

(A) $\dfrac{1}{2}$　　(B) $-\dfrac{2}{3}$　　(C)1　　(D)2　　(E) $\dfrac{1}{3}$

6. 设 ξ, η 相互独立且 ξ 服从指数分布(参数为 λ)，η 服从二项分布 $B(n,p)$，求 $D(2\xi+\eta)$.

7. 已知离散型随机变量 X 只取 $-1,0,1$ 三个值，且取零值的概率是取非零值概率的两倍，又知 $E(X)=\dfrac{1}{6}$，则 $D(X)=$(　　).

(A) $\dfrac{13}{36}$　　(B) $\dfrac{11}{36}$　　(C) $\dfrac{15}{36}$　　(D) $\dfrac{1}{3}$　　(E) $\dfrac{1}{4}$

8. 把 4 个球随机地投入 4 个盒子中，设 X 表示空盒子的个数，求 $E(X), D(X)$.

9. 设随机变量 $X\sim N(0,1)$，随机变量 $Y=\begin{cases}1, X>0,\\ 0, X=0,\\ -1, X<0,\end{cases}$ 求 Y 的数学期望.

10. 设随机变量 X 的概率密度为 $f(x)=\begin{cases}4x\mathrm{e}^{-2x}, x>0,\\ 0, \quad x\leqslant 0,\end{cases}$ 求 $D(2X-1)$.

11. 设随机变量 X 具有分布 $P\{X=k\}=\dfrac{1}{5}, k=1,2,3,4,5$，求 $E(X), D(X)$.

12. 设随机变量 X 在区间 $[-2,1]$ 上服从均匀分布，随机变量 $Y=\begin{cases}1, & X>0,\\ 0, & X=0,\\ -1, & X<0,\end{cases}$ 求 $E(Y)$，$D(Y)$.

13. 设随机变量 X 的概率密度为 $f(x)=\begin{cases}\dfrac{1}{4}, -2\leqslant x\leqslant 2,\\ 0, \text{其他}.\end{cases}$ 试求：$E(X), D(X)$.

14. 设随机变量 $X\sim N(\mu,\sigma^2)$，Y 服从参数为 $\lambda(\lambda>0)$ 的指数分布，则下列结论中不正确的是(　　).

(A) $E(X+Y)=\mu+\frac{1}{\lambda}$　　(B) $D(X+Y)=\sigma^2+\frac{1}{\lambda^2}$

(C) $E(X)=\mu, E(Y)=\frac{1}{\lambda}$　　(D) $D(X)=\sigma^2, D(Y)=\frac{1}{\lambda^2}$

(E) $E(X-Y)=\mu-\frac{1}{\lambda}$

15.设随机变量 X 服从参数为 $\frac{1}{2}$ 的指数分布，求 $E(X^2)$.

16.设随机变量 X 服从正态分布 $N(2,4)$，Y 服从均匀分布 $U(3,5)$，则 $E(2X-3Y)=$(　　).

(A) -8　　(B) 8　　(C) -2　　(D) 10　　(E) -10

17.设随机变量 X 与 Y 相互独立，且 $X\sim N(0,9)$，$Y\sim N(0,1)$，令 $Z=X-2Y$，则 $D(Z)=$(　　).

(A) 5　　(B) 7　　(C) 11　　(D) 13　　(E) 15

18.设随机变量 X 与 Y 相互独立，且 $X\sim B(16,0.5)$，Y 服从参数为 9 的泊松分布，则 $D(X-2Y+5)=$(　　).

(A) -14　　(B) -11　　(C) 40　　(D) 43　　(E) 45

19.设随机变量 X 服从区间 $[0,1]$ 上的均匀分布，Y 服从参数为 5 的指数分布，且 X 与 Y 相互独立，求 $E(XY)$.

20.设随机变量 X 服从参数为 λ 的泊松分布，且满足 $P\{X=1\}=\frac{2}{3}P\{X=3\}$，则 $E(X)=$(　　).

(A) 1　　(B) 2　　(C) 3　　(D) 4　　(E) 0

本章练习答案与解析

1.**【答案】** (C)

【解析】 设 X 为奖金额，其可能值为 6,9,12.则

$$P\{X=6\}=\frac{C_8^3}{C_{10}^3}=\frac{7}{15}, P\{X=9\}=\frac{C_8^2\cdot C_2^1}{C_{10}^3}=\frac{7}{15}, P\{X=12\}=\frac{C_8^1\cdot C_2^2}{C_{10}^3}=\frac{1}{15},$$

所以奖金额的数学期望为 $E(X)=6\times\frac{7}{15}+9\times\frac{7}{15}+12\times\frac{1}{15}=7.8$.

2.**【答案】** (B)

【解析】 因为二项分布 $B(n,p)$ 的期望和方差分别为 $E(X)=np, D(X)=np(1-p)$.

由题意得 $E(X)=np=2.4, D(X)=np(1-p)=1.68$，两表达式相除可得 $1-p=0.7$，进而可得 $p=0.3, n=8$.

3.**【解】** 随机变量 X 服从参数 λ 的指数分布 $E(\lambda)$，其概率密度为 $f(x)=\begin{cases}\lambda e^{-\lambda x}, & x>0,\\ 0, & 其他.\end{cases}$ X 的方差为 $D(X)=\frac{1}{\lambda^2}$，于是 $P\{X>\sqrt{D(X)}\}=P\{X>\frac{1}{\lambda}\}=\int_{\frac{1}{\lambda}}^{+\infty}\lambda e^{-\lambda x}dx=-e^{-\lambda x}\Big|_{\frac{1}{\lambda}}^{+\infty}=\frac{1}{e}$.

4.**【答案】** (A)

【解析】 已知随机变量 X 和 Y 同分布，所以

$$E(X)=E(Y)=\int_{-\infty}^{+\infty}xf(x)\mathrm{d}x=\int_0^{\frac{1}{\theta}}x\cdot 2x\theta^2\mathrm{d}x=\frac{2}{3\theta},$$

则 $E[a(X+2Y)]=a[E(X)+2E(Y)]=\dfrac{2a}{\theta}$,代入 $E[a(X+2Y)]=\dfrac{1}{\theta}$,得 $a=\dfrac{1}{2}$.

5.**【答案】** (C)

【解析】 X 服从参数为 λ 的指数分布,则 X 的期望和方差分别为 $E(X)=\dfrac{1}{\lambda}$,$D(X)=\dfrac{1}{\lambda^2}$,由此可得 $E(X^2)=D(X)+[E(X)]^2=\dfrac{2}{\lambda^2}$.

由题意 $E[(X-1)(X+2)]=1$,可得 $E(X^2+X-2)=E(X^2)+E(X)-2=\dfrac{2}{\lambda^2}+\dfrac{1}{\lambda}-2=1$,解得 $\lambda=-\dfrac{2}{3}$ 或 $\lambda=1$,因为指数分布的参数为正,所以 $\lambda=-\dfrac{2}{3}$ 舍掉.选(C).

6.**【解】** ξ 服从指数分布,则 ξ 的方差为 $D(\xi)=\dfrac{1}{\lambda^2}$,$\eta$ 服从二项分布 $B(n,p)$,所以 η 的方差为 $D(\eta)=np(1-p)$.

又 ξ,η 相互独立,由方差的性质有 $D(2\xi+\eta)=4D(\xi)+D(\eta)=\dfrac{4}{\lambda^2}+np(1-p)$.

7.**【答案】** (B)

【解析】 设 $P\{X=-1\}=a$,$P\{X=0\}=b$,$P\{X=1\}=c$,由概率分布的规范性:$a+b+c=1$.

再由题意可知,$b=2(a+c)$,$E(X)=-a+c=\dfrac{1}{6}$,解得 $a=\dfrac{1}{12}$,$b=\dfrac{2}{3}$,$c=\dfrac{1}{4}$.

$D(X)=E(X^2)-[E(X)]^2=a+c-\dfrac{1}{36}=\dfrac{1}{3}-\dfrac{1}{36}=\dfrac{11}{36}$.

8.**【解】** 空盒子的个数可能为0,1,2,3.

X 的概率分布为 $P\{X=0\}=\dfrac{4!}{4^4}=\dfrac{24}{256}$,$P\{X=1\}=\dfrac{C_4^3\cdot C_4^2\cdot 3!}{4^4}=\dfrac{144}{256}$,

$P\{X=2\}=\dfrac{C_4^2\cdot(C_4^2+C_4^3\cdot 2!)}{4^4}=\dfrac{84}{256}$,$P\{X=3\}=\dfrac{4}{4^4}=\dfrac{4}{256}$.

X 的分布律为

X	0	1	2	3
P	$\dfrac{6}{64}$	$\dfrac{36}{64}$	$\dfrac{21}{64}$	$\dfrac{1}{64}$

所以 $E(X)=1\times\dfrac{36}{64}+2\times\dfrac{21}{64}+3\times\dfrac{1}{64}=\dfrac{81}{64}$,$E(X^2)=1\times\dfrac{36}{64}+4\times\dfrac{21}{64}+9\times\dfrac{1}{64}=\dfrac{129}{64}$.

$D(X)=E(X^2)-[E(X)]^2=\dfrac{1\,695}{4\,096}$.

9.**【解】** 由 $Y=\begin{cases}1, & X>0,\\ 0, & X=0,\\ -1, & X<0,\end{cases}$ 可得 Y 的概率分布为

$P\{Y=1\}=P\{X>0\}=\dfrac{1}{2}$,$P\{Y=0\}=P\{X=0\}=0$,$P\{Y=-1\}=P\{X<0\}=\dfrac{1}{2}$,

故 $E(Y) = \sum y_i p_i = 1 \times \frac{1}{2} + 0 \times 0 + (-1) \times \frac{1}{2} = 0.$

10.【解】 $E(X) = \int_{-\infty}^{+\infty} xf(x)\mathrm{d}x = \int_0^{+\infty} x \cdot 4x\mathrm{e}^{-2x}\mathrm{d}x = 2\int_0^{+\infty} x^2 \cdot 2\mathrm{e}^{-2x}\mathrm{d}x = 1,$

$E(X^2) = \int_{-\infty}^{+\infty} x^2 f(x)\mathrm{d}x = \int_0^{+\infty} x^2 \cdot 4x\mathrm{e}^{-2x}\mathrm{d}x = \frac{3}{2},$

$D(X) = E(X^2) - [E(X)]^2 = \frac{1}{2},$

由方差的性质,得 $D(2X-1) = 4D(X) = 2.$

11.【解】 $E(X) = \frac{1}{5} \times 1 + \frac{1}{5} \times 2 + \frac{1}{5} \times 3 + \frac{1}{5} \times 4 + \frac{1}{5} \times 5 = 3,$

$D(X) = E[X - EX]^2 = \frac{1}{5}[(1-3)^2 + (2-3)^2 + (3-3)^2 + (4-3)^2 + (5-3)^2] = 2.$

12.【解】 由 $Y = \begin{cases} 1, & X > 0, \\ 0, & X = 0, \\ -1, & X < 0, \end{cases}$ 可得 Y 的分布律为

$$P\{Y = 1\} = P\{X > 0\} = P\{0 < X < 1\} = \frac{1}{3},$$

$$P\{Y = 0\} = P\{X = 0\} = 0,$$

$$P\{Y = -1\} = P\{X < 0\} = P\{-2 < X < 0\} = \frac{2}{3},$$

即

Y	1	0	-1
P	$\frac{1}{3}$	0	$\frac{2}{3}$

故 $E(Y) = \sum y_i p_i = 1 \times \frac{1}{3} + 0 \times 0 + (-1) \times \frac{2}{3} = -\frac{1}{3},$

$D(Y) = E(Y^2) - [E(Y)]^2 = \left[1 \times \frac{1}{3} + 0 \times 0 + (-1)^2 \times \frac{2}{3}\right] - \left(-\frac{1}{3}\right)^2 = 1 - \left(\frac{1}{3}\right)^2 = \frac{8}{9}.$

13.【解】 **方法一** $E(X) = \int_{-\infty}^{+\infty} xf(x)\mathrm{d}x = \int_{-2}^{2} \frac{1}{4}x\mathrm{d}x = \frac{1}{8}x^2 \Big|_{-2}^{2} = 0,$

$E(X^2) = \int_{-\infty}^{+\infty} x^2 f(x)\mathrm{d}x = \int_{-2}^{2} \frac{1}{4}x^2\mathrm{d}x = \frac{1}{12}x^3 \Big|_{-2}^{2} = \frac{4}{3},$

$D(X) = E(X^2) - [E(X)]^2 = \frac{4}{3}.$

方法二 利用常见分布的数字特征.

由题设易知,$X \sim U(-2,2)$,$E(X) = \frac{a+b}{2} = 0$,$D(X) = \frac{(b-a)^2}{12} = \frac{16}{12} = \frac{4}{3}.$

14.【答案】 (B)

【解析】 $X \sim N(\mu,\sigma^2)$,$E(X) = \mu$,$D(X) = \sigma^2$,$Y \sim E(\lambda)$,$E(Y) = \frac{1}{\lambda}$,$D(Y) = \frac{1}{\lambda^2}.$

由期望的性质,$E(X+Y) = \mu + \frac{1}{\lambda}$,因为没有 X,Y 相互独立的条件,所以 $D(X+Y) = D(X) + D(Y) = \sigma^2 + \frac{1}{\lambda^2}$ 不一定成立.

15.【解】 $X \sim E\left(\frac{1}{2}\right)$,故 $E(X)=\frac{1}{\lambda}=2, D(X)=\frac{1}{\lambda^2}=4$.

所以 $E(X^2)=D(X)+[E(X)]^2=8$.

16.【答案】 (A)

【解析】 $E(X)=2, E(Y)=4, E(2X-3Y)=-8$.

17.【答案】 (D)

【解析】 $D(X)=9, D(Y)=1, D(Z)=D(X-2Y)=D(X)+4D(Y)=9+4=13$.

18.【答案】 (C)

【解析】 $X \sim B(16,0.5), Y \sim P(9)$,故 $D(X)=4, D(Y)=9$.

X 与 Y 相互独立,所以 $D(X-2Y+3)=D(X)+4D(Y)=40$.

19.【解】 $X \sim U(0,1), Y \sim E(5)$,故 $E(X)=\frac{1}{2}, E(Y)=\frac{1}{5}$.

X 与 Y 相互独立,所以 $E(XY)=E(X)E(Y)=\frac{1}{10}$.

20.【答案】 (C)

【解析】 $X \sim P(\lambda)$,则 X 的分布律为 $P\{X=k\}=\frac{\lambda^k}{k!}e^{-\lambda}, k=0,1,2,\cdots$

$P\{X=1\}=\frac{2}{3}P\{X=3\} \Rightarrow \frac{\lambda^1}{1!}e^{-\lambda}=\frac{2}{3}\cdot\frac{\lambda^3}{3!}e^{-\lambda}$,得 $\lambda=3$,所以 $E(X)=\lambda=3$.

第四篇　强化效果检测

396 数学基础知识总框架

- 高等数学
  - 一元函数微积分
    - 函数、极限、连续
    - 一元函数微分学
      - 导数与微分
      - 微分中值定理及其应用
    - 一元函数积分学
      - 不定积分
      - 定积分及其应用
  - 多元函数微分学
    - 多元函数的概念,极限,连续
    - 多元偏导数与全微分
- 线性代数
  - 行列式
    - 概念
    - 性质
    - 展开
  - 矩阵
    - 矩阵的概念
    - 矩阵及其运算
    - 逆矩阵
  - 向量
    - 线性相关
    - 线性无关
  - 线性方程组
    - 齐次线性方程组
    - 非齐次线性方程组
- 概率论
  - 随机变量与分布函数
    - 一维离散型随机变量的分布与分布函数
    - 常见的离散分布
    - 一维连续型随机变量的概率密度与分布函数
    - 常见的连续分布
  - 随机变量的数字特征
    - 数学期望
    - 方差

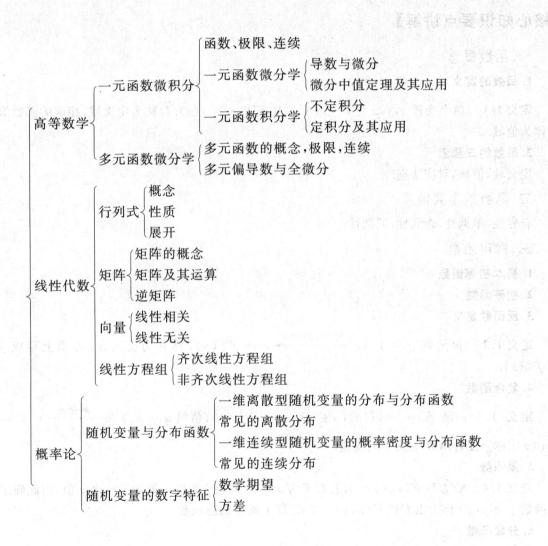

微积分

第一章　函数、极限、连续

第一节　函　数

【核心知识要点讲解】

一、函数概念

1. 函数的定义

定义 1.1　两个变量 $x,y,x\in D\xrightarrow{f}y\in\mathbf{R}$,记作 $y=f(x)$. D 称为定义域,相应的函数值全体为值域.

2. 函数的三要素

定义域,值域,对应法则.

二、函数的主要性质

有界性,单调性,奇偶性,周期性.

三、常用函数

1. 基本初等函数

2. 初等函数

3. 反函数定义

定义 1.2　设函数 $y=f(x)\xrightarrow{\text{可以反解出 }x}x=f^{-1}(y)$,称它为反函数,习惯上写成 $y=f^{-1}(x)$.

4. 复合函数

定义 1.3　函数 $y=f(u)(u\in D_f)$,$u=\varphi(x)$(值域 $u\in Z_\varphi$)$\xrightarrow[D_f\cap Z_\varphi\neq 0]{\text{多合一}}y=f[\varphi(x)]$称为复合函数,$u$ 为中间变量.

5. 隐函数

定义 1.4　设方程 $F(x,y)=0$,若对于 $\forall x\in D$ 都由方程唯一确定了一个 y 值,由此确定的函数 $y=y(x)$ 称为由方程 $F(x,y)=0$ 在 D 上确定的隐函数.

6. 分段函数

定义 1.5　若一个函数在其定义域的不同部分要用不同的式子表示,如 $f(x)=\begin{cases}\varphi(x), & a<x<c,\\ \psi(x), & c<x<d\end{cases}$ 称为分段函数.

【常见考点及其解题方法技巧归纳】

【考点 1.1】求函数的定义域

例 1.1 函数 $y=\sqrt{1-2x}+\sqrt{e-e^{\left(\frac{3x-1}{2}\right)^2}}$ 定义域( ).

(A)$\left(-\infty,\frac{1}{2}\right)$ (B)$\left(-\infty,\frac{1}{3}\right]$ (C)$\left[-\frac{1}{3},\frac{1}{2}\right]$ (D)$\left[\frac{1}{3},\frac{1}{2}\right]$ (E)$\left(\frac{1}{3},\frac{1}{2}\right)$

例 1.2 若 $0\leqslant a\leqslant\frac{1}{2}$,且函数 $f(x)$ 的定义域为$[0,1]$,则函数 $y=f(x-a)+f(x+a)$的定义域为( ).

(A)$[-a,1-a]$ (B)$[-a,1+a]$ (C)$[a,1-a]$ (D)$[a,1+a]$

(E)$(a,1-a]$

【考点 1.2】求函数的解析式

例 1.3 已知 $f(\sin x)=\cos 2x+1$,求 $f(x)$.

例 1.4 已知 $f(x)=\sin x$,$f[\varphi(x)]=1-x^2$,则 $\varphi(x)=$________,其定义域为________.

例 1.5 设函数 $f(x)=\begin{cases}1, & |x|\leqslant 1,\\ 0, & |x|>1,\end{cases}$ 则 $f[f(x)]=$________.

【考点 1.3】函数性质的判定

例 1.6 设函数 $f(x)=(\ln x)(\tan x)e^{\sin^2 x}$,则 $f(x)$ 是( ).

(A) 偶函数 (B) 无界函数 (C) 周期函数 (D) 单调函数

(E) 以上均不正确

例 1.7 设对任意 $x \in (-\infty, +\infty)$ 有 $f(x+1) = -f(x)$，则 $f(x)$ 一定是（　　）.

(A) 奇函数　　(B) 偶函数　　(C) 周期函数　　(D) 单调函数

(E) 以上均不正确

第二节　极　限

【核心知识要点讲解】

一、极限的概念

1. 数列的极限（$\varepsilon - N_{\text{语言}}$）　$\lim\limits_{n\to\infty} x_n = A \Leftrightarrow \forall \varepsilon > 0, \exists N$（自然数），使得当 $n > N$ 时，恒有 $|x_n - A| < \varepsilon$.

2. 函数的极限

(1) $\varepsilon - \delta_{\text{语言}}$　$\lim\limits_{x\to x_0} f(x) = a \Leftrightarrow \forall \varepsilon > 0, \exists \delta > 0$，使得当 $0 < |x - x_0| < \delta$ 时，恒有 $|f(x) - a| < \varepsilon$.

(2) $\varepsilon - N_{\text{语言}}$　$\lim\limits_{x\to\infty} f(x) = a \Leftrightarrow \forall \varepsilon > 0, \exists M > 0$，使得当 $|x| > M$ 时，恒有 $|f(x) - a| < \varepsilon$.

(3) 左右极限

右极限 $f(x_0 + 0)$　$\lim\limits_{x\to x_0^+} f(x) = a \Leftrightarrow \forall \varepsilon > 0, \exists \delta > 0$，当 $0 < x - x_0 < \delta$ 时，恒有 $|f(x) - a| < \varepsilon$.

左极限 $f(x_0 - 0)$　$\lim\limits_{x\to x_0^-} f(x) = a \Leftrightarrow \forall \varepsilon > 0, \exists \delta > 0$，当 $-\delta < x - x_0 < 0$ 时，恒有 $|f(x) - a| < \varepsilon$.

$\lim\limits_{x\to+\infty} f(x) = a \Leftrightarrow \forall \varepsilon > 0, \exists M > 0$，当 $x > M$ 时，恒有 $|f(x) - a| < \varepsilon$.

$\lim\limits_{x\to-\infty} f(x) = a \Leftrightarrow \forall \varepsilon > 0, \exists M > 0$，当 $x < -M$ 时，恒有 $|f(x) - a| < \varepsilon$.

(4) 极限存在的充要条件：$\lim\limits_{x\to x_0} f(x) = a \Leftrightarrow \lim\limits_{x\to x_0^+} f(x) = \lim\limits_{x\to x_0^-} f(x) = a$.

$\lim\limits_{x\to\infty} f(x) = a \Leftrightarrow \lim\limits_{x\to+\infty} f(x) = \lim\limits_{x\to-\infty} f(x) = a$.

二、极限的性质

1. 唯一性

2. 有界性（局部有界性）

3. 保号性（局部保号性）

(1) 数列极限的保号性：$\{a_n\}$ 有 $\lim\limits_{n\to+\infty} a_n = a$，且 $a > 0$，则 $\exists N > 0$，当 $n > N$ 时，恒有 $a_n > 0$.

(2) 函数极限的保号性：$\lim\limits_{\substack{x\to x_0 \\ (x\to\infty)}} f(x) = a$，且 $a < 0$，则在 x_0 的某去心邻域（或 $|x| > M > 0$）内恒有 $f(x) < 0$.

三、极限的四则运算法则

设$\lim\limits_{x\to x_0}f(x)=A,\lim\limits_{x\to x_0}g(x)=B$,则

(1) $\lim\limits_{x\to x_0}[f(x)\pm g(x)]=\lim\limits_{x\to x_0}f(x)\pm\lim\limits_{x\to x_0}g(x)$;

(2) $\lim\limits_{x\to x_0}f(x)g(x)=\lim\limits_{x\to x_0}f(x)\lim\limits_{x\to x_0}g(x)$;(3) $\lim\limits_{x\to x_0}\dfrac{f(x)}{g(x)}=\dfrac{\lim\limits_{x\to x_0}f(x)}{\lim\limits_{x\to x_0}g(x)}(\lim\limits_{x\to x_0}g(x)\neq 0)$.

四、极限存在准则

1. 夹逼定理－数列 若存在N,当$n>N$时,$y_n\leqslant x_n\leqslant z_n$且$\lim\limits_{n\to\infty}z_n=\lim\limits_{n\to\infty}y_n=a$,则$\lim\limits_{n\to\infty}x_n=a$.

2. 夹逼定理－函数 当$x\in U(x_0,\delta)$有$g(x)\leqslant f(x)\leqslant h(x)$成立且$\lim\limits_{x\to x_0}g(x)=a$,$\lim\limits_{x\to x_0}h(x)=a$,则$\lim\limits_{x\to x_0}f(x)=a$.

3. 单调有界数列必有极限.

五、两个重要极限

(1) $\lim\limits_{x\to 0}\dfrac{\sin x}{x}=1$; (2) $\lim\limits_{x\to\infty}\left(1+\dfrac{1}{x}\right)^x=\mathrm{e}$或$\lim\limits_{x\to 0}(1+x)^{\frac{1}{x}}=\mathrm{e}$.

六、无穷小量与无穷大量

1. 无穷小的定义:若$\lim\limits_{x\to x_0}\alpha(x)=0$,则称$\alpha(x)$为$x\to x_0$时的无穷小.

2. 无穷小的运算

(1) 加法:有限多个无穷小的和仍为无穷小;

(2) 乘法:有限多个无穷小的积仍为无穷小;

(3) 有界变量与无穷小的乘积亦为无穷小.

3. 无穷小的比较

设$\alpha(x)$与$\beta(x)$都是在同一个自变量变化过程中的无穷小,且$\lim\dfrac{\alpha(x)}{\beta(x)}$也是在此变过程中的极限.

(1) 若$\lim\dfrac{\alpha(x)}{\beta(x)}=0$,称$\alpha(x)$是比$\beta(x)$高阶的无穷小,记作$\alpha(x)=o(\beta(x))$;

(2) 若$\lim\dfrac{\alpha(x)}{\beta(x)}=\infty$,称$\alpha(x)$是比$\beta(x)$低阶的无穷小;

(3) 若$\lim\dfrac{\alpha(x)}{\beta(x)}=c\neq 0$(其中$c$为常数),称$\alpha(x)$与$\beta(x)$是同阶的无穷小;

(4) 若$\lim\dfrac{\alpha(x)}{\beta(x)}=1$,称$\alpha(x)$与$\beta(x)$是等价无穷小,记作$\alpha(x)\sim\beta(x)$;

(5) 若$\lim\dfrac{\alpha(x)}{\beta^k(x)}=l\neq 0$存在,则称$\alpha(x)$是$\beta(x)$的$k$阶无穷小.

4. 用无穷小量重要性质和等价无穷小量代换

在同一个极限过程,若$\alpha\sim\alpha_1,\beta\sim\beta_1\Rightarrow\lim\limits_{x\to\square}\dfrac{\alpha}{\beta}=\lim\limits_{x\to\square}\dfrac{\alpha_1}{\beta_1}$.

5. 无穷大的定义: 当$x\to x_0$(或$x\to\infty$)时,$|f(x)|$无限增大,则称$f(x)$在$x\to x_0$(或x

$\to \infty$）为无穷大，记为 $\lim\limits_{\substack{x\to x_0\\(x\to\infty)}} f(x)=\infty$.

七、利用洛必达法则求未定式极限的方法

1. 定理：

设(1) 当 $x\to a$（或 $x\to\infty$）时，$f(x)$ 与 $F(x)$ 都趋于零（或 ∞）；

(2) 在点 a 的某去心邻域内，$f'(x)$ 与 $F'(x)$ 都存在且 $F'(x)\neq 0$；

(3) $\lim\limits_{x\to a}\dfrac{f'(x)}{F'(x)}$ 存在（或为无穷大），

那么 $\lim\limits_{x\to a}\dfrac{f(x)}{F(x)}=\lim\limits_{x\to a}\dfrac{f'(x)}{F'(x)}$.

【常见考点及其解题方法技巧归纳】

【考点 1.4】数列极限

例 1.8 $\lim\limits_{n\to\infty}\left(\dfrac{1}{n^2+n+1}+\dfrac{2}{n^2+n+2}+\cdots+\dfrac{n}{n^2+n+n}\right)$.

【考点 1.5】函数极限

例 1.9 求极限 $\lim\limits_{x\to 0}\dfrac{\sqrt{1+x}-\sqrt{1-x}}{x}$.

例 1.10 求下列极限

(1) $\lim\limits_{x\to 0}\dfrac{\tan x-\sin x}{x^3}$;

(2) $\lim\limits_{x\to 0}\dfrac{\tan x(1-\cos x)}{\ln(1-2x)\cdot(1-\mathrm{e}^{x^2})}$.

例 1.11 求极限(1) $\lim\limits_{x\to\infty}\dfrac{x+\sin x}{x-\cos x}$；(2) $I=\lim\limits_{x\to-\infty}\dfrac{\sqrt{4x^2+x-1}+x+1}{\sqrt{x^2+\cos x}}$.

例 1.12　求极限$\lim\limits_{x\to 0}\left(\frac{1}{x^2}-\frac{1}{x\tan x}\right)$.

例 1.13　$\lim\limits_{x\to 0^+}x\ln x$.

例 1.14　求极限

(1) $\lim\limits_{x\to 0}(\tan x)^x$；(2) $\lim\limits_{x\to +\infty}(1+2^x+3^x)^{\frac{1}{x+\sin x}}$；(3) $\lim\limits_{x\to \frac{\pi}{4}}(\tan x)^{\frac{1}{\cos x-\sin x}}$.

例 1.15　若$\lim\limits_{x\to 0}\frac{\sin 6x+xf(x)}{x^3}=0$，求极限$\lim\limits_{x\to 0}\frac{6+f(x)}{x^2}$.

例 1.16　若 $x\to 0$ 时，$(1-ax^2)^{\frac{1}{4}}-1$ 与 $x\sin x$ 是等价无穷小，求 a.

例 1.17　求以下函数在分段点 0 处的极限 $f(x)=\begin{cases}\frac{\sin 2x}{x}, & x<0,\\ \frac{x^2}{1-\cos x}, & x>0.\end{cases}$

第三节　连　续

一、连续的概念

1. 函数连续性的定义：设函数 $y=f(x)$ 在 x_0 的某邻域内有定义，若 $\lim\limits_{x\to x_0}f(x)=f(x_0)$，则称 $f(x)$ 在 x_0 点连续.

左连续：$\lim\limits_{x\to x_0-0}f(x)=f(x_0)$；右连续：$\lim\limits_{x\to x_0+0}f(x)=f(x_0)$.

$f(x)$ 在 x_0 点连续 $\Leftrightarrow f(x)$ 在 x_0 点既左连续又右连续.

2. $f(x)$ 在 $[a,b]$ 上连续：$f(x)$ 在 (a,b) 内每一点都连续且 $f(x)$ 在 $x=a$ 处右连续，在 $x=b$ 处左连续.

二、间断点概念及分类

1. 间断点的定义：设函数 $y=f(x)$ 在 x_0 的某去心邻域内有定义，在此前提下如果函数有下列三种情形之一

(1) 在 x_0 点没有定义；(2) 虽在 x_0 点有定义但 $\lim\limits_{x\to x_0}f(x)$ 不存在；(3) 虽在 x_0 点有定义且 $\lim\limits_{x\to x_0}f(x)$ 存在但 $\lim\limits_{x\to x_0}f(x)\neq f(x_0)$，则称 x_0 为函数的间断点.

2. 间断点的类型：

第一类间断点

(1) 若 $\lim\limits_{x\to x_0}f(x)$ 存在且 x_0 是间断点，则称 $x=x_0$ 是 $f(x)$ 的可去间断点.

(2) 若 $\lim\limits_{x\to x_0^+}f(x)$，$\lim\limits_{x\to x_0^-}f(x)$ 都存在，但不相等，则称 $x=x_0$ 是 $f(x)$ 的跳跃间断点.

第二类间断点

(3) 若 $\lim\limits_{x\to x_0^+}f(x)=\infty$ 或 $\lim\limits_{x\to x_0^-}f(x)=\infty$，则称 $x=x_0$ 是 $f(x)$ 的无穷间断点.

(4) 若 $\lim\limits_{x\to x_0}f(x)$ 不存在，且当 $x\to x_0$ 时函数值在摆动，则称 $x=x_0$ 是 $f(x)$ 的振荡间断点.

三、闭区间上连续函数的性质

性质 1　设函数 $f(x)$ 在 $[a,b]$ 上连续，则 $f(x)$ 在 $[a,b]$ 上有界.

性质 2　设函数 $f(x)$ 在 $[a,b]$ 上连续，则 $f(x)$ 在 $[a,b]$ 上取得最大值与最小值，即 $\exists\,\xi,\eta\in[a,b]$，使得 $f(\xi)=\max\limits_{a\leqslant x\leqslant b}\{f(x)\}$，$f(\eta)=\min\limits_{a\leqslant x\leqslant b}\{f(x)\}$.

性质 3　设函数 $f(x)$ 在 $[a,b]$ 上连续，μ 是介于最大值与最小值之间的任一实数，则 $\exists\,\xi\in[a,b]$，使得 $f(\xi)=\mu$.

性质 4　（零点定理）设函数 $f(x)$ 在 $[a,b]$ 上连续，且 $f(a)$ 与 $f(b)$ 异号，那么至少存在一点 $\xi\in(a,b)$，使得 $f(\xi)=0$.（若 $f(x)$ 在 $[a,b]$ 上单调，则只有一个根）

【常见考点及其解题方法技巧归纳】

【考点 1.6】 函数的连续性

例 1.18　设函数 $f(x)=\begin{cases}\dfrac{\ln\cos(x-1)}{1-\sin\dfrac{\pi}{2}x}, & x\neq 1,\\ 1, & x=1,\end{cases}$ 问函数 $f(x)$ 在 $x=1$ 点是否连续？若

不连续,修改函数在 $x=1$ 处的定义,使之连续.

例 1.19 已知函数 $f(x)=\begin{cases}\dfrac{\sin ax}{x}, & x<0,\\ b-1, & x=0,\\ \dfrac{1-e^{\tan x}}{\arcsin x}, & x>0\end{cases}$ 处处连续,试确定参数 a,b 的值.

【考点 1.7】求函数的间断点并确定其类型

例 1.20 函数 $f(x)=\dfrac{x-x^3}{\sin \pi x}$ 的可去间断点的个数为( ).

(A)1 (B)2 (C)3 (D)4 (E) 无穷多

第二章　一元函数微分学

第一节　导数与微分的概念

一、导数的概念

1. 导数定义

$$f'(x_0)=\lim_{x\to x_0}\frac{f(x)-f(x_0)}{x-x_0}=\lim_{\Delta x\to 0}\frac{f(x_0+\Delta x)-f(x_0)}{\Delta x}.$$

2. 单侧导数

右导数：$f'_+(x_0)=\lim\limits_{x\to x_0^+}\dfrac{f(x)-f(x_0)}{x-x_0}=\lim\limits_{\Delta x\to 0^+}\dfrac{f(x_0+\Delta x)-f(x_0)}{\Delta x}$.

左导数：$f'_-(x_0)=\lim\limits_{x\to x_0^-}\dfrac{f(x)-f(x_0)}{x-x_0}=\lim\limits_{\Delta x\to 0^-}\dfrac{f(x_0+\Delta x)-f(x_0)}{\Delta x}$.

因此，$f(x)$ 在点 x_0 处可导 $\Leftrightarrow f(x)$ 在点 x_0 处左右导数皆存在且相等.

3. 导数的几何意义

如果函数 $y=f(x)$ 在点 x_0 处导数 $f'(x_0)$ 存在，则在几何上 $f'(x_0)$ 表示曲线 $y=f(x)$ 在点 $(x_0,f(x_0))$ 处的切线的斜率.

切线方程 $y-f(x_0)=f'(x_0)(x-x_0)$；

法线方程 $y-f(x_0)=-\dfrac{1}{f'(x_0)}(x-x_0)\ (f'(x_0)\neq 0)$.

4. 导数与连续的关系

如果函数 $y=f(x)$ 在点 x_0 处可导，则 $f(x)$ 在点 x_0 处一定连续，反之不然，即函数 $y=f(x)$ 在点 x_0 处连续，却不一定在点 x_0 处可导.

二、微分的概念

设函数 $y=f(x)$ 在 x 的某邻域内有定义，若 $\Delta y=f(x+\Delta x)-f(x)=A\cdot\Delta x+o(\Delta x)$，其中 A 与 Δx 无关，则称 $y=f(x)$ 在 x 处可微分，记 $\mathrm{d}y=A\cdot\Delta x$ 且 $\Delta y=\mathrm{d}y+o(\Delta x)$，我们定义自变量的微分 $\mathrm{d}x$ 就是 Δx.

【常见考点及其解题方法技巧归纳】

【考点 2.1】导数定义

例 2.1　(1) 设 $f'(x)$ 存在，求 $\lim\limits_{\Delta x\to 0}\dfrac{f(x-2\Delta x)-f(x)}{\Delta x}$.

(2) 设 $f'(1)$ 存在，求 $\lim\limits_{x\to 0}\dfrac{f(x+1)-f(1-3\tan x)}{x}$.

(3) 设 $f'(1)$ 存在，求 $\lim\limits_{n\to\infty}n\left[f\left(1+\dfrac{1}{n}\right)-f(1)\right]$（$n$ 为自然数）.

例 2.2 $f(x)$ 在 $x=a$ 处可导，且 $f(a)\neq 0$，则 $\lim\limits_{x\to\infty}\left[\dfrac{f(a+1/x)}{f(a)}\right]^x=$ ( ).

(A) e (B) e^2 (C) $e^{f'(a)}$ (D) $e^{f'(a)/f(a)}$ (E) $e^{f(a)}$

例 2.3 设函数 $f(x)$ 在 $x=x_0$ 处可导，则 $f'(x_0)=$ ( ).

(A) $\lim\limits_{\Delta x\to 0}\dfrac{f(x_0)-f(x_0+\Delta x)}{\Delta x}$ (B) $\lim\limits_{\Delta x\to 0}\dfrac{f(x_0+\Delta x)-f(x_0)}{-\Delta x}$

(C) $\lim\limits_{\Delta x\to 0}\dfrac{f(x_0+2\Delta x)-f(x_0)}{\Delta x}$ (D) $\lim\limits_{\Delta x\to 0}\dfrac{f(x_0+2\Delta x)-f(x_0+\Delta x)}{\Delta x}$

(E) $\lim\limits_{\Delta x\to 0}\dfrac{f(x_0+2\Delta x)-f(x_0)}{3\Delta x}$

例 2.4 设 $f(x)=\begin{cases}x^\alpha\sin\dfrac{1}{x}, & x\neq 0,\\ 0, & x=0,\end{cases}$ 试问当 α 取何值时，$f(x)$ 在点 $x=0$ 处可导，并求 $f'(0)$.

例 2.5 设 $f(x)=\begin{cases}e^x-1, & x\geqslant 0,\\ \sin x, & x<0,\end{cases}$ 求 $f'(x)$.

例 2.6 已知函数 $f(x)$ 在 $x=0$ 的某个邻域内有连续函数，且 $\lim\limits_{x\to 0}\left(\dfrac{\sin x}{x}+\dfrac{f(x)}{x}\right)=2$，试求 $f(0)$ 及 $f'(0)$.

【考点 2.2】导数几何意义的应用

例 2.7 求曲线 $y=\dfrac{1}{x^2}$ 在点(1,1)处的切线方程和法线方程.

例 2.8 设周期函数 $f(x)$ 在 $(-\infty,+\infty)$ 内可导,周期为 4,又 $\lim\limits_{x\to 0}\dfrac{f(1)-f(1-x)}{2x}=-1$,则曲线 $y=f(x)$ 在 $(5,f(5))$ 处的切线斜率为(　　).

(A) $\dfrac{1}{2}$　　(B)0　　(C) -1　　(D) -2　　(E) $-\dfrac{1}{2}$

第二节　导数与微分的计算

一、导数与微分表

二、四则运算法则

$[f(x)\pm g(x)]'=f'(x)\pm g'(x)$

$[f(x)\cdot g(x)]'=f'(x)g(x)+f(x)g'(x)$

$\left[\dfrac{f(x)}{g(x)}\right]'=\dfrac{f'(x)g(x)-f(x)g'(x)}{g^2(x)}(g(x)\neq 0)$

三、复合函数的导数运算法则

设 $y=f(u),u=\varphi(x)$,如果 $\varphi(x)$ 在 x 处可导,$f(u)$ 在 u 处可导,则复合函数 $y=f[\varphi(x)]$在 x 处可导,且有

$$\frac{\mathrm{d}y}{\mathrm{d}x}=\frac{\mathrm{d}y}{\mathrm{d}u}\frac{\mathrm{d}u}{\mathrm{d}x}=f'[\varphi(x)]\varphi'(x).$$

四、反函数求导法则

设函数 $y=f(x)$,且 $f'(x)\neq 0$,则其反函数 $x=f^{-1}(y)$,求导公式为$\dfrac{\mathrm{d}x}{\mathrm{d}y}=\dfrac{1}{f'(x)}$.

五、一元隐函数导数运算法则

设 $y=y(x)$ 是由方程 $F(x,y)=0$ 所确定,求 y' 的方法如下:把 $F(x,y)=0$ 两边的各项对 x 求导,把 y 看作中间变量,用复合函数求导公式计算,然后再解出 y' 的表达式(允许出现 y 变量).

六、对数求导法则

先对所给函数式的两边取对数，然后用隐函数求导方法得出导数 y'. 对数求导法主要用于：

(1) 幂指函数求导数

利用幂指函数 $y=[f(x)]^{g(x)}$ 常用的另一种方法 $y=e^{g(x)\ln f(x)}$，这样就可以直接用复合函数运算法则进行.

(2) 多个函数连乘除或开方求导数

七、高阶导数运算法则

如果函数 $y=y(x)$ 的导数 $y'=f'(x)$ 在 x_0 处仍是可导的，则把 $y'=f'(x)$ 在点 x_0 处的导数称为 $y=y(x)$ 在点 x_0 处的二阶导数，记以 $y''\big|_{x=x_0}$ 或 $y''(x_0)$ 或 $\left.\dfrac{d^2y}{dx^2}\right|_{x=x_0}$ 等，也称 $f(x)$ 在点 x_0 处二阶可导.

$y=y(x)$ 的 $n-1$ 阶导数的导数，称为 $y=y(x)$ 的 n 阶导数，记以 $y^{(n)}$，$f^{(n)}(x)$，$\dfrac{d^ny}{dx^n}$ 等，这时也称 $y=y(x)$ 是 n 阶可导.

【常见考点及其解题方法技巧归纳】

【考点 2.3】导数计算

(1) 导数的四则混合运算

例 2.9 求下列导函数值

(1) $f(x)=x^3+4\cos x-\sin\dfrac{x}{2}$，求 $f'(x)$，$f'\left(\dfrac{\pi}{2}\right)$.

(2) $f(x)=x(x-1)\cdots(x-n)$，求 $f'(0)$.

(2) 复合函数的导数运算法则

例 2.10 求下列函数的导数与微分：

(1) $y=\cot^2 x-\arccos\sqrt{1-x^2}$；

(2) $y=e^{x^2}\sin\sqrt{x}$.

(3) 反函数的导数运算法则

例 2.11 设函数 $f(x)=\int_{-1}^{x}\sqrt{1-e^t}\,dt$，则 $y=f(x)$ 的反函数 $x=f^{-1}(y)$ 在 $y=0$ 处的

导数$\left.\frac{dx}{dy}\right|_{y=0}=$ ________.

(4) 一元隐函数导数运算法则

例 2.12 设$\sqrt{x^2+y^2}=e^{\arctan(y/x)}$,求 y'.

例 2.13 设方程 $x^y=y^x$ 确定 y 是 x 的函数,求 dy.

例 2.14 设 $e^{xy}+\tan(xy)=y$,求$\left.\frac{dy}{dx}\right|_{x=0}$.

(5) 对数求导法则

例 2.15 $y=\left(\sin\frac{x}{1+x}\right)^{\ln(1+x)}$,求 y'.

(6) 分段函数求导

例 2.16 已知 $f(x)=\begin{cases}\sin x, & x<0,\\ x, & x\geqslant 0,\end{cases}$ 求 $f'(x)$.

(7) 高阶导数运算法则(二阶导数)

例 2.17　设 $y=\ln(x+\sqrt{x^2+a^2})$，求 y''.

例 2.18　设 $y=y(x)$ 由方程 $x^2+y^2=1$ 所确定，求 y''.

【考点 2.4】求微分

例 2.19　设函数 $f(u)$ 可导且 $f'(1)=0.5$，则 $y=f(x^2)$ 在 $x=-1$ 处的微分 $\mathrm{d}y|_{x=-1}=$ (　　).

(A) $-\mathrm{d}x$　　(B) 0　　(C) $\mathrm{d}x$　　(D) $2\mathrm{d}x$　　(E) $-2\mathrm{d}x$

第三节　微分中值定理

【核心知识要点讲解】

一、罗尔定理

设函数 $f(x)$ 满足：(1) 在 $[a,b]$ 上连续，(2) 在 (a,b) 内可导，(3) $f(a)=f(b)$，则至少存在 $\xi\in(a,b)$，使 $f'(\xi)=0$.

二、拉格朗日中值定理

设 $f(x)$ 在 $[a,b]$ 上连续，在 (a,b) 内可导，则至少存在 $\xi\in(a,b)$，使得 $f(b)-f(a)=f'(\xi)(b-a)$.

推论：若函数 $f(x)$ 在区间 I 上的导数恒为零，则 $f(x)$ 在区间 I 上是一个常数.

三、柯西中值定理

设 $f(x)$，$g(x)$ 在 $[a,b]$ 上连续，在 (a,b) 内可导，且 $g'(x)\neq 0$，则至少存在 $\xi\in(a,b)$，使得 $\dfrac{f(b)-f(a)}{g(b)-g(a)}=\dfrac{f'(\xi)}{g'(\xi)}=\left.\dfrac{f'(x)}{g'(x)}\right|_{x=\xi}$.

【常见考点及其真题解答方法技巧归纳】

【考点 2.5】中值定理条件的验证

例 2.20 验证 $f(x)=\sqrt[3]{x^2(1-x^2)}$ 在区间 $[0,1]$ 上满足罗尔定理的条件，并求出定理中的 ξ.

第四节 导数的应用

一、单调性的判别法

设 $y=f(x)$ 在 $[a,b]$ 上连续，在 (a,b) 内可导，

(1) 若 $f'(x)\geqslant 0(x\in(a,b))$，则 $y=f(x)$ 在 $[a,b]$ 上单调增加；

(2) 若 $f'(x)\leqslant 0(x\in(a,b))$，则 $y=f(x)$ 在 $[a,b]$ 上单调减少.

二、极值与函数极值的判定

1. 极值定义：设函数 $f(x)$ 在 x_0 的某个邻域内有定义，且存在 $\delta>0$，当 $x\in\mathring{U}(x_0,\delta)$ 有 $f(x)>f(x_0)$（或 $f(x)<f(x_0)$），则称 $x=x_0$ 是 $f(x)$ 的极小值点（或极大值点）.

2. 极值必要条件：设 $y=f(x)$ 在 x_0 处可导且取得极值，则 $f'(x_0)=0$.

注：驻点和一阶导数不存在的点是可能的极值点.

3. 极值判别法

第一判别法：设 $f(x)$ 在 $(x_0-\delta,x_0+\delta)$ 内连续，x_0 是驻点或不可导点，

(1) 若在 $(x_0-\delta,x_0)$ 内 $f'(x)<0(>0)$，在 $(x_0,x_0+\delta)$ 内 $f'(x)>0(<0)$，则 $f(x)$ 在 $x=x_0$ 取得极小值（极大值）.

(2) 若在 $(x_0-\delta,x_0)$ 和 $(x_0,x_0+\delta)$ 内 $f'(x)$ 不改变符号，则 $f(x)$ 在 x_0 处不取得极值.

第二判别法：设 $f(x)$ 在点 x_0 二阶可导，且 $f'(x_0)=0$. 若 $f''(x)<0$，则 $f(x_0)$ 为极大值；若 $f''(x)>0$，则 $f(x_0)$ 为极小值；若 $f''(x)=0$ 时，待定.

三、拐点与函数凹凸性的判定

1. 凹凸性的判定法

设 $f(x)$ 在 $[a,b]$ 上连续，在 (a,b) 内二阶可导，则

(1) $f''(x)>0(x\in(a,b))\Leftrightarrow f(x)$ 在 $[a,b]$ 上的图形是凹的；

(2) $f''(x)<0(x\in(a,b))\Leftrightarrow f(x)$ 在 $[a,b]$ 上的图形是凸的.

2. 拐点的定义

设 $f(x)$ 在 x_0 的某个邻域连续，函数 $f(x)$ 在 x_0 的两侧凹凸性相反，则称 $(x_0,f(x_0))$ 为曲线 $y=f(x)$ 的拐点.

3. 拐点的必要条件

设 $f(x)$ 在 x_0 点二阶可导且 $(x_0,f(x_0))$ 点为拐点 $\Rightarrow f''(x_0)=0$.

注：$f''(x)=0$ 的点及二阶导数不存在的点有可能是拐点的横坐标.

四、渐近线的求法

1. 水平渐近线：$\lim\limits_{x\to\infty}f(x)=A$，则称 $y=A$ 是 $f(x)$ 的水平渐近线.

2. 铅直渐近线：$\lim\limits_{x \to x_0} f(x) = \infty$，则称 $x = x_0$ 是 $f(x)$ 的铅直渐近线.

3. 斜渐近线：

$\lim\limits_{x \to \infty} \dfrac{f(x)}{x} = k \neq 0$，且$\lim\limits_{x \to \infty}(f(x) - kx) = b$，则 $y = kx + b$ 为 $y = f(x)$ 的斜渐近线.

【常见考点及其真题解答方法技巧归纳】

【考点 2.6】求函数的单调区间和极值

例 2.21　设函数 $f(x)$ 在 $(-\infty, +\infty)$ 内可导，且对任意 x_1, x_2，当 $x_1 > x_2$ 时都有 $f(x_1) > f(x_2)$，则（　　）.

(A) 对任意 $x, f'(x) > 0$　　(B) 对任意 $x, f'(-x) < 0$

(C) 函数 $f(-x)$ 单调增加　　(D) 函数 $-f(-x)$ 单调增加

(E) 函数 $-f(-x)$ 单调减少

例 2.22　设可导函数 $y = f(x)$ 由 $x^3 - 3xy^2 + 2y^3 = 32$ 所确定，试讨论并求出 $f(x)$ 的极值.

例 2.23　函数 $f(x)$ 在 $x = a$ 处取得极大值，则必有（　　）.

(A) $f'(a) = 0$　　(B) $f'(a) = 0$ 且 $f''(a) < 0$

(C) $f''(a) < 0$　　(D) $f'(a) = 0$ 或 $f(x)$ 在 $x = a$ 处不可导

(E) $f'(a) = 0$ 且 $f''(a) = 0$

例 2.24　设函数 $f(x)$ 的导数在 $x = a$ 处连续，又$\lim\limits_{x \to a} \dfrac{f'(x)}{x - a} = -1$，则（　　）.

(A) $x = a$ 是 $f(x)$ 的极小值点

(B) $x = a$ 是 $f(x)$ 的极大值点

(C) $(a, f(a))$ 是曲线 $y = f(x)$ 的拐点

(D) $x = a$ 不是 $f(x)$ 的极小值点，$(a, f(a))$ 也不是曲线 $y = f(x)$ 的拐点

(E) 以上均不正确

例 2.25 求曲线 $y=x^3-3x^2+5$ 的单调区间及极值.

【考点 2.7】求函数在指定闭区间的最值

例 2.26 求函数 $f(x)=x^3-x^2-x+1$ 在区间$[0,2]$上的最值.

【考点 2.8】求函数的拐点与凹凸性的判定

例 2.27 判定下列曲线的凹凸性,并求出拐点

(1)$y=x^3-5x^2+3x+5$;

(2)$y=\dfrac{x^3}{(x-1)^2}$.

例 2.28 曲线 $y=(x-1)^2(x-3)^2$ 的拐点个数为(　　).

(A)1　　(B)2　　(C)3　　(D)4　　(E)0

例 2.29 若 $f(x)=ax^3+bx+c$ 在点 $x=1$ 处取极小值 -1,且$(0,1)$为曲线的拐点,则有(　　).

(A) $a=-1,b=-1,c=1$　　(B) $a=1,b=-3,c=1$

(C) $a=-1,b=-3,c=1$　　(D) $a=1,b=-3,c=-1$

(E) $a=-1,b=-1,c=-1$

例 2.30　设 $f(x)$ 在 $(-\infty,+\infty)$ 连续，除 $x=0$ 外 $f(x)$ 二阶可导，其 $y=f'(x)$ 的图形如图，则 $y=f(x)$（　　）.

(A) 有两个极大值点，一个极小值点，一个拐点

(B) 有两个极大值点，一个极小值点，两个拐点

(C) 有一个极大值点，一个极小值点，一个拐点

(D) 有一个极大值点，一个极小值点，两个拐点

(E) 有一个极大值点，两个极小值点，两个拐点

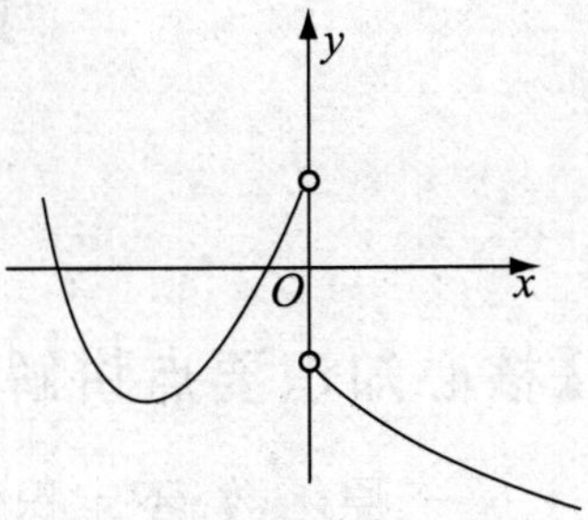

【考点 2.9】求渐近线

例 2.31　求下列函数的渐近线方程：

(1) $f(x)=\dfrac{x^2+2x-3}{x^2-1}e^{\frac{1}{x}}$；

(2) $f(x)=\dfrac{x^3}{(x+1)^2}+3$.

例 2.32　下列曲线中有渐近线的是（　　）.

(A) $y=x+\sin x$　(B) $y=x^2+\sin x$　(C) $y=x+\sin\dfrac{1}{x}$　(D) $y=x^2+\sin\dfrac{1}{x}$

(E) $\sin x$

第三章　一元函数积分学

第一节　不定积分

【核心知识要点讲解】

一、原函数、不定积分的概念和性质及基本积分公式

1. 原函数：设函数 $f(x)$ 在区间 I 上有定义，若存在 $F(x)$ 使 $F'(x)=f(x)$，则称 $F(x)$ 是 $f(x)$ 的一个原函数，且 $f(x)$ 所有原函数皆为 $F(x)+C(C\in\mathbf{R})$ 的形式.

2. 不定积分：设 $F(x)$ 是 $f(x)$ 在区间 I 上的一个原函数，则 $F(x)+C$ 是 $f(x)$ 的不定积分，记为 $\int f(x)\mathrm{d}x=F(x)+C$.

3. 性质：(1) $\left(\int f(x)\mathrm{d}x\right)'=f(x)$.

(2) $\int F'(x)\mathrm{d}x=F(x)+C$ 或 $\int \mathrm{d}F(x)=F(x)+C$.

(3) $\int(k_1f_1(x)+k_2f_2(x))\mathrm{d}x=k_1\int f_1(x)\mathrm{d}x+k_2\int f_2(x)\mathrm{d}x$.

4. 基本积分公式

二、求不定积分的方法

1. 第一类换元法(凑微分法)：

$$\int f(\varphi(x))\cdot\varphi'(x)\mathrm{d}x=\int f(u)\mathrm{d}u=F(u)+C=F(\varphi(x))+C.$$

2. 第二类换元法(一般换元法)：

$$\int f(x)\mathrm{d}x\xlongequal{x=\varphi(t)}\int f(\varphi(t))\varphi'(t)\mathrm{d}t=F(t)+C=F(\varphi^{-1}(x))+C.$$

3. 分部积分法：$\int u(x)v'(x)\mathrm{d}x=\int u(x)\mathrm{d}v(x)=u(x)v(x)-\int v(x)\mathrm{d}u(x)$.

4. 会求有理函数、三角函数有理式和简单无理函数的积分.

(1) 有理函数的积分：由于有理函数可以分解为多项式及部分分式之和.

(2) 三角函数有理式的积分(利用万能公式转化为有理函数后计算，作变换 $u=\tan\frac{x}{2}$)

$\int R(\sin x,\cos x)\mathrm{d}x=\int R\left(\frac{2u}{1+u^2},\frac{1-u^2}{1+u^2}\right)\frac{2\mathrm{d}u}{1+u^2}$.

(3) 简单无理函数的积分(无理函数积分，一般是通过变量代换，去根号，化为有理函数的积分)

$R(x,\sqrt[n]{ax+b})\mathrm{d}x$ 可作 $u=\sqrt[n]{ax+b}$ 代换为有理函数；

$\int R\left(x,\sqrt[n]{\frac{ax+b}{cx+e}}\right)\mathrm{d}x$ 可作 $u=\sqrt[n]{\frac{ax+b}{cx+e}}$ 代换为有理函数.

【常见考点及其解题方法技巧归纳】

【考点 3.1】求解与原函数有关的问题

例 3.1　设 $f'(x)=\sin x$，且 $f(0)=-1$，则 $f(x)$ 的一个原函数为（　　）.

(A) $1+\sin x$　　(B) $1-\sin x$　　(C) $1+\cos x$　　(D) $1-\cos x$　　(E) $-\cos x$

例 3.2　设 $\int f(x)\mathrm{d}x=x^2+C$，则 $\int xf(-x^2)\mathrm{d}x=$（　　）.

(A) $\frac{1}{2}x^4+C$　　(B) $-\frac{1}{2}x^4+C$　　(C) x^4+C　　(D) $-x^4+C$　　(E) $-2x^4+C$

例 3.3　设 $\frac{\mathrm{d}}{\mathrm{d}x}[f(3x-1)]=\mathrm{e}^x$，则 $f(x)=$（　　）.

(A) e^x+C　　(B) $\mathrm{e}^{2x}+C$　　(C) $\mathrm{e}^{(x+1)/3}+C$　　(D) $\mathrm{e}^{(x+2)/3}+C$　　(E) $\mathrm{e}^{\frac{x+1}{3}}$

例 3.4　函数 $\mathrm{e}^{|x|}$ 的原函数是（　　）.

(A) $\begin{cases}\mathrm{e}^x, & x\geqslant 0,\\ \mathrm{e}^{-x} & x<0\end{cases}$　　(B) $\begin{cases}\mathrm{e}^x, & x\geqslant 0,\\ -\mathrm{e}^{-x} & x<0\end{cases}$

(C) $\begin{cases}\mathrm{e}^x, & x\geqslant 0,\\ 2-\mathrm{e}^{-x} & x<0\end{cases}$　　(D) $\begin{cases}\mathrm{e}^x, & x\geqslant 0,\\ 3-\mathrm{e}^{-x} & x<0\end{cases}$

(E) e^x

例 3.5　下列等式中正确的是（　　）.

(A) $\mathrm{d}\left[\int f(x)\mathrm{d}x\right]=f(x)$　　(B) $\frac{\mathrm{d}}{\mathrm{d}x}\left[\int f(x)\mathrm{d}x\right]=f(x)\mathrm{d}x$

(C) $\int \mathrm{d}f(x)=f(x)$　　(D) $\int \mathrm{d}f(x)=f(x)+C$

(E) $\int f'(x)\mathrm{d}x=f(x)$

例 3.6 一曲线通过点$(e^2,3)$，且在任一点处的切线的斜率等于该点的横坐标的倒数，求该曲线方程.

例 3.7 设 $\sin x$ 是 $f(x)$ 的一个原函数，则$\int xf'(x)\mathrm{d}x=($　　$)$.

(A)$x\cos x-\sin x$　　(B)$x\cos x-\sin x+C$

(C)$x\sin x-\cos x$　　(D)$x\sin x-\cos x+C$

(E)$x-\cos x+\sin x$

【考点 3.2】计算不定积分

例 3.8 求下列不定积分

(1)$\int\frac{x^4+1}{x^2+1}\mathrm{d}x$；　　(2)$\int\tan^2x\mathrm{d}x$.

例 3.9 求下列不定积分

(1)$\int x\sin(3x^2+2)\mathrm{d}x$；　　(2)$\int\frac{\sqrt{1+2\arctan x}}{1+x^2}\mathrm{d}x$；

(3)$\int\frac{1}{x^2}\cos\frac{1}{x}\mathrm{d}x$；　　(4)$\int\frac{1}{\sqrt{x}}e^{3\sqrt{x}}\mathrm{d}x$；

(5)$\int\frac{1+2\ln x}{x}\mathrm{d}x$；　　(6)$\int\frac{(\arcsin x)^2}{\sqrt{1-x^2}}\mathrm{d}x$.

例 3.10 求下列不定积分

(1)$\int\frac{\sqrt{x^2-9}}{x^2}\mathrm{d}x$；　　(2)$\int\frac{1}{1+\sqrt{1-x^2}}\mathrm{d}x$；

(3)$\int e^{\sqrt{x}}\mathrm{d}x$；　　(4)$\int\frac{1}{1+e^x}\mathrm{d}x$；

(5) $\int \frac{1}{x(x^7+2)}\mathrm{d}x$；　　(6) $\int \frac{(1-x)^2}{\sqrt{x}}\mathrm{d}x$.

例 3.11　求下列不定积分

(1) $\int x^2 \sin 3x\mathrm{d}x$；　　(2) $\int \ln(1+x^2)\mathrm{d}x$；

(3) $\int x^2 \arctan x\mathrm{d}x$；　　(4) $\int x^2 \mathrm{e}^{-2x}\mathrm{d}x$；

(5) $\int \mathrm{e}^{-x}\cos x\mathrm{d}x$；　　(6) $\int x\mathrm{e}^{x^2}(1+x^2)\mathrm{d}x$.

例 3.12　求不定积分 $\int \frac{x+1}{x^2-5x+6}\mathrm{d}x$.

例 3.13　求下列不定积分

(1) $\int \frac{1}{\sqrt{x}+\sqrt[3]{x}}\mathrm{d}x$；　　(2) $\int \left(\sqrt{\frac{x+3}{x-1}}-\sqrt{\frac{x-1}{x+3}}\right)\mathrm{d}x$.

例 3.14　求下列不定积分

(1) $\int \cos^3 x\mathrm{d}x$；　　(2) $\int \sin^2 x\cos^5 x\mathrm{d}x$；

(3) $\int \sin^2 x\cos^4 x\mathrm{d}x$；　　(4) $\int \tan^4 x\mathrm{d}x$.

第二节　定积分

【核心知识要点讲解】

一、定积分的概念

1. 定积分的定义

分割、近似、求和、取极限.

2. 定积分的性质

(1)$\int_a^b (k_1 f(x) \pm k_2 g(x))\mathrm{d}x = k_1\int_a^b f(x)\mathrm{d}x \pm k_2\int_a^b g(x)\mathrm{d}x$.

(2)$\int_a^b f(x)\mathrm{d}x = \int_a^c f(x)\mathrm{d}x + \int_c^b f(x)\mathrm{d}x$(无论 a,b,c 的相对位置如何).

(3)$\int_a^b 1\mathrm{d}x = b-a$.

(4)$f(x)\geqslant 0, x\in[a,b]$,则$\int_a^b f(x)\mathrm{d}x \geqslant 0(a<b)$.

推论 1:$f(x)\leqslant g(x), x\in[a,b]$,则$\int_a^b f(x)\mathrm{d}x \leqslant \int_a^b g(x)\mathrm{d}x(a<b)$.

推论 2:$\left|\int_a^b f(x)\mathrm{d}x\right| \leqslant \int_a^b |f(x)|\mathrm{d}x(a<b)$.

(5) 设 M,m 是 $f(x)$ 在$[a,b]$上的最大值和最小值,则 $m(b-a)\leqslant\int_a^b f(x)\mathrm{d}x\leqslant M(b-a)$.

(6)(积分中值定理) 若 $f(x)$ 在 $[a,b]$上连续,则存在 $\xi\in(a,b)$,使$\int_a^b f(x)\mathrm{d}x = f(\xi)(b-a)$.

3. 定积分的几何意义:面积的代数和.

二、变上限定积分定义的函数及求它的导数

1. 定义:称 $\Phi(x)=\int_a^x f(t)\mathrm{d}t$ 为 $f(x)$ 在$[a,b]$上的变上限积分.

2. 性质:(1) 若函数 $f(x)$ 在$[a,b]$上可积,则 $\Phi(x)=\int_a^x f(t)\mathrm{d}t$ 在$[a,b]$上连续;

(2) 若函数 $f(x)$ 在$[a,b]$上连续,则 $\Phi(x)=\int_a^x f(t)\mathrm{d}t$ 在$[a,b]$上具有导数,且

$$\Phi'(x)=\frac{d}{\mathrm{d}x}\left(\int_a^x f(t)\mathrm{d}t\right)=f(x)(x\in[a,b]).$$

3. 定理:若函数 $f(x)$ 在$[a,b]$上连续,则 $\Phi(x)=\int_a^x f(t)\mathrm{d}t$ 是 $f(x)$ 在$[a,b]$上的一个原函数.

三、Newton-Leibniz 公式和定积分换元法与分部积分法

1. Newton-Leibniz 公式:设 $f(x)$ 在$[a,b]$上连续,则

$\int_a^b f(t)\mathrm{d}t = F(b)-F(a) \xlongequal{\Delta} F(x)\Big|_a^b$.

2. 定积分的换元法：$\int_a^b f(x)\mathrm{d}x \xlongequal{x=\varphi(t)} \int_\alpha^\beta f(\varphi(t))\varphi'(t)\mathrm{d}t$.

3. 定积分的分部积分法：$\int_a^b u(x)v'(x)\mathrm{d}x = (u(x)v(x))\Big|_a^b - \int_a^b u'(x)v(x)\mathrm{d}x$.

4. 定积分计算技巧：

(1) 若 $f(x)$ 在 $[-a,a]$ 上连续，且为偶函数，则 $\int_{-a}^a f(x)\mathrm{d}x = 2\int_0^a f(x)\mathrm{d}x$.

(2) 若 $f(x)$ 在 $[-a,a]$ 上连续，且为奇函数，则 $\int_{-a}^a f(x)\mathrm{d}x = 0$.

(3) 设 $f(x)$ 是以 l 为周期的连续函数，则 $\int_a^{a+l} f(x)\mathrm{d}x$ 的值与 a 无关.

【常见考点及其解题方法技巧归纳】

【考点 3.3】用定积分定义求极限

设 $f(x)$ 在 $[0,1]$ 上连续，将 $[0,1]$ n 等分，分点记做 $x_k=\dfrac{k}{n}$，则 $\lim\limits_{n\to\infty} f\left(\dfrac{k}{n}\right)\left(\dfrac{1}{n}\right)=\int_0^1 f(x)\mathrm{d}x$.

例 3.15　求极限 $\lim\limits_{n\to\infty}\left(\dfrac{1}{n+1}+\dfrac{1}{n+2}+\cdots+\dfrac{1}{n+n}\right)$.

【考点 3.4】定积分性质

例 3.16　下列不等式中成立的是（　　）.

(A) $\int_0^1 \mathrm{e}^x\mathrm{d}x < \int_0^1 \mathrm{e}^{x^2}\mathrm{d}x$　　(B) $\int_1^2 \mathrm{e}^x\mathrm{d}x < \int_1^2 \mathrm{e}^{x^2}\mathrm{d}x$

(C) $\int_0^1 \mathrm{e}^{-x}\mathrm{d}x < \int_1^2 \mathrm{e}^{-x}\mathrm{d}x$　　(D) $\int_{-2}^{-1} x^2\mathrm{d}x < \int_{-2}^{-1} x^3\mathrm{d}x$

(E) $\int_0^1 \mathrm{e}^{-x} > \int_{-1}^0 \mathrm{e}^{-x}\mathrm{d}x$

例 3.17　设 $I=\int_0^{\frac{\pi}{4}}\ln\sin x\mathrm{d}x$，$J=\int_0^{\frac{\pi}{4}}\ln\cos x\mathrm{d}x$，则 I,J 的大小关系是（　　）.

(A) $I<J$　　(B) $I>J$　　(C) $I\leqslant J$　　(D) $I\geqslant J$　　(E) $I=J$

例 3.18 已知$\int_{-1}^{3} f(x)\mathrm{d}x = 3$，$\int_{0}^{3} f(x)\mathrm{d}x = 6$，求$\int_{0}^{-1} f(x)\mathrm{d}x = ($ $)$.

(A) -1 (B) 0 (C) 1 (D) 3 (E) 2

【考点 3.5】 变上限积分函数

例 3.19 设 $F(x) = \int_{0}^{\sin x} \ln(1+t)\mathrm{d}t$，则 $F'(x) = ($ $)$.

(A) $\ln(1+x)$ (B) $\ln(1+\sin x)$

(C) $\sin x \cdot \ln(1+\sin x)$ (D) $\cos x \cdot \ln(1+\sin x)$

(E) $\sin x\ln(1+\sin x)$

例 3.20 求下列函数的导数

(1) $\int_{1}^{\cos x} \mathrm{e}^{t^2}\mathrm{d}t$； (2) $\int_{x^2}^{x^3} \mathrm{e}^{t^2}\mathrm{d}t$；

(3) $\int_{0}^{x} (x-t)f(t)\mathrm{d}t$； (4) $\int_{0}^{x} tf(x-t)\mathrm{d}t$.

例 3.21 求下列极限与导数

(1) $\lim\limits_{x\to 0}\dfrac{\int_{0}^{\sin x}(\mathrm{e}^{t^2}-1)\mathrm{d}t}{x-\sin x}$；

(2) 求由$\int_{0}^{y} \mathrm{e}^{t^2}\mathrm{d}t + \int_{0}^{x} \cos t\mathrm{d}t = 0$ 所确定的隐函数 y 对 x 的导数.

例 3.22 设函数 $f(x)$ 在 $(-\infty, +\infty)$ 上可导，$f(1) = 1$，$g(x) = \int_{1+x}^{\mathrm{e}^x} f(t)\mathrm{d}t$，则 $g''(0) =$ $($ $)$.

(A) 2 (B) 1 (C) 4 (D) 3 (E) 0

例 3.23 函数 $f(x)=\int_0^x \frac{e^t}{1-t}dt$，则 $\int_0^1 f(x)dx$ 的值为（　　）.

(A) $e-1$　　(B) $1-e$　　(C) $e(1-e)$　　(D) e　　(E) $e(1+e)$

例 3.24 设 $x\geqslant -1$，求 $\int_{-1}^x (1-|t|)dt$.

例 3.25 设 $F(x)=\int_0^x f(t)dt$，且 $f(x)=\begin{cases} x^2+1, & x\geqslant 0, \\ 2x-1, & x<0, \end{cases}$ 则 $F(x)$ 是（　　）.

(A) 连续函数　　(B) 单调递增函数

(C) 单调递减函数　　(D) 可导函数

(E) $f(x)$ 的原函数

例 3.26 设 $f(x)$ 在 $(-\infty,+\infty)$ 上可导，且满足 $xf(x)=\frac{3}{2}x^4-3x^2+4+\int_2^x f(t)dt$，求 $f(x)$.

例 3.27 设连续函数满足 $\int_0^x f(x-t)dt=e^{-2x}-1$，则 $\int_0^1 f(x)dx=$（　　）.

(A) $\frac{1}{e}-1$　　(B) $\frac{1}{e^2}-1$　　(C) $e-1$　　(D) $\frac{1}{\sqrt{e}}-1$　　(E) $e+1$

【考点 3.6】定积分的计算

例 3.28 $\int_0^2 \sqrt{x(2-x)}\,dx=(\quad)$.

(A) $\frac{\pi}{4}$　(B) $\frac{\pi}{2}$　(C) π　(D) $\frac{3\pi}{2}$　(E) 2π

例 3.29 求下列定积分：

(1) $\int_1^2 x^2\ln x\,dx$；　(2) $\int_0^1 x\arctan x\,dx$.

例 3.30 当 $x>0$ 时，$f(\ln x)=\frac{1}{\sqrt{x}}$，则 $\int_{-2}^2 xf'(x)\,dx=(\quad)$.

(A) $-\frac{4}{e}$　(B) $\frac{4}{e}$　(C) $\frac{2}{e}$　(D) $-\frac{2}{e}$　(E) 0

例 3.31 求 $\int_{-1}^1 \frac{dx}{\sqrt{5-4x}}$.

例 3.32 求定积分 $\int_0^1 te^{-\frac{t^2}{2}}\,dt$.

例 3.33 $\int_1^{e^2} \frac{dx}{x\sqrt{1+\ln x}}$.

例 3.34　若$\int_0^2 (x+a)\sqrt{2x-x^2}\,\mathrm{d}x=\frac{3\pi}{2}$,则 $a=$(　　).

(A)0　　(B)1　　(C)2　　(D)3　　(E)4

例 3.35　定积分 $I=\int_{-1}^{1}\frac{|x|^3}{\sqrt{1-x^2}}\mathrm{d}x=$(　　).

(A) $\frac{1}{2}$　　(B) $\frac{2}{3}$　　(C) $\frac{4}{3}$　　(D) $\frac{4}{5}$　　(E) $\frac{5}{6}$

例 3.36　设 $M=\int_{-1}^{1}\ln^3(x+\sqrt{x^2+1})\mathrm{d}x$,$N=\int_{-1}^{1}\frac{x^3+|x|}{(1+x^2)^2}\mathrm{d}x$,$P=\int_{-1}^{1}\frac{\sqrt[3]{x}-2}{1+x^2}\mathrm{d}x$,则有(　　).

(A)$M<N<P$　(B)$M<P<N$　(C)$P<M<N$　(D)$N<P<M$
(E)$M=N=P$

例 3.37　设 $f(x)=\begin{cases}xe^{x^2}, & -\frac{1}{2}\leqslant x<\frac{1}{2},\\ -1, & x\geqslant\frac{1}{2},\end{cases}$ 则$\int_{\frac{1}{2}}^{2}f(x-1)\mathrm{d}x=$(　　).

(A) $\frac{1}{2}$　　(B) $-\frac{1}{2}$　　(C) $\frac{4}{3}$　　(D) $\frac{4}{5}$　　(E)1

例 3.38　求$\int_0^2 \max\{x,x^3\}\mathrm{d}x=$(　　).

(A) $\frac{9}{4}$　　(B) $\frac{11}{4}$　　(C) $\frac{13}{4}$　　(D) $\frac{17}{4}$　　(E) $\frac{15}{4}$

例 3.39 设 $f(x)=\frac{1}{1+x^2}+\sqrt{1-x^2}\int_0^1 f(x)\mathrm{d}x$，求 $f(x)$.

第三节 定积分的应用

【核心知识要点讲解】

一、平面图形的面积

(1) 先画出草图；(2) 选择积分变量；确定积分限；(3) 取面积微元；(4) 计算定积分得面积.由曲线 $y=f(x)$，$y=g(x)$ 与直线 $x=a$，$x=b(a<b)$ 所围成的平面图形面积为

$$S=\int_a^b|f(x)-g(x)|\mathrm{d}x.$$

二、求立体体积

由连续曲线 $y=f(x)$，直线 $x=a$，$x=b$ 及 X 轴所围成的平面图形绕 X 轴旋转一周而成的立体的体积 $V=\int_a^b \pi f^2(x)\mathrm{d}x$.

【常见考点及其解题方法技巧归纳】

【考点 3.7】平面图形面积

例 3.40 设函数 $f(x)$ 在区间 $[a,b]$ 上非负，且在 (a,b) 内 $f''(x)>0$，$f'(x)<0$，$I_1=\frac{b-a}{2}[f(b)+f(a)]$，$I_2=\int_a^b f(x)\mathrm{d}x$，$I_3=(b-a)f(b)$，则(　　).

(A) $I_1\leqslant I_2\leqslant I_3$　　(B) $I_2\leqslant I_3\leqslant I_1$

(C) $I_1\leqslant I_3\leqslant I_2$　　(D) $I_3\leqslant I_2\leqslant I_1$

(E) $I_2\leqslant I_1\leqslant I_3$

例 3.41 求曲线 $y=\frac{1}{x}$ 和直线 $y=x$，$y=2$ 所围成图形的面积.

【考点 3.8】求由平面曲线旋转而成的立体体积

例 3.42　求由曲线 $y=x^2-2x$ 和直线 $y=0,x=1,x=3$ 所围平面图形绕 y 轴旋转一周所得旋转体的体积.

第四节　微积分在经济学中的应用

【核心知识要点讲解】

一、经济学中常见的函数

(一) 需求函数:设某产品的需求量为 x,价格为 p.一般地,需求量 x 作为价格 p 的函数 $x=\varphi(p)$ 称为需求函数,并且价格 p 上升(下降),需求量 x 下降(上升),需求函数的反函数 $p=\varphi^{-1}(x)$ 称为价格函数,也常称为需求函数.

(二) 供给函数:设某产品的供给量为 x,价格为 p.一般地,供给量 x 作为价格 p 的函数 $x=\psi(p)$,称为供给函数,并且价格 p 上升(下降),供给量 x 上升(下降).

(三) 成本函数:成本 $C=C(x)$ 是生产产品的总投入,它由固定成本 C_1(常量)和可变成本 $C_2(x)$ 两部分组成,其中 x 表示产量,即 $C=C(x)=C_1+C_2(x)$,称 $\frac{C}{x}$ 为平均成本,记为 $\overline{C}$:$\overline{C}=\frac{C}{x}=\frac{C_1}{x}+\frac{C_2(x)}{x}$.

(四) 收益函数:收益 $R=R(x)$ 是产品售出后所得的收入,是销售量 x 与销售单价 p 之积,即收益函数为:$R=R(x)=px$.

(五) 利润函数:利润 $L=L(x)$ 是收益扣除成本后的余额,由总收益减去总成本组成,即利润函数为:$L=L(x)=R(x)-C(x)$(x 为销售量).

二、边际函数与边际分析

(一) 边际函数

设 $y=f(x)$ 可导,则在经济学中称 $f'(x)$ 为边际函数,$f'(x_0)$ 称为 $f(x)$ 在 $x=x_0$ 处的边际值.

(二) 经济学中常用的边际分析

1. 边际成本:设成本函数为 $C=C(q)$(q 是产量),则边际成本函数 MC 为 $MC=C'(q)$.

2. 边际收益:设收益函数为 $R=R(q)$(q 是产量),则边际收益 MR 为 $MR=R'(q)$.

3. 边际利润:设利润函数为 $L=L(q)$(q 是产量),则边际利润 ML 为 $ML=L'(q)$.

三、弹性函数与弹性分析

(一) 弹性函数

设 $y=f(x)$ 可导,则称 $\frac{\Delta y/y}{\Delta x/x}$ 为函数 $f(x)$ 当 x 从 x 变到 $x+\Delta x$ 时的相对弹性,称 $\eta=\lim\limits_{\Delta x\to 0}\frac{\Delta y/y}{\Delta x/x}=f'(x)\frac{x}{y}=\frac{f'(x)}{f(x)}x$ 为函数 $f(x)$ 的弹性函数,记为$\frac{Ey}{Ex}$,即 $\eta=\frac{Ey}{Ex}=f'(x)\frac{x}{f(x)}$.

(二) 经济学中常用的弹性分析

1. 需求的价格弹性：设需求函数 $Q=\varphi(p)$（p 为价格），则需求对价格的弹性为 $\eta_d=\frac{p}{\varphi(p)}\varphi'(p)$. 由于 $\varphi(p)$ 是单调减少函数，故 $\varphi'(p)<0$，从而 $\eta_d<0$.

2. 供给的价格弹性：设供给函数 $Q=\varphi(p)$（p 为价格），则供给对价格的弹性为 $\eta_s=\frac{p}{\varphi(p)}\varphi'(p)$. 由于 $\varphi(p)$ 是单调增加函数，故 $\varphi'(p)>0$，从而 $\eta_s>0$.

【常见考点及其解题方法技巧归纳】

【考点 4.1】 经济学中的最值问题

例 3.43 已知某工厂生产 x 件产品的成本为 $C(x)=25000+200x+x^2/40$（元），要使平均成本最小所应生产的产品件数为（　　）. 件.

(A)100　　(B)200　　(C)1000　　(D)2000　　(E)300

【考点 4.2】 求解经济学中的边际问题

例 3.44 设某产品的成本函数为 $C(x)=400+3x+\frac{1}{2}x^2$，而需求函数为 $p=\frac{100}{\sqrt{x}}$，其中 x 为产量（假定等于需求量），p 为价格. 试求(1) 边际成本；(2) 边际收益；(3) 边际利润；(4) 收益的价格弹性.

例 3.45 设生产 x 单位产品的总成本 C 是 x 的函数 $C(x)$，固定成本（$C(0)$）为 20 元，边际成本函数为 $C'(x)=2x+10$（元 / 单位），求总成本函数 $C(x)$.

【考点 4.3】 求解经济学中的弹性问题

例 3.46 设某商品的需求函数为 $Q=100-5p$，其中价格 $p\in(0,20)$，Q 为需求量.

(1) 求需求量对价格的弹性 E_d（$E_d>0$）；

(2) 推导 $\frac{\mathrm{d}R}{\mathrm{d}p}=Q(1-E_d)$（其中 R 为收益），并用弹性 E_d 说明价格在何范围内变化时，降低价格反而使收益增加.

第四章　多元函数微分学

第一节　多元函数的一阶偏导数

【核心知识要点讲解】

一、在一点的偏导数

$$f'_x(x_0,y_0)=\lim_{\Delta x\to 0}\frac{f(x_0+\Delta x,y_0)-f(x_0,y_0)}{\Delta x},f'_y(x_0,y_0)=\lim_{\Delta y\to 0}\frac{f(x_0,y_0+\Delta y)-f(x_0,y_0)}{\Delta y}.$$

二、偏导函数

如果函数 $z=f(x,y)$ 在区域 D 内每一点 (x,y) 处，对 x(或 y) 的偏导数 $f'_x(x,y)$(或 $f'_y(x,y)$) 都存在，则对于区域 D 内每一点 (x,y)，都有一个偏导数的值与之对应，这样就得到了一个新的二元函数，称为函数 $z=f(x,y)$ 关于变量 x(或 y) 的偏导函数.

三、偏导数的求法

从偏导数的定义可以看出.求 $z=f(x,y)$ 的偏导数并不需要用新的方法，因为这里只有一个自变量在变动，另一个自变量被看做是固定的，所以仍旧可用一元函数的微分法.

【常见考点及其解题方法技巧归纳】

【考点 4.1】计算多元显函数的一阶偏导数

例 4.1　求下列函数的一阶偏导数：

(1) $z=x^4+y^4-4x^2y^2$；

(2) $z=x^y$；

(3) $z=x\sin(x+y)$.

例 4.2　求 $u=\dfrac{1}{\sqrt{x^2+y^2+z^2}}$ 的一阶偏导数.

例 4.3　求 $u=\left(\dfrac{x}{y}\right)^z$ 的一阶偏导数.

例 4.4 求所给函数在指定点的偏导数：

(1)$f(x,y)=(1+xy)^y$ 在点(1,1)处；

(2)$f(x,y)=\sin\dfrac{x}{y}\cos\dfrac{y}{x}$ 在点$(2,\pi)$处.

第二节 多元复合函数和隐函数的一阶偏导数

【核心知识要点讲解】

一、复合函数求导法则

设 $z=f(u,v)$，$u=\varphi(x,y)$，$v=\psi(x,y)$，则 $z=f(\varphi(x,y),\psi(x,y))$ 在点(x,y)的两个偏导数为

$$\frac{\partial z}{\partial x}=\frac{\partial z}{\partial u}\cdot\frac{\partial u}{\partial x}+\frac{\partial z}{\partial v}\cdot\frac{\partial v}{\partial x},\frac{\partial z}{\partial y}=\frac{\partial z}{\partial u}\cdot\frac{\partial u}{\partial y}+\frac{\partial z}{\partial v}\cdot\frac{\partial v}{\partial y}.$$

二、隐函数的一阶偏导数

若由方程 $F(x,y,z)=0$ 确定了 z 是 x,y 的函数，则称这种由方程所确定的函数称为隐函数.

1. 一元隐函数的求导公式

设方程 $F(x,y)=0$ 确定了 y 是 x 的函数 $y=y(x)$，且 $F_x(x,y)$，$F_y(x,y)$连续及 $F_y(x,y)\neq 0$，则$\dfrac{\mathrm{d}y}{\mathrm{d}x}=-\dfrac{F_x}{F_y}$.

2. 二元隐函数的求导公式

设方程 $F(x,y,z)=0$ 确定了 z 是 x,y 的函数 $z=z(x,y)$，且 $F_x(x,y,z)$，$F_y(x,y,z)$，$F_z(x,y,z)$连续及 $F_z(x,y,z)\neq 0$，则$\dfrac{\partial z}{\partial x}=-\dfrac{F_x}{F_z}$，$\dfrac{\partial z}{\partial y}=-\dfrac{F_y}{F_z}$.

【常见考点及其解题方法技巧归纳】

【考点 4.2】计算多元复合函数的一阶偏导数

例 4.5 求下列偏导数：

(1) 设 $z=\sin(x^2y^2)$，$y=x^2+2$，求$\dfrac{\mathrm{d}z}{\mathrm{d}x}$；

(2) 设 $\omega=\ln(x^2+y^2+z^2)$，而 $z=\mathrm{e}^{xy}$，求$\dfrac{\partial\omega}{\partial x}$，$\dfrac{\partial\omega}{\partial y}$.

例 4.6　设 $z=\arcsin\dfrac{x}{\sqrt{x^2+y^2}}$，求$\dfrac{\partial z}{\partial x},\dfrac{\partial z}{\partial y}$.

例 4.7　设 $z=\dfrac{1}{x}f(xy)+yf(x+y)$，求$\dfrac{\partial z}{\partial x},\dfrac{\partial z}{\partial y}$.

例 4.8　已知 $z=u^2\cos v,u=xy,v=2x+y$，求$\dfrac{\partial z}{\partial x},\dfrac{\partial z}{\partial y}$.

【考点 4.3】计算多元隐函数的一阶偏导数

例 4.9　求下列隐函数的一阶偏导：

(1) 设 $z^2+x^2-xy=3x-1$，求$\dfrac{\mathrm{d}y}{\mathrm{d}x}$；

(2) 已知 $xz-ye^z=2$，求$\left.\dfrac{\partial z}{\partial x}\right|_{(1,0)},\left.\dfrac{\partial z}{\partial y}\right|_{(1,0)}$；

(3) 设 $z=z(x,y)$ 是由方程 $x+y+z-xyz=0$ 所确定的隐函数，求$\dfrac{\partial z}{\partial x}$ 和$\dfrac{\partial z}{\partial y}$.

第三节　全微分

【核心知识要点讲解】

一、全微分

若二元函数 $z=f(x,y)$在点(x_0,y_0)的全增量 $\Delta z=f(x_0+\Delta x,y_0+\Delta y)-f(x_0,y_0)$可表示为 $\Delta z=A\Delta x+B\Delta y+o(\rho)$，其中 A,B 与 $\Delta x,\Delta y$ 无关，只与 x_0,y_0 有关，$\rho=\sqrt{(\Delta x)^2+(\Delta y)^2}$，则称二元函数 $z=f(x,y)$在点(x_0,y_0)处可微，并称 $A\Delta x+B\Delta y$ 是 $z=f(x,y)$在点(x_0,y_0)处的全微分，记作 $\mathrm{d}z$，即 $\mathrm{d}z=A\Delta x+B\Delta y$.

若二元函数 $z=f(x,y)$在点(x_0,y_0)处可微，则函数 $z=f(x,y)$在点(x_0,y_0)处一定

连续.

二、可微的必要条件

若函数 $z=f(x,y)$ 在点 (x_0,y_0) 处可微,则函数 $z=f(x,y)$ 在点 (x_0,y_0) 处的两个偏导数存在,且 $A=z_x(x_0,y_0)$,$B=z_y(x_0,y_0)$.二元函数 $z=f(x,y)$ 在点 (x_0,y_0) 处的全微分可以写成如下形式 $\mathrm{d}z=\frac{\partial z}{\partial x}\mathrm{d}x+\frac{\partial z}{\partial y}\mathrm{d}y$.

三、可微的充分条件

若函数 $z=f(x,y)$ 的偏导数 $\frac{\partial z}{\partial x},\frac{\partial z}{\partial y}$ 在点 x_0,y_0 处连续,则函数 $z=f(x,y)$ 在点 (x_0,y_0) 处可微.

【常见考点及其解题方法技巧归纳】

【考点 4.4】 计算多元函数的全微分

例 4.10 求下列函数的全微分:

(1) $z=xy+\frac{x}{y}$; (2) $z=\arcsin\frac{x}{y}$.

例 4.11 设函数 $f(x,y,z)=\sqrt[z]{\frac{x}{y}}$,求 $\mathrm{d}f(1,1,1)$.

线性代数

第一章　行列式

第一节　行列式

【核心知识要点讲解】

一、n 阶行列式的定义

$$D_n = \Delta(a_{ij})_{n\times n} = \begin{vmatrix} a_{11} & a_{12} & \cdots & a_{1n} \\ a_{21} & a_{22} & \cdots & a_{2n} \\ \vdots & \vdots & & \vdots \\ a_{n1} & a_{n2} & \cdots & a_{nn} \end{vmatrix}$$

$$= \sum (-1)^{\tau(j_1 j_2 \cdots j_n)} a_{1j_1} \cdots a_{nj_n} = \sum (-1)^{\tau(i_1 i_2 \cdots i_n)} a_{i_1 1} \cdots a_{i_n n}.$$

二、行列式的性质

1. 性质 1　行列式的行与列（按原顺序）互换，（互换后的行列式叫做行列式的转置）其值不变.

2. 性质 2（线性性质）

(1) 行列式的某行（或列）元素都乘 k，则等于行列式的值也乘 k.

(2) 行列式的某行（或列）元素皆为两数之和，其行列式等于两个行列式之和.

3. 性质 3（反对称性质）　行列式的两行（或列）对换，行列式的值反号.

4. 性质 4（三角形法的基础）　在行列式中，把某行（或列）每个元素分别乘以非零常数 k，再加到另一行（或列）的对应元素上，行列式的值不变（简称：对行列式做倍加行变换，其值不变）.

三、余子式和代数余子式

$A_{ij} = (-1)^{i+j} M_{ij}$，其中 M_{ij} 是 D 中去掉 a_{ij} 所在的第 i 行和第 j 列全部元素后，按原顺序排成的 $n-1$ 阶行列式，称为元素 a_{ij} 的余子式，A_{ij} 称为元素 a_{ij} 的代数余子式.

四、行列式的展开定理

$$\sum_{k=1}^{n} a_{ik} A_{jk} = a_{i1} A_{j1} + a_{i2} A_{j2} + \cdots + a_{in} A_{jn} = \begin{cases} D, & i = j, \\ 0, & i \neq j. \end{cases}$$

【常见考点及其解题方法技巧归纳】

【考点 1.1】数值型行列式的计算

例 1.1　设三阶矩阵 $\boldsymbol{A} = \begin{pmatrix} a & -1 & a \\ 5 & -3 & 3 \\ 1-a & 0 & -a \end{pmatrix}$，已知 $|\boldsymbol{A}| = -1$，$a = ($　　$)$.

(A)1　　(B)2　　(C)3　　(D)4　　(E)0

例 1.2 设 $D=\begin{vmatrix}1&0&2&0\\0&2&0&3\\3&0&4&0\\0&4&0&1\end{vmatrix}$,则 $D=$( ).

(A)10　　(B)20　　(C)-10　　(D)-20　　(E)0

例 1.3 计算下列行列式:

(1)$D_n=\begin{vmatrix}1&1&1&\cdots&1\\x_1&x_2&x_3&\cdots&x_n\\x_1^2&x_2^2&x_3^2&\cdots&x_n^2\\\vdots&\vdots&\vdots&&\vdots\\x_1^{n-1}&x_2^{n-1}&x_3^{n-1}&\cdots&x_n^{n-1}\end{vmatrix}$;

(2)$D=\begin{vmatrix}a&b&c\\a^2&b^2&c^2\\b+c&a+c&a+b\end{vmatrix}$.

例 1.4 计算行列式 $D=\begin{vmatrix}\lambda&1&1\\1&\lambda&1\\1&1&\lambda\end{vmatrix}$.

第二节　克拉默法则

【核心知识要点讲解】

一、克拉默法则

定理 设线性非齐次方程组$\begin{cases}a_{11}x_1+a_{12}x_2+\cdots+a_{1n}x_n=b_1,\\a_{21}x_1+a_{22}x_2+\cdots+a_{2n}x_n=b_2\\,\cdots\\a_{n1}x_1+a_{n2}x_2+\cdots+a_{nn}x_n=b_n,\end{cases}$　　(Ⅰ)

或简记为 $\sum_{j=1}^{n} a_{ij} x_j = b_i, i = 1,2,\cdots,n$. 其系数行列式

$$D = \begin{vmatrix} a_{11} & a_{12} & \cdots & a_{1n} \\ a_{21} & a_{22} & \cdots & a_{2n} \\ \vdots & \vdots & & \vdots \\ a_{n1} & a_{n2} & \cdots & a_{nn} \end{vmatrix} \neq 0,$$

则方程组(Ⅰ)有唯一解 $x_j = \dfrac{D_j}{D}, j = 1,2,\cdots,n$,其中 D_j 是用常数项 $b_1, b_2, \cdots, b_n$ 替换 D 中第 j

列所成的行列式,即 $D_j = \begin{vmatrix} a_{11} & \cdots & a_{1,j-1} & b_1 & a_{1,j+1} & \cdots & a_{1n} \\ a_{21} & \cdots & a_{2,j-1} & b_2 & a_{2,j+1} & \cdots & a_{2n} \\ \vdots & & \vdots & \vdots & \vdots & & \vdots \\ a_{n1} & \cdots & a_{n,j-1} & b_n & a_{n,j+1} & \cdots & a_{nn} \end{vmatrix}$.

结论:(1) 若非齐次方程组无解(或有无穷多解),则 $D = 0$;

(2) 齐次线性方程组 $\begin{cases} a_{11}x_1 + a_{12}x_2 + \cdots + a_{1n}x_n = 0, \\ a_{21}x_1 + a_{22}x_2 + \cdots + a_{2n}x_n = 0, \\ \cdots \\ a_{n1}x_1 + a_{n2}x_2 + \cdots + a_{nn}x_n = 0 \end{cases}$ 只有零解(有非零解)的充要条件是 $D \neq 0(D = 0)$.

此方法只适用于 n 个未知量 n 个方程的线性方程组,在系数行列式不等于零时的方程组.

【常见考点及其解题方法技巧归纳】

【考点 1.4】克拉默法则应用

例 1.5　三元一次方程组 $\begin{cases} x_1 + 2x_2 + 5x_3 = 1, \\ x_1 - 3x_2 + 4x_3 = 1, \\ x_1 - x_2 + 6x_3 = 1 \end{cases}$ 的解中未知数 x_2 的解值必为(　　).

(A)0　　(B)1　　(C)2　　(D)3　　(E)4

例 1.6　齐次线性方程组 $\begin{cases} x_1 + x_2 + x_3 + ax_4 = 0, \\ x_1 + 2x_2 + x_3 + x_4 = 0, \\ x_1 + x_2 - 3x_3 + x_4 = 0, \\ x_1 + x_2 + ax_3 + bx_4 = 0 \end{cases}$ 有非零解时,a, b 必须满足什么条件?

例 1.7 齐次线性方程组$\begin{cases}\lambda x_1+x_2+x_3=0,\\ x_1+\lambda x_2+x_3=0,\\ \lambda^2 x_1+2x_2+\lambda x_3=0\end{cases}$有非零解，则 $\lambda=$（　　）.

(A)3　　(B)4　　(C)5　　(D)1 或 2　　(E)0

第二章 矩 阵

第一节 矩阵的概念与基本运算

【核心知识要点讲解】

一、矩阵的概念

由 $m \times n$ 个数 $a_{ij}(i=1,2,\cdots,m;j=1,2,\cdots,n)$ 排成 m 行 n 列,并括以圆括弧的数表

$$\begin{pmatrix} a_{11} & a_{12} & \cdots & a_{1n} \\ a_{21} & a_{22} & \cdots & a_{2n} \\ \vdots & \vdots & & \vdots \\ a_{m1} & a_{m2} & \cdots & a_{mn} \end{pmatrix}$$

称为 $m \times n$ 矩阵,通常用大写字母记作 $\boldsymbol{A}$ 或 $\boldsymbol{A}_{m\times n}$,有时也记作 $\boldsymbol{A}=(a_{ij})_{m\times n}$ 或 $\boldsymbol{A}=(a_{ij})$,$(i=1,2,\cdots,m;j=1,2,\cdots,n)$,其中 a_{ij} 称为矩阵 $\boldsymbol{A}$ 的第 i 行第 j 列元素.横排为行,竖排为列.

二、同型矩阵与矩阵相等

同型矩阵:行数列数都相同的矩阵.

矩阵相等:如果两个矩阵 $\boldsymbol{A}=(a_{ij})_{m\times n}$ 和 $\boldsymbol{B}=(b_{ij})_{m\times n}$ 是同型矩阵,且各对应元素也相等,$a_{ij}=b_{ij}(i=1,2,\cdots,m;j=1,2,\cdots,n)$ 就称 $\boldsymbol{A}$ 和 $\boldsymbol{B}$ 相等,记作 $\boldsymbol{A}=\boldsymbol{B}$.

三、几类特殊的矩阵

1. 零矩阵 $m \times n$ 个元素全为零的矩阵称为零矩阵,记作 $\boldsymbol{O}$.

2. 方阵 当 $m=n$ 时,称 $\boldsymbol{A}$ 为 n 阶矩阵(或 n 阶方阵).

3. 单位矩阵 主对角元全为1,其余元素全为零的 n 阶矩阵,称为 n 阶单位矩阵(简称单位阵),记作 $\boldsymbol{I}_n$ 或 $\boldsymbol{I}$ 或 $\boldsymbol{E}$.

4. 数量矩阵 主对角元全为非零数 k,其余元素全为零的 n 阶矩阵,称为 n 阶数量矩阵,记作 $k\boldsymbol{I}_n$ 或 $k\boldsymbol{I}$ 或 $k\boldsymbol{E}$.

5. 对角矩阵 非主对角元皆为零的 n 阶矩阵称为 n 阶对角矩阵(简称对角阵),记作 $\boldsymbol{\Lambda}$,

$$\boldsymbol{\Lambda}=\begin{pmatrix} a_1 & & & \\ & a_2 & & \\ & & \ddots & \\ & & & a_n \end{pmatrix}$$ 或记作 $\mathrm{diag}(a_1,a_2,\cdots,a_n)$.

6. 上三角矩阵 n 阶矩阵 $\boldsymbol{A}=(a_{ij})_{m\times n}$,当 $i>j$ 时,$a_{ij}=0(j=1,2,\cdots,n-1)$ 的矩阵称为上三角矩阵.

7. 下三角矩阵 当 $i<j$ 时,$a_{ij}=0(j=2,3,\cdots,n)$ 的矩阵称为下三角矩阵.

四、矩阵的线性运算

1. 加法 设 $\boldsymbol{A}=(a_{ij})$ 和 $\boldsymbol{B}=(b_{ij})\in \boldsymbol{F}^{m\times n}$,规定

$$\boldsymbol{A}+\boldsymbol{B}=(a_{ij}+b_{ij})=\begin{pmatrix} a_{11}+b_{11} & a_{12}+b_{12} & \cdots & a_{1n}+b_{1n} \\ a_{21}+b_{21} & a_{22}+b_{22} & \cdots & a_{2n}+b_{2n} \\ \vdots & \vdots & & \vdots \\ a_{m1}+b_{m1} & a_{m2}+b_{m2} & \cdots & a_{mn}+b_{mn} \end{pmatrix}$$

并称 $\boldsymbol{A}+\boldsymbol{B}$ 为 $\boldsymbol{A}$ 与 $\boldsymbol{B}$ 之和.

矩阵的加法满足以下运算律：

(1) 交换律　$\boldsymbol{A}+\boldsymbol{B}=\boldsymbol{B}+\boldsymbol{A}$；

(2) 结合律　$(\boldsymbol{A}+\boldsymbol{B})+\boldsymbol{C}=\boldsymbol{A}+(\boldsymbol{B}+\boldsymbol{C})$；

(3) $\boldsymbol{A}+\boldsymbol{O}=\boldsymbol{A}$；$\boldsymbol{O}$ 是与 $\boldsymbol{A}$ 同型的零矩阵；

(4) $\boldsymbol{A}+(-\boldsymbol{A})=\boldsymbol{O}$；

这里的 $-\boldsymbol{A}$ 是将 $\boldsymbol{A}$ 中每个元素都乘上 -1 得到的，称为 $\boldsymbol{A}$ 的负矩阵，进而我们可以定义矩阵的减法 $\boldsymbol{A}-\boldsymbol{B}=\boldsymbol{A}+(-\boldsymbol{B})$.

2. 矩阵的数量乘法（简称数乘）

设 k 是数域 $\boldsymbol{F}$ 中的任意一个数，$\boldsymbol{A}=(a_{ij})\in \boldsymbol{F}^{m\times n}$，规定

$$k\boldsymbol{A}=(ka_{ij})=\begin{pmatrix} ka_{11} & ka_{12} & \cdots & ka_{1n} \\ ka_{21} & ka_{22} & \cdots & ka_{2n} \\ \vdots & \vdots & & \vdots \\ ka_{m1} & ka_{m2} & \cdots & ka_{mn} \end{pmatrix},$$

并称这个矩阵为 k 与 $\boldsymbol{A}$ 的数量乘积.

设 k,l 是数域 $\boldsymbol{F}$ 中的数，矩阵的数量乘法满足运算律：

(1) $(kl)\boldsymbol{A}=k(l\boldsymbol{A})$；

(2) $(k+l)\boldsymbol{A}=k\boldsymbol{A}+l\boldsymbol{A}$；

(3) $k(\boldsymbol{A}+\boldsymbol{B})=k\boldsymbol{A}+k\boldsymbol{B}$.

五、矩阵的乘法

设 $\boldsymbol{A}$ 是一个 $m\times n$ 矩阵，$\boldsymbol{B}$ 是一个 $n\times s$ 矩阵，即

$$\boldsymbol{A}=\begin{pmatrix} a_{11} & a_{12} & \cdots & a_{1n} \\ a_{21} & a_{22} & \cdots & a_{2n} \\ \vdots & \vdots & & \vdots \\ a_{m1} & a_{m2} & \cdots & a_{mn} \end{pmatrix},\boldsymbol{B}=\begin{pmatrix} b_{11} & b_{12} & \cdots & b_{1s} \\ b_{21} & b_{22} & \cdots & b_{2s} \\ \vdots & \vdots & & \vdots \\ b_{n1} & b_{n2} & \cdots & b_{ns} \end{pmatrix},$$

则 $\boldsymbol{A}$ 与 $\boldsymbol{B}$ 之积 $\boldsymbol{AB}$（记作 $\boldsymbol{C}=(c_{ij})$）是一个 $m\times s$ 矩阵，且

$$c_{ij}=a_{i1}b_{1j}+a_{i2}b_{2j}+\cdots+a_{in}b_{nj}=\sum_{k=1}^{n}a_{ik}b_{kj},$$

即矩阵 $\boldsymbol{C}=\boldsymbol{AB}$ 的第 i 行第 j 列元素 c_{ij} 是 $\boldsymbol{A}$ 的第 i 行 n 个元素与 $\boldsymbol{B}$ 的第 j 列相应的 n 个元素分别相乘的乘积之和.

矩阵乘法满足运算律：

(1) 结合律 $(\boldsymbol{AB})\boldsymbol{C}=\boldsymbol{A}(\boldsymbol{BC})$；

(2) 数乘结合律 $k(\boldsymbol{AB})=(k\boldsymbol{A})\boldsymbol{B}=\boldsymbol{A}(k\boldsymbol{B})$，其中 k 是常数；

(3) 左分配律 $\boldsymbol{C}(\boldsymbol{A}+\boldsymbol{B})=\boldsymbol{CA}+\boldsymbol{CB}$；

(4) 右分配律 $(\boldsymbol{A}+\boldsymbol{B})\boldsymbol{C}=\boldsymbol{AC}+\boldsymbol{BC}$.

矩阵乘法不满足的运算律：

(1) 矩阵乘法不满足交换律；

(2) 矩阵乘法不满足消去律.

六、矩阵的转置、对称矩阵

1. 定义

把一个 $m \times n$ 矩阵 $\boldsymbol{A} = \begin{pmatrix} a_{11} & a_{12} & \cdots & a_{1n} \\ a_{21} & a_{22} & \cdots & a_{2n} \\ \vdots & \vdots & & \vdots \\ a_{m1} & a_{m2} & \cdots & a_{mn} \end{pmatrix}$ 的行列互换得到一个 $n \times m$ 矩阵，称之为 $\boldsymbol{A}$ 的转置矩阵，记作 $\boldsymbol{A}^{\mathrm{T}}$ 或 $\boldsymbol{A}'$，即 $\boldsymbol{A}^{\mathrm{T}} = \begin{pmatrix} a_{11} & a_{21} & \cdots & a_{m1} \\ a_{12} & a_{22} & \cdots & a_{m2} \\ \vdots & \vdots & & \vdots \\ a_{1n} & a_{2n} & \cdots & a_{mn} \end{pmatrix}$.

矩阵的转置也是一种运算，满足运算律：

(1) $(\boldsymbol{A}^{\mathrm{T}})^{\mathrm{T}} = \boldsymbol{A}$；

(2) $(\boldsymbol{A}+\boldsymbol{B})^{\mathrm{T}} = \boldsymbol{A}^{\mathrm{T}} + \boldsymbol{B}^{\mathrm{T}}$；

(3) $(k\boldsymbol{A})^{\mathrm{T}} = k\boldsymbol{A}^{\mathrm{T}}$（$k$ 为任意实数）；

(4) $(\boldsymbol{AB})^{\mathrm{T}} = \boldsymbol{B}^{\mathrm{T}}\boldsymbol{A}^{\mathrm{T}}$.

2. 对称矩阵、反对称矩阵

设 $\boldsymbol{A} = \begin{pmatrix} a_{11} & a_{12} & \cdots & a_{1n} \\ a_{21} & a_{22} & \cdots & a_{2n} \\ \vdots & \vdots & & \vdots \\ a_{n1} & a_{n2} & \cdots & a_{nn} \end{pmatrix}$ 是一个 n 阶矩阵，如果 $\boldsymbol{A}^{\mathrm{T}} = \boldsymbol{A}$，即 $a_{ij} = a_{ji}\ (i,j = 1,2,\cdots,n)$，则称 $\boldsymbol{A}$ 为对称矩阵；如果 $\boldsymbol{A}^{\mathrm{T}} = -\boldsymbol{A}$，即 $a_{ij} = -a_{ji}\ (i,j = 1,2,\cdots,n)$，则称 $\boldsymbol{A}$ 为反对称矩阵.

对称矩阵的特点是：它的元素以对角线为对称轴对应相等.

对于反对称矩阵 $\boldsymbol{A}$，由于 $a_{ij} = -a_{ji}\ (i,j = 1,2,\cdots,n)$，其主对角元素 a_{ii} 全为零.

七、方阵的行列式

由于 n 阶方阵 $\boldsymbol{A}$ 的元素所构成的行列式（各元素的位置不变），称为方阵 $\boldsymbol{A}$ 的行列式，记作 $|\boldsymbol{A}|$ 或 $\det\boldsymbol{A}$.

求方阵的行列式也是一种运算，满足运算律：

(1) $|\boldsymbol{A}^{\mathrm{T}}| = |\boldsymbol{A}|$；

(2) $|\lambda\boldsymbol{A}| = \lambda^{n}|\boldsymbol{A}|$；

(3) $|\boldsymbol{AB}| = |\boldsymbol{A}||\boldsymbol{B}|$；

(4) $|\boldsymbol{A}^{k}| = |\boldsymbol{A}|^{k}$，$k$ 为自然数；

(5) $|\boldsymbol{A} \pm \boldsymbol{B}| \neq |\boldsymbol{A}| \pm |\boldsymbol{B}|$；

(6) 若 $\boldsymbol{A} = \boldsymbol{0}$，则 $|\boldsymbol{A}| = 0$；$|\boldsymbol{A}| = 0 \not\Rightarrow \boldsymbol{A} = \boldsymbol{0}$.

八、方阵的幂

1. 定义

设 $\boldsymbol{A}$ 是 n 阶矩阵，k 个 $\boldsymbol{A}$ 的连乘积为 $\boldsymbol{A}$ 的 k 次幂，记作 $\boldsymbol{A}^{k}$，即 $\boldsymbol{A}^{k} = \underbrace{\boldsymbol{AA}\cdots\boldsymbol{A}}_{k\text{个}\boldsymbol{A}}$，规定 $\boldsymbol{A}^{0} = \boldsymbol{E}$，设 $f(x) = a_{k}x^{k} + a_{k-1}x^{k-1} + \cdots + a_{1}x + a_{0}$ 是 x 的 k 次多项式，$\boldsymbol{A}$ 是 n 阶矩阵，则

$$f(\boldsymbol{A}) = a_{k}\boldsymbol{A}^{k} + a_{k-1}\boldsymbol{A}^{k-1} + \cdots + a_{1}\boldsymbol{A} + a_{0}\boldsymbol{E}_{n}$$

称为矩阵 $\boldsymbol{A}$ 的 k 次多项式（注意常数项应变为 $a_{0}\boldsymbol{E}_{n}$）.

满足运算律：

(1) 当 m,k 为正整数时，有 $\boldsymbol{A}^{m}\boldsymbol{A}^{k} = \boldsymbol{A}^{m+k}$，$(\boldsymbol{A}^{m})^{k} = \boldsymbol{A}^{mk}$，但 $(\boldsymbol{AB})^{k} \neq \boldsymbol{A}^{k}\boldsymbol{B}^{k}$.

(2) 方阵 $\boldsymbol{A}$ 的多项式可因式分解

$$\boldsymbol{A}^2-\boldsymbol{E}^2=(\boldsymbol{A}+\boldsymbol{E})(\boldsymbol{A}-\boldsymbol{E})=(\boldsymbol{A}-\boldsymbol{E})(\boldsymbol{A}+\boldsymbol{E}),$$
$$\boldsymbol{A}^2+2\boldsymbol{A}+\boldsymbol{E}=(\boldsymbol{A}+\boldsymbol{E})^2.$$

【常见考点及其解题方法技巧归纳】

【考点 2.1】 矩阵的运算

例 2.1 设 $\boldsymbol{A},\boldsymbol{B},\boldsymbol{E}$ 为同阶矩阵，下列命题哪个是正确的(　　).

(A) 若 $\boldsymbol{A}^2=\boldsymbol{A}$，则 $\boldsymbol{A}=\boldsymbol{0}$ 或 $\boldsymbol{A}=\boldsymbol{E}$

(B) 若 $\boldsymbol{AX}=\boldsymbol{AY}$，且 $\boldsymbol{A}\neq\boldsymbol{0}$，则 $\boldsymbol{X}=\boldsymbol{Y}$

(C) 若 $\boldsymbol{A},\boldsymbol{B}$ 可交换，则 $(\boldsymbol{A}+\boldsymbol{B})$ 与 $(\boldsymbol{A}-\boldsymbol{B})$ 相乘也可交换

(D) $(\boldsymbol{AB})^2=\boldsymbol{A}^2\boldsymbol{B}^2$ 当且仅当 $\boldsymbol{AB}=\boldsymbol{BA}$

(E) $\boldsymbol{AB}=0$ 则 $\boldsymbol{A}=0$ 或 $\boldsymbol{B}=0$

例 2.2 若 $\boldsymbol{A}=\boldsymbol{B}^{\mathrm{T}}$，则 $\boldsymbol{A}^{\mathrm{T}}(\boldsymbol{B}^{-1}\boldsymbol{A}^{-1}+\boldsymbol{E})^{\mathrm{T}}=($　　$)$.

(A) $\boldsymbol{A}+\boldsymbol{B}$　　(B) $\boldsymbol{A}^{\mathrm{T}}+\boldsymbol{A}^{-1}$　　(C) $\boldsymbol{A}^{\mathrm{T}}\boldsymbol{B}$　　(D) $\boldsymbol{A}+\boldsymbol{A}^{-1}$　　(E) $\boldsymbol{BA}^{\mathrm{T}}$

例 2.3 设 $\boldsymbol{A},\boldsymbol{B}$ 是 n 阶矩阵，$\boldsymbol{E}$ 是 n 阶单位矩阵，下列正确的有(　　).个.

(1) $(\boldsymbol{A}+\boldsymbol{B})^2=\boldsymbol{A}^2+2\boldsymbol{AB}+\boldsymbol{B}^2$

(2) $(\boldsymbol{A}+\boldsymbol{B})(\boldsymbol{A}-\boldsymbol{B})=\boldsymbol{A}^2-\boldsymbol{B}^2$

(3) $(\boldsymbol{A}-\boldsymbol{E})(\boldsymbol{A}+\boldsymbol{E})=(\boldsymbol{A}+\boldsymbol{E})(\boldsymbol{A}-\boldsymbol{E})$

(4) $\boldsymbol{A}^2\cdot\boldsymbol{A}^5=\boldsymbol{A}^5\cdot\boldsymbol{A}^2$

(5) $(\boldsymbol{A}-\boldsymbol{E})(\boldsymbol{A}^k+\boldsymbol{A}^{k-1}+\cdots+\boldsymbol{A}+\boldsymbol{E})=\boldsymbol{A}^{k+1}-\boldsymbol{E}$

(A) 1　　(B) 2　　(C) 3　　(D) 4　　(E) 5

【考点 2.2】 计算方阵的 n 次幂

例 2.4 设 $\boldsymbol{A}=\begin{pmatrix}2&1&3\\6&3&9\\-2&-1&-3\end{pmatrix}$，则 $\boldsymbol{A}^n=($　　$)$.

(A) $2^n\boldsymbol{A}$　　(B) $3^n\boldsymbol{A}$　　(C) $2^{n-1}\boldsymbol{A}$　　(D) $3^{n-1}\boldsymbol{A}$　　(E) $3^{n+1}\boldsymbol{A}$

例 2.5 设 $A=\begin{pmatrix}1&0&1\\0&2&0\\1&0&1\end{pmatrix}$，而 $n\geqslant 2$ 为正整数，则 $A^n-2A^{n-1}=$（ ）.

(A)O (B)E (C)$-E$ (D)$E+A$ (E)$E+2A$

【考点 2.3】计算方阵的行列式

例 2.6 已知 A,B 都是 4 阶矩阵，$|A|=-2$，$|B|=3$，求(1)$|5AB|$；(2)$|-AB^{\mathrm{T}}|$；(3)$|(AB)^{-1}|$；(4)$|[(AB)^{\mathrm{T}}]^{-1}|$.

例 2.7 设 A,B 均为 $n\times n$ 矩阵，则必有（ ）.

(A)$|A+B|=|A|+|B|$ (B)$AB=BA$

(C)$|AB|=|BA|$ (D)$(A+B)^{-1}=A^{-1}+B^{-1}$

(E)$(A+B)^*=A^*+B^*$

第二节 伴随矩阵与逆矩阵

【核心知识要点讲解】

一、伴随矩阵的定义

设 $A=\begin{pmatrix}a_{11}&a_{12}&\cdots&a_{1n}\\a_{21}&a_{22}&\cdots&a_{2n}\\\vdots&\vdots&&\vdots\\a_{n1}&a_{n2}&\cdots&a_{nn}\end{pmatrix}$，$A^*=\begin{pmatrix}A_{11}&A_{21}&\cdots&A_{n1}\\A_{12}&A_{22}&\cdots&A_{n2}\\\vdots&\vdots&&\vdots\\A_{1n}&A_{2n}&\cdots&A_{nn}\end{pmatrix}$ 称为矩阵 A 的伴随矩阵，其中 A_{ij} 是行列式 $|A|$ 中元素 a_{ij} 的代数余子式.

注： 求代数余子式时一定要带符号，注意代数余子式的顺序.

二、伴随矩阵的性质

设 A 为 n 阶方阵，则

$AA^*=A^*A=|A|E_n$.（这是一个基本公式，线性代数中的许多公式都可以由它推导而来）

$|A^*|=|A|^{n-1}$，$(kA)^*=k^{n-1}A^*$，$(AB)^*=B^*A^*$，$(A^{\mathrm{T}})^*=(A^*)^{\mathrm{T}}$，$(A^*)^*=|A|^{n-2}A$，

$(A^*)^{-1}=(A^{-1})^*=\dfrac{1}{|A|}A$.

三、可逆矩阵的定义

对于 n 阶方阵 $\boldsymbol{A}$，如果存在 n 阶方阵 $\boldsymbol{B}$，使得 $\boldsymbol{AB}=\boldsymbol{BA}=\boldsymbol{E}$，就称 $\boldsymbol{A}$ 为可逆阵(简称 $\boldsymbol{A}$ 可逆)，并称 $\boldsymbol{B}$ 是 $\boldsymbol{A}$ 的逆矩阵，记作 $\boldsymbol{A}^{-1}=\boldsymbol{B}$.

四、矩阵可逆的条件

定理 矩阵 $\boldsymbol{A}$ 可逆的充要条件是 $|\boldsymbol{A}|\neq 0$，且 $\boldsymbol{A}^{-1}=\dfrac{1}{|\boldsymbol{A}|}\boldsymbol{A}^*$.

推论 若 $\boldsymbol{A},\boldsymbol{B}$ 都是 n 阶矩阵，且 $\boldsymbol{AB}=\boldsymbol{E}$，则 $\boldsymbol{BA}=\boldsymbol{E}$，即 $\boldsymbol{A},\boldsymbol{B}$ 皆可逆，且 $\boldsymbol{A},\boldsymbol{B}$ 互为逆矩阵.

五、可逆矩阵的性质

设同阶方阵 $\boldsymbol{A},\boldsymbol{B}$ 皆可逆，数 $k\neq 0$.

1. 若 $\boldsymbol{A}$ 可逆，则 $\boldsymbol{A}^{-1}$ 可逆，且 $(\boldsymbol{A}^{-1})^{-1}=\boldsymbol{A}$.

2. 若 $\boldsymbol{A}$ 可逆，数 $k\neq 0$，则 $k\boldsymbol{A}$ 亦可逆，且 $(k\boldsymbol{A})^{-1}=\dfrac{1}{k}\boldsymbol{A}^{-1}$($k$ 为非零常数).

3. 若 $\boldsymbol{A},\boldsymbol{B}$ 为同阶矩阵且皆可逆，则 $\boldsymbol{AB}$ 亦可逆，且 $(\boldsymbol{AB})^{-1}=\boldsymbol{B}^{-1}\boldsymbol{A}^{-1}$.

推广：$(\boldsymbol{A}_1\boldsymbol{A}_2\cdots\boldsymbol{A}_s)^{-1}=\boldsymbol{A}_s^{-1}\boldsymbol{A}_{s-1}^{-1}\cdots\boldsymbol{A}_2^{-1}\boldsymbol{A}_1^{-1}$；$(\boldsymbol{A}^n)^{-1}=(\boldsymbol{A}^{-1})^n$.

4. 若 $\boldsymbol{A}$ 可逆，则 $\boldsymbol{A}^{\mathrm{T}}$ 亦可逆，且 $(\boldsymbol{A}^{\mathrm{T}})^{-1}=(\boldsymbol{A}^{-1})^{\mathrm{T}}$.

5. $|\boldsymbol{A}^{-1}|=|\boldsymbol{A}|^{-1}$.

【常见考点及其解题方法技巧归纳】

【考点 2.4】伴随矩阵

例 2.8 设 $\boldsymbol{A}=\begin{pmatrix}2&1&0\\1&2&0\\0&0&1\end{pmatrix}$，矩阵 $\boldsymbol{B}$ 满足 $\boldsymbol{ABA}^*=2\boldsymbol{BA}^*+\boldsymbol{E}$，则 $|\boldsymbol{B}|=$ ________.

例 2.9 设 $\boldsymbol{A}$ 为反对称矩阵($\boldsymbol{A}=-\boldsymbol{A}^{\mathrm{T}}$)，且 $|\boldsymbol{A}|\neq 0$，$\boldsymbol{B}$ 可逆，$\boldsymbol{A},\boldsymbol{B}$ 为同阶方阵，$\boldsymbol{A}^*$ 为 $\boldsymbol{A}$ 的伴随矩阵，则 $[\boldsymbol{A}^{\mathrm{T}}\boldsymbol{A}^*(\boldsymbol{B}^{-1})^{\mathrm{T}}]^{-1}=($ $)$.

(A) $-\dfrac{\boldsymbol{B}}{|\boldsymbol{A}|}$ (B) $\dfrac{\boldsymbol{B}}{|\boldsymbol{A}|}$ (C) $-\dfrac{\boldsymbol{B}^{\mathrm{T}}}{|\boldsymbol{A}|}$ (D) $\dfrac{\boldsymbol{B}^{\mathrm{T}}}{|\boldsymbol{A}|}$ (E)(A)$\boldsymbol{B}^{\mathrm{T}}$

例 2.10 $||\boldsymbol{A}^*|\boldsymbol{A}|=($ $)$，其中 $\boldsymbol{A}$ 为 n 阶方阵，$\boldsymbol{A}^*$ 为 $\boldsymbol{A}$ 的伴随矩阵.

(A) $|\boldsymbol{A}^*|^{n^2}$ (B) $|\boldsymbol{A}|^n$ (C) $|\boldsymbol{A}|^{n^2-n}$ (D) $|\boldsymbol{A}|^{n^2-n+1}$ (E) $|\boldsymbol{A}|^{n^2+n}$

【考点 2.5】逆矩阵

例 2.11　设矩阵 $\boldsymbol{A}$ 满足 $\boldsymbol{A}^2+\boldsymbol{A}-5\boldsymbol{E}=\boldsymbol{O}$,其中 $\boldsymbol{E}$ 为单位矩阵,则 $(\boldsymbol{A}+2\boldsymbol{E})^{-1}=($　　$)$.

(A) $\dfrac{\boldsymbol{A}-\boldsymbol{E}}{3}$　(B) $\dfrac{\boldsymbol{A}+\boldsymbol{E}}{3}$　(C) $\dfrac{\boldsymbol{A}-2\boldsymbol{E}}{2}$　(D) $\dfrac{\boldsymbol{A}+3\boldsymbol{E}}{3}$　(E) $\dfrac{\boldsymbol{A}-2\boldsymbol{E}}{3}$

例 2.12　设 $\boldsymbol{A}$ 和 $\boldsymbol{B}$ 均为 n 阶可逆矩阵,则下列正确的表示是(　　).

(A) $(\boldsymbol{A}+\boldsymbol{B})^{-1}=\boldsymbol{A}^{-1}+\boldsymbol{B}^{-1}$　(B) $\boldsymbol{A}^{-1}\boldsymbol{B}^{-1}=(\boldsymbol{AB})^{-1}$

(C) $[(\boldsymbol{A}^{\mathrm{T}})^{\mathrm{T}}]^{-1}=[(\boldsymbol{A}^{-1})^{-1}]^{\mathrm{T}}$　(D) $|(k\boldsymbol{A})^{-1}|=k^{-n}|\boldsymbol{A}^{-1}|(k\neq 0$,常数$)$

(E) $|k\boldsymbol{A}|=k|\boldsymbol{A}|$

例 2.13　设 $\boldsymbol{A}$ 和 $\boldsymbol{B}$ 均为 n 阶矩阵,则正确的命题是(　　).

(A) 若 $\boldsymbol{A},\boldsymbol{B}$ 均可逆,则 $\boldsymbol{A}+\boldsymbol{B}$ 可逆　(B) 若 $\boldsymbol{A},\boldsymbol{B}$ 均不可逆,则 $\boldsymbol{A}+\boldsymbol{B}$ 不可逆

(C) 若 $\boldsymbol{AB}$ 不可逆,则 $\boldsymbol{A}+\boldsymbol{B}$ 不可逆　(D) 若 $\boldsymbol{AB}$ 可逆,则 $\boldsymbol{A},\boldsymbol{B}$ 均可逆

(E) 若 $\boldsymbol{A}+\boldsymbol{B}$ 可逆,则 $\boldsymbol{A},\boldsymbol{B}$ 可逆

例 2.14　已知 $\boldsymbol{A},\boldsymbol{B}$ 均为 n 阶非零矩阵,且 $\boldsymbol{AB}=\boldsymbol{O}$,则(　　).

(A) $\boldsymbol{A},\boldsymbol{B}$ 中必有一个可逆　(B) $\boldsymbol{A},\boldsymbol{B}$ 都不可逆

(C) $\boldsymbol{A},\boldsymbol{B}$ 都可逆　(D) $\boldsymbol{A}=0$ 或 $\boldsymbol{B}=0$

(E) 以上结论都不正确

例 2.15　已知 $\boldsymbol{A}=\begin{pmatrix}2&1&1\\0&1&1\\0&0&1\end{pmatrix}$,$\boldsymbol{A}^*$ 是 $\boldsymbol{A}$ 的伴随矩阵,则 $(\boldsymbol{A}^*)^{-1}=($　　$)$.

(A) $\begin{pmatrix}2&1&1\\0&1&1\\0&0&1\end{pmatrix}$　(B) $\begin{pmatrix}4&-1&-1\\0&1&-1\\0&0&1\end{pmatrix}$　(C) $\begin{pmatrix}1&\frac{1}{2}&\frac{1}{2}\\0&\frac{1}{2}&\frac{1}{2}\\0&0&\frac{1}{2}\end{pmatrix}$

(D) $\begin{pmatrix} -1 & \frac{1}{2} & \frac{1}{2} \\ 0 & -\frac{1}{2} & -\frac{1}{2} \\ 0 & 0 & -\frac{1}{2} \end{pmatrix}$ (E) $\begin{pmatrix} -2 & 1 & 1 \\ 0 & 1 & 1 \\ 0 & 0 & 1 \end{pmatrix}$

第三节 初等变换与初等矩阵

【核心知识要点讲解】

一、矩阵的初等变换和初等矩阵

1. 初等变换的定义

用消元法解线性方程组，其消元步骤是对增广矩阵进行 3 类行变换，推广到一般，即

(1)$k\boldsymbol{\gamma}_i$ 或 $k\boldsymbol{c}_i$，$k \neq 0$；

(2)$\boldsymbol{\gamma}_i + k\boldsymbol{\gamma}_j$ 或 $\boldsymbol{c}_i + k\boldsymbol{c}_j$；

(3)$\boldsymbol{\gamma}_i \leftrightarrow \boldsymbol{\gamma}_j$，$\boldsymbol{c}_i \leftrightarrow \boldsymbol{c}_j$.

2. 初等矩阵

(1) 定义 将单位矩阵做一次初等变换所得的矩阵称为初等矩阵.

(2) 初等矩阵的作用

对 $\boldsymbol{A}$ 实施一次初等行(列) 变换，相当于左(右) 乘相应的初等矩阵.

3. 利用初等变换求逆矩阵

定理 可逆矩阵可以经过若干次初等行变换化为单位矩阵.

推论 1 可逆矩阵可以表示为若干个初等变换的乘积.

推论 2 如果对可逆矩阵$\boldsymbol{A}$和同阶单位阵$\boldsymbol{E}$ 做同样的初等行变换，那么当$\boldsymbol{A}$变为单位阵时，$\boldsymbol{E}$ 就变为 $\boldsymbol{A}^{-1}$，即

$$(\boldsymbol{A},\boldsymbol{E}) \xrightarrow{\text{初等行变换}} (\boldsymbol{E},\boldsymbol{A}^{-1}),$$

我们也可用初等列变换求逆矩阵，即

$$\begin{pmatrix} \boldsymbol{A} \\ \boldsymbol{E} \end{pmatrix} \xrightarrow{\text{初等列变换}} \begin{pmatrix} \boldsymbol{E} \\ \boldsymbol{A}^{-1} \end{pmatrix}.$$

【考点 2.6】初等变换和初等矩阵在矩阵中的作用

例 2.16 设 $\boldsymbol{A}$ 为 3 阶矩阵，将 $\boldsymbol{A}$ 的第 2 行加到第 1 行得 $\boldsymbol{B}$，再将 $\boldsymbol{B}$ 的第 1 列的 -1 倍加到第 2 列得 $\boldsymbol{C}$，记 $\boldsymbol{P} = \begin{pmatrix} 1 & 1 & 0 \\ 0 & 1 & 0 \\ 0 & 0 & 1 \end{pmatrix}$，则( ).

(A) $\boldsymbol{C} = \boldsymbol{P}^{-1}\boldsymbol{AP}$ (B) $\boldsymbol{C} = \boldsymbol{PAP}^{-1}$ (C) $\boldsymbol{C} = \boldsymbol{P}^{\mathrm{T}}\boldsymbol{AP}$ (D) $\boldsymbol{C} = \boldsymbol{PAP}^{\mathrm{T}}$ (E)$\boldsymbol{C} = \boldsymbol{P}^{*}\boldsymbol{AP}$

例 2.17 设 $\boldsymbol{A}=\begin{bmatrix}a_{11}&a_{12}&a_{13}\\a_{21}&a_{22}&a_{23}\\a_{31}&a_{32}&a_{33}\end{bmatrix}$，$\boldsymbol{B}=\begin{bmatrix}a_{21}&a_{22}&a_{23}\\a_{11}&a_{12}&a_{13}\\a_{31}+a_{11}&a_{32}+a_{12}&a_{33}+a_{13}\end{bmatrix}$，$\boldsymbol{P}_1=\begin{bmatrix}0&1&0\\1&0&0\\0&0&1\end{bmatrix}$，$\boldsymbol{P}_2=\begin{bmatrix}1&0&0\\0&1&0\\1&0&1\end{bmatrix}$，则必有(　　).

(A) $\boldsymbol{AP}_1\boldsymbol{P}_2=\boldsymbol{B}$　(B) $\boldsymbol{AP}_2\boldsymbol{P}_1=\boldsymbol{B}$　(C) $\boldsymbol{P}_1\boldsymbol{P}_2\boldsymbol{A}=\boldsymbol{B}$　(D) $\boldsymbol{P}_2\boldsymbol{P}_1\boldsymbol{A}=\boldsymbol{B}$
(E) $\boldsymbol{P}_1\boldsymbol{AP}_2=\boldsymbol{B}$

例 2.18 $\boldsymbol{C}=\begin{bmatrix}-1&0&0\\0&-1&2\\0&-2&3\end{bmatrix}$，求 $\boldsymbol{C}^{-1}$.

例 2.19 设 $\boldsymbol{A}=\begin{bmatrix}1&2&-2\\0&3&0\\0&0&-1\end{bmatrix}$，$\boldsymbol{B}=\begin{bmatrix}1&0&0\\0&-2&0\\0&0&3\end{bmatrix}$，求 $(\boldsymbol{AB})^{-1}$.

第四节　矩阵的秩

【核心知识要点讲解】

一、k 阶子式

矩阵 $\boldsymbol{A}=(a_{ij})_{m\times n}$ 的任意 k 行和 k 列的交点上的 k^2 个元素按原顺序排成 k 阶行列式 $\begin{vmatrix}a_{i_1j_1}&a_{i_1j_2}&\cdots&a_{i_1j_k}\\a_{i_2j_1}&a_{i_2j_2}&\cdots&a_{i_2j_k}\\\vdots&\vdots&&\vdots\\a_{i_kj_1}&a_{i_kj_2}&\cdots&a_{i_kj_k}\end{vmatrix}$，称为 $\boldsymbol{A}$ 的 k 阶子式.

二、矩阵的秩

矩阵中存在一个 r 阶子式不为零，而所有 $r+1$ 阶子式全为零(若存在)，则称矩阵的秩为 r，

记为 $r(\boldsymbol{A})=r$,即非零子式的最高阶数.

三、矩阵秩的基本性质

1. 初等变换不改变矩阵的秩.

2. 矩阵的秩 = 行秩 = 列秩 = 矩阵的非零子式的最高阶数(三秩相等).

3. $\boldsymbol{A}$ 为 n 阶方阵,$r(\boldsymbol{A})=n\Leftrightarrow|\boldsymbol{A}|\neq 0\Leftrightarrow\boldsymbol{A}$ 可逆 $\Leftrightarrow\boldsymbol{A}$ 的行(列)向量组线性无关.

4. $r(\boldsymbol{A}+\boldsymbol{B})\leqslant r(\boldsymbol{A})+r(\boldsymbol{B})$,$r(k\boldsymbol{A})=r(\boldsymbol{A})$,$k\neq 0$.

5. $r(\boldsymbol{AB})\leqslant r(\boldsymbol{A})$,$r(\boldsymbol{AB})\leqslant r(\boldsymbol{B})$——矩阵越乘秩越小.

6. $\boldsymbol{A}$ 是 $m\times n$ 矩阵,$\boldsymbol{B}$ 是 $n\times p$ 矩阵.若 $\boldsymbol{AB}=\boldsymbol{O}$,则 $r(\boldsymbol{A})+r(\boldsymbol{B})\leqslant n$.

7. 若 $r(\boldsymbol{A}_{m\times n})=n$,则 $r(\boldsymbol{AB})=r(\boldsymbol{B})$;若 $r(\boldsymbol{B}_{n\times s})=n$,则 $r(\boldsymbol{AB})=r(\boldsymbol{A})$.

8. $r(\boldsymbol{A}^*)=\begin{cases}n, & r(\boldsymbol{A})=n,\\ 1, & r(\boldsymbol{A})=n-1,\\ 0, & r(\boldsymbol{A})<n-1.\end{cases}$

【常见考点及其解题方法技巧归纳】

【考点 2.7】 矩阵秩的相关计算

例 2.20 设 $\boldsymbol{A}=\begin{pmatrix}a_1b_1 & a_1b_2 & a_1b_3\\ a_2b_1 & a_2b_2 & a_2b_3\\ a_3b_1 & a_3b_2 & a_3b_3\end{pmatrix}$,其中 $a_i\neq 0,b_i\neq 0(i=1,2,3)$,则 $r(\boldsymbol{A})=($　　$)$.

(A)1　　(B)2　　(C)3　　(D)4　　(E) 与 a_i,b_i 有关

例 2.21 求矩阵 $\boldsymbol{A}=\begin{pmatrix}3 & 1 & 0 & 2\\ 1 & -1 & 2 & -1\\ 1 & 3 & -4 & 4\end{pmatrix}$ 的秩.

例 2.22 已知 $\boldsymbol{A}=\begin{pmatrix}1 & 2 & 3 & 4\\ 2 & 3 & 4 & 5\\ 3 & 4 & 5 & 6\\ 4 & 5 & 6 & 7\end{pmatrix}$,$\boldsymbol{B}=\begin{pmatrix}1 & -1 & 2 & 4\\ 0 & 2 & 0 & 1\\ 0 & 0 & 3 & -1\\ 0 & 0 & 0 & 4\end{pmatrix}$,则矩阵 $\boldsymbol{BA}+2\boldsymbol{A}$ 的秩为(　　).

(A)1　　(B)2　　(C)3　　(D)4　　(E) 以上均不正确

例 2.23　已知 $\boldsymbol{A}$ 是 4 阶不可逆矩阵，则 $r((\boldsymbol{A}^*)^*)=$（　　）.

(A)0　(B)1　(C)2　(D)3　(E)4

例 2.24　设 $\boldsymbol{A}=\begin{pmatrix}1&1&1\\2&2&t\\3&4&5\end{pmatrix}$ 且 $\boldsymbol{A}$ 的秩 $r(\boldsymbol{A})=2$，则 $t=$（　　）.

(A)2　(B)1　(C)0　(D)-1　(E)-2

例 2.25　已知 5 阶矩阵 $\boldsymbol{A}=\begin{pmatrix}2&a&a&a&a\\a&2&a&a&a\\a&a&2&a&a\\a&a&a&2&a\\a&a&a&a&2\end{pmatrix}$，且 $r(\boldsymbol{A})=4$，则 a 必为（　　）.

(A)-2　(B)$-\frac{1}{2}$　(C)$\frac{1}{2}$　(D)2　(E)0

例 2.26　已知 $\boldsymbol{A}=\begin{pmatrix}1&2&-2\\2&-1&t\\3&t&-1\\4&3&-3\end{pmatrix}$，$\boldsymbol{B}$ 是三阶非零矩阵，且 $\boldsymbol{AB}=\boldsymbol{O}$，则 $t=$（　　）.

(A)6　(B)-4　(C)1　(D)3　(E)-3

第三章　向　量

第一节　线性相关性与线性表示

【核心知识要点讲解】

一、线性组合、线性表出、向量组等价

给定 $\boldsymbol{\alpha}_1,\boldsymbol{\alpha}_2,\cdots,\boldsymbol{\alpha}_m$ 对于任何一组实数 $k_1,k_2,\cdots,k_m$，$\sum_{i=1}^{n}k_i\boldsymbol{\alpha}_i=k_1\boldsymbol{\alpha}_1+k_2\boldsymbol{\alpha}_2+\cdots+k_m\boldsymbol{\alpha}_m$ 称为向量组 $\boldsymbol{\alpha}_1,\boldsymbol{\alpha}_2,\cdots,\boldsymbol{\alpha}_m$ 的一个线性组合，$k_1,k_2,\cdots,k_m$ 称为这个线性组合的系数.

给定 $\boldsymbol{\alpha}_1,\boldsymbol{\alpha}_2,\cdots,\boldsymbol{\alpha}_m$ 和向量 $\boldsymbol{\beta}$，如果存在一组实数 $\lambda_1,\lambda_2,\cdots,\lambda_m$，使

$$\boldsymbol{\beta}=\lambda_1\boldsymbol{\alpha}_1+\lambda_2\boldsymbol{\alpha}_2+\cdots+\lambda_m\boldsymbol{\alpha}_m,$$

则向量 $\boldsymbol{\beta}$ 是向量组 $\boldsymbol{\alpha}_1,\boldsymbol{\alpha}_2,\cdots,\boldsymbol{\alpha}_m$ 的一个线性组合，称向量 $\boldsymbol{\beta}$ 能由向量组 $\boldsymbol{\alpha}_1,\boldsymbol{\alpha}_2,\cdots,\boldsymbol{\alpha}_m$ 线性表示.

如果向量组中每一个向量可由向量组线性表示，就称前一个向量组可由后一个向量组线性表示，如果两个向量组可以相互线性表示，则称这两个向量组是等价的.

二、线性相关与线性无关

给定 m 个向量 $\boldsymbol{\alpha}_1,\boldsymbol{\alpha}_2,\cdots,\boldsymbol{\alpha}_m$，如果存在 m 个不全为零的数 $k_1,k_2,\cdots,k_m$，使得 $k_1\boldsymbol{\alpha}_1+k_2\boldsymbol{\alpha}_2+\cdots+k_m\boldsymbol{\alpha}_m=\mathbf{0}$ 成立，则称 $\boldsymbol{\alpha}_1,\boldsymbol{\alpha}_2,\cdots,\boldsymbol{\alpha}_m$ 线性相关，否则，称 $\boldsymbol{\alpha}_1,\boldsymbol{\alpha}_2,\cdots,\boldsymbol{\alpha}_m$ 线性无关.

三、向量组线性相关的基本性质

定理 1　向量组 $\boldsymbol{\alpha}_1,\boldsymbol{\alpha}_2,\cdots,\boldsymbol{\alpha}_m(m\geqslant 2)$ 线性相关的充要条件是 $\boldsymbol{\alpha}_1,\boldsymbol{\alpha}_2,\cdots,\boldsymbol{\alpha}_m$ 中至少有一个向量可由其余 $m-1$ 个向量线性表示.

定理 2　$\boldsymbol{\alpha}_1=(a_{11},a_{21},\cdots,a_{r1})^{\mathrm{T}},\boldsymbol{\alpha}_2=(a_{12},a_{22},\cdots,a_{r2})^{\mathrm{T}},\cdots,\boldsymbol{\alpha}_n=(a_{1n},a_{2n},\cdots,a_{rn})^{\mathrm{T}},\boldsymbol{x}=(x_1,x_2,\cdots,x_n)^{\mathrm{T}}$，则向量组 $\boldsymbol{\alpha}_1,\boldsymbol{\alpha}_2,\cdots,\boldsymbol{\alpha}_n$ 线性相关的充要条件是齐次线性方程组 $\boldsymbol{Ax}=\mathbf{0}$ 有非零解，其中 $\boldsymbol{A}=(\boldsymbol{\alpha}_1,\boldsymbol{\alpha}_2,\cdots,\boldsymbol{\alpha}_n)$.

定理 3　若向量组 $\boldsymbol{\alpha}_1,\boldsymbol{\alpha}_2,\cdots,\boldsymbol{\alpha}_r$ 线性无关，而 $\boldsymbol{\beta},\boldsymbol{\alpha}_1,\boldsymbol{\alpha}_2,\cdots,\boldsymbol{\alpha}_r$ 线性相关，则 $\boldsymbol{\beta}$ 可由 $\boldsymbol{\alpha}_1,\boldsymbol{\alpha}_2,\cdots,\boldsymbol{\alpha}_r$ 线性表示，且表示法唯一.

推论　n 个 n 维向量 $\boldsymbol{\alpha}_1,\boldsymbol{\alpha}_2,\cdots,\boldsymbol{\alpha}_n$ 线性无关，则任意 n 维向量 $\boldsymbol{\alpha}$ 可由 $\boldsymbol{\alpha}_1,\boldsymbol{\alpha}_2,\cdots,\boldsymbol{\alpha}_n$ 线性表示，且表示法唯一.

定理 4　如果向量组 $\boldsymbol{\alpha}_1,\boldsymbol{\alpha}_2,\cdots,\boldsymbol{\alpha}_m$ 其中一部分向量线性相关，则整个向量组也线性相关.（简记为：部分相关，整体相关）

该命题的逆否命题是：如果 $\boldsymbol{\alpha}_1,\boldsymbol{\alpha}_2,\cdots,\boldsymbol{\alpha}_m$ 线性无关，则其任一部分向量组也线性无关.（简记为：整体无关，部分无关）

定理 5　任意 $n+1$ 个 n 维向量都是线性相关的.

四、线性表示的判定

$\boldsymbol{\beta}$ 能（不能）由线性表示

$\Leftrightarrow$ 存在（不存在）$k_1,k_2,\cdots,k_m$，使得 $k_1\boldsymbol{\alpha}_1+k_2\boldsymbol{\alpha}_2+\cdots+k_m\boldsymbol{\alpha}_m=\boldsymbol{\beta}$ 成立

$$\Leftrightarrow \text{方程组}(\boldsymbol{\alpha}_1,\boldsymbol{\alpha}_2,\cdots,\boldsymbol{\alpha}_m)\begin{pmatrix}x_1\\x_2\\\vdots\\x_m\end{pmatrix}=\boldsymbol{\beta}\text{有(无)解}.$$

【常见考点及其解题方法技巧归纳】

【考点 3.1】判定向量组的线性相关性

例 3.1 向量 $\boldsymbol{\alpha}_1,\boldsymbol{\alpha}_2,\cdots,\boldsymbol{\alpha}_s(s\geqslant 2)$线性相关的充要条件是( ).

(A) $\boldsymbol{\alpha}_1,\boldsymbol{\alpha}_2,\cdots,\boldsymbol{\alpha}_s$ 中至少有一个是零向量

(B) $\boldsymbol{\alpha}_1,\boldsymbol{\alpha}_2,\cdots,\boldsymbol{\alpha}_s$ 中至少有两个向量成比例

(C) $\boldsymbol{\alpha}_1,\boldsymbol{\alpha}_2,\cdots,\boldsymbol{\alpha}_s$ 中至少有一个向量可由其余 $s-1$ 个向量线性表示

(D) $\boldsymbol{\alpha}_1,\boldsymbol{\alpha}_2,\cdots,\boldsymbol{\alpha}_s$ 中任一部分组线性相关

(E) $\boldsymbol{\alpha}_1,\boldsymbol{\alpha}_2,\cdots,\boldsymbol{\alpha}_s$ 中任意两个向量成比例

例 3.2 设 $\boldsymbol{\alpha}_1,\boldsymbol{\alpha}_2,\cdots,\boldsymbol{\alpha}_m$ 均为 n 维向量,那么下列结论正确的是( ).

(A) 若 $k_1\boldsymbol{\alpha}_1+k_2\boldsymbol{\alpha}_2+\cdots+k_m\boldsymbol{\alpha}_m=\mathbf{0}$,则 $\boldsymbol{\alpha}_1,\boldsymbol{\alpha}_2,\cdots,\boldsymbol{\alpha}_m$ 线性相关

(B) 若对任意一组不全为零的实数 $k_1,k_2,\cdots,k_m$,都有 $k_1\boldsymbol{\alpha}_1+k_2\boldsymbol{\alpha}_2+\cdots+k_m\boldsymbol{\alpha}_m\neq\mathbf{0}$,则 $\boldsymbol{\alpha}_1,\boldsymbol{\alpha}_2,\cdots,\boldsymbol{\alpha}_m$ 线性无关

(C) 若 $\boldsymbol{\alpha}_1,\boldsymbol{\alpha}_2,\cdots,\boldsymbol{\alpha}_m$ 线性相关,则对于任意一组不全为零的数 $k_1,k_2,\cdots,k_m$,都有 $k_1\boldsymbol{\alpha}_1+k_2\boldsymbol{\alpha}_2+\cdots+k_m\boldsymbol{\alpha}_m=\mathbf{0}$

(D) 若 $0\boldsymbol{\alpha}_1+0\boldsymbol{\alpha}_2+\cdots+0\boldsymbol{\alpha}_m=\mathbf{0}$,则 $\boldsymbol{\alpha}_1,\boldsymbol{\alpha}_2,\cdots,\boldsymbol{\alpha}_m$ 线性相关

(E) 若存在一组不全为零的实数 $k_1,k_2,\cdots,k_m$,使得 $k_1\boldsymbol{\alpha}_1+k_2\boldsymbol{\alpha}_2+\cdots+k_m\boldsymbol{\alpha}_m\neq 0$ 则 $\boldsymbol{\alpha}_1,\cdots,\boldsymbol{\alpha}_m$ 线性无关

例 3.3 已知向量组 $\boldsymbol{\alpha}_1=(1,0,5,2)^{\mathrm{T}},\boldsymbol{\alpha}_2=(3,-2,3,-4)^{\mathrm{T}},\boldsymbol{\alpha}_3=(-1,1,t,3)^{\mathrm{T}},\boldsymbol{\alpha}_4=(-2,1,-4,1)^{\mathrm{T}}$ 线性相关,则 $t=$ ________.

例 3.4 判断下列向量组是否线性相关，是否线性无关：

(1)$\boldsymbol{\alpha}_1=(1,-2,3)^T,\boldsymbol{\alpha}_2=(0,2,-5)^T,\boldsymbol{\alpha}_3=(-1,0,2)^T$；

(2)$\boldsymbol{\beta}_1=(1,-3,1)^T,\boldsymbol{\beta}_2=(-1,2,-2)^T,\boldsymbol{\beta}_3=(1,1,3)^T$.

【考点 3.2】判定用向量组线性表出的向量组的线性相关性

例 3.5 若 n 维向量组 $\boldsymbol{\alpha}_1,\boldsymbol{\alpha}_2,\boldsymbol{\alpha}_3$ 线性无关，且 $\boldsymbol{\beta}_1=\boldsymbol{\alpha}_1+\boldsymbol{\alpha}_2,\boldsymbol{\beta}_2=\boldsymbol{\alpha}_2-\boldsymbol{\alpha}_3,\boldsymbol{\beta}_3=\boldsymbol{\alpha}_3+3\boldsymbol{\alpha}_1$，判定 n 维向量组 $\boldsymbol{\beta}_1,\boldsymbol{\beta}_2,\boldsymbol{\beta}_3$ 的线性相关性.

例 3.6 已知 n 维向量组 $\boldsymbol{\alpha}_1,\boldsymbol{\alpha}_2,\boldsymbol{\alpha}_3,\boldsymbol{\alpha}_4,\boldsymbol{\alpha}_5$，其中向量组 $\boldsymbol{\alpha}_1,\boldsymbol{\alpha}_2,\boldsymbol{\alpha}_3,\boldsymbol{\alpha}_4$ 线性无关，则(　　).

(A) 向量组 $\boldsymbol{\alpha}_1,\boldsymbol{\alpha}_2,\boldsymbol{\alpha}_3,\boldsymbol{\alpha}_4,\boldsymbol{\alpha}_5$ 线性无关

(B) 向量组 $\boldsymbol{\alpha}_1-\boldsymbol{\alpha}_2,\boldsymbol{\alpha}_2-\boldsymbol{\alpha}_3,\boldsymbol{\alpha}_3-\boldsymbol{\alpha}_4,\boldsymbol{\alpha}_4-\boldsymbol{\alpha}_1$ 线性无关

(C) 向量组 $\boldsymbol{\alpha}_1+\boldsymbol{\alpha}_2,\boldsymbol{\alpha}_2+\boldsymbol{\alpha}_3,\boldsymbol{\alpha}_3+\boldsymbol{\alpha}_4,\boldsymbol{\alpha}_4+\boldsymbol{\alpha}_1$ 线性无关

(D) 向量组 $\boldsymbol{\alpha}_1+\boldsymbol{\alpha}_2,\boldsymbol{\alpha}_2+\boldsymbol{\alpha}_3,\boldsymbol{\alpha}_3+\boldsymbol{\alpha}_1$ 线性无关

(E) 向量组 $\boldsymbol{\alpha}_1+\boldsymbol{\alpha}_2+\boldsymbol{\alpha}_3,2\boldsymbol{\alpha}_1+\boldsymbol{\alpha}_5,\boldsymbol{\alpha}_1+\boldsymbol{\alpha}_5,\boldsymbol{\alpha}_2+\boldsymbol{\alpha}_3$ 线性无关

第二节　极大无关组与秩

【核心知识要点讲解】

一、极大无关组的定义

设向量组 $\boldsymbol{\alpha}_1,\boldsymbol{\alpha}_2,\cdots,\boldsymbol{\alpha}_s$ 的部分组 $\boldsymbol{\alpha}_{i1},\boldsymbol{\alpha}_{i2},\cdots,\boldsymbol{\alpha}_{ir}$ 满足条件：

①$\boldsymbol{\alpha}_{i1},\boldsymbol{\alpha}_{i2},\cdots,\boldsymbol{\alpha}_{ir}$ 线性无关；

②$\boldsymbol{\alpha}_1,\boldsymbol{\alpha}_2,\cdots,\boldsymbol{\alpha}_s$ 中的任一向量均可由 $\boldsymbol{\alpha}_{i1},\boldsymbol{\alpha}_{i2},\cdots,\boldsymbol{\alpha}_{ir}$ 线性表示，

则称向量组 $\boldsymbol{\alpha}_{i1},\boldsymbol{\alpha}_{i2},\cdots,\boldsymbol{\alpha}_{ir}$ 为向量组 $\boldsymbol{\alpha}_1,\boldsymbol{\alpha}_2,\cdots,\boldsymbol{\alpha}_s$ 的一个极大线性无关组，简称极大无关组.

二、向量组的秩

向量组的极大无关组所含向量的个数称为向量组的秩，记为 $\mathrm{r}(\boldsymbol{\alpha}_1,\boldsymbol{\alpha}_2,\cdots,\boldsymbol{\alpha}_s)=r$.

注：(1) 若向量组中存在 r 个线性无关的向量，且任何 $r+1$ 个向量都线性相关，则数 r 为向量组的秩.

(2)$\mathrm{r}(\boldsymbol{\alpha}_1,\boldsymbol{\alpha}_2,\cdots,\boldsymbol{\alpha}_s)\leqslant s$.

(3) 若 $\mathrm{r}(\boldsymbol{\alpha}_1,\boldsymbol{\alpha}_2,\cdots,\boldsymbol{\alpha}_s)=r$，则 $\boldsymbol{\alpha}_1,\boldsymbol{\alpha}_2,\cdots,\boldsymbol{\alpha}_s$ 中任意 r 个线性无关的向量组，均可作为极大无

关组.

三、向量组秩的性质

性质 1　$\boldsymbol{\alpha}_1,\boldsymbol{\alpha}_2,\cdots,\boldsymbol{\alpha}_s$ 线性无关 $\Leftrightarrow r(\boldsymbol{\alpha}_1,\boldsymbol{\alpha}_2,\cdots,\boldsymbol{\alpha}_s)=s$;

$\boldsymbol{\alpha}_1,\boldsymbol{\alpha}_2,\cdots,\boldsymbol{\alpha}_s$ 线性相关 $\Leftrightarrow r(\boldsymbol{\alpha}_1,\boldsymbol{\alpha}_2,\cdots,\boldsymbol{\alpha}_s)<s$.

性质 2　若 $\boldsymbol{\beta}_1,\boldsymbol{\beta}_2,\cdots,\boldsymbol{\beta}_t$ 可由 $\boldsymbol{\alpha}_1,\boldsymbol{\alpha}_2,\cdots,\boldsymbol{\alpha}_s$ 线性表示,则

$$r(\boldsymbol{\beta}_1,\boldsymbol{\beta}_2,\cdots,\boldsymbol{\beta}_t)\leqslant r(\boldsymbol{\alpha}_1,\boldsymbol{\alpha}_2,\cdots,\boldsymbol{\alpha}_s).$$

注:等价的向量组秩相等,但秩相同的向量组不一定等价. 例如:$\boldsymbol{\alpha}_1=\begin{pmatrix}1\\0\end{pmatrix},\boldsymbol{\alpha}_2=\begin{pmatrix}2\\0\end{pmatrix}$与$\boldsymbol{\beta}_1=\begin{pmatrix}0\\1\end{pmatrix},\boldsymbol{\beta}_2=\begin{pmatrix}0\\2\end{pmatrix}$.

性质 3　若向量组 $\boldsymbol{\beta}_1,\boldsymbol{\beta}_2,\cdots,\boldsymbol{\beta}_t$ 可由 $\boldsymbol{\alpha}_1,\boldsymbol{\alpha}_2,\cdots,\boldsymbol{\alpha}_s$ 线性表示,且 $t>s$,则 $\boldsymbol{\beta}_1,\boldsymbol{\beta}_2,\cdots,\boldsymbol{\beta}_t$ 线性相关.(多的能由少的线性表示,则多的必线性相关.)

上述定理的等价命题是:若向量组 $\boldsymbol{\beta}_1,\boldsymbol{\beta}_2,\cdots,\boldsymbol{\beta}_t$ 可由 $\boldsymbol{\alpha}_1,\boldsymbol{\alpha}_2,\cdots,\boldsymbol{\alpha}_s$ 线性表示,且 $\boldsymbol{\beta}_1,\boldsymbol{\beta}_2,\cdots,\boldsymbol{\beta}_t$ 线性无关,则 $t\leqslant s$.(无关向量组不能由比它个数少的向量组表示.)

【考点 3.3】极大无关组与秩的相关计算

例 3.7　矩阵 $\boldsymbol{A}=\begin{pmatrix}1&2&1\\2&ab+4&2\\2&4&a+2\end{pmatrix}$的秩为 2,则(　　).

(A)$a=0,b=0$　(B)$a=0,b\neq0$　(C)$a\neq0,b=0$　(D)$a\neq0,b\neq0$　(E)$a\neq0,b$ 为任意值

例 3.8　求 t 为何值时,向量组 $\boldsymbol{\alpha}_1=(t,2,1),\boldsymbol{\alpha}_2=(2,t,0),\boldsymbol{\alpha}_3=(1,-1,1)$ 线性相关,并在线性相关时,将其中一个向量用其余向量线性表出.

第四章　线性方程组

第一节　齐次线性方程组

【核心知识要点讲解】

一、线性方程组的三种表达形式

1. 一般形式(代数形式)

$$\begin{cases} a_{11}x_1 + a_{12}x_2 + \cdots + a_{1n}x_n = b_1, \\ a_{21}x_1 + a_{22}x_2 + \cdots + a_{2n}x_n = b_2, \\ \cdots\cdots \\ a_{m1}x_1 + a_{m2}x_2 + \cdots + a_{mn}x_n = b_m. \end{cases}$$

2. 矩阵形式

$$\boldsymbol{Ax} = \boldsymbol{b}.$$

3. 向量形式

$$(\boldsymbol{\alpha}_1, \boldsymbol{\alpha}_2, \cdots, \boldsymbol{\alpha}_n)\begin{pmatrix} x_1 \\ x_2 \\ \vdots \\ x_n \end{pmatrix} = \boldsymbol{b}, \text{或} \sum_{i=1}^{n} x_i\boldsymbol{\alpha}_i = \boldsymbol{b},$$

其中 $\boldsymbol{A} = \begin{pmatrix} a_{11} & a_{12} & \cdots & a_{1n} \\ a_{21} & a_{22} & \cdots & a_{2n} \\ \vdots & \vdots & & \vdots \\ a_{m1} & a_{m2} & \cdots & a_{mn} \end{pmatrix} = (\boldsymbol{\alpha}_1, \boldsymbol{\alpha}_2, \cdots, \boldsymbol{\alpha}_n), \boldsymbol{x} = \begin{pmatrix} x_1 \\ x_2 \\ \vdots \\ x_n \end{pmatrix}, \boldsymbol{b} = \begin{pmatrix} b_1 \\ b_2 \\ \vdots \\ b_m \end{pmatrix}$.

当 $\boldsymbol{b} \neq \boldsymbol{0}$ 时,称之为非齐次线性方程组;

当 $\boldsymbol{b} = \boldsymbol{0}$ 时,称之为齐次线性方程组;对线性非齐次方程组 $\boldsymbol{Ax} = \boldsymbol{b}$,称对应的齐次方程组 $\boldsymbol{Ax} = \boldsymbol{0}$ 为导出组.

二、解与通解

解:若 $\boldsymbol{Ax}_0 = \boldsymbol{b}$,则称 $\boldsymbol{x}_0$ 为 $\boldsymbol{Ax} = \boldsymbol{b}$ 的一个解.

通解:当方程组有无穷多解时,则称它的全部解为该方程组的通解.

三、解的判定

定理　设 $\boldsymbol{A}$ 是 $m \times n$ 矩阵,则齐次线性方程组 $\boldsymbol{Ax} = \boldsymbol{0}$ 有非零解(只有零解)的充要条件为 $r(\boldsymbol{A}) < n$($r(\boldsymbol{A}) = n$).

推论　齐次线性方程 $\boldsymbol{A}_{n\times n}\boldsymbol{x} = \boldsymbol{0}$ 有非零解(只有零解)的充要条件为 $|\boldsymbol{A}| = 0$($|\boldsymbol{A}| \neq 0$).

四、解的结构

1. 解的性质

若 $\boldsymbol{A\alpha}_1 = \boldsymbol{0}, \boldsymbol{A\alpha}_2 = \boldsymbol{0}$,则 $\boldsymbol{A}(k_1\boldsymbol{\alpha}_1 + k_2\boldsymbol{\alpha}_2) = \boldsymbol{0}$ (k_1, k_2 为任意常数).

2. 齐次线性方程组的基础解系(解的极大线性无关组)

若向量组 $\boldsymbol{\alpha}_1, \boldsymbol{\alpha}_2, \cdots, \boldsymbol{\alpha}_s$ 满足:

(1) $\boldsymbol{\alpha}_1,\boldsymbol{\alpha}_2,\cdots,\boldsymbol{\alpha}_s$ 是 $\boldsymbol{Ax}=\boldsymbol{0}$ 的解向量；

(2) $\boldsymbol{\alpha}_1,\boldsymbol{\alpha}_2,\cdots,\boldsymbol{\alpha}_s$ 线性无关；

(3) $\boldsymbol{\alpha}_1,\boldsymbol{\alpha}_2,\cdots,\boldsymbol{\alpha}_s$ 的个数为 $n-\mathrm{r}(\boldsymbol{A})$，即 $s=n-\mathrm{r}(\boldsymbol{A})$，

则称 $\boldsymbol{\alpha}_1,\boldsymbol{\alpha}_2,\cdots,\boldsymbol{\alpha}_s$ 是 $\boldsymbol{Ax}=\boldsymbol{0}$ 的基础解系.

3. 通解

若 $\boldsymbol{\alpha}_1,\boldsymbol{\alpha}_2,\cdots,\boldsymbol{\alpha}_s$ 是 $\boldsymbol{Ax}=\boldsymbol{0}$ 的基础解系，则 $\boldsymbol{Ax}=\boldsymbol{0}$ 的通解为 $\boldsymbol{x}=k_1\boldsymbol{\alpha}_1+k_2\boldsymbol{\alpha}_2+\cdots+k_s\boldsymbol{\alpha}_s$，其中 $k_1,k_2,\cdots,k_s$ 为任意常数.

4. 求解齐次线性方程组 $\boldsymbol{A}_{n\times n}\boldsymbol{x}=\boldsymbol{0}$ 的方法步骤.

(1) 用初等行变换化系数矩阵 $\boldsymbol{A}$ 为行阶梯形.

(2) 若 $\mathrm{r}(\boldsymbol{A})<n$，在每个阶梯上选出一列，剩下的 $n-\mathrm{r}(\boldsymbol{A})$ 列对应的变量就是自由变量，依次对一个自由变量赋值为 1，其余变量赋值为 0，代入阶梯形方程组中求解，得到 $n-\mathrm{r}(\boldsymbol{A})$ 个线性无关的解，设为 $\boldsymbol{\xi}_1,\boldsymbol{\xi}_2,\cdots,\boldsymbol{\xi}_{n-\mathrm{r}(\boldsymbol{A})}$，即为基础解系，则 $\boldsymbol{Ax}=\boldsymbol{0}$ 的通解为 $\boldsymbol{x}=k_1\boldsymbol{\xi}_1+k_2\boldsymbol{\xi}_2+\cdots+k_{n-\mathrm{r}(\boldsymbol{A})}\boldsymbol{\xi}_{n-\mathrm{r}(\boldsymbol{A})}$，其中 $k_1,k_2,\cdots,k_{n-\mathrm{r}(\boldsymbol{A})}$ 是任意常数.

【常见考点及其解题方法技巧归纳】

【考点 4.1】判定齐次线性方程组解的情况

例 4.1 设 $\boldsymbol{A}$ 为 $m\times n$ 矩阵，齐次线性方程组 $\boldsymbol{Ax}=\boldsymbol{0}$ 仅有零解的充分条件是(　　).

(A) $\boldsymbol{A}$ 的列向量线性无关　　(B) $\boldsymbol{A}$ 的列向量线性相关

(C) $\boldsymbol{A}$ 的行向量线性无关　　(D) $\boldsymbol{A}$ 的行向量线性相关

(E) $m=n$

例 4.2 要使方程组 $\begin{cases}x_1+x_2-2x_3=0,\\ 2x_2+3x_3=0,\\ x_1+x_2+\lambda x_3=0\end{cases}$ 有唯一解，则(　　).

(A) $\lambda=0$　　(B) $\lambda\neq0$　　(C) $\lambda=2$　　(D) $\lambda\neq-2$　　(E) $\lambda=3$

【考点 4.2】求齐次线性方程组的基础解系

例 4.3 求下列齐次线性方程组的基础解系

$$\begin{cases}x_1+x_2+x_5=0,\\ x_1+x_2-x_3=0,\\ x_3+x_4-x_5=0\end{cases}$$

例 4.4 已知 $\boldsymbol{A}$ 为 4×5 矩阵，$\boldsymbol{\xi}_1,\boldsymbol{\xi}_2$ 是 $\boldsymbol{Ax}=\boldsymbol{0}$ 的一组基础解系，则（　　）.

(A) $\boldsymbol{\xi}_1-\boldsymbol{\xi}_2,\boldsymbol{\xi}_1+2\boldsymbol{\xi}_2$ 也是 $\boldsymbol{Ax}=\boldsymbol{0}$ 的一组基础解系

(B) $k(\boldsymbol{\xi}_1+\boldsymbol{\xi}_2)$ 是 $\boldsymbol{Ax}=\boldsymbol{0}$ 的通解

(C) $k\boldsymbol{\xi}_1+\boldsymbol{\xi}_2$ 是 $\boldsymbol{Ax}=\boldsymbol{0}$ 的通解

(D) $\boldsymbol{\xi}_1-\boldsymbol{\xi}_2,\boldsymbol{\xi}_2-\boldsymbol{\xi}_1$ 也是 $\boldsymbol{Ax}=\boldsymbol{0}$ 的一组基础解系

(E) $\boldsymbol{\xi}_1,\boldsymbol{\xi}_2,\boldsymbol{\xi}_1+\boldsymbol{\xi}_2$ 也是 $\boldsymbol{Ax}=\boldsymbol{0}$ 的一组基础解系

例 4.5 设 $\boldsymbol{A}$ 是 $m\times n$ 矩阵，$\boldsymbol{\eta}_1,\boldsymbol{\eta}_2,\cdots,\boldsymbol{\eta}_t$ 是齐次方程组 $\boldsymbol{A}^{\mathrm{T}}\boldsymbol{x}=\boldsymbol{0}$ 的基础解系，则 $\mathrm{r}(\boldsymbol{A})=$（　　）.

(A) $n-1$　　(B) $m-t$　　(C) $n+t$　　(D) $n-t$　　(E) $m+n-2t$

【考点 4.3】 求（判定）齐次线性方程组 $\boldsymbol{Ax}=\boldsymbol{0}$ 的通解

例 4.6 设 $\boldsymbol{A}=\begin{pmatrix}1&2&3\\0&1&1\\a&b&c\end{pmatrix}$，且 $\mathrm{r}(\boldsymbol{A})=2$，$\boldsymbol{A}^*$ 为 $\boldsymbol{A}$ 的伴随矩阵，则 $\boldsymbol{A}^*\boldsymbol{x}=\boldsymbol{0}$ 的通解是（　　）.

(A) $k_1\begin{pmatrix}1\\0\\a\end{pmatrix}$　　(B) $k_1\begin{pmatrix}2\\1\\b\end{pmatrix}$　　(C) $k_1\begin{pmatrix}3\\1\\c\end{pmatrix}$.　　(D) $k_1\begin{pmatrix}1\\0\\a\end{pmatrix}+k_2\begin{pmatrix}2\\1\\b\end{pmatrix}$

(E) $k_1\begin{pmatrix}1\\0\\a\end{pmatrix}+k_2\begin{pmatrix}2\\1\\b\end{pmatrix}+k_3\begin{pmatrix}3\\1\\c\end{pmatrix}$

例 4.7 设 $\boldsymbol{A}=\begin{pmatrix}1&2&1&2\\0&1&a&a\\1&a&0&1\end{pmatrix}$，齐次方程组 $\boldsymbol{Ax}=\boldsymbol{0}$ 的基础解系含两个解向量，求 $\boldsymbol{Ax}=\boldsymbol{0}$ 的通解.

第二节　非齐次线性方程组

【核心知识要点讲解】

一、解的判定

定理 $\boldsymbol{A}_{m\times n}\boldsymbol{x}=\boldsymbol{b}$ 无解 $\Leftrightarrow r(\boldsymbol{A})\neq r(\boldsymbol{A},\boldsymbol{b})\Leftrightarrow r(\boldsymbol{A})+1=r(\boldsymbol{A},\boldsymbol{b})$；

$\boldsymbol{A}_{m\times n}\boldsymbol{x}=\boldsymbol{b}$ 有唯一解 $\Leftrightarrow r(\boldsymbol{A})=r(\boldsymbol{A},\boldsymbol{b})=n$；

$\boldsymbol{A}_{m\times n}\boldsymbol{x}=\boldsymbol{b}$ 有无穷多解 $\Leftrightarrow r(\boldsymbol{A})=r(\boldsymbol{A},\boldsymbol{b})=r<n$.

【方法运用点睛】

(1)$m=n$ 时，$|\boldsymbol{A}|=0$ 是 $\boldsymbol{A}\boldsymbol{x}=\boldsymbol{b}$ 无解（或有无穷多解）的必要非充分条件；

(2) 按向量形式：$x_1\boldsymbol{\alpha}_1+x_2\boldsymbol{\alpha}_2+\cdots+x_n\boldsymbol{\alpha}_n=\boldsymbol{b}(\boldsymbol{A}=(\boldsymbol{\alpha}_1,\boldsymbol{\alpha}_2,\cdots,\boldsymbol{\alpha}_n))$ 有解（无解）$\Leftrightarrow\boldsymbol{b}$ 可（不可）由 $\boldsymbol{\alpha}_1,\boldsymbol{\alpha}_2,\cdots,\boldsymbol{\alpha}_n$ 线性表示 $\Leftrightarrow\boldsymbol{b}$ 可（不可）由 $\boldsymbol{A}$ 的列向量线性表示.

二、解的结构

1. 解的性质

(1) 设 $\boldsymbol{A}\boldsymbol{\alpha}_1=\boldsymbol{b},\boldsymbol{A}\boldsymbol{\alpha}_2=\boldsymbol{b}$，则 $\boldsymbol{A}(\boldsymbol{\alpha}_1-\boldsymbol{\alpha}_2)=\boldsymbol{0}$.

(2) 设 $\boldsymbol{A}\boldsymbol{\alpha}_1=\boldsymbol{b},\boldsymbol{A}\boldsymbol{\alpha}_0=0$，则 $\boldsymbol{A}(\boldsymbol{\alpha}_1+\boldsymbol{\alpha}_0)=\boldsymbol{b}$.

2. 非齐次线性方程组的通解

若 $\boldsymbol{A}\boldsymbol{x}=\boldsymbol{b}$ 有无穷多解，则其通解为 $\boldsymbol{x}=k_1\boldsymbol{\xi}_1+k_2\boldsymbol{\xi}_2+\cdots+k_{n-r(\boldsymbol{A})}\boldsymbol{\xi}_{n-r(\boldsymbol{A})}+\boldsymbol{\eta}$，其中 $\boldsymbol{\xi}_1,\boldsymbol{\xi}_2,\cdots,\boldsymbol{\xi}_{n-r(\boldsymbol{A})}$ 为 $\boldsymbol{A}\boldsymbol{x}=\boldsymbol{0}$ 的一组基础解系，$\boldsymbol{\eta}$ 是 $\boldsymbol{A}\boldsymbol{x}=\boldsymbol{b}$ 的一个特解.

3. 求解非齐次线性方程组 $\boldsymbol{A}_{m\times n}\boldsymbol{x}=\boldsymbol{b}$ 的通解的步骤：

若 $r(\boldsymbol{A})\neq r(\boldsymbol{A},\boldsymbol{b})$，则 $\boldsymbol{A}\boldsymbol{x}=\boldsymbol{b}$ 无解；

若 $r(\boldsymbol{A})=r(\boldsymbol{A},\boldsymbol{b})=n$，则方程组有唯一解，根据消元法得到方程组的唯一解；

若 $r(\boldsymbol{A})=r(\boldsymbol{A},\boldsymbol{b})<n$，则方程组有无穷多解，设 $\boldsymbol{\eta}$ 是 $\boldsymbol{A}\boldsymbol{x}=\boldsymbol{b}$ 的一个特解，则 $\boldsymbol{A}\boldsymbol{x}=\boldsymbol{b}$ 的通解为

$$\boldsymbol{x}=k_1\boldsymbol{\alpha}_1+k_2\boldsymbol{\alpha}_2+\cdots+k_{n-r(\boldsymbol{A})}\boldsymbol{\xi}_{n-r(\boldsymbol{A})}+\boldsymbol{\eta},$$

其中 $\boldsymbol{\xi}_1,\boldsymbol{\xi}_2,\cdots\boldsymbol{\xi}_{n-r(\boldsymbol{A})}$ 为 $\boldsymbol{A}\boldsymbol{x}=\boldsymbol{0}$ 的一组基础解系.

【常见考点及其解题方法技巧归纳】

【考点 4.4】判断非齐次线性方程组解的情况

例 4.8　设 $\boldsymbol{A}$ 是 $m\times n$ 矩阵，则线性方程组 $\boldsymbol{A}\boldsymbol{x}=\boldsymbol{b}$ 有唯一解的充分条件是（　　）.

(A)$m>n$，且 $\boldsymbol{A}$ 的列向量组线性无关　　(B)$m=n$

(C)$r(\boldsymbol{A})=n$　　(D)$r(\boldsymbol{A})=m$

(E)$r(\boldsymbol{A})=m\geqslant n(m,n)$

【考点 4.5】求解非齐次线性方程组

例 4.9 求解线性方程组$\begin{cases}x_1-2x_2+3x_3-4x_4=4,\\x_2-x_3+x_4=-3,\\x_1+3x_2-3x_4=1,\\-7x_2+3x_3+x_4=-3.\end{cases}$

例 4.10 当 a 取何值时，线性方程组$\begin{cases}x_1+x_2+x_3=a,\\ax_1+x_2+x_3=1,\\x_1+x_2+ax_3=1\end{cases}$有唯一解、无穷多解？并分别求出解.

【考点 4.6】求抽象线性方程组的通解

例 4.11 已知 $\boldsymbol{A}_{4\times3}$ 是非零矩阵，若矩阵 $\boldsymbol{B}=\begin{pmatrix}1&2&3\\4&5&6\\7&8&9\end{pmatrix}$ 使得 $\boldsymbol{AB}=\boldsymbol{O}$，则齐次方程组 $\boldsymbol{Ax}=\boldsymbol{0}$ 的通解为________.

例 4.12 已知 $\boldsymbol{\beta}_1,\boldsymbol{\beta}_2$ 是 $\boldsymbol{Ax}=\boldsymbol{b}$ 的两个不同的解，$\boldsymbol{\alpha}_1,\boldsymbol{\alpha}_2$ 是相应齐次线性方程组 $\boldsymbol{Ax}=\boldsymbol{0}$ 的基础解系，k_1,k_2 是任意常数，则 $\boldsymbol{Ax}=\boldsymbol{b}$ 的通解是(　　).

(A) $k_1\boldsymbol{\alpha}_1+k_2(\boldsymbol{\alpha}_1+\boldsymbol{\alpha}_2)+\dfrac{\boldsymbol{\beta}_1+\boldsymbol{\beta}_2}{2}$　　(B) $k_1\boldsymbol{\alpha}_1+k_2(\boldsymbol{\alpha}_1-\boldsymbol{\alpha}_2)+\dfrac{\boldsymbol{\beta}_1-\boldsymbol{\beta}_2}{2}$

(C) $k_1\boldsymbol{\alpha}_1+k_2(\boldsymbol{\beta}_1-\boldsymbol{\beta}_2)+\dfrac{\boldsymbol{\beta}_1+\boldsymbol{\beta}_2}{2}$　　(D) $k_1\boldsymbol{\alpha}_1+k_2(\boldsymbol{\beta}_1-\boldsymbol{\beta}_2)+\dfrac{\boldsymbol{\beta}_1-\boldsymbol{\beta}_2}{2}$

(E) $k_1\boldsymbol{\alpha}_2+k_2(\boldsymbol{\beta}_1-\boldsymbol{\beta}_2)+\dfrac{\boldsymbol{\beta}_1+\boldsymbol{\beta}_2}{2}$

例 4.13　设齐次线性方程组 $\boldsymbol{Ax}=\boldsymbol{0}$ 有非零解，$\boldsymbol{A}=\begin{pmatrix}1 & 2 & 3\\ 2 & t & 1\\ -1 & 3 & 2\\ -2 & 1 & -1\end{pmatrix}$，则 $t=$（　　）.

(A)1　　(B)-4　　(C)-1　　(D)2　　(E)0

例 4.14　已知方程组 $\begin{cases}x_1+x_2+2x_3=a,\\ 3x_1-x_2-6x_3=a+2,\\ x_1+4x_2+11x_3=a+3\end{cases}$ 有无穷多解，那么 $a=$ ________.

例 4.15　已知方程组 $\begin{cases}x_1+2x_2-x_3+3x_4=1,\\ 2x_1+x_2+4x_3+3x_4=5,\\ ax_2+2x_3-x_4=-6\end{cases}$ 无解，则 $a=$ ________.

概率论

第一章　随机事件与概率

第一节　随机事件及其运算

【核心知识要点讲解】

一、随机试验与样本空间

随机现象、随机试验、样本空间、随机事件(必然事件、不可能事件).

二、事件间的关系与运算

1. 事件间的关系

包含、相等、和事件、积事件、差事件、互斥(互不相容)事件、对立(互逆)事件.

2. 事件的运算律

交换律、结合律、分配律、德摩根律(对偶律)$\overline{A \cup B} = \overline{A} \cap \overline{B}$,$\overline{A \cap B} = \overline{A} \cup \overline{B}$.

【常见考点及解题方法技巧归纳】

【考点 1.1】用事件的运算表示事件

例 1.1　设 A,B,C 是三个随机事件,与事件 A 互斥的事件是(　　).

(A) $\overline{A}B \cup A\overline{C}$　(B) $\overline{A(B \cup C)}$　(C) $\overline{ABC}$　(D) $\overline{A \cup B \cup C}$　(E) $A\overline{B} \cup \overline{A}C$

【考点 1.2】判别事件之间的关系

例 1.2　对于任意事件 A 和 B,与 $A \cup B = B$ 不等价的是(　　).

(A) $A \subset B$　(B) $\overline{B} \subset \overline{A}$　(C) $A\overline{B} = \varnothing$　(D) $\overline{A}B = \varnothing$　(E) $AB = A$

第二节　随机事件的概率

【核心知识要点讲解】

一、古典型概率

1. 定义:具有以下两特点的试验称为古典概型:

(1) 样本空间有限.

(2) 等可能性.

2. 计算方法：$P(A)=\dfrac{A\text{ 中基本事件数 }n_A}{\Omega\text{ 中基本事件总数 }n}$.

二、几何型概率

如果试验 E 是从某一线段(或平面、空间中有界区域)Ω 上任取一点，并且所取的点位于 Ω 中任意两个长度(或平面、体积) 相等的子区间(或子区域) 内的可能性相同，则所取的点位于 Ω 中任意子区间(或子区域)A 内这一事件(仍记作 A) 的概率为

$$P(A)=\frac{A\text{ 的长度(面积,体积)}}{\Omega\text{ 的长度(面积,体积)}}$$

三、概率

1. 定义：设 E 是随机试验，Ω 是它的样本空间，对于 E 的每一个事件 A 赋予一个实数，记为 $P(A)$，称为事件 A 的概率，如果集合函数 $P(\cdot)$满足下列条件：

(1) 非负性：对于每一个事件 A，有 $P(A)\geqslant 0$.

(2) 规范性：对于必然事件 Ω，有 $P(\Omega)=1$.

(3) 可列可加性：设 $A_1,A_2,\cdots$ 是两两互不相容的事件，即对于 $A_iA_j=\varnothing,i\neq j,i,j=1,2,\cdots$，则有 $P(A_1\cup A_2\cup\cdots)=P(A_1)+P(A_2)+\cdots$.

2. 概率的性质

(1) 非负性：$\forall A\subset\Omega,0\leqslant P(A)\leqslant 1$.

(2) 规范性：$P(\varnothing)=0,P(\Omega)=1$.

(3) 有限可加性：设 $A_1,A_2,A_3,\cdots,A_n$ 是两两互不相容的事件，即对于 $A_iA_j=\varnothing,i\neq j,i,j=1,2,\cdots$，则有 $P(A_1\cup A_2\cup\cdots\cup A_n)=P(A_1)+P(A_2)+\cdots+P(A_n)$.

(4) 逆事件的概率　对于任一事件 A，有 $P(\overline{A})=1-P(A)$.

3. 概率的基本公式

加法公式：对于任意两个随机事件 A,B，有 $P(A\cup B)=P(A)+P(B)-P(AB)$.

对于 3 个事件的概率加法公式：

$P(A\cup B\cup C)=P(A)+P(B)+P(C)-P(AB)-P(BC)-P(CA)+P(ABC)$.

减法公式：设 A,B 是任意两个事件，则有 $P(A-B)=P(A)-P(AB)=P(A\overline{B})$.

若 $B\subset A$，则有 $P(A-B)=P(A)-P(B),P(B)\leqslant P(A)$.

【常见考点及解题方法技巧归纳】

【考点 1.3】计算古典型概率

例 1.3　袋中有 6 只红球，4 只黑球，从袋中随机取出 3 只球，则恰好取到 2 只红球 1 只黑球的概率是(　　).

(A) $\dfrac{1}{4}$　　(B) $\dfrac{1}{2}$　　(C) $\dfrac{1}{6}$　　(D) $\dfrac{1}{3}$　　(E) $\dfrac{3}{10}$

例 1.4 将一枚硬币独立地掷 4 次，则事件“正面朝上的次数不大于 1”的概率是（　）.

(A) $\frac{1}{2}$　(B) $\frac{1}{4}$　(C) $\frac{5}{16}$　(D) $\frac{3}{16}$　(E) $\frac{3}{8}$

【考点 1.4】计算几何型概率

例 1.5 在区间(0,1)中随机地取两个数，求事件“两数之和小于$\frac{6}{5}$”的概率.

【考点 1.5】利用概率的性质计算事件的概率

例 1.6 已知 $B \supset A$，$P(A)=0.3$，$P(B)=0.4$，则 $P(\overline{B-A})=$（　）.

(A) 0.45　(B) 0.5　(C) 0.6　(D) 0.9　(E) 0.2

例 1.7 已知 $P(A)=0.5$，$P(B)=0.4$，$P(A-B)=0.3$，求 $P(A\cup B)$和 $P(\bar{A}\cup\bar{B})$.

例 1.8 设 $P(A)=a$，$P(B)=b$，$P(A+B)=c$，则 $P(A\bar{B})=$（　）.

(A) $a-b$　(B) $c-b$　(C) $a(1-b)$　(D) $b-a$　(E) $c+b-a$

例 1.9 设随机事件 A,B，已知 $P(\bar{A}+\bar{B})=0.7$，$P(A\bar{B})=0.2$，求 $P(A)$.

第三节　条件概率与独立性

【核心知识要点讲解】

一、条件概率

1. 定义:设 A,B 是两个事件,且 $P(A)>0$,称 $P(B|A)=\dfrac{P(AB)}{P(A)}$ 为在事件 A 发生的条件下事件 B 发生的条件概率.

2. 条件概率的性质

(1)$0\leqslant P(B|A)\leqslant 1$;

(2)$P(\Omega|A)=1$;

(3)$P(\overline{B}|A)=1-P(B|A)$;

(4)$P(B_1\cup B_2|A)=P(B_1|A)+P(B_2|A)-P(B_1B_2|A)$.

3. 乘法公式

若 $P(A)>0$,则有 $P(AB)=P(A)P(B|A)$,我们称此公式为乘法公式.

三个事件的乘法公式:设 A,B,C 为事件,且 $P(AB)>0$,则有

$$P(ABC)=P(C|AB)P(B|A)P(A).$$

二、全概率公式与贝叶斯公式(逆概公式)

1. 完备事件组

若事件 $A_1\cup A_2\cup\cdots\cup A_n=\Omega,A_iA_j=\varnothing,1\leqslant i\neq j\leqslant n$,则称事件 $A_1,A_2,\cdots,A_n$ 是一个完备事件组.

2. 全概率公式

$A_1,A_2,\cdots,A_n$ 是完备事件组,且 $P(A_i)>0,i=1,2,\cdots,n$,则 $P(B)=\sum\limits_{i=1}^{n}P(A_i)P(B\mid A_i)$.

3. 贝叶斯公式(逆概公式)

$A_1,A_2,\cdots,A_n$ 是完备事件组,$P(B)>0,P(A_i)>0,i=1,2,\cdots,n$,则

$$P(A_j|B)=\frac{P(A_jB)}{P(B)}=\frac{P(A_j)P(B|A_j)}{\sum\limits_{i=1}^{n}P(A_i)P(B|A_i)},j=1,2,\cdots,n.$$

三、事件的独立性

1. 两个事件的独立性

(1) 定义

设 A,B 是两个事件,如果满足等式 $P(AB)=P(A)P(B)$,则称事件 A,B 相互独立,简称事件 A,B 独立.

(2) 独立性的等价说法

若 $0<P(A)<1$,则事件 A,B 独立

$\Leftrightarrow P(B)=P(B|A)\Leftrightarrow P(B)=P(B|\overline{A})\Leftrightarrow P(B|A)=P(B|\overline{A})$.

(3) 独立性的性质

若事件 A,B 相互独立,则 A 与 $\overline{B}$,$\overline{A}$ 与 B,$\overline{A}$ 与 $\overline{B}$ 也相互独立.

2. 三个事件的独立性

(1) 定义

设 A,B,C 是三个事件,如果满足等式

① $P(AB)=P(A)P(B)$;

② $P(AC)=P(A)P(C)$;

③ $P(BC)=P(B)P(C)$;

④ $P(ABC)=P(A)P(B)P(C)$,

则称三个事件 A,B,C 相互独立.

若仅满足等式 ①,②,③,则称三个事件 A,B,C 两两独立.

(2) 性质

若三个事件 A,B,C 相互独立,则任意两个事件的和、积、差构成的新事件与另外一个事件或者它的逆事件是相互独立的.例如事件 $A\cup B$ 与事件 $\overline{C}$ 相互独立.

【常见考点及解题方法技巧归纳】

【考点 1.6】利用条件概率公式计算事件的概率

例 1.10 若 $P(A)=P(A\cup B)/2=0.3$,则 $P(B|\overline{A})=($ $)$.

(A) $\frac{1}{3}$ (B) $\frac{2}{5}$ (C) $\frac{3}{7}$ (D) $\frac{1}{2}$ (E) $\frac{1}{4}$

【考点 1.7】乘法公式

例 1.11 假设一批产品中一、二、三等品各占 60%,30%,10%,从中随意取出一件,结果不是三等品,则取到的是一等品的概率为( ).

(A) $\frac{2}{3}$ (B) $\frac{1}{3}$ (C) $\frac{1}{4}$ (D) $\frac{1}{2}$ (E) $\frac{3}{4}$

例 1.12 设 10 件产品中有 4 件不合格品,从中任取两件,已知所取两件产品中有一件是不合格品,则另一件也是不合格品的概率为( ).

(A) $\frac{2}{15}$ (B) $\frac{8}{15}$ (C) $\frac{1}{5}$ (D) $\frac{4}{5}$ (E) $\frac{3}{5}$

【考点 1.8】判别事件的独立性

例 1.13 对随机事件 A,B,下列陈述正确的是( ).

(A) 如果 A 与 B 互斥,则 $\overline{A}$ 与 $\overline{B}$ 也互斥

(B) 如果 A 与 B 不互斥，则 $\overline{A}$ 与 $\overline{B}$ 也不互斥

(C) 如果 A 与 B 互斥，且 $P(A)P(B)>0$，则 A 与 B 相互独立

(D) 如果 A 与 B 相互独立，则 $\overline{A}$ 与 $\overline{B}$ 也相互独立

(E) 如果 A 与 $\overline{B}$ 互斥，则 $\overline{A}$ 与 B 互斥

例 1.14　设 A,B,C 为随机事件，A 与 B 相互独立，且 $P(C)=1$，则下列事件中不相互独立的是(　　).

(A) $A,B,A\cup C$　(B) $A,B,A-C$　(C) A,B,AC　(D) $A,B,\overline{AC}$　(E) $A,B,\overline{C}$

【考点 1.9】利用事件的独立性计算事件的概率

例 1.15　若随机事件 A,B 相互独立，且 $P(A)=0.4$，$P(AB)=P(\overline{A}\overline{B})$，求 $P(B)$.

例 1.16　袋中有 50 个乒乓球，其中 20 个是黄球，30 个是白球，今有两人依次随机地从袋中各取一球，取后不放回，则第二个人取得黄球的概率是多少？

第四节　n 重伯努利概型及其概率计算

【核心知识要点讲解】

一、n 重伯努利概型及其概率计算

1. 定义：试验 E 只有两个可能结果 A 和 $\overline{A}$，则称 E 为伯努利试验. 若将伯努利试验独立重复地进行 n 次，则称为 n 重伯努利概型.

2. 二项概率公式

设在每次试验中，事件 A 发生的概率 $P(A)=p(0<p<1)$，则在 n 重伯努利试验中，事件 A 发生 k 次的概率为 $B_k(n,p)=C_n^k p^k(1-p)^{n-k}$，$(k=0,1,2,\cdots,n)$.

【常见考点及解题方法技巧归纳】

【考点 1.10】伯努利概型

例 1.17 做一系列独立试验，每次试验成功的概率都是 p，求"在 3 次成功之前失败 4 次"的概率.

例 1.18 在 3 次独立试验中，每次试验事件 A 出现的概率相等，若在 3 次试验 A 至少出现一次的概率为 $\frac{19}{27}$，则事件 A 在一次试验中出现的概率是多少？

例 1.19 某人向同一目标独立重复射击，每次射击命中目标的概率为 $p(0<p<1)$，则此人第 4 次射击恰好第 2 次命中目标的概率为（　　）.

(A)$3p(1-p)^2$　　(B)$6p(1-p)^2$　　(C)$3p^2(1-p)^2$　　(D)$6p^2(1-p)^2$

(E)$6p^4(1-p)^2$

第二章　随机变量及其分布

第一节　一维随机变量及其分布

【核心知识要点讲解】

一、随机变量的分布函数

1. 定义:设 X 是一个随机变量,对于任意实数 x,令 $F(x)=P\{X\leqslant x\}$,$-\infty<x<+\infty$,则称 $F(x)$ 为随机变量 X 的概率分布函数,简称分布函数.

2. 分布函数的性质

(1) 非负性:$0\leqslant F(x)\leqslant 1$;

(2) 规范性:$F(-\infty)=\lim\limits_{x\to-\infty}F(x)=0$,$F(+\infty)=\lim\limits_{x\to+\infty}F(x)=1$;

(3) 单调不减性:对于任意 $x_1<x_2$,有 $F(x_1)\leqslant F(x_2)$;

(4) 右连续性:$F(x)=F(x+0)$.

二、离散型随机变量及其分布

1. 离散型随机变量的概率分布

定义:设 X 为离散型随机变量,其可能取值为 $x_1,x_2,\cdots,x_k,\cdots$,$X$ 取各个值 x_k 的概率为 $P\{X=x_k\}=p_k(k=1,2,\cdots)$,其中 (1) $p_k\geqslant 0(k=1,2,\cdots)$;(2) $\sum\limits_{k=1}^{\infty}p_k=1$,则称 $P\{X=x_k\}=p_k(k=1,2,\cdots)$为随机变量 X 的概率分布或分布律,也可记为

X	x_1	x_2	x_3	$\cdots$	x_k	$\cdots$
P	p_1	p_2	p_3	$\cdots$	p_k	$\cdots$

2. 离散型随机变量的分布函数

定义:已知离散型随机变量 X 的概率分布为 $P\{X=x_k\}=p_k(k=1,2,\cdots,n)$. 设 $x_1<x_2<\cdots<x_k<\cdots<x_n$,则分布函数为

$$F(x)=\begin{cases}0, & x<x_1,\\ p_1, & x_1\leqslant x<x_2,\\ p_1+p_2, & x_2\leqslant x<x_3,\\ \cdots \\ 1, & x\geqslant x_n.\end{cases}$$

三、连续型随机变量的概率分布

1. 概率密度

若对于随机变量 X 的分布函数为 $F(x)$,存在非负可积函数 $f(x)\geqslant 0(-\infty<x<+\infty)$,使得对于任意实数 x,有 $F(x)=P\{X\leqslant x\}=\int_{-\infty}^{x}f(t)\mathrm{d}t$,则称 X 为连续型随机变量,函数 $f(x)$ 称为 X 的概率密度函数(简称概率密度).

2. 性质

(1) 非负性:$f(x) \geqslant 0$;

(2) 规范性:$\int_{-\infty}^{+\infty} f(x)\mathrm{d}x = 1$;

(3) 连续型随机变量 X 的分布函数 $F(x)$ 是连续函数,因此在任何给定值的概率都是零,即对于任何实数 a,有 $P\{X = a\} = 0$;

(4) 对于任意实数 a 和 $b(a < b)$,有 $P\{a < X \leqslant b\} = F(b) - F(a) = \int_a^b f(x)\mathrm{d}x$;

(5) 在 $f(x)$ 的连续点处,有 $F'(x) = f(x)$.

四、随机变量函数的分布

1. 离散型随机变量的函数分布

设 X 是离散型随机变量,概率分布为 $P\{X = x_k\} = p_k, k = 1,2,\cdots$,则随机变量 X 的函数 $Y = g(X)$ 取值 $g(x_k)$ 的概率为 $P(Y = g(x_k)) = p_k, k = 1,2,\cdots$.

如果 $g(x_k)$ 中出现相同的函数值,则将它们相应的概率之和作为随机变量 $Y = g(X)$ 取该值的概率,就可以得到 $Y = g(X)$ 的概率分布.

2. 连续型随机变量函数的概率密度

已知连续型随机变量 X 的概率密度为 $f_X(x), Y = g(X)$,求 $f_Y(y)$.

方法:分布函数法

先求随机变量 Y 的分布函数 $F_Y(y) = P\{Y \leqslant y\} = P(g(X) \leqslant y) = \int_{g(x)\leqslant y} f_X(x)\mathrm{d}x$,然后分布函数求导得概率密度 $f_Y(y) = F'_Y(y)$.

【常见考点及解题方法技巧归纳】

【考点 2.1】求离散型随机变量的分布

例 2.1 口袋中有 5 个球,编号为 1,2,3,4,5,从中取出 3 个,以 X 表出取出的 3 个球中的最大号码,求 X 的概率分布律.

例 2.2 设随机变量 X 的分布函数为 $F(x) = \begin{cases} 0, & x < -1, \\ 0.4, & -1 \leqslant x < 1, \\ 0.8, & 1 \leqslant x < 3, \\ 1, & x \geqslant 3, \end{cases}$ 求 X 的分布律.

例 2.3　设离散型随机变量 X 只取 1,2,3 共三个值，且取各值的概率与其取值成反比，比例系数为 K，求 X 的分布函数.

【考点 2.2】求连续型随机变量的分布和有关概率

例 2.4　已知随机变量 X 的密度函数为 $f(x)=\begin{cases}0, & x\leqslant 0,\\ \dfrac{1}{2}, & 0<x\leqslant 1,\\ \dfrac{1}{2}x^2, & x>1,\end{cases}$ 求 X 的分布函数，并求 $P\left(\dfrac{1}{4}\leqslant X<2\right)$.

例 2.5　设随机变量 X 的概率密度为 $f(x)=\dfrac{1}{2}\mathrm{e}^{-|x|}$，求 X 的分布函数 $F(x)$；$P(|X|\leqslant 1)$；$P(X\leqslant 0\,|\,|X|\leqslant 1)$.

例 2.6　设随机变量 X 的分布函数为 $F(x)=\begin{cases}1-(1+x)\mathrm{e}^{-x}, & x\geqslant 0,\\ 0, & x<0,\end{cases}$ 求(1) X 的概率密度；(2) $P(1<X<2)$.

【考点 2.3】利用分布确定分布中的未知参数

例 2.7　若随机变量 X 的分布为 $P(X=k)=a^k(k=2,4,6,\cdots)$，则 $a=$（　　）.

(A) $\dfrac{1}{2}$　　(B) $-\dfrac{1}{2}$　　(C) $\pm\dfrac{1}{2}$　　(D) $\pm\dfrac{1}{\sqrt{2}}$　　(E) $-\dfrac{1}{\sqrt{2}}$

例 2.8 设离散型随机变量 X 的分布函数为 $F(x)=\begin{cases}0, & x<-1,\\ a, & -1\leqslant x<1,\\ \dfrac{2}{3}-a, & 1\leqslant x<2,\\ a+b, & x\geqslant 2,\end{cases}$ 且 $P(X=2)=\dfrac{1}{2}$，试确定常数 a,b，并求 X 的分布律.

例 2.9 设随机变量 X 的分布函数为 $F(x)=\begin{cases}A+B\mathrm{e}^{-2x}, & x>0,\\ 0, & x\leqslant 0,\end{cases}$ 求 A,B 的值以及 X 的概率密度.

例 2.10 设连续型随机变量 X 的概率密度为 $f(x)=\begin{cases}ax+b, & 0\leqslant x\leqslant 1,\\ 0, & 其他,\end{cases}$ 且 $P\left(X\leqslant\dfrac{1}{2}\right)=\dfrac{1}{4}$，求(1) a,b 的值；(2) 分布函数 $F(x)$.

例 2.11 设随机变量 X 的概率密度为 $f(x)=\begin{cases}A\mathrm{e}^{-x}, & x\geqslant\lambda,\\ 0, & x<\lambda\end{cases}$ ($\lambda>0$，A 是常数)，又 $p=P(\lambda<x<\lambda+a)\ (a>0)$，则(　　).

(A) p 的值与 a 无关，且随 λ 增大而增大

(B) p 的值与 a 无关，且随 λ 增大而减小

(C) p 的值与 λ 无关，且随 a 增大而增大

(D) p 的值与 λ 无关，且随 a 增大而减小

(E) p 的值与 λ,a 无关

【考点 2.4】 分布函数、概率分布、概率密度的概念和性质

例 2.12 设 $F_1(x),F_2(x)$ 分别是随机变量 X_1,X_2 的分布函数，为使 $F(x)=aF_1(x)+bF_2(x)$ 是随机变量 X 的分布函数，则在下列给定的各组数中应取(　　).

(A)$a=\frac{3}{5},b=-\frac{2}{5}$ (B)$a=\frac{2}{3},b=\frac{2}{3}$

(C)$a=\frac{1}{3},b=\frac{2}{3}$ (D)$a=\frac{1}{2},b=-\frac{3}{2}$

(E)$a=\frac{2}{3},b=\frac{2}{3}$

例 2.13 已知 $f(x),f(x)+f_1(x)$ 均为概率密度,则 $f_1(x)$ 必满足( ).

(A) $\int_{-\infty}^{+\infty} f_1(x)\mathrm{d}x=1,f_1(x)\geqslant 0$ (B) $\int_{-\infty}^{+\infty} f_1(x)\mathrm{d}x=1,f_1(x)\geqslant -f(x)$

(C) $\int_{-\infty}^{+\infty} f_1(x)\mathrm{d}x=0,f_1(x)\geqslant 0$ (D) $\int_{-\infty}^{+\infty} f_1(x)\mathrm{d}x=0,f_1(x)\geqslant -f(x)$

(E) $\int_{-\infty}^{+\infty} f_1(x)\mathrm{d}x=1,f_1(x)\leqslant -f(x)$

例 2.14 如下函数中,哪个不能作为随机变量 X 的分布函数( ).

(A)$F_1(x)=\begin{cases}0, & x<0,\\ \frac{x^2}{4}, & 0\leqslant x<2,\\ 1, & x\geqslant 2\end{cases}$ (B)$F_2(x)=\begin{cases}0, & x<0,\\ \frac{1}{3}, & 0\leqslant x<1,\\ 1, & x\geqslant 1\end{cases}$

(C)$F_3(x)=\begin{cases}1-\mathrm{e}^{-x}, & x\geqslant 0,\\ 0, & x<0\end{cases}$ (D)$F_4(x)=\begin{cases}0, & x<0,\\ \frac{\ln(1+x)}{1+x}, & x\geqslant 0\end{cases}$

(E)$F_5(x)=\begin{cases}1-\mathrm{e}^{-\lambda x}, & x\geqslant 0,\\ 0, & x<0\end{cases}$

第二节 常见分布

【核心知识要点讲解】

一、常见的离散型随机变量

1. 0—1 分布

若随机变量 X 只有两个可能的取值 0 和 1，其概率分布为

$$P(X=x_i)=p^{x_i}(1-p)^{1-x_i},x_i=0,1,$$

则称 X 服从 0—1 分布.

2. 二项分布 $B(n,p)$

设事件 A 在任意一次试验中出现的概率都是 $p(0<p<1)$. X 表示 n 重伯努利试验中事件 A 发生的次数，则 X 所有可能的取值为 $0,1,2,\cdots,n$，且相应的概率为 $P(X=k)=C_n^k p^k(1-p)^{n-k},k=0,1,\cdots,n$. 记为 $X\sim B(n,p)$.

3. 几何分布 $G(P)$

若 X 的概率分布为 $P(X=k)=(1-p)^{k-1}p(0<p<1),k=1,2,\cdots$，则称 X 服从几何分布. 记为 $X\sim G(P)$.

4. 泊松分布 $P(\lambda)$

设随机变量 X 的概率分布为 $P(X=k)=\dfrac{\lambda^k}{k!}e^{-\lambda}(\lambda>0),k=0,1,2,\cdots$，则称 X 服从参数为 λ 的泊松分布，记为 $X\sim P(\lambda)$.

5. 超几何分布 $H(N,M,n)$

设随机变量 X 的概率分布为 $P(X=k)=\dfrac{C_M^k\cdot C_{N-M}^{n-k}}{C_N^n},k=0,1,2,\cdots,n$，其中 N,M,n 都是正整数，且 $N\leqslant M\leqslant n$，则称 X 服从参数为 N,M,n 的超几何分布，记为 $X\sim H(N,M,n)$.

二、常见的一维连续型随机变量分布

1. 均匀分布 $U(a,b)$

若连续型随机变量 X 具有概率密度 $f(x)=\begin{cases}\dfrac{1}{b-a}, & a<x<b,\\ 0, & \text{其他},\end{cases}$ 则称 X 服从 (a,b) 上的均匀分布，记为 $X\sim U(a,b)$.

随机变量 X 的分布函数为 $F(x)=\begin{cases}0, & x<a,\\ \dfrac{x-a}{b-a}, & a\leqslant x<b,\\ 0, & x\geqslant b.\end{cases}$

2. 指数分布 $E(\lambda)$

若连续型随机变量 X 的概率密度为 $f(x)=\begin{cases}\lambda e^{-\lambda x}, & x>0,\\ 0, & x\leqslant 0,\end{cases}$ 其中 $\lambda>0$ 为参数，则称 X 服从参数为 λ 的指数分布，记为 $X\sim E(\lambda)$.

随机变量 X 的分布函数为 $F(x)=\begin{cases}1-e^{-\lambda x}, & x>0,\\ 0, & x\leqslant 0.\end{cases}$

3. 正态分布 $N(\mu,\sigma^2)$

(1) 一般正态分布

若连续型随机变量 X 的概率密度为 $f(x)=\dfrac{1}{\sqrt{2\pi}\sigma}e^{-\frac{(x-\mu)^2}{2\sigma^2}},-\infty<x<+\infty$；其中 $\mu,\sigma(\sigma>0)$ 为常数，则称 X 服从参数为 μ,σ 的正态分布，记作 $X\sim N(\mu,\sigma^2)$.

(2) 标准正态分布

① **定义**：当 $\mu=0,\sigma=1$ 的正态分布称为标准正态分布，记作 $N(0,1)$，其概率密度用 $\varphi(x)$

表示，分布函数用 $\Phi(x)$ 表示. 其中 $\varphi(x)=\frac{1}{\sqrt{2\pi}}e^{-\frac{x^2}{2}}(-\infty<x<+\infty)$.

② 性质

对称性：密度函数为偶函数，即 $\varphi(-x)=\varphi(x)$，密度函数图形关于 y 轴对称.

常用公式：$\Phi(-x)=1-\Phi(x)$；$\Phi(0)=\frac{1}{2}$；$P\{|X|\leqslant a\}=2\Phi(a)-1$.

③ 分位数

设 $X\sim N(0,1)$，对于给定的 $\alpha(0<\alpha<1)$，如果 u_α 满足条件 $P\{X>u_\alpha\}=\alpha$，则称 u_α 为标准正态分布的上 α 分位点.

(3) 标准正态分布与一般正态分布的关系

一般正态分布 $X\sim N(\mu,\sigma^2)$，可以通过线性变换 $Z=\frac{X-\mu}{\sigma}\sim N(0,1)$ 转化为标准正态分布.

【常见考点及解题方法技巧归纳】

【考点 2.5】 求常见分布的概率

例 2.15　设三次独立试验中事件 A 在每次试验中发生的概率均为 p，已知 A 一次也不发生的概率为 $\frac{1}{27}$，求 p.

例 2.16　设随机变量 X 在 $(2,5)$ 上服从均匀分布，现在对 X 进行三次独立观测，试求至少有两次观测值大于 3 的概率.

例 2.17　若随机变量 $X\sim N(2,\sigma^2)$，且 $P\{2<X<4\}=0.3$，则 $P\{X<0\}=$ ________.

例 2.18　设随机变量 X 服从参数为 λ 的泊松分布，如果 $E(5^X)=e^4$，则 $P\{X\geqslant 1\}=$ ________.

例 2.19　随机变量 K 在 $(0,5)$ 上服从均匀分布，则关于 x 的一元二次方程 $4x^2+4Kx+$

$K+2=0$ 有实根的概率为________.

第三节　随机变量的数学期望和方差

【核心知识要点讲解】

一、离散型随机变量的数学期望

1. 一维离散型随机变量的数学期望

设随机变量 X 的概率分布为 $P\{X=x_i\}=p_i(i=1,2,\cdots)$，若级数 $\sum_{i=1}^{\infty}x_ip_i$ 绝对收敛，则称 $\sum_{i=1}^{\infty}x_ip_i$ 为随机变量 X 的数学期望，记作 $E(X)$，即 $E(X)=\sum_{i=1}^{\infty}x_ip_i$；如果级数 $\sum_{i=1}^{\infty}|x_i|\cdot p_i$ 发散，则称 X 的数学期望不存在.

2. 一维离散型随机变量函数的数学期望

若 X 是离散型随机变量，其概率分布为 $P\{X=x_i\}=p_i,i=1,2,\cdots,g(x)$ 为连续函数，$Y=g(X)$，若级数 $\sum_{i=1}^{\infty}g(x_i)p_i$ 绝对收敛，则 $E[g(X)]$ 存在，且 $E[g(X)]=\sum_{i=1}^{\infty}g(x_i)p_i$.

二、连续型随机变量的数学期望

1. 一维连续型随机变量的数学期望

设连续型随机变量 X 的概率密度为 $f(x)$，若积分 $\int_{-\infty}^{+\infty}xf(x)\mathrm{d}x$ 绝对收敛，则称积分 $\int_{-\infty}^{+\infty}xf(x)\mathrm{d}x$ 为 X 的数学期望，记 $E(X)$，即 $E(X)=\int_{-\infty}^{+\infty}xf(x)\mathrm{d}x$；若积分 $\int_{-\infty}^{+\infty}|x|f(x)\mathrm{d}x$ 发散，则称 X 的数学期望不存在.

2. 一维连续型随机变量函数的数学期望

若 X 是连续型随机变量，其密度函数为 $f_X(x)$，$g(x)$ 为连续函数，$Y=g(X)$，若积分 $\int_{-\infty}^{+\infty}g(x)f(x)\mathrm{d}x$ 绝对收敛，则 $E[g(X)]$ 存在，且 $E(Y)=E[g(X)]=\int_{-\infty}^{+\infty}g(x)f(x)\mathrm{d}x$.

三、随机变量数学期望的性质

(1) 设 C 为常数，则有 $E(C)=C$；

(2) 设 X 为一随机变量，且 $E(X)$ 存在，C 为常数，则有 $E(CX)=CE(X)$；

(3) 设 X 与 Y 是两个随机变量，则有 $E(X+Y)=E(X)+E(Y)$；

(4) 设 X 与 Y 相互独立，则有 $E(XY)=(EX)\cdot(EY)$.

四、随机变量的方差

1. 随机变量方差的定义

设 X 是一个随机变量，如果 $E\{[X-E(X)]^2\}$ 存在，则称 $E\{[X-E(X)]^2\}$ 为 X 的方差，记作 $D(X)$，即 $D(X)=E\{[X-E(X)]^2\}$，称 $\sqrt{D(X)}$ 为标准差或均方差.

2. 方差的计算

(1) 定义法

离散情形：若 X 是离散型随机变量，其概率分布为 $P\{X=x_i\}=p_i, i=1,2,\cdots$

$$D(X)=E\{[X-E(X)]^2\}=\sum_i [x_i-E(X)]^2 p_i.$$

连续情形：设连续型随机变量 X 的概率密度为 $f(x)$，则

$$D(X)=E\{[X-E(X)]^2\}=\int_{-\infty}^{+\infty}[x-E(X)]^2 f(x)\mathrm{d}x.$$

(2) 公式法

$$D(X)=E(X^2)-[E(X)]^2.$$

3. 方差的性质

(1) 设 C 为常数，则 $D(C)=0$.

(2) 如果 X 为随机变量，C 为常数，则 $D(CX)=C^2D(X)$.

(3) 如果 X 为随机变量，C 为常数，则有 $D(X+C)=D(X)$.

由性质(2)(3) 可得 $D(aX+b)=a^2D(x)$ (a,b 为任意常数).

4. 常用随机变量的数学期望和方差

分布名称	分布记号	期望	方差
$0-1$ 分布	$X\sim B(1,p)$	p	$p(1-p)$
二项分布	$X\sim B(n,p)$	np	$np(1-p)$
泊松分布	$X\sim P(\lambda)$	λ	λ
几何分布	$X\sim G(P)$	$\frac{1}{p}$	$\frac{1-p}{p^2}$
均匀分布	$X\sim U(a,b)$	$\frac{a+b}{2}$	$\frac{(b-a)^2}{12}$
指数分布	$X\sim E(\lambda)$	$\frac{1}{\lambda}$	$\frac{1}{\lambda^2}$
正态分布	$X\sim N(\mu,\sigma^2)$	μ	σ^2

【常见考点及解题方法技巧归纳】

【考点 2.6】求随机变量的数学期望和方差

例 2.20　设随机变量 X 服从正态分布 $N(1,2)$，Y 服从泊松分布 $P(2)$，求期望 $E(2X-Y+3)$.

例 2.21　已知随机变量 X_1,X_2 互相独立，且具有相同分布律如下：

X	1	2	3
P	0.2	0.6	0.2

则 $D(X_1+X_2)=(\quad)$.

(A)0.2　(B)0.4　(C)0.6　(D)0.8　(E)1

例 2.22　随机变量 X 的概率密度为 $f(x)=\begin{cases}ax^2, & 0<x<3,\\ 0, & \text{其他}.\end{cases}$

(1) 求 a 的值；

(2) 求期望 $E(X)$.

【考点 2.7】已知随机变量的数学期望和方差，求其分布的特定常数

例 2.23　随机变量 X 服从均匀分布 $U(0,a)$，且期望 $E(X)=3$，求

(1)a 的值；

(2)$D(2X+3)$.

例 2.24　设随机变量 X 的概率密度为 $f(x)=\begin{cases}Ax, & 0<x\leqslant 1,\\ B-x, & 1<x<2,\\ 0, & \text{其他},\end{cases}$ $E(X)=1$，求：

(1) 常数 A,B；

(2) $\sqrt{D(X)}$.

【考点 2.8】求随机变量函数的数学期望

例 2.25　随机变量 X 的概率密度为 $f(x)=\begin{cases}ax, & 0<x\leqslant 1,\\ 2-bx, & 1<x<2,\\ 0, & \text{其他},\end{cases}$ $E(X)=1$，求 $E(X^2)$.

例 2.26　设某工厂生产的产品不合格率为 10%，假设生产一件不合格品亏损 2 元，生产一件合格产品盈利 10 元，求每件产品的平均利润.

附录 考试大纲说明

报考所有学校管理类专业硕士学位(会计硕士 MPAcc、审计硕士、图书情报硕士、工商管理硕士 MBA、公共管理硕士 MPA、旅游管理硕士、工程管理硕士)的考生,需要参加管理类综合能力(199 科目)考试。报考部分学校经济类专业硕士学位(金融硕士、应用统计硕士、税务硕士、国际商务硕士、保险硕士、资产评估硕士)的考生,需要参加经济类综合能力(396 科目)考试。

两类考试均包含三个部分。

第一部分,数学基础。管理类综合能力主要考核初等数学的内容,全部是选择题;经济类综合能力主要考核高等数学的内容,也全部是选择题。

第二部分,逻辑推理。管理类综合能力和经济类综合能力的考核内容完全一致,管综逻辑 30 题,经综逻辑 20 题,全部是选择题。

第三部分,写作。管理类综合能力和经济类综合能力的考核内容完全一致,均包含论证有效性分析(600 字左右)和论说文(700 字左右),分值不同。详见下述《考试大纲》正文。

管理类综合能力考试大纲

Ⅰ.考试性质

综合能力考试是为高等院校和科研院所招收管理类专业学位硕士研究生而设置的具有选拔性质的全国招生考试科目,其目的是科学、公平、有效地测试考生是否具备攻读专业学位所必需的基本素质、一般能力和培养潜能,评价的标准是高等学校本科毕业生所能达到的及格或及格以上水平,以利于各高等院校和科研院所在专业上择优选拔,确保专业学位硕士研究生的招生质量。

Ⅱ.考查目标

1.具有运用数学基础知识、基本方法分析和解决问题的能力。

2.具有较强的分析、推理、论证等逻辑思维能力。

3.具有较强的文字材料理解能力、分析能力以及书面表达能力。

Ⅲ.考试形式和试卷结构

一、试卷满分及考试时间

试卷满分为 200 分,考试时间为 180 分钟。

二、答题方式

答题方式为闭卷、笔试。不允许使用计算器。

三、试卷内容与题型结构

数学基础　75 分，有以下两种题型：
问题求解　15 小题，每小题 3 分，共 45 分
条件充分性判断　10 小题，每小题 3 分，共 30 分
逻辑推理　30 小题，每小题 2 分，共 60 分
写作　2 小题，其中论证有效性分析 30 分，
论说文 35 分，共 65 分

Ⅳ. 考查内容

一、数学基础

综合能力考试中的数学基础部分主要考查考生的运算能力、逻辑推理能力、空间想象能力和数据处理能力，通过问题求解和条件充分性判断两种形式来测试。

试题涉及的数学知识范围有：

(一)算术

1. 整数

(1)整数及其运算

(2)整除、公倍数、公约数

(3)奇数、偶数

(4)质数、合数

2. 分数、小数、百分数

3. 比与比例

4. 数轴与绝对值

(二)代数

1. 整式

(1)整式及其运算

(2)整式的因式与因式分解

2. 分式及其运算

3. 函数

(1)集合

(2)一元二次函数及其图像

(3)指数函数、对数函数

4. 代数方程

(1)一元一次方程

(2)一元二次方程
(3)二元一次方程组
5. 不等式
(1)不等式的性质
(2)均值不等式
(3)不等式求解
一元一次不等式(组),一元二次不等式,简单绝对值不等式,简单分式不等式。
6. 数列、等差数列、等比数列

(三)几何

1. 平面图形
(1)三角形
(2)四边形
矩形,平行四边形,梯形
(3)圆与扇形
2. 空间几何体
(1)长方体
(2)柱体
(3)球体
3. 平面解析几何
(1)平面直角坐标系
(2)直线方程与圆的方程
(3)两点间距离公式与点到直线的距离公式

(四)数据分析

1. 计数原理
(1)加法原理、乘法原理
(2)排列与排列数
(3)组合与组合数
2. 数据描述
(1)平均值
(2)方差与标准差
(3)数据的图表表示
直方图,饼图,数表。
3. 概率
(1)事件及其简单运算
(2)加法公式
(3)乘法公式
(4)古典概型
(5)伯努利概型

二、逻辑推理

综合能力考试中的逻辑推理部分主要考查学生对各种信息的理解、分析和综合，以及相应的判断、推理、论证等逻辑思维能力，不考查逻辑学的专业知识。试题题材涉及自然、社会和人文等各个领域，但不考查相关领域的专业知识。

试题涉及的内容主要包括：

(一)概念

1.概念的种类

2.概念之间的关系

3.定义

4.划分

(二)判断

1.判断的种类

2.判断之间的关系

(三)推理

1.演绎推理

2.归纳推理

3.类比推理

4.综合推理

(四)论证

1.论证方式分析

2.论证评价

(1)加强

(2)削弱

(3)解释

(4)其他

3.谬误识别

(1)混淆概念

(2)转移论题

(3)自相矛盾

(4)模棱两可

(5)不当类比

(6)以偏概全

(7)其它谬误

三、写作

综合能力考试中的写作部分主要考查学生的分析论证能力和文字表达能力，通过论证有效性分析和论说文两种形式来测试。

1.论证有效性分析

论证有效性分析试题的题干为一篇有缺陷的论证，要求考生分析其中存在的问题，选择若干要点，评论该论证的有效性。

本类试题的分析要点是：论证中的概念是否明确，判断是否准确，推理是否严密，论证是否充分等。

文章要求分析得当，理由充分，结构严谨，语言得体。

2.论说文

论说文的考试形式有两种：命题作文、基于文字材料的自由命题作文。每次考试为其中一种形式。要求考生在准确、全面地理解题意的基础上，对命题或材料所给观点进行分析，表明自己的观点并加以论证。

文章要求思想健康，观点明确，论据充足，论证严密，结构合理，语言流畅。

经济类综合能力考试大纲

Ⅰ.考试性质

经济类综合能力考试是为高等院校和科研院所招收金融硕士、应用统计硕士、税务硕士、国际商务硕士、保险硕士和资产评估硕士而设置的具有选拔性质的全国招生考试科目，其目的是科学、公平、有效地测试考生是否具备攻读相关专业学位所必需的基本素质、一般能力和培养潜能，评价的标准是高等学校本科毕业生所能达到的及格或及格以上水平，以利于各高等院校和科研院所在专业上择优选拔，确保专业学位硕士研究生的招生质量。

Ⅱ.考查目标

1.具有运用数学基础知识、基本方法分析和解决问题的能力。

2.具有较强的逻辑分析和推理论证能力。

3.具有较强的文字材料理解能力和书面表达能力。

Ⅲ.考试形式和试卷结构

一、试卷满分及考试时间

试卷满分为150分，考试时间为180分钟。

二、答题方式

答题方式为闭卷、笔试。不允许使用计算器。

三、试卷内容与题型结构

数学基础	35 小题，每小题 2 分，共 70 分
逻辑推理	20 小题，每小题 2 分，共 40 分
写作	2 小题，其中论证有效性分析 20 分，
论说文	20 分，共 40 分

Ⅳ. 考查内容

一、数学基础

综合能力考试中的数学基础部分主要考查考生对经济分析常用数学知识中的基本概念和基本方法的理解和应用。

试题涉及的数学知识范围有：

（一）微积分部分

一元函数微分学，一元函数积分学；多元函数的偏导数、多元函数的极值。

（二）概率论部分

分布和分布函数的概念；常见分布；期望和方差。

（三）线性代数部分

线性方程组；向量的线性相关和线性无关；行列式和矩阵的基本运算。

二、逻辑推理

综合能力考试中的逻辑推理部分主要考查学生对各种信息的理解、分析、综合和判断，并进行相应的推理、论证、比较、评价等逻辑思维能力。试题内容涉及自然、社会的各个领域，但不考查相关领域的专业知识，也不考查逻辑学的专业知识。

试题涉及的内容主要包括：

（一）概念

1. 概念的种类

2. 概念之间的关系

3. 定义

4. 划分

（二）判断

1. 判断的种类

2. 判断之间的关系

（三）推理

1. 演绎推理

2. 归纳推理

3. 类比推理

4. 综合推理

(四)论证

1. 论证方式分析

2. 论证评价

(1)加强

(2)削弱

(3)解释

(4)其他

3. 谬误识别

(1)混淆概念

(2)转移论题

(3)自相矛盾

(4)模棱两可

(5)不当类比

(6)以偏概全

(7)其它谬误

三、写作

综合能力考试中的写作部分主要考查学生的分析论证能力和文字表达能力,通过论证有效性分析和论说文两种形式来测试。

1. 论证有效性分析

论证有效性分析试题的题干为一篇有缺陷的论证,要求考生分析其中存在缺陷和漏洞,选择若干要点,围绕论证中的缺陷或漏洞,分析和评述论证的有效性。

论证有效性分析的一般要点是:概念特别是核心概念的界定和使用是否准确并前后一致,有无明显的逻辑错误,论证的论据是否支持结论,论据成立的条件是否充分等。

文章根据分析评论的内容、论证程度、文章结构及语言表达给分。要求内容合理、论证有力、结构严谨、条理清楚、语言流畅。

2. 论说文

论说文的考试形式有两种:命题作文、基于文字材料的自由命题作文。每次考试为其中一种形式。要求考生在准确、全面地理解题意的基础上,对材料所给观点或命题进行分析,表明自己的态度、观点并加以论证。文章要求思想健康、观点明确、材料充实、结构严谨完整、条理清楚、语言流畅。